"十四五"时期国家重点出版物出版专项规划项目

U0872432

黄羽肉鸡育种与生产

◎文　杰　主编

中国农业科学技术出版社

图书在版编目（CIP）数据

黄羽肉鸡育种与生产 / 文杰主编. --北京：中国农业科学技术出版社，2023. 3

ISBN 978-7-5116-6026-8

Ⅰ. ①黄… Ⅱ. ①文… Ⅲ. ①肉鸡－家禽育种 ②肉鸡－饲养管理 Ⅳ. ①S831

中国版本图书馆CIP数据核字（2022）第 222665 号

责任编辑 李冠桥
责任校对 王 彦
责任印制 姜义伟 王思文

出 版 者 中国农业科学技术出版社
北京市中关村南大街 12 号 邮编：100081
电 话 （010）82106632（编辑室） （010）82109702（发行部）
（010）82109709（读者服务部）
网 址 https: // castp.caas.cn
经 销 者 各地新华书店
印 刷 者 北京地大彩印有限公司
开 本 185 mm × 260 mm 1/16
印 张 24.25
字 数 499 千字
版 次 2023 年 3 月第 1 版 2023 年 3 月第 1 次印刷
定 价 100.00 元

《黄羽肉鸡育种与生产》

编委会

主　编：文　杰（中国农业科学院北京畜牧兽医研究所）

副主编：赵桂苹（中国农业科学院北京畜牧兽医研究所）

李慧芳（江苏省家禽科学研究所）

参　编（按姓氏笔画排序）：

王一冰（广东省农业科学院）

王志成（江苏省家禽科学研究所）

王济民（中国农业科学院农业经济与发展研究所）

朱焜炜（台山市河东禽业有限公司）

刘宏祥（江苏省家禽科学研究所）

刘春芳（中国农业科学院农业经济与发展研究所）

孙京新（青岛农业大学）

李庆贺（中国农业科学院北京畜牧兽医研究所）

辛翔飞（中国农业科学院农业经济与发展研究所）

张　涛（扬州大学）

张跟喜（扬州大学）

陈智武（广西金陵农牧集团有限公司）

苟钟勇（广东省农业科学院）

郑麦青（中国农业科学院北京畜牧兽医研究所）

黄　明（南京农业大学）

黄　超（广西金陵农牧集团有限公司）

蒋守群（广东省农业科学院）

谢恺舟（扬州大学）

雷　阳（南京农业大学）

前　言

黄羽肉鸡生产是我国肉鸡生产的特色产业，产肉量占鸡肉总产量的30%以上。中国是一个注重美食的国家，世界上没有哪个国家的优质鸡肉产品在鸡肉总产量的占比像中国这样高。以白切鸡、盐焗鸡为代表的黄羽肉鸡产品，作为中高端鸡肉产品，丰富了我国肉鸡多元化市场。

过去40多年来，我国黄羽肉鸡产业得到了长足发展，出栏量由20世纪80年代中期的8亿～9亿只，发展到今天的40亿只左右。黄羽肉鸡规模化生产发展初期，主要是为了满足港澳市场的产品需求。进入20世纪90年代，国内市场需求迅速扩大，促进了黄羽肉鸡由南向北的快速扩张。目前，黄羽肉鸡生产主要集中在广东、广西、四川、贵州、云南、湖南、湖北等南方地区，消费市场由原来的港澳地区、广东、广西、福建、海南等省（区）逐渐延伸到上海、江苏、浙江、安徽、湖南、湖北等省（区）。

长期以来，由于白羽肉鸡种源基本上由国外引进，我国肉鸡育种主要以黄羽肉鸡为对象，丰富的地方品种遗传资源为育种提供了良好的素材。隐性白羽基因、dw基因、质量性状分子标记辅助育种和基因组育种等育种技术的应用，提高了我国黄羽肉鸡的育种和生产水平。我国黄羽肉鸡育种科研工作自“六五”以来一直得到国家科技攻关（科技支撑计划、重大专项等）项目的持续支持，并取得了显著成效。在1998年以来通过国家审定的畜禽品种中，1/3是黄羽肉鸡，占比最高。黄羽肉鸡饲养标准在我国1986年《鸡饲养标准》（NY/T 33—1986）中首次列出，在2004版《鸡饲养标准》（NY/T 33—2004）中全面修订，2020年又单独作为《黄羽肉鸡营养需求量》（NY/T 3645—2020）发布，标志着黄羽肉鸡营养需要由粗放向精准方向不断发展。黄羽肉鸡对肉品质、饲养模式和产品加工的要求，与白羽肉鸡明显不同，我国在这些领域的创新性研究丰富了肉鸡养殖的理论和技术。截至2020年度，以黄羽肉鸡为核心的科技成果先后取得7项国家级科技奖励。

2004年禽流感的暴发和流行，特别是H7N9禽流感的暴发和流行，加速了传统以活鸡上市为主的黄羽肉鸡消费方式向屠宰冰鲜方向的转变进程，也导致我国鸡肉的出口方式从冻鸡向深加工产品的转换。此外，近年来小型白羽肉鸡的发展，一定程度上冲击了快大型黄羽肉鸡市场。上述发展趋势，加快了黄羽肉鸡产业转型升级、走现代可持续发展之路的步伐。全国肉鸡遗传改良计划的发布，为当前和未来黄羽肉鸡育种指明了发展方向。

本书由全国多所科研院所、高等农业院校和农业龙头企业的科研和产业工作者共同完成，具体编写情况如下：第一章（文杰）、第二章（李慧芳、王志成、刘宏祥）、第三章（文杰、谢恺舟、张跟喜、张涛）、第四章（赵桂苹、李庆贺）、第五章（郑麦青、黄超、朱焜炜）、第六章（蒋守群、苟钟勇、王一冰）、第七章（黄明、孙京新、雷阳）和第八章（辛翔飞、王济民、刘春芳、陈智武）。此外，在本书的构思、编写、审校和出版过程中，得到了李庆贺博士的大力协助。

本书结合作者长期的科研和生产实践，对我国黄羽肉鸡育种、生产情况进行了梳理和总结，突出了科技进步的关键作用，对未来产业和技术进行了分析和展望。希望能对从事本领域工作的专家、学者和技术人员有一定的借鉴和参考价值。由于作者水平有限，书中难免存在不足之处，敬请广大读者批评指正。

文　杰

2023年3月

目　录

第一章 我国黄羽肉鸡产业与科技发展概况

第一节 世界鸡肉生产与消费概况

一、世界肉鸡生产概况

从19世纪到20世纪初，世界养鸡生产处于小规模、家庭饲养、自给自足时期，以产蛋为主、产肉为辅，肉鸡主要来自公鸡和淘汰母鸡。20世纪20—30年代，随着鸡蛋需求量的不断增加，小公鸡的数量同步增长，主要作为肉用。第二次世界大战以后，鸡肉的需求大幅增加，肉鸡生产作为独立的生产部门出现，蛋鸡和肉鸡育种开始分化为两个产业。20世纪40年代，家禽生产开始步入机械化阶段，市场上出现了经屠宰、脱毛、带爪和带头的白条鸡，消费者购买鸡的主要方式也变成了白条鸡，生产者开始扩大生产并对孵化、饲料、养殖、加工等产业开展综合经营。1949年美国农业部开始推行胴体分级标准，帮助消费者区分胴体等级，推动肉鸡产业进入屠宰加工时代。世界商品肉鸡生产始于20世纪50—60年代，生产者转向纵向一体化经营，以提高效率、获得更高的效益。20世纪60年代中期，90%的美国肉鸡企业成为纵向一体化企业。20世纪70年代后开启现代肉鸡生产时代，出现了机械化、自动化等现代化的生产方式，遗传改良、饲料营养、疫病净化等新技术广泛应用，鸡肉产品成为一种高效、安全和健康的优质动物蛋白来源。

20世纪60年代以来，无论是发达国家还是发展中国家，全球鸡肉生产增速比任何一种肉类都快。这种增长态势还将持续下去，因为集约化的肉鸡生产在饲料转化效率、生产成本投入等方面具有明显优势。不断降低的产品价格和不断提高的收入水平提高了鸡肉产品的人均消费水平。以美国为例，1985年鸡肉消费超过猪肉，1992年又超过牛肉，成为美国第一大肉类产品。世界肉鸡市场结构主要受3个因素的影响，即资源禀赋、消费者偏好和产业政策。关于资源禀赋，考虑到肉鸡对温度和湿度改变的敏感性，天然适宜的气候条件对降低控制疾病和控制环境的投入、实现最大生产效率至关重要。由于饲料消耗占集约化家禽生产投入的70%，廉价的饲料来源是产业发展最重要的因素之一。例如世界肉鸡产量较高的两个国家，美国和巴西，就同样是主要的谷物和大豆生产国。此外，应用先进的生产技术，实现高效生产，是影响产业表现的另外一个重要因素。主要肉鸡出口国的肉鸡产业都是以现代生产技术和高度纵向一体化为特征的。国家的产业政策，无论是国内的还是国际贸易相关的，都会对产业的发展和贸易的流通产生重要影响。尽管有世界贸易组织和其他地区性贸易协议的存在，世界各国的各种贸易和政府干预，如关税、配额、进口税和补贴等，仍然存在。根据资源禀赋和政府政策方面的差异，可将肉鸡生产的国家划分为肉鸡产品的自给自足国、净进口国或净出口国。世界肉鸡产业高度集中，2020年美国、巴西、中国和欧盟前4个主产国和组织产量占世界的51%。巴西、美国、荷兰、波兰、土耳其前5个主要出口国占世界出口量的69%，中国、墨西哥、沙特阿拉伯、日本、阿联酋、德国等前10个进口国家和地区占世界进口量的46%。2003—2004年，中国、泰国和美国暴发禽流感，引发了全球鸡肉贸易流通的重组，并使产品价格持续保持在较高水平。

2020年，全球肉鸡出栏量约3 407.68亿只，鸡肉产量约11 950.46万t。美洲鸡肉产量最高，亚洲鸡肉出栏量最大（表1-1）。同年，全球禽肉产量约13 335.70万t，猪肉约10 983.54万t，牛肉和水牛肉约7 207.03万t，绵羊和山羊肉1 602.76万t，肉类总产量约33 129.03万t。

表1-1　2020年全球鸡肉生产地区分布

项目	非洲	美洲	亚洲	欧洲	大洋洲
出栏量（亿只）	47.73	225.96	3 010.19	115.78	8.02
产量（万t）	637.81	4 845.06	4 349.15	1 968.49	149.95

资料来源：FAOSTAT（联合国粮食及农业组织统计数据库）。

从国家层面看，全球鸡肉产量前7位的国家依次为美国、中国、巴西、俄罗斯、印度尼西亚、墨西哥和印度（表1-2）。中国、印度尼西亚和印度等国的肉鸡出栏量相对于产量来说偏高，可能与这些国家地方品种鸡数量较多有关。

表1-2　2020年鸡肉产量前7位国家

项目	美国	中国	巴西	俄罗斯	印度尼西亚	墨西哥	印度
出栏量（亿只）	93.46	92.88	60.06	24.98	46.97	19.61	26.26
产量（万t）	2 049.03	1 514.39	1 378.75	457.67	370.79	357.87	355.06

资料来源：FAOSTAT。

2016年禽肉产量超过猪肉，成为世界第一大肉类产品；若不包括中国在内，世界禽肉产量1996年超过猪肉，1998年超过牛肉和水牛肉，成为世界第一大肉类产品。2019年，鸡肉超过猪肉，成为世界第一大肉类产品；若不包括中国在内，世界鸡肉产量2000年超过猪肉，2002年超过牛肉和水牛肉，成为世界第一大肉类产品。

2020年，世界肉类生产中，鸡肉占35.4%（禽肉占39.6%）、猪肉占32.6%、牛肉占21.4%、羊肉占4.8%；如果不包括中国在内，世界肉类生产中，鸡肉占39.9%、禽肉占42.8%、猪肉占26.2%、牛肉和水牛肉占25.0%、绵羊肉和山羊肉占4.2%。同年中国猪肉产量4 113.33万t，占世界猪肉产量的37.4%；鸡肉产量1 514.39万t，占世界鸡肉产量的12.7%。

二、鸡肉生产水平

2020年世界家禽存栏量中，鸡占94.4%、鸭占3.3%、鹅和珍珠鸡占1.0%、火鸡占1.3%。鸭和鹅饲养量绝大部分在中国，中国鸭存栏量占世界的59.1%，鹅占85.9%，相比之下，中国鸡的存栏量只占世界的14.3%。有不少国家几乎全部养鸡，如印度、瑞典、日本、挪威、罗马尼亚、芬兰、俄罗斯等。养鸡占总饲养量90%以上的国家有缅甸、马来西亚、巴西、巴基斯坦、阿根廷等；饲养火鸡最多的国家是美国，占世界的52.8%。欧美国家饲养火鸡多，与消费习惯有关，而其养鸭、养鹅很少，既有消费习惯因素，也与鸭、鹅不便于集约化饲养和生产成本较高有关。2020年世界家禽出栏量中，鸡占94.1%、鸭占4.0%、鹅和珍珠鸡占1.0%、火鸡占0.8%；与存栏量比例对照，鸡的出栏率为214%、鸭为262%、鹅为204%、火鸡为137%。中国鸡出栏量占世界的13.1%，但鸭、火鸡和珍珠鸡出栏量分别占世界的71.9%和94.0%，与存栏量情况对比，中国鸡的出栏率为196%，低于世界平均水平，鸭、火鸡和珍珠鸡的出栏率分别为318%和223%，高于世界平均水平。

2018年，世界农业总产值35 502.3亿美元，其中畜牧业总产值12 050.1亿美元，占33.9%。在畜牧业产值中，鸡肉2 069.0亿美元、火鸡肉112.1亿美元、鸭肉32.4亿美元、鹅和珍珠鸡肉3.5亿美元、牛肉2 206.1亿美元、水牛肉128.6亿美元、猪肉2 287.6亿美元、绵羊肉392.7亿美元、山羊肉128.1亿美元，猪肉、鸡肉和牛肉产值排名前3位。中国畜牧业总产值2 023.8亿美元，猪肉1 054.6亿美元、鸡肉276.6亿美元（FAOSTAT）。

全球大约70%的家禽生产来自集约化生产，而猪只有57%。世界肉类生产正在由发达国家向发展中国家转移，伴随着发展中国家的养殖集约化水平大幅度提高。中国和美国家禽集约化生产比例最高，中国90%的家禽饲养在集约化条件下，高于高收入国家（Robinson et al.，2011），见表1-3。

表1-3　2005年世界主要国家或地区集约化家禽饲养数量（基于密度）

国家或地区	家禽总数（万只）	集约化养殖数量（万只）	集约化比例（%）	全球占比（%）
东亚和太平洋	732 588	576 945	78.8	46.2
中国	526 036	473 763	90.1	38.0
东欧和中亚	123 321	58 677	47.6	4.7
拉美和加勒比	234 316	148 793	63.5	11.9
中东和北非	99 877	57 282	57.4	4.6
南亚	110 434	32 745	29.7	2.6
印度	75 932	11 936	15.7	1.0
南部非洲	90 875	26 450	29.1	2.1
所有区域	1 391 411	900 892	64.7	72.2
高收入国家	403 469	346 749	85.9	27.8
总和	1 794 880	1 247 641	150.6	100.0

不同国家和地区，鸡的出栏体重差别较大。中国鸡的出栏体重较小（表1-4），与我国肉鸡的品种结构有关。我国黄羽肉鸡出栏量约占肉鸡出栏量的一半，但出栏体重较小。

表1-4　2020年不同国家和地区鸡出栏体重　　单位：g

国家或地区	鸡胴体重
巴西	2 296
美国	2 192
中国大陆	1 631
欧盟27国	1 718
世界平均	1 689

资料来源：联合国粮食及农业组织（FAO）。

世界各国肉鸡生产成本差异较大。在巴西、美国、欧盟27个国家、泰国和中国等肉鸡主要出口国中，巴西和美国的肉鸡生产成本最低，肉鸡产品的价格具有明显的优势（表1-5、表1-6）。美国的玉米、大豆无论是收购价格，还是作为肉鸡饲料的市场价格均远低于中国，中国活鸡成本约为0.96美元/kg，高于美国的0.77美元/kg，其中中国肉鸡饲料约为410美元/t，大约是美国的240美元/t的1.7倍（陈琼，2013）。

表1-5　肉鸡生产价格和技术参数

指标	欧盟27国	美国	泰国	巴西	阿根廷	俄罗斯	乌克兰
饲料价格（欧元/100 kg）	31.1	24.1	29.6	24.4	27.2	27.8	24.2
1日龄雏鸡（欧分）	32.6	27	28.9	22.3	25.5	32	32
活重（g）	2 294	2 700	2 400	2 600	2 600	2 200	2 480
料重比	1.63	1.83	1.65	1.79	1.8	1.67	1.74

资料来源：Horne，2018。

表1-6　初级生产成本　单位：欧分/kg活重

项目	欧盟27国	美国	泰国	巴西	阿根廷	俄罗斯	乌克兰
总成本（含劳动力）	82.5	64.5	72.4	63.2	73.3	75.2	67.2
总成本（不含劳动力）	79.4	62.6	71.3	61.2	70.4	74.5	66.8
1日龄雏鸡	14.9	10.5	12.6	8.9	10.3	15.3	13.6
饲料	51	44	49	44	49	46	42
其他可变成本	7.5	4.5	5.1	3.4	4.0	7.3	5.2
劳动力	3.1	1.9	1.1	2	2.9	0.7	0.4
房舍	5.5	2.9	4.3	4.9	6.8	5	5.6
日常	0.8	0.7	0.5	0.4	0.4	0.4	0.4
鸡粪处理	0.1	—	—	-0.1	-0.1	—	-0.1

资料来源：Horne，2018。

三、世界鸡肉贸易

2020年，世界冻鸡肉进口量约1 347.2万t，出口量约1 450.5万t。巴西出口量最大，巴西和美国出口量都在350万t以上，二者之和超过世界出口量的50%（表1-7）。相比之下，世界鸡肉进口国的进口量大部分在100万t以下，其中中国和泰国等除了冷冻鸡肉出口外，还有相当数量的鸡肉熟制品出口（表1-8）。从进口量来说，中国是一个主要的净进口国，但从出口额来看，中国同时也是一个主要的出口国，主要原因是中国进口的是鸡翅、鸡爪等低价值产品，出口的是鸡胸等高价值产品。部分中国的出口鸡肉产品是从美国进口的，加工或去骨后又出口。中国内地出口到中国香港的肉鸡主要是活鸡或是冷鲜鸡。超过一半的中国内地禽肉进口经过中国香港，中国香港大约82%的进口鸡肉被重新出口到中国内地。所以，进口到中国香港的鸡肉数量实际上取决于中国内地的进口需求。但是，随着进口肉类检疫条例的生效，中国香港鸡肉转口贸易的地位受到影响。新条例致力于加强对疫病和走私的边境控制，由此产生的检查费可能会减少中国内地经中国香港的鸡肉转口贸易，增加直接进口贸易。近年来，直接到上海的运输成本已经与经中国香港的转口贸易成本接近，绕过中国香港直接进口到中国内地的数量将持续增加。

表1-7　2020年世界冷冻鸡肉主要出口国家及数量　单位：万t

	巴西	美国	荷兰	波兰	土耳其
数量	390.0	354.7	117.0	94.1	52.2

资料来源：FAOSTAT。

表1-8　2020年世界冷冻鸡肉主要进口国家及数量　单位：万t

	中国	墨西哥	沙特阿拉伯	日本	阿联酋	德国	伊拉克	南非	英国
数量	152.7	88.1	61.7	53.5	47.5	47.1	42.9	39.9	36.9

资料来源：FAOSTAT。

2004年我国暴发禽流感以后，冻鸡出口量下降，加工鸡肉出口比例上升（表1-9）。鸡肉是我国长期保持顺差的主要畜禽产品，虽然我国鸡肉产品的进出口数量与产量相比很小，但对提高我国肉鸡生产水平、改善产品质量发挥了很好的引领作用。但是，2018年我国暴发非洲猪瘟以后，鸡肉进口大幅增加，此种趋势一直延续到2021年。

表1-9　2021年中国鸡肉产品进出口情况

<table>
<tr><th colspan="6">出口</th><th colspan="3">进口</th></tr>
<tr><th>商品及市场</th><th>数量（万t）</th><th>金额（亿美元）</th><th>商品及市场</th><th>数量（万t）</th><th>金额（亿美元）</th><th>商品及市场</th><th>数量（万t）</th><th>金额（亿美元）</th></tr>
<tr><td>鸡肉</td><td>18.7</td><td>5.23</td><td>鸡肉制品</td><td>27.0</td><td>10.69</td><td>鸡肉及副产品</td><td>147.0</td><td>34.84</td></tr>
<tr><td>中国香港</td><td>12.5</td><td>3.86</td><td>日本</td><td>18.0</td><td>7.59</td><td>巴西</td><td>65.1</td><td>14.56</td></tr>
<tr><td>中国澳门</td><td>1.3</td><td>0.42</td><td>中国香港</td><td>3.7</td><td>1.48</td><td>美国</td><td>44.1</td><td>10.74</td></tr>
<tr><td>马来西亚</td><td>1.7</td><td>0.41</td><td>荷兰</td><td>1.4</td><td>0.44</td><td>泰国</td><td>10.9</td><td>3.49</td></tr>
</table>

资料来源：中华人民共和国商务部。

四、鸡肉的消费趋势

满足不断变化和越来越严格的消费者需求是肉鸡产业的主要挑战。以英国为例，

20世纪70年代，价格是决定购买产品的主要考虑因素；20世纪80年代，价格、质量和产品种类都成为重要的考虑因素；20世纪90年代，考虑因素进一步增多，包括食品安全、动物福利、环境保护和员工福利等。未来，随着消费者变得越来越富裕，对产品品质风味的要求、对食品与健康的关注和肉鸡生产对环境的影响关注会更高。尽管生产标准和消费者要求在不同国家之间不尽相同，食品生产中质量保证和可追溯已成为一个备受关注的、复杂的全球性问题。满足这些不断变化的需求对所有生产者都是一个挑战，但对部分生产者，也创造了新的差异化产品和细分市场。例如，不断增加的放养和有机鸡供应就是应对消费者需求、为社会提供更多的可接受的产品。

2019年，世界禽肉人均占有量占人均肉类总消费量的36.8%，猪肉为36.1%；中国禽肉人均占有量占人均肉类总消费量的22.3%，猪肉为61.4%。世界重要的鸡肉生产国中，印度的人均禽肉消费量最低（表1-10）。

表1-10　2019年世界重要国家和地区年人均禽肉消费量　　单位：kg/（人·年）

国家或地区	禽肉消费量	国家或地区	禽肉消费量
以色列	71.68	英国	33.14
美国	58.60	墨西哥	35.61
中国香港	53.61	俄罗斯	31.35
澳大利亚	49.12	日本	19.34
巴西	46.94	德国	18.01
沙特阿拉伯	41.83	泰国	10.91
中国台湾	38.79	中国大陆	14.21
南非	37.32	印度	3.09
中国澳门	34.76	世界	15.88

资料来源：FAOSTAT。

鸡肉是人类重要的动物蛋白来源，营养丰富，与其他动物蛋白相比，价格具有明显的竞争力（表1-11）。

表1-11 部分动物源性食品营养组成（杨月欣，2019）

动物源性食品	能量*（kJ）	水分（g）	蛋白质（g）	脂肪（g）	碳水化合物**（g）	灰分（g）	SFA（g）	MUFA（g）	PUFA（g）	钙（mg）	铁（mg）	锌（mg）	维生素A***，RAE（μg）	核黄素（mg）
牛肉（里脊肉）［牛柳］	452	73.2	22.2	0.9	2.4	1.3	0.4	0.3	0	3	4.4	6.92	4	0.15
猪肉（里脊）	626	74.7	19.6	7.9	0.0	1.2	2.7	3.3	0.9	6	1.5	2.01	—	0.20
牛肝	586	68.7	19.8	3.9	6.2	1.4	1.6	0.8	0.5	4	6.6	5.01	20 220	1.30
猪肝	531	72.6	19.2	4.7	1.8	1.7	2.1	1.3	0.1	6	23.2	3.68	6 502	2.02
羊肉（里脊）	435	75.4	20.5	1.6	1.6	0.9	0.7	0.6	0.2	8	2.8	1.98	5	0.20
羊肉（后腿）	469	75.1	20.6	3.2	0	1.1	1.4	1.1	0.4	3	4.0	3.07	5	0.14
山羊肉（生）	1 214	56.4	8.7	24.5	9.4	1.0	19.6	1.7	1.1	135	13.7	10.42	8	0.12
鸡胸脯肉	499	71.7	24.6	1.9	0.6	1.2	1.0	0.7	0.1	1.0	1.0	0.26	3	0.06
鸡腿	610	71.7	20.2	7.2	0.0	0.9	2.4	3.8	0.6	0.0	1.8	1.11	22	0.01
鸭胸脯肉	379	78.6	15.0	1.5	4.0	0.9	0.5	0.4	0.4	6	4.1	1.17	—	0.07
鸡蛋（代表值）	581	75.2	13.1	8.6	2.4	0.9	4.6	1.9	0.5	56	1.6	0.89	255	0.20
纯牛奶（代表值，全脂）	271	87.6	3.3	3.6	4.9	0.7	2.1	1.0	0.1	107	0.3	0.28	54	0.12

注：所有营养素的含量均以“每100g可食部食物”表达；SFA=饱和脂肪酸；MUFA=单不饱和脂肪酸；PUFA=多不饱和脂肪酸；RAE=视黄醇活性当量；屠宰时的体重和发育成熟状况影响养分的组成；

*计算使用参数：1 g脂肪=37 kJ（9 kcal）；1 g碳水化合物=17 kJ（4 kcal）；1 g蛋白质=17 kJ（4 kcal）；

**总碳水化合物=100-（水分+蛋白质+脂肪+灰分）；

***在此情况下，维生素A含量表示为视黄醇活性当量（RAE）。

国际经济合作与发展组织（OECD）和联合国粮食及农业组织（FAO）预测，到2030年世界禽肉生产和消费将继续保持增长趋势，但增速有所放缓。肉类和奶类的增长存在地区差异，发展中国家增长较快，发达国家由于已经处于较高水平且人口增长缓慢，增长较慢。中国的禽蛋和猪肉增长较慢，牛肉、羊肉和禽肉增长较快。印度禽肉增长最快（表1-12）。

表1-12　世界禽肉生产和消费预测

国家或地区	产量（万t）		消费［kg/（人·年）］	
	2018—2020年	2030年	2018—2020年	2030年
世界	13 062.9	15 347.9	14.8	15.7
美国	2 223.5	2 488.0	50.2	52.7
巴西	1 389.0	1 623.5	40.8	43.4
欧盟（不含英国）	1 345.7	1 411.6	23.5	24.8
南非	185.5	261.0	34.9	41.0
中国	2 198.0	2 501.0	13.8	15.2
澳大利亚	128.0	152.4	43.1	45.9

资料来源：OECD/FAO（2021）；OECD-FAO Agricultural Outlook；OECD Agriculture Statistics（database）。

五、生物安全

对肉鸡而言，禽流感等重大疫病，以及药物残留、微生物和致病菌构成了产业最大的生物安全风险。

（一）禽流感与生物安全

禽流感是严重危害世界养禽业的病毒性传染病。高致病性禽流感病毒可导致感染禽群100%死亡，因此高致病性禽流感被世界动物卫生组织列为必须通报的动物传染病，同时也是我国一类动物疫病。截至目前，引起高致病性禽流感疫情暴发的均为H5或H7亚型禽流感病毒。特别是2013年以来，新出现的H7N9高致病性禽流感疫情在我国禽群中时有发生，H5亚型高致病性禽流感持续存在，对家禽业造成了严重危害。禽流感还具有非常重要的公共卫生意义，2003—2022年，全球报道的人感染H5亚型禽流感病毒的病例947例，其中488人死亡；H7亚型禽流感病毒的病例超过1 680例，其中617人死亡。因此，高致病性禽流感是当前全球最受关注的人畜共患病之一。

禽流感病毒具有变异频率高、宿主范围广和传播途径多样等特点，根据其表面结构蛋白血凝素（HA）和神经氨酸酶（NA）不同可以分为不同的亚型。自1997年在广东省发现鹅感染H5N1亚型禽流感病毒的病例以来，2004年国内多地又暴发疫情，截至目前，H5亚型禽流感病毒始终是危害我国家禽业健康发展最主要病毒。2013年国内新出现的低致病性H7N9亚型禽流感病毒在2017年变异为高致病性毒株后，在国内鸡群中造成了多起疫情，损失巨大。禽流感病毒的变异不仅表现在亚型上，还表现在基因型、致病性、宿主嗜性和抗原性等方面，目前我国已经出现多种HA基因进化分支（如2.3.4.4b、2.3.4.4h和2.3.2.1f分支）、多种基因型、多种亚型组合（如H5N1、H5N6和H5N8等）同时流行的复杂局面（表1-13），还有野禽、家禽、候鸟、水禽等多界面污染严重，进一步加重了我国高致病性禽流感的防控难度。

表1-13　2021—2022年中国高致病性禽流感疫情（农业农村部和世界动物卫生组织）

时间	地区	群体	类型	发病数（只）	死亡数（只）	扑杀数（只）
2021年1月19日	山东东营	天鹅	H5N8	35	35	—
2021年2月1日	北京海淀	天鹅	H5N8	3	3	—
2021年2月5日	江苏连云港	野禽	H5N8	17	17	—
2021年4月12日	辽宁沈阳	野禽	H5N6	291	11	280
2021年5月19日	西藏那曲	野禽	H5N8	268	268	—
2021年6月9日	陕西榆林	野禽	H5N8	4 249	4 249	—
2021年6月20日	宁夏灵武	野禽	H5N8	38	38	—
2021年2月1日	台湾屏东	肉鸡	H5N5	1 769	1 769	7 543
2021年8月30日	台湾高雄	肉鹅	H5N2	—	—	500
2021年11月25日	唐山曹妃甸	野禽	H5N1	134	134	—
2022年7月22日	青海刚察、共和	野禽	H5N1	273	273	—

2020年以来，高致病性禽流感疫情在全球多地暴发，并且在家禽中发生的疫情已经超过野禽源的疫情。世界动物卫生组织数据显示，2022年H5亚型高致病性禽流感病毒在美洲、欧洲、亚洲和非洲的69个国家或地区的家禽、野鸟中广泛传播，已引起全球4 269起家禽疫情和3 950起野生鸟类疫情，直接和间接造成了巨大的损失。超过1.35亿只家禽因疫情死亡或被扑杀，其中美洲、欧洲、亚洲和非洲国家或地区家禽死亡或被扑杀分别为7 299.26万只、4 227.3万只、1 765.1万只和219万只。

对于我国国内市场来说，国际禽流感的影响不容忽视。祖代肉种鸡是家禽行业发展的根基，而全球祖代肉种鸡产能主要集中在美国、加拿大及欧洲的法国、德国等国家，我国白羽肉鸡祖代鸡依赖美国进口，祖代蛋种鸡多从美国、加拿大进口。若欧洲、北美洲的禽流感得不到有效控制，不仅影响各国的家禽产品供应格局及价格，还将长期制约祖代种鸡的国际贸易形势，进而通过蝴蝶效应对全球的家禽行业产生深远影响。

显然，禽流感的暴发和流行使全世界的家禽产业都受到了影响，尽管程度有所不同。短期来看，禽流感的暴发打乱了禽产品的世界供应，可能引起许多生产者遭遇资金损失或企业倒闭。就长期和更广泛的影响而言，禽流感的暴发将改变家禽生产者在世界市场的相对竞争力，特别是在生物安全而非成本，可能提高在未来整体竞争中的重要性。那些没有发生重要家禽疫病的国家将会拥有明显的市场优势。对于一个产业来说，既要满足廉价、安全和方便的需求，同时又要满足生产效率和企业效益，这将是一个严峻的挑战。

（二）药物残留超标与生物安全

长期以来，兽药特别是兽用抗生素和抗球虫药在家禽生产中广泛使用。肉鸡生产中使用的兽药可以分为三类：治疗、预防和促生长。治疗用兽药主要用于治疗或治愈临床上可诊断的疾病，由于病鸡可能无法进食，治疗用药物通常通过饮水给药；在某些环境或疾病状况下，也可能通过拌料给药，或拌料和饮水同时给药。预防用兽药主要在于预防疾病，在鸡群出现临床症状之前给药，给药途径根据用药时程和日龄而定，包括喂服、饮水或拌料给药。促生长用抗生素和抗球虫药（现已禁用）主要作用是杀灭或抑制病原（如细菌或球虫）的生长，都只通过拌料混饲给药。由于这些抗菌药产品多数对预防产气荚膜梭菌过度繁殖引起的坏死性肠炎特别有效，从而可以提高饲料利用效率及生长率，具有明显的促生长作用。

药物残留是指在动物用药后，蓄积或贮存在动物机体组织和器官中的药物原型、代谢产物和药物杂质。药物残留的危害包括引起急性过敏反应，长期慢性中毒如致畸、致突变及致癌，以及引起微生物耐药性等。我国作为一个发展中国家，早期从事家禽养殖的多数是农户，因为部分养殖者缺乏食品安全意识而滥用药物、个别屠宰企业非法用药等因素常引起兽药残留的产生。药物残留是影响鸡肉消费和进出口贸易的重要因素。近年来，国内报道过多起药物残留事件。

肉鸡养殖中使用兽药治疗肉鸡疾病应遵循两个原则：一是保证鸡只健康，二是防止药物残留。肉鸡养殖生产中必须做到合理用药，合理用药包括降低药物残留以及对抗生素的抗药性两方面。“速生鸡”事件，一方面反映出我国消费者在肉鸡科学育种成果认知方面存在较大的落差，需要进一步开展科普宣传，澄清误解，消除疑虑；另一方面，个别肉鸡生产企业存在药物使用不规范的问题，应加强市场监管，提高企业遵纪守法和社会诚信度，让消费者放心。

欧盟考虑到抗生素耐药性的发展和抗生素耐药基因可能从动物到人、微生物的转移，从2006年1月1日起禁止抗生素作为生长促进剂。美国也颁布相关政策法规，自2017年1月1日起，限制人类医疗上重要的抗生素在动物生产中的使用，包括促进生长或者提高饲料利用率和治疗性的使用。由于细菌耐药性的出现，从2020年7月1日起，我国全面禁止生产、进口、经营、使用促生长用抗菌药物饲料添加剂，抗球虫药仍然允许通过饲料中添加使用，但仅用于预防鸡球虫病。

第二节　鸡的命名和分类

动物分类是学习和研究动物必需的基础；动物分类学是动物学的一个分支学科，主要研究动物的种类、种类之间的亲缘关系、动物界起源和演化等，根据自然界动物的形态、身体内部构造、胚胎发育特点、生理习性、生活的地理环境等特征进行综合研究，将特征相同或相似的动物进行归类、命名。动物分类系统，由大到小有界、门、纲、目、科、属、种等几个重要的分类等级，还可以进一步细分。动物界包括脊索动物门与无脊椎动物门。所有家禽都是脊索动物门、鸟纲的驯化动物。常见禽种分属于鸡形目、雁形目、鸽形目等，如表1-14所示。

表1-14　常见禽种在动物分类中的地位

目	科	属	种
鸡形目 Galliformes	雉科 Phasianidae	原鸡属 *Gallus*	家鸡 *G.gallus domestica*
		石鸡属 *Alectoris*	石鹧鸪（美国秋卡鹧鸪）*A.graeca domestica*
		鹌鹑属 *Coturnix*	鹌鹑 *C. coturnix domestica*
		雉属 *Phasianus*	环颈雉 *P. colchicus domestica*
	珠鸡科 Numididae	珠鸡属 *Numida*	珍珠鸡 *N. numida domestica*
	火鸡科 Meleagrididae	火鸡属 *Meleagris*	火鸡 *M. gallopavo domestica*
雁形目 Anseriformes	雁鸭科 Anatidae	河鸭属 *Anas*	鸭 *A. anus domestica*

（续表）

目	科	属	种
雁形目 Anseriformes	雁鸭科 Anatidae	栖鸭属 *Sarkdiornis*	瘤头鸭 *S. melanotos domestica*
		雁属 *Anser*	鹅 *A. anser domestica*
鸽形目 Columbiformes	鸠鸽科 Columbidae	鸽属 *Columba*	鸽 *C.livia domestica*
鸵形目 Struthioniformes	鸵科 Struthionidae	鸵鸟属 *Struthio*	鸵鸟 *S. camelus*

资料来源：包世增，1993. 家禽育种学；刘榜，2019. 家畜育种学。

种是物种的简称，是生物学分类系统的基本单位，指具有一定形态、生理特征和自然分布区域的生物类群。在自然条件下，物种之间相互以生殖隔离，即一个种的个体一般不与其他种的个体交配，即使交配也不能产生有生殖能力的后代。此外，各个物种的二倍体染色体数目和基本形态也互不相同。在生物自然分类上，种以下分为变种和型；而在生产应用分类上，鸡种以下的分类范畴是按类、型、品种、品变种、品系来分。由于野生鸟类是在不同地区不同条件下驯化而成为家禽，由此同一种的家禽可以按其原产地分类，例如鸡可以分为亚洲类、美洲类、英国类、地中海类等。由于人类对家禽选育的目的不同，由此按家禽的用途可分为肉用型［如考尼什（Cornish）］、蛋用型［如来航鸡（Leghorn）］、兼用型［如洛岛红鸡（Rhode Island Red）、白洛克鸡（White Plymouth Rocks）］及观赏型（如斗鸡）等。品种指种内由人工培育的具有血缘关系和稳定特征的一群家禽，种是自然选择的产物，品种则主要是人工选择的产物。变种指在品种内，一些具有某些共同性状的家禽，如羽色、冠型等。在品种或品变种内部，又可根据某些性状、选配或选育方法的不同等，把一些有突出优点并能稳定遗传的亲缘个体所形成的类群称为品系。

按照来源划分，鸡可分为：地方品种，如北京油鸡、清远麻鸡等；引进品种，如隐性白羽鸡（Recessive white）、矮脚黄鸡（French dwarf）、安卡红（Anka）、海佩科（Hypeco）、红波罗（Redbro）和狄高（Tegel）肉鸡等；培育品种，如京星黄鸡100、新兴矮脚黄鸡等。

黄羽肉鸡（Yellow-feathered chicken）是我国特有的一个肉用型鸡分类名称，国外一般称为慢速型鸡、有色羽鸡（Slow-growing meat-type chicken，Color-feathered chicken）。国际上一般对慢速型鸡的定义是源自地方品种［如法国的拉贝鸡（Label Rouge）］，长速慢、饲养期内大部分时间在户外的鸡，日增重40 g左右，56~81日龄达到2.2~2.5 kg，12周龄达到2.9 kg。相对而言，国外引进的快速型肉鸡称为白羽肉鸡（Faster-growing meat-type chicken，broiler），如爱拔益加（Arbor Acres，AA）、罗斯308（Ross 308）、科宝（Cobb）、哈巴德（Hubbard）等，一般42日龄即可到达2.8 kg。

黄羽肉鸡又称三黄鸡，原指黄羽、黄肤、黄胫，长速较慢，肉质风味优良的鸡。黄羽肉鸡过去也被称为优质鸡，但对优质鸡的概念国内业内和学界长期存在争论。黄羽肉鸡现泛指《中国畜禽遗传资源志·家禽志》及各省、区、市《畜禽品种志》所列的地方品种鸡，以及含有这些地方品种鸡血缘的肉鸡培育品系、品种（配套系），包括黄羽、麻羽、黑羽等所有不同羽色的肉用鸡。《中国畜禽遗传资源志·家禽志》（2011年）收录了107个地方鸡品种，截至2021年，通过国家遗传资源委员会审定的黄羽肉鸡新品种（配套系）有61个。

总体而言，黄羽肉鸡上市日龄较大，肌纤维直径较小，肌肉嫩度适中，富含肌苷酸、肌内脂肪等风味物质，肉质风味优于白羽肉鸡。一般认为，黄羽肉鸡的营养价值与白羽肉鸡差异不大。

我国肉鸡生产中还利用了一种特殊的肉鸡类型——小型白羽肉鸡，又叫肉杂鸡或817肉鸡。典型的小型白羽肉鸡是以白羽快大型肉鸡父系公鸡为父本，高产褐壳蛋鸡为母本，杂交配套生产的肉鸡。商品代雏鸡绒羽浅黄色，单冠，冠、肉垂及耳叶红色。全身白羽，偶见黑色或红色斑点，喙、胫、趾黄色，皮肤白色［山东省地方标准（DB37/T 2682.1—2015）］。小型白羽肉鸡商品鸡苗成本低，生长速度和肉品质介于快大型黄羽肉鸡和白羽肉鸡之间，适合加工扒鸡等传统鸡肉产品。小型白羽肉鸡丰富了肉鸡品种类型结构，满足了社会对多样化、个性化鸡肉种类的需求。小型白羽肉鸡生产的一个突出问题是制种不规范，2018年肉鸡WOD168配套系通过国家畜禽遗传资源委员会审定，标志着小型白羽肉鸡制种迈出了通向规范的第一步。

淘汰蛋鸡指72周龄后，产蛋率下降、蛋的质量也下降的不宜再饲养的鸡。淘汰蛋鸡肌肉中结缔组织（即胶原蛋白）含量较高而使其肉质老化、嫩度较差而影响其商品价值。淘汰蛋鸡是我国蛋鸡业重要的收入来源之一，我国每年约有11亿只淘汰蛋鸡，用于煲汤、传统深加工食品。由于淘汰蛋鸡的骨骼骨质疏松严重，在运输、加工过程中易发生骨折，鸡肉中常含有骨头碎片，影响食用。因此，美国、加拿大等国家常将淘汰蛋鸡加工成鸡肉粉用作宠物和家畜饲料，市场行情不好时也作堆肥用。

阉鸡（图1-1），俗称熟鸡、线鸡、扇鸡（骟鸡）、剨鸡、镦鸡、宪鸡、献鸡、太监鸡，英文名“capon”，是指通过外科手术摘除了睾丸的公鸡，目的是让公鸡长得更快一些，肉质更嫩一些，没有公鸡腥膻味；去掉公鸡的雄性睾丸的行为或过程也称为阉鸡。阉鸡在我国华南地区已有3 000多年的历史。国际上，意大利、法国、土耳其、美国、加拿大等100多个国家和地区，都有养殖阉鸡和消费阉鸡的习惯。特别是在春节等重要节日以及祭祖等风俗仪式对阉鸡需求较大。每年4—5月，当农家的小公鸡换出新羽之际，阉鸡匠就会活跃在农村，或者在乡镇的市集里（图1-2至图1-4）。

图1-1　阉鸡

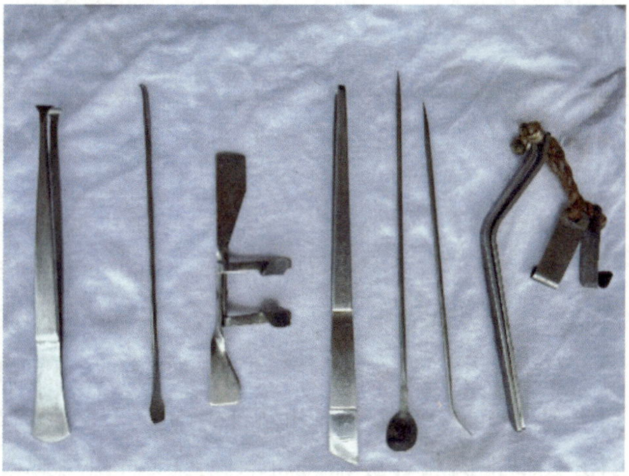

图1-2　阉鸡工具

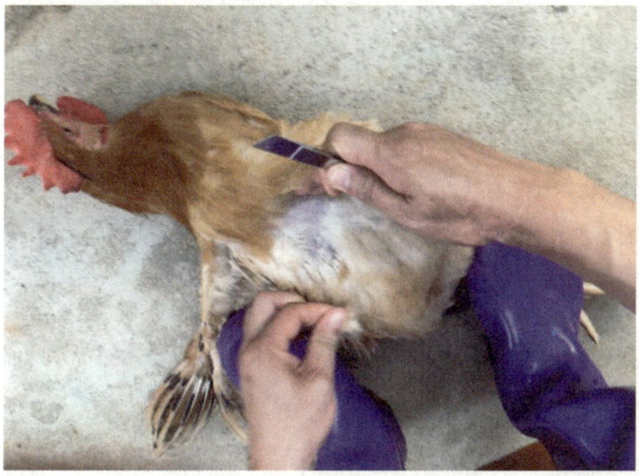

图1-3　拔鸡毛准备手术

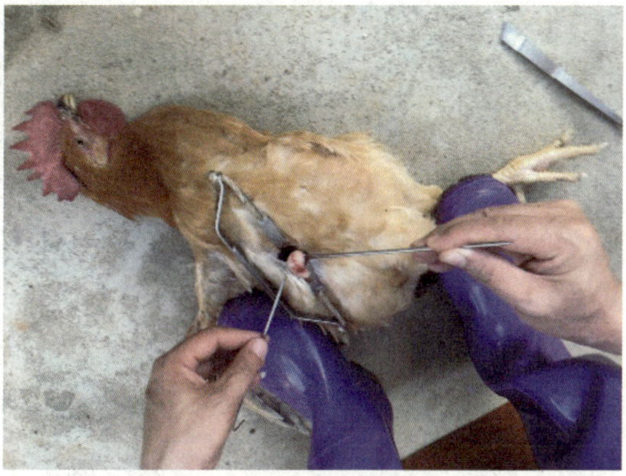

图1-4　开肚后将铁弓锁定口子

阉母鸡，又叫骟母鸡、线母鸡、假公鸡，是通过外科手术完全摘除母鸡的卵巢。阉母鸡除了体型偏小些外，与阉公鸡相比，并无太大差别。母鸡被阉割后，由于雌性激素分泌减少，使它不再产蛋，营养不再因为产蛋而流失，产肉增加、肉质口感得到提升。在外观上也会“变性”，具备一些公鸡的特征，如打鸣、羽毛鲜亮等。

阉割期要适当，如过早阉割，去势后会有部分保留雄性，即俗称“半生鸡”；如过迟则因体形大而手术难，也易出血而引起死亡。不论什么品种，只要30%以上鸡只冠红、啼叫、有踩踏母鸡行为，就可阉割。这段时间要精心做好日常饲养管理，保证鸡群健康。如果发生疾病，则会错过阉割期，造成损失。

同大多数濒危的老行当一样，阉鸡技术没有专门、系统的培训，主要靠师承传授。阉鸡这一行当现在已濒临失传，但在一些南方的小城镇，尤其是在赣南、湘东南、闽粤，以及雷州半岛的一些农村地区还可以看到。

第三节　黄羽肉鸡产业发展现状

一、肉鸡生产结构

鸡肉是禽肉中最重要的部分。根据FAO统计，2020年，在我国禽肉中，鸡肉占71%。在世界禽肉中，鸡肉占90%。若不包括中国，世界鸡肉占禽肉产量的93%。世界大部分肉鸡生产发达的国家和地区如美国、巴西和欧盟等主要饲养快大型白羽肉鸡，占到肉鸡生产的95%以上，世界平均快大型白羽肉鸡约占72%。国际上按照生长速度和饲养方式也把肉鸡分成普通白羽肉鸡、有机肉鸡等若干种类型，如法国集约化饲养的普通型白羽肉鸡占76%、散养的拉贝鸡占15%、慢速型白羽肉鸡（白羽肉鸡与拉贝鸡的杂种）占8%、用拉贝鸡生产的有机肉鸡占1%。拉贝鸡主要以品质优良著称，有机鸡强调的是食品安全。近年来，对动物福利的关注催生了新的慢速鸡市场的形成，安伟捷等世界知名家禽育种公司专门培育出了慢速型品种，如Red Ranger等，养殖公司在饲养过程中对运动场面积、饲养密度以及与家禽习性相关的配套设施设备给予特别保障。目前，荷兰的此类慢速型鸡占比达到30%～35%（占零售市场的90%），荷兰的普通型白羽肉鸡生产占65%～70%，主要用于出口。

我国肉鸡产品市场是一个多元化市场。我国鸡肉主要由白羽快大型鸡、黄羽肉鸡、小型白羽肉鸡和淘汰蛋鸡生产的鸡肉组成。以品质风味著称的黄羽肉鸡产肉量约占我国鸡肉总产量的1/3，占比之大形成了中国肉鸡产业最鲜明的特色。此外，小型白羽肉鸡也是我国一种独特的肉鸡品种类型。上述肉鸡品种的存在构成了我国肉鸡业高低搭配、适合不同消费者需求的生产结构。黄羽肉鸡产品主要满足国内市场需求，广东省每年向香港地区销售活鸡、冰鲜鸡等约5 000万只，黄羽肉鸡也销往东南亚、日本等地，但数量都不大。

我国家禽生产官方统计只包括家禽产肉量、出栏量等数据，缺乏不同物种、同一物种不同类型家禽的细分统计数据。FAO对家禽品种按物种分为鸡、鸭、鹅等进行分类统计，但没有对我国白羽肉鸡、黄羽肉鸡进行进一步细分。美国农业部虽定期发布肉鸡生产统计和预测数据，但也没有对我国白羽肉鸡、黄羽肉鸡和小型白羽肉鸡进行细分。为此，国家肉鸡产业技术体系2010年开展了一次专项调研，首次对我国白羽肉鸡、黄羽肉鸡和小型白羽肉鸡的比例进行了初步分析，见表1-15。

表1-15　我国肉鸡存栏量、出栏量结构

项目	年份	数量（万只）				占比（%）		
		总量	黄羽	白羽	肉杂鸡	黄羽	白羽	肉杂鸡
存栏量	2009年	272 606	118 730	139 941	13 935	43.55	51.33	5.11
	2010年	343 296	167 312	160 893	15 091	48.74	46.87	4.40
出栏量	2009年	971 635	326 178	592 105	53 352	33.57	60.94	5.49
	2010年	1 075 229	347 797	669 731	57 700	32.35	62.29	5.37

数据来源：国家肉鸡产业技术体系。

2008年农业部开始设立包括肉鸡在内的全国部分畜禽品种生产信息监测项目，并从2011年后对白羽肉鸡、黄羽肉鸡实时生产信息实施分类监测。中国畜牧业协会家禽分会根据肉鸡种业企业监测数据，并结合农业农村部全国部分畜禽生产信息监测数据，从2011年开始发布白羽肉鸡、黄羽肉鸡生产内部参考统计数据，2013年开始发布小型白羽肉鸡和淘汰蛋鸡产肉量数据，2018年开始正式分类统计小型白羽肉鸡出栏量，2021年中国肉鸡出栏量和产肉量见表1-16。据FAO统计，我国2020年肉鸡出栏量92.88亿只、产肉量1 514.39万t；但同年，中国畜牧业协会统计的数据分别为121.39亿只和1 996.64万t，分别比FAO统计高30.7%和31.8%，说明FAO的统计数据有可能低估了我国肉鸡的实际生产能力。目前国际和我国统计部门以及社会组织和机构还没有发布全国各省黄羽肉鸡生产数据。

表1-16　2021年中国肉鸡出栏量和产肉量

项目	出栏量（亿只）	出栏量占比（%）	产肉量（万t）	产肉量占比（%）
白羽肉鸡	65.32	48.0	1 288.11	56.0
黄羽肉鸡	40.42	30.0	639.00	27.8
小型白羽肉鸡	19.10	14.0	220.00	9.6
淘汰蛋鸡	10.82	8.0	151.48	6.6
合计	135.66	100	2 298.59	100

数据来源：中国畜牧业协会。

与我国白羽肉鸡“东强西弱”“北多南少”的优势产区布局明显不同，黄羽肉鸡主要在我国南方地区（秦岭—淮河以南）生产，尤以广东、广西最为集中，江苏、安徽、河南、陕西、甘肃等南北交界省份和地区呈现典型的“南黄北白”过渡特点，黄羽肉鸡、白羽肉鸡生产发展相对均衡，北方地区数量和比例较低。按羽色及外形特征，黄羽肉鸡大致可分为黄鸡类、麻鸡类、黑鸡类、芦花鸡类、丝毛乌骨鸡类等，以黄鸡类数量最多。广东、广西市场对黄羽、黄喙、黄脚、黄肤的鸡比较青睐，云南、贵州、四川、重庆市场对麻羽、黑羽、青胫的鸡有所偏好。20世纪90年代以来，黄羽肉鸡一直探索大规模走向广阔的北方市场，但发展速度较慢。黄羽肉鸡屠宰冰鲜上市以及网络快递等新业态的快速发展，为产品再次拓展北方市场提供了新的机遇。

二、标准化规模养殖

目前黄羽肉鸡种鸡繁育实现了笼养，而商品鸡生产大多数仍采用放养和平养方式，来自小规模饲养户散养的黄羽肉鸡还占有相当的比例。这种方式不仅饲养效益低，生产成本高，造成饲料资源的浪费，加上卫生防疫体系不健全，使疫病发生的风险高，抵御市场风险能力差。此外，随着公众对食品安全意识的提高，黄羽肉鸡的生产也将面临更大的挑战。除生产方式外，传统的消费方式也导致了市场上产品单一，大部分是活鸡产品，冰鲜和深加工产品市场占有率低，这对于行业长远发展十分不利，活鸡消费不仅为企业经营带来风险，而且不利于产品流通和确保食品安全。2005年、2017年的禽流感疫情对黄羽肉鸡的生产与市场消费都造成了严重冲击，黄羽肉鸡放养和活鸡销售日益受到诟病，我国越来越多的大中城市加入限制活禽消费行列，只有找到更加合适的出路，才能确保黄羽肉鸡行业健康发展。

进入21世纪以来，我国黄羽肉鸡生产结束了长期快速发展阶段，进入相对稳定发展时期。目前，为很多养殖户创造收益的黄羽肉鸡小规模、分散饲养的传统模式已经逐渐显现出它的局限性，国内处于领先地位的黄羽肉鸡企业基本上实现了产业化生产，在一些大企业的带动和引领下，“公司+农户”的养殖模式逐步完善，规模化饲养比例正在提高。随着企业规模的扩大，企业内部管理费用不断上升，来自企业内部、外部因素的影响也会增加，如行业自身发展问题和土地紧缺、环保要求提高等条件的限制，会为企业的经营带来一定的难度。因此，不能过分追求生产规模，要在发展适度规模的基础上，提高生产水平，降低生产成本，强化内部管理，提高产品质量。此外，在未来黄羽肉鸡发展进程中，走产业化道路是企业的必然选择，只有不断完善企业的产业链条，才能增加抗风险能力。

虽然我国肉鸡标准化规模养殖水平在所有畜禽养殖中是较高的，但黄羽肉鸡的标准化规模化养殖水平与白羽肉鸡相比还有很大提升空间，各地因地制宜发展黄羽肉鸡生产，在种源配套上缺乏统一协调，明显表现出小区域、小规模特色，需要在未来相当长的时期不断推进和完善。我国肉鸡规模化养殖变化情况和全国畜禽养殖规模化率情况见表1-17、表1-18。

表1-17　我国肉鸡规模化养殖变化情况　　单位：家

年份	1～1 999只	>2 000只	>1万只	>3万只	>5万只	>10万只	>50万只	>100万只
2010年	14.3	85.7	67.9	—	33.2	21.8	12.0	8.6
2020年	9.6	90.4	83.9	74.7	64.9	53.6	36.3	27.8

数据来源：《中国畜牧兽医统计》。

表1-18　全国畜禽养殖规模化率情况　　单位：%

年份	畜禽养殖规模化率	生猪	蛋鸡	肉鸡	奶牛	肉牛	羊
2010年	45.6	34.5	62.9	67.9	30.6	23.2	22.9
2020年	67.5	57.1	79.7	83.9	67.2	29.6	43.1

注：1.农业农村部各畜种养殖规模分别按生猪出栏500头以上、蛋鸡年存栏2 000只以上、肉鸡年出栏10 000只以上、奶牛年存栏100头以上、肉牛年出栏50头以上、羊年出栏100只以上标准测算；

2.来自《中国畜牧兽医统计》；

3.历年畜禽养殖综合规模化率为规模以上蛋白当量/各畜种总蛋白当量计算而得。

黄羽肉鸡产品类型过多、市场纷杂，在一定程度上存在恶性竞争，虽然近些年情况有了明显好转，但以次充好、鱼龙混杂、良莠不齐的现象仍然存在，这是由于缺少行业标准造成的。关于快速型、中速型、优质型如何界定，也是争议较多的问题。由于黄羽肉鸡仍以活鸡消费占主导，因此，消费者购买时对鸡的外观要求就高，包括对羽色、皮肤、体型的选择。由于对鸡的外观要求不一致，就为市场定价带来很大难度，衡量标准难以统一，这在一定程度上影响了企业的发展，整个行业的标准化、规模化发展还有很长的路要走。要积极组织制定相关标准和技术规范，如黄羽肉鸡外貌标准、鸡肉品质分级标准、育种技术规范、产品加工技术规范等，从育种生产环节规范，到产品加工和流通市场，以加速黄羽肉鸡生产的标准化进程。近年来，随着肉鸡标准化规模养殖的推进，我国制定了一系列的标准和规范，其中涉及黄羽肉鸡的有《标准化养殖场 肉鸡》（NY/T 2666—2014）、《黄羽肉鸡产品质量分级》（GB/T 19676—2005）、《鸡饲养标准》（NY/T 33—2004）、《黄羽肉鸡饲养管理技术规程》（NY/T 1871—2010）等，以及一批地方鸡品种标准。

我国家禽业已经进入了市场化运作时期，政府对行业的行政干预越来越少，目的是给企业提供更多更大的生存和发展空间，当发生重大疫情或市场上禽产品供应出现问题而影响居民的生活时，国家会采取相应的扶持政策。正因如此，至今并没有关于行业发展的整体规划。但是，由于企业发展存在自身的局限性，尤其是起步相对较晚的现代黄羽肉鸡业，其历史很短，也没有可以借鉴的成功经验，很多企业都是在探索中前进，这就难免在发展过程中表现出一些盲目性。有的企业在从事黄羽肉鸡生产时，并没有进行充分的市场调研和论证，看到别的企业赚钱就盲目跟风。归根结底，这是由于黄羽肉鸡市场准入门槛低，企业进入和退出机制不健全，各地在发展时缺乏统一规划，对饲养总量没有明确地控制，对生产水平也没有明确地要求，行情好时一哄而上，行情差时又快速退出，造成市场大起大落，波动明显，浪费了大量的资金和资源，进而影响行业发展。

三、良种繁育体系

现代家禽繁育体系的基本内容主要包括品种资源创新利用、品系繁育、品系配套杂交、分级制种和随机抽样性能测定（Random sampling performance test）等几个方面。在杂交繁育体系中，将育种工作和杂交扩繁任务划分给相对独立，而又密切配合的育种场和各级种禽扩繁场来完成，使各部门的工作专业化。家禽杂交繁育体系的建立决定了现代养鸡生产的基本结构。鸡的良种繁育体系见图1-5。

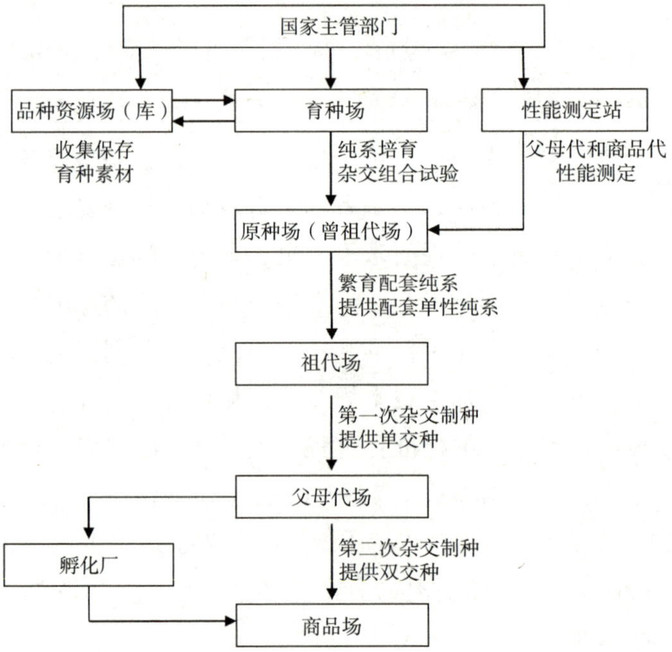

图1-5　鸡的良种繁育体系

配套系是利用不同品种或种群之间杂种优势，用于生产商品群体的品种或种群的特定组合，当前国内外商品肉鸡生产以配套系为主。为了利用杂种优势，在杂交繁育体系中需要有几个系配套使用，商品代家禽通常是2个或2个以上纯系杂交后的产品（图1-6）。由于各系在配套系中的位置决定了对后代的影响程度，所以每个系的育种目标不完全相同。这些纯系通过配合力测定，筛选出符合商品生产的纯系组合，推向市场，这一特定的纯系组合称为配套系。目前黄羽肉鸡以三系配套为主，二系配套数量相对较少，只有少数几个配套系是四系或以上配套。

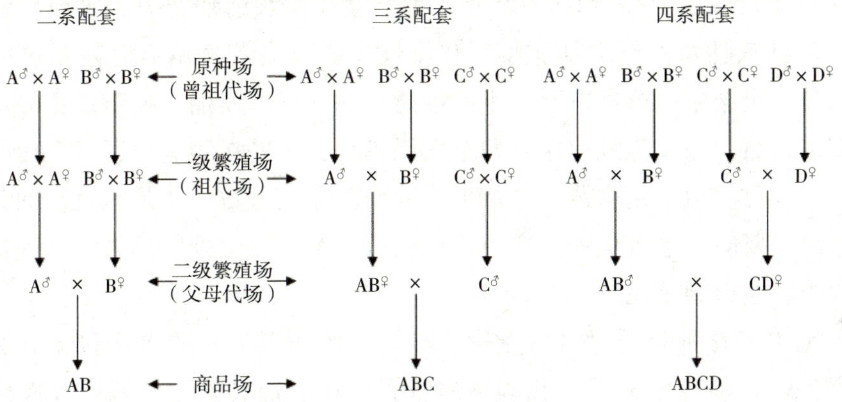

图1-6 商品鸡杂交配套示意图

我国黄羽肉鸡育种企业数量多，规模参差不齐，整体技术力量相对薄弱，先进育种技术应用不够，育种设施设备相对落后，低水平重复育种现象严重，生产中特征明显、性能优异、市场份额大的核心品种较少。黄羽肉鸡育种大多是因地制宜、就地取材，这样虽然可以提高地方鸡种的利用率，但在种源配套上缺乏统一协调，明显表现出小区域、小规模的特点，缺乏长远规划，再加上一部分企业受利益驱使，简化育种程序，减少鸡种代次，导致种鸡生产性能达不到市场要求，难以满足集约化大规模养鸡生产的需要。目前黄羽肉鸡育种缺少像蛋鸡和白羽肉鸡"曾祖代—祖代—父母代—商品代"这样代次分明的良种繁育体系，各育种场主要出售父母代种鸡和商品鸡雏鸡。

到目前为止，我国黄羽肉鸡育种在体型外貌、生长速度等高遗传力性状方面取得一定的遗传进展，但对肉品质、繁殖和饲料利用率等重要经济性状的选择进展缓慢。市场急需的节粮、优质、高效配套系的培育，虽然在广东地区取得了明显效果，但是在全国范围内开发还显不足，使良种繁育体系明显滞后于商品鸡生产的发展。

四、疫病防控

总体而言，黄羽肉鸡对环境的适应性比白羽肉鸡强。但随着黄羽肉鸡饲养规模的不断扩大，对品种的生产性能要求越来越高，鸡群生长速度提高较快，对其他指标，如疾病的抵抗力，产生一定的不利影响。

由于黄羽肉鸡的养殖时间相对较长，饲养条件相对简陋，过去曾主要依靠密集型免疫和持续性药物来防控疾病。我国高致病性禽流感等重大疫病时有发生，新城疫、H9亚型禽流感、传染性支气管炎等重要家禽疫病呈地方性流行。目前对黄羽肉鸡重要疫病的免疫较多，如马立克氏病、新城疫、高致病性禽流感、H9亚型禽流感、传染性支气管炎、传染性法氏囊病等。其中对于马立克氏病，由于该病的易发期多在2月龄以后，需要在出雏盘或者出壳后1 d内及时接种马立克氏病活疫苗。为了得到较好的免疫保护效果，高致病性禽流感、新城疫、传染性支气管炎等疫苗有时需要多次免疫。然而，过度的免疫也会带来鸡群应激、生产性能下降、成本增加、疫苗残留等负面影响。因此，近年来，黄羽肉鸡免疫程序有两个发展趋势，一是在雏鸡出壳当日尽可能多地接种多种疫苗，或更多地使用联苗，以减少后续疫苗免疫次数；二是通过定期免疫效果监测，监测结果必要时才进行免疫，实现免疫减负，该方法受到广泛关注，并在越来越多的规模化肉鸡企业得到重视。

国际大型肉鸡育种公司对禽白血病、沙门氏菌病等疫病的净化和防治工作开展得较早、较彻底，产品竞争力强。我国禽白血病、鸡白痢、支原体感染等疾病的种源净化工作亟待加强，疫病防控形势依然严峻。目前在国内饲养环境下，切实做好垂直传播疾病的净化工作，提高肉鸡种源洁净度，是新时期肉鸡育种和肉鸡规模化生产中面临的重要课题。流行病学调查表明，以鸡白血病为代表的垂直性传播疾病仍对黄羽肉鸡育种危害严重。有部分种禽企业为追求短、平、快目标，无序引种，不合理杂交，导致禽白血病病毒（ALV）污染面扩大，育种群禽白血病阳性率显著增高、死淘率上升、生产饲养效益下降。在一些商品鸡群中发病率、死淘率可高达20%～30%，造成巨大的经济损失。2013—2017年，俞燕等（2019）在全国27个地方品种鸡中采集样品进行ALV流行病学调查，从22个品种鸡的组织和血浆样本中分离到27株ALV-J、17株ALV-K、8株ALV-B、3株ALV-A，表明ALV在地方品种鸡群中的普遍性和复杂性。张倩等（2019）对我国不同地区祖代鸡群进行ALV-J抗体流行病学调查，结果表明个体阳性率为0.35%～5.57%。2016—2019年，Liu等（2021）在广东地区规模化种鸡场中采集样品进行ALV-J流行情况调查，多个规模化黄羽肉种鸡中存在遗传背景复杂的ALV-J感染。姜增等（2022）通过对广东地区一些正在进行净化的黄羽肉鸡和地方品种鸡群禽白血病感染情况进行血清学和病原学调查（表1-19），结果表明禽白血病净化工作已呈分化趋势，少部分种鸡场已经实现净化，多数种禽场仍在努力净化中，虽然明显降低了禽白血病的阳性率，但是场内存在ALV-J、ALV-K等不同亚群毒株的流行。

表1-19 广东地区部分规模化种鸡场ALV-J抗体检测结果 单位：%

种鸡场	代次	ALV-J	
		个体阳性率	95%CI（置信区间）
A	祖代鸡	1.7（1/60）	0～5.1
	父母代鸡	6.7（4/60）	0.3～13.3
B	祖代鸡	6.7（4/60）	0.3～13.3
	父母代鸡	26.7（16/60）	15.9～38.6
C	祖代鸡	3.3（1/60）	0～5.1
	父母代鸡	0（0/60）	0～0.1
D	祖代鸡	13.3（8/60）	4.8～22.4
E	祖代鸡	68.3（41/60）	58.0～81.4
	父母代鸡	23.3（14/60）	12.9～34.7
F	祖代鸡	0（0/60）	0～0.1
	父母代鸡	0（0/60）	0～0.1
G	祖代鸡	0（0/60）	0～0.1
	父母代鸡	0（0/60）	0～0.1
总计		11.4（89/780）	7.7～11.9

注：个体阳性率（%）为阳性数/检测数×100，下同。

2006—2008年受“血管瘤”等禽白血病疫情冲击的影响，国内多个肉鸡生产企业纷纷自发启动禽白血病净化程序。虽然禽白血病净化对资金、硬件和专业技术要求较高、前期的投入成本较高，但净化后对父母代或商品代肉鸡的养殖效果改善十分明显，因此越来越多的肉鸡企业加大了在禽白血病净化方面的人力、物力和财力投入，全国黄羽肉鸡禽白血病净化情况已得到显著改善。2015年以来，农业农村部和中国动物疫病预防控制中心已在全国组织开展4轮次“禽白血病净化示范场、创建场”认证，已有7家肉鸡企业被农业农村部确定为“国家级禽白血病净化场”，有31个肉鸡企业被中国动物疫病预防控制中心确定为“动物疫病净化创建场”，这些通过认证评估的企业起到了良好的示范引领效果。

2021年5月1日新版《中华人民共和国动物防疫法》正式实施，“净化”已被列入总则第一条。《全国肉鸡遗传改良计划（2021—2035年）》《全国畜禽遗传改良计划实施管理办法》等文件的共同关键词是“禽白血病净化”和“鸡白痢净化”。《农业农村部关于推进动物疫病净化工作的意见》指出，实施动物疫病净化消灭，是动物疫病防控的重要路径，也是动物疫病防控的最终目标。

五、产品加工

白羽肉鸡产品主要是屠宰加工上市，并且朝精细分割、深加工方向发展，以美国为例，见表1-20。

表1-20　美国60年肉鸡上市形式变迁　　单位：%

年份	整鸡占比	分割鸡占比	深加工鸡占比
1962年	83	15	2
1970年	70	26	4
1980年	50	40	10
1990年	18	56	26
2000年	10	44	46
2010年	12	43	45
2020年	9	40	50
2024年	8	39	52

数据来源：美国养鸡协会（National Chicken Council，USA）。2020年和2024年数据为估计值。

法国拉贝鸡产品是国际上一类与我国黄羽肉鸡类似的肉鸡产品，其市场整鸡消费由1998年的52%下降到2015年的30%，分割鸡和深加工鸡比例则分别由33%和15%提高到44%和27%。目前，我国养殖黄羽肉鸡约85%以活鸡上市，屠宰加工率只有15%，其中深加工率不足5%。相比之下，白羽肉鸡屠宰加工率则近100%，其中深加工率约占35%。

黄羽肉鸡产品深加工一直是制约行业发展的瓶颈，对此，业内专家也曾呼吁多年，由于受消费习惯和技术研发的影响，虽然这一领域受到了大家的重视，但是，发展步伐非常缓慢，与白羽肉鸡的加工产品相比，差距相当明显。产品深加工不仅能为企业带来更多的附加值，而且也是提高产品卫生质量、抵御疫病风险的有效手段。目前黄羽肉鸡产品深加工市场亟待开发，当然这要建立在改变消费者饮食习惯的基础上，首先要大力培植消费市场。

由于种种原因，目前黄羽肉鸡产业链仍然较短，在行业内有一定影响力的企业其主要经营领域也是种禽生产，经过多年的积淀，企业的种鸡质量有了明显提高，生产性能也逐步稳定，可以满足农户的养殖需要，在打造品牌上迈出了可喜的第一步。但是，在产品加工方面，与猪肉、牛肉、羊肉、白羽肉鸡、鸭肉加工相比，基本上处于品牌的空白，为此，企业应努力打造品牌，扩大影响力和知名度，实现全行业长远发展。

交易方式的转变，倒逼黄羽肉鸡产业的转型升级，培育生长发育水平及体型大小一致、适合标准化饲养与屠宰加工的黄羽肉鸡新品种已成为当务之急。

第四节 黄羽肉鸡育种科技进展

一、重大科技进展

我国从“六五”开始设立黄羽肉鸡育种国家科技攻关课题，一直延续到“十三五”（“十一五”后改为国家科技支撑计划）（表1-21）。“十五”至“十二五”期间，在国家高技术研究发展计划（863计划）、国家重点基础研究发展计划（973计划）、引进国际先进农业科学技术计划（948计划）等一系列国家项目中也列入了一批黄羽肉鸡遗传育种相关课题。“十三五”开始，原来的973计划、863计划、国家科技支撑计划、国际科技合作与交流专项、产业技术研究与开发基金和公益性行业科研专项等整合为国家重点研发计划，黄羽肉鸡育种的立题项目数大幅减少。国家肉鸡产业技术体系自2008年起开始设立黄羽肉鸡育种岗位，一直延续至今。在基础研究领域，国家自然科学基金项目支持了大量黄羽肉鸡育种相关项目。此外，在地方政府层面，也有相当数量的黄羽肉鸡育种项目立项。相对而言，黄羽肉鸡营养、疫病控制、环境、产品加工等领域的研究课题比较分散，独立立题较少。

表1-21 国家科技攻关（支撑）黄羽肉鸡育种课题（部分）

时期（时间）	计划名称	课题名称
“六五”（1980—1985年）	国家科技攻关	我国黄羽肉鸡杂交配套组合的研究和繁育体系的建立
“七五”（1986—1990年）	国家科技攻关	优质黄羽肉鸡新品系的选育（75-06-02-02）
“八五”（1991—1995年）	国家科技攻关	优质黄羽肉鸡品系选育和配套研究（85-012-04-01）
“九五”（1996—2000年）	国家科技攻关	黄羽肉鸡品系选育（96-003-04-05）
“十五”（2001—2005年）	国家科技攻关	黄羽肉鸡和水禽育种与养殖关键技术研究（2002BA514A09）

（续表）

时期（时间）	计划名称	课题名称
“十一五”（2006—2010年）	国家科技支撑	优质高产专用家禽新品种选育（2006BDA01A09）
“十二五”（2011—2015年）	国家科技支撑	优质高效肉鸡新品种选育及产业化示范（2011BAD28B0301）
“十三五”（2016—2020年）	国家科技支撑	鸡种质资源培育与创新利用（2015BAD03B03）

中央和地方政府的长期立项支持，极大地促进了我国黄羽肉鸡科技工作的发展。“六五”以来我国在黄羽肉鸡领域取得了多项国家级奖励成果，这些成果在很大程度上代表了我国黄羽肉鸡的科技发展水平。

（一）优质肉鸡新品种京海黄鸡培育及其产业化

为解决优质肉鸡多性状间遗传负相关选择效应相互抵触、活体选择肉品质、地方鸡就巢性强而难以产业化等突出的科学难题，历经20多年，成功培育出我国目前唯一通过国家审定的、具有肉质优、开产早、产蛋多、抗逆强等特点的，适合产业化的优质肉鸡——京海黄羽肉鸡新品种（非配套系）。2014—2016年连续3年被原农业部确定为全国主导品种。

针对育种目标，挖掘遗传资源，甄别遗传多样性，创建了优质黄羽肉鸡育种基础群，并利用海量原始数据，创建了9个育种信息库，实施了肉鸡育种全程精细化。历时8年精心挖掘、遴选出5个地方鸡遗传资源，利用FAO推荐的29个微卫星标记，分析遗传多样性，组建了基础群。先后应用DNA指纹、GWAS（全基因组关联分析）等技术验证出分子标记24个，7个成功应用于京海黄羽肉鸡育种。系统创建了血缘、选种、分子标记等9个育种信息库，实施了肉鸡育种全程精细化。

针对就巢性和负相关性状选择难题，创建了肉鸡就巢性选择模型、约束指数选择模型和分子设计辅助育种平台，突破了肉鸡繁殖力低的瓶颈。首创了就巢性公鸡、母鸡限性性状同胞选择技术模型，就巢率从48%降为0%。创建了适合京海黄羽肉鸡的最佳约束选择指数模型1个，解决了肉鸡遗传负相关性状间选择效应相互抵触的技术难题；研究证实对京海黄羽肉鸡繁殖性状有显著效应的分子遗传标记5个，利用其中2个标记育成了产蛋率高的特定品系新材料2个。

针对生长、肉品质和抗病性三大性状，创建了DNA指纹J带标记辅助选择技术、肉品质间接选择模型和抗球虫病选择指数模型，实现了肉鸡多性状跨越式改良。利用首次发现并命名DNA指纹J带，创新育成了特定新品系2个；创建了鸡冠选择结合遗传标记间接选择技术，解决了活体选择肉品质的难题；独创测定鸡种蛋中溶菌酶含量方法，采用主成分分析法结合*ZYXIN*基因标记辅助选择，创建了抗球虫病综合选择指数模型1个，选择群抗球虫指数提高了56.1%。

针对产业化，创建了标准化、绿色化、品牌化生产技术体系和产学研协同联动服务带动型模式，推动了肉鸡产业提质增效，创建了标准化生产技术体系和全程质量控制可追溯系统，确保了京海黄羽肉鸡产品质量；创建了京海黄羽肉鸡生态健康养殖新模式，增加了养殖效益；组建了4个技术创新平台、3种服务网络和多种推广模式，有效增强了养殖户的抗风险能力。

新品种健雏率98%以上，66周龄成活率92.3%、产蛋数198个，截至2014年，京海黄羽肉鸡繁殖性能在国家已审定的31个肉鸡品种（配套系）中排名第一。每只商品鸡的饲养效益提高5～7元。

该成果自获省级和国家级畜禽新品种证书以来，创新技术和新品种已在全国11个省（市）推广种苗约2.69亿只，总经济效益约75.12亿元，提供就业岗位8 500多个，带动了1 800多家养殖户致富，并带动了相关产业的发展，取得了重大经济、社会和生态效益。

该成果2018年获得国家科学技术进步奖二等奖。

（二）地方鸡种质资源保护利用体系创建与应用

我国地方鸡种质资源丰富，但长期存在种质资源保护与利用、高产与优质难兼顾，品种多、逐一配套困难、品种创新不足等问题。针对上述问题，历经16年已创建地方鸡种质资源保护利用技术体系，取得系列创新性成果。

提出“单流向”保护利用和“通用核心系”培育理念，创建地方鸡种质资源保护利用技术体系，实现地方鸡种质资源保护与利用可持续发展。遵循遗传信息单向流动原则，从地方鸡种质资源保种群、扩繁利用群，仅对利用群进行创新利用，用后淘汰，实现“单流向”保护利用。建立按领域培育“通用核心系”标准，创新青胫、黄胫、乌鸡和土蛋鸡四个领域保护利用技术，通过“通用核心系”与地方鸡配套，实现以用促保形成的“一种地方鸡品种资源的保护与利用的育种方法”发明专利授权。创建的地方鸡保护利用体系，成功应用于全国15.9%的地方品种；获批国家级保种场1个、肉鸡核心养殖场2个、蛋鸡良种扩繁基地1个、国家地理标志产品2个。

创新地方鸡“快速平衡”育种技术，突破本品种选育进展慢以及高产与优质难兼顾的技术瓶颈。建立导入外血快速提高生产性能并维持高产与优质平衡的常规育种方法，以及分子标记全程跟踪结合表型量化评价基因聚合效应的分子育种方法。优化出土蛋鸡和优质肉鸡配套系的外血含量最高阈值分别为62.5%和37.5%。集成24项授权发明专利，创新地方鸡“快速平衡”育种技术，使品系培育时间缩短1.5个世代、成本降低

50万元/世代，实现快速低成本育种、高产与优质有机统一。

培育11个通用核心系，创新8套制种技术，解决了地方鸡直接利用性能低、逐一选育配套困难多等技术难题。核心系特色明显、性能突出，与原品种相比，8周龄生长速度提高8.2%～21.5%、平均产蛋率提高6%～10%。以核心系为纽带，创新涵盖4个领域8套制种技术，解决了青、黄胫类黄麻羽鸡配套制种成本高、乌鸡类不能多系配套、土蛋鸡类外观和蛋用性状不符合土鸡要求等问题。尤其是青、黄胫类优质白羽肉鸡制种技术支持了优质冰鲜鸡、分割鸡产业发展。已组装出12个配套系并中试推广，实现了低成本、简洁化制种。

育成2个国审新品种，制定2个国家级标准和6个省级地方标准，推动了地方鸡种自主创新、标准化生产和产业化开发。‘三高青脚黄鸡3号’为农业农村部推介主导品种，其育成开创了我国地方鸡保护利用并举先例，父母代矮小节粮，可用于生产土鸡蛋、商品代肉蛋兼用。‘金种麻黄鸡’为广东省高新技术产品，是国内首个双矮脚父本配套的三黄肉鸡新品种，父母代产蛋率高、耗料量少，商品代肉质好、抗逆性强和性成熟早。近3年，两个品种在同类产品中市场占有率分别为16.2%和13.7%。制定8项标准，推动了良种良法配套。近3年创直接经济效益3.07亿元、社会效益199.33亿元。

该项目在2018年获得国家科学技术进步奖二等奖。

（三）节粮优质抗病黄羽肉鸡新品种培育与应用

针对黄羽肉鸡生产中存在的饲料报酬和生产效率低下、生长速度持续提高造成肉品质下降、养殖环境应激导致疾病发生率升高等问题，该项目开展了相关性状的关键基因和分子标记筛选、种质和育种技术创新以及新品种培育与应用研究，取得了突破性成果。

挖掘出肉质抗病性状的关键基因和有效分子标记，应用效果显著并被国内外广泛借鉴。获得与肌内脂肪含量、淋巴细胞比率等性状相关的重要基因25个，国际上首次报道促卵泡刺激素受体（FSHR）基因是脂类代谢的新功能基因。确定脂肪酸结合蛋白（FABP）、腺苷-磷酸脱氨酶基因（*AMPD1*）、Toll样受体（TLR4）等用于肌内脂肪、肌苷酸和淋巴细胞比率性状遗传选择的分子标记5个，并在实际品系选育中取得良好效果；*FABP*基因作为肌内脂肪含量分子标记的研究结果被国内外文献引用达47次。

创建了节粮优质抗病黄羽肉鸡品种选育技术体系，为解决产业中优质高产高效问题提供了关键技术支撑。建立了以矮小型基因（*dw*）应用为核心的节粮矮小型黄羽肉鸡制种技术，节省了父母代种鸡产蛋期耗料，改善了产蛋性能。该技术在30%的国家审定黄羽肉鸡新品种中得到应用，成为黄羽肉鸡主要配套制种模式之一。国内率先将肉质和抗病性状列入选育指标，采用同胞测定、家系选择和分子标记辅助相结合的方法，建立了以肌内脂肪和肌苷酸含量为主选性状的肉质选育技术，以及淋巴细胞比率为主选性状的抗病选育技术，实现了肉质和抗病等不易度量性状的遗传选择。

创制专门化新品系11个，培育出各具特色的国家审定新品种4个，满足生产对节粮优质抗病新品种的需求。选育出节粮矮小型、高肌内脂肪、高肌苷酸和低淋巴细胞比率等肉鸡专门化新品系11个；培育出适合北方、长三角和西南等地区不同市场需求的黄羽肉鸡新品种4个。金陵黄鸡等3个新品种的配套亲本携带*dw*基因，父母代种鸡节约饲料12%～15%；京星黄羽肉鸡100经过肉质性状选育，肉质评分提高2.7分；京星黄羽肉鸡102、五星黄羽肉鸡经过抗病性状选育，商品鸡成活率提高2.8～2.9个百分点。新品种在推广地区的同类型产品中市场占有率达30%～36%，京星黄羽肉鸡100和京星黄羽肉鸡102被农业农村部作为肉鸡主导品种向全国推介。

制定与育种、生产配套的国家和行业标准5项，推动了黄羽肉鸡的标准化生产。制定了《黄羽肉鸡产品质量分级》（GB/T 19676—2005）、《鸡饲养标准》（NY/T 33—2004）、《黄羽肉鸡饲养管理技术规程》（NY/T 1871—2010）等标准5项，填补了黄羽肉鸡行业产品质量评定的空白；确定了种鸡和商品鸡的营养需要量和饲养管理技术参数，提高了饲料资源利用和生产效率。新品种辐射到全国20多个省（区、市），推广父母代种鸡1 100万套、商品鸡15.5亿只，获经济效益34.15亿元，经济和社会效益显著。

该项目成果在2016年获得国家科学技术进步奖二等奖。

（四）大恒肉鸡培育与育种技术体系建立及应用

地方品种生产效率低，需建立遗传育种技术体系，并培育出生产效率高、肉质风味优的新品种。历经26年研究，利用地方鸡种遗传资源及优质性状基因，开展18个品系选育，5个品系通过审定，培育出通过国家审定的‘大恒699’肉鸡新品种（配套系），有效解决了快速提高地方鸡种生长性能、改良肉鸡母系繁殖性状和使肉质风味性状及生产效率性状在遗传上结合的国际性难题，取得多项创新成果。

利用地方鸡种遗传资源育成新品种，育成外貌一致、特色鲜明、性能稳定的新品系5个；培育出‘大恒699’肉鸡配套系[农（09）新品种证字第39号]，与地方鸡种相比，10周龄体重高出88%，节省饲料23%。新品种集成了地方鸡种的外观和肉质风味，大幅度提高了生产效率。

揭示了地方鸡种遗传特性。探明了中国地方鸡种的母系起源、抗逆性和适应性的分子机理；厘清了旧院黑鸡等8个地方鸡种生产性状表型和独特性状遗传特性；获得了与繁殖、生长、肉质等主要经济性状高度关联的候选基因20个。

创建了家禽育种规划技术体系。建立了用于联合与非联合肉鸡生产系统经济评价的确定性模型，推导出了这两种情况下肉鸡育种重要性状的经济价值；创建了应用基因流方法推导生产性状和繁殖性状的累积贴现表达值（cde）的系统设计方案；建立了繁殖性状遗传选择的纯种与杂种联合选择方法（CCPS）；构建了肉质指数并作为独立的目标性状纳入育种规划。

创立了分子遗传与数量遗传相结合的育种技术体系：系统研究了大恒肉鸡主要经济性状分子标记；将分子标记技术用于肉质性状辅助选择、确定各品系遗传距离和获得杂种优势；创建双性状多基因聚合技术并培育出高肌苷酸和高肌内脂肪新品系。

构建了优质肉鸡饲养管理技术体系。建立了累积生长与生产效益耦合模型等新品种养殖配套技术体系；创建了氮素循环的耕地肉鸡承载能力评估模型；设计了标准化鸡舍建设工艺方案。应用配套技术使产蛋量、饲料报酬、全期成活率分别提高9.03%、8.76%和4.57%，用药成本降低23.48%。

新品种在全国18个省（市）推广，近3年推广父母代种鸡280.22万套，累计生产商品肉鸡37 997.83万只，推广新品种和配套养殖技术获经济效益52.62亿元。

该成果在2014年获得国家科学技术进步奖二等奖。

（五）中国地方鸡种质资源优异性状发掘创新与应用

为满足我国优质禽产品中注重表观性状的需求，解决地方鸡种表观性状杂乱、性能低、制种体系不健全、自主知识产权缺乏等问题，利用其遗传多样性，发掘优异性状并创新利用，已培育8个包装（表观）性状突出、生产性能优良，具有自主知识产权、应用广泛的核心品系，并创建了系列制种模式，为中国地方鸡种质资源保护和开发利用提供了新思路、新方法和新材料，对抵御外来鸡种入侵、防止我国优质鸡种质资源流失、提升优质鸡行业核心竞争力意义重大。

优质肉鸡领域，建立的“青黑胫黄麻鸡制种方法”，使占国内优质鸡饲养总量2/3的青黑胫系列鸡的制种与生产得到知识产权保护；培育出青（黑或黄）胫隐性白羽地方鸡新品系及青胫高产隐性白羽新品系，首次解决了青黑胫、黄麻羽系列鸡种生产中长期依赖国外进口黄胫隐性白羽鸡的品种垄断和两系配套生产技术难题；培育的黄白胫丝毛鸡、含金银色基因的丝毛乌骨鸡高产新品系，在国际上首次实现丝毛乌骨鸡三系或四系配套生产，并可通过胫色或羽色自别雌雄。

优质土种蛋鸡领域，培育出国内外唯一的矮小型绿壳蛋鸡新品系，既发掘利用了绿壳蛋基因的显性遗传性状，又充分利用了矮小基因降低饲料消耗，节省饲养空间，提高饲料转化效率的伴性遗传性状；培育出国内唯一的黄麻羽白壳蛋鸡新品系，与褐壳蛋鸡配套出饲料转化效率高、生活力强的粉壳蛋鸡；培育出具有伴性性状的浅芦花羽新品系，与黄麻羽地方鸡配套的后代可羽色自别雌雄，两系配套生产土种鸡蛋，三系配套生产优质肉鸡。2004年1月至2007年2月，合作企业共推广优质肉鸡和土种蛋鸡苗10 810万只，带动7 927户农户获利55 274.6万元。

该成果在2008年获得国家技术发明奖二等奖。

（六）优质肉鸡产业化研究

优质肉鸡产业化研究成果属于农业产业化技术领域。

该成果突破了优质肉鸡产业化进程中的良种繁育关键技术，建立了优质肉鸡良种繁育体系。广泛收集国内外优质肉鸡品种资源，建成了全国最大的优质肉鸡种质资源库；培育了20多个专门化品系；育成了15个适合市场需求的优质肉鸡新品种（配套系），其中新兴黄鸡Ⅱ号（2001）、新兴矮脚黄鸡（2001）、岭南黄鸡Ⅰ号（2002）和岭南黄鸡Ⅱ号（2002）4个配套系通过国家家禽品种审定委员会审定；建成了“岭南黄鸡优质高效配套系繁育体系”和“温氏集团优质肉鸡良种繁育体系”为代表的优质肉鸡良种繁育体系。

攻克了适合优质肉鸡产业化发展的配套技术，建立了优质肉鸡产业化技术体系。根据家禽生物安全理论，建立了科学的家禽生物安全系统，有效地控制了鸡病的发生和流行，保障了生产的顺利进行，肉鸡成活率超过97%、上市率超过96%。采用“物理吸附-化学反应-生物转化”等多种方法，利用鸡粪制造商品有机肥有效地消除了鸡粪堆放对环境的污染，促进了养鸡业的健康持续发展。确定了优质肉鸡的营养需要，根据“理想蛋白质”概念，以可消化氨基酸为基础，科学配制全价饲料，不断提高优质肉鸡的生产性能和饲料报酬，建立了优质肉鸡饲料生产体系。

建立优质肉鸡“北繁南养”产业化模式，完善了“高校+企业+农户+市场”“研究所+企业+农户”的优质肉鸡产业化模式；创造了产学研相结合、促进农业产业化的成功范例。

在实施该项目的过程中，培育了3个龙头企业，促进了我国肉鸡品种结构的变化，产生了巨大的经济效益和社会效益。到2011年为止，已推广优质肉鸡雏鸡15.8亿只，推广面覆盖全国26个省（区、市），销售优质肉鸡6.92亿只，社会新增产值215.88亿元，社会经济效益超过30亿元。

该成果在2004年获得国家科学技术进步奖二等奖。

（七）黄羽肉鸡新品系选育与配套研究

我国地方鸡品种繁殖性能差、生长缓慢、耗料多、周期长、效益差。为此，根据现代遗传育种理论，采用以鉴定公鸡后裔为主的家系选择法，应用综合指数进行纯系选育，每个品系各建立30个家系，核心群300～600羽。对于早期增重，由于遗传力高，采用家系与个体相结合的选择方法，在不影响选留数的前提下，加大选择压。对于种鸡，在0日龄、90日龄、140日龄各选择2次，采用小间饲养或单笼饲养、人工授精、个体产蛋记录、种蛋系谱孵化，测定各世代的生产性能，通过缩短世代间隔，加速选育进程，在近百个配套组合中，经测定和中试，筛选出最好的商品鸡配套组合。利用现代遗传育种理论，将目的基因引入黄羽肉鸡中，培育出独具特色优质矮脚黄羽肉鸡新品系。该鸡遗传稳定，性能优异，具有黄羽、单冠、胫短1/3、胸宽、性情温顺、抗病力强、成活率高、增重快等特点，比同类鸡省料14%～20%。父母代种母鸡全部为矮脚，500日龄产蛋量高达175～181个，受精率高达93%，每只种鸡提供商品苗鸡达130～150个。

选育的5个品系整体生产性能为：500日龄石岐黄鸡产蛋量达176.9个、杏花鸡94个、北京油鸡128个、霞烟鸡134.5个、矮脚黄鸡175个。早期生长速度、繁殖性能都有较大提高，体型、毛色趋于一致。

在优质黄羽肉鸡肌肉风味成分机理研究方面采用国内最先进的同时蒸馏提取法和动态顶空捕集法测定，初步鉴定出约51种风味化合物，而且优质黄羽肉鸡与白羽AA肉鸡在高挥发性成分方面相比，有明显差异。

5年来，良种已推广到全国20个省（区、市），共推广父母代种苗46.35万只、商品代苗鸡110万羽、优质白条鸡18万羽，共创产值994万元、利润273万元。由父母代场生产商品苗鸡4 635万羽，可向社会提供商品肉鸡4 270万羽，总产值73 320万元，社会效益达9 186万元，其中出口创汇1 682万美元。

该成果1997年获得国家科学技术进步奖三等奖。

二、主要研发力量

目前国内从事黄羽肉鸡研发较多的科研院所包括中国农业科学院北京畜牧兽医研究所、江苏省家禽科学研究所、广东省农业科学院畜牧研究所、山东省农业科院家禽研究所、河南农业大学、扬州大学和华南农业大学等。中国农业科学院黄羽肉鸡遗传育种创新团队获农业农村部“神农中华农业科技奖优秀创新团队奖”、科技部“创新人才推进计划重点领域创新团队”，广东省农业科学院动物科学研究所优质肉鸡遗传育种创新团队、四川省畜牧科学研究院优质肉鸡遗传育种创新团队分获2015年、2017年“神农中华农业科技奖优秀创新团队奖”。目前我国专业从事家禽研究的科研院所不多，高校也没有设立专门的学科，国内专业从事黄羽肉鸡研究的人员十分有限，这与我国黄羽肉鸡产业的发展速度不相适应。此外，这些研究人员大部分从事遗传育种专业，对黄羽肉鸡营养需要、生产性能、产品品质、产品加工等领域的研究相对较少，更缺少对黄羽肉鸡产业化生产的系统研究，不仅人力资源不足，而且物力和财力的投入也相对有限，不利于行业的均衡发展。

国家肉鸡产业技术体系是目前国内系统开展黄羽肉鸡产业技术研究与示范的唯一组织，该体系成立于2008年，目前设有遗传改良、营养与饲料、疾病防控、生产与环境控制、产品加工、产业经济6个功能研究室，有岗位专家26人、综合试验站21个、示范县105个、团队成员216人，国家年度拨款2 000万元以上。2009—2019年，新收集保存瓢鸡等新品种资源27个，天露黄鸡等18个品种获得国家新品种证书，其中天露黑鸡、新广铁脚麻鸡、金陵花鸡、岭南黄鸡等配套系年出栏量超过1亿只，成为我国黄羽肉鸡的核心品种，体系培育的黄羽肉鸡品种占全国市场的比例达到40%。2008年以来，全国黄羽肉鸡领域获得的5项国家级科技奖励全部由体系依托单位完成。

从国内外发展趋势分析，企业是家禽科技创新的主体。目前黄羽肉鸡的产业化技术研发主要集中在一些有实力的大型种业企业，这些企业通过市场化运作具备了一定的资金实力，并与科研院所产学研紧密结合，从而保证了育种工作的开展。广东温氏食品集团股份有限公司是全国最大的黄羽肉鸡生产企业，集团与华南农业大学深度合作，成为产学研结合的典范，产业化研发实力较强，已培育出黄羽肉鸡配套系7个，位居国内企业之首。江苏立华牧业股份有限公司与江苏省家禽科学研究所合作，培育出国内第一个适合屠宰的黄羽肉鸡配套系花山鸡。广西金陵农牧集团有限公司与中国农业科学院北京畜牧兽医研究所等单位合作，培育出黄羽肉鸡配套系5个。虽然近年来国内家禽企业在科技研发方面取得了长足的进步，但是与规模化的市场开发和产业化运作还有一定的差距，特别是与国际一流家禽公司相比，科技实力还不够雄厚，这种状况需要在未来的发展中进一步改善。

第五节　黄羽肉鸡产业技术发展历程

一、以地方良种为主适度杂交利用阶段（1941—1980年）

20世纪40—60年代，我国地方鸡大量直接上市，或杂交改良上市。以香港石岐杂鸡为代表，用引进新汉夏、狄高、红波罗等品种鸡与中山石岐鸡（现称中山沙栏鸡）级进两次后，再互交繁殖，在香港、广东、广西等地大量上市。石岐杂鸡血缘关系复杂，生产性能也不一致，但较本地土鸡在产蛋和生长速度方面有所改良，体型外貌与土鸡相似。当时黄羽肉鸡主要是为满足香港、澳门和广东的市场需求，主要以石岐杂鸡和广东本地土鸡为主，强调具有毛黄、脚黄、皮黄的“三黄”特点，所以早期的黄羽肉鸡主要指三黄鸡。

改良石岐杂鸡阶段。20世纪70—80年代，由于石岐杂鸡早期增重慢、繁殖率低，不能满足日益增长的市场需要，中国香港首先引进了隐性白母鸡与石岐杂公鸡进行进一步杂交改良（图1-7）。中国广东、广西的许多公司也都采用了这一制种模式，培育出类似仿土鸡的改良石岐杂鸡，例如广州白云家禽发展公司培育的882黄鸡等，一度很受市场欢迎。

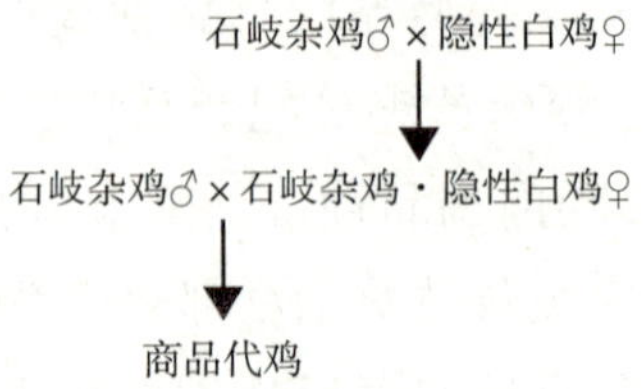

图1-7 改良石岐杂鸡的培育模式

二、系统选育和配套系制种阶段（1981—2000年）

20世纪80年代末，内地黄羽肉鸡市场需求越来越大，带动科研院所和企业参与到黄羽肉鸡育种的行列中来。为了使我国优良地方鸡种得以保存，同时提高其生产性能，在“六五”和“七五”期间，国家多部门组织了北京、上海、江苏、广东等地5家科研单位，承担了“我国黄羽肉鸡杂交配套组合研究和繁育体系建立（1982—1985年）”“优质黄羽肉鸡新品系的选育（1986—1990年）”，开展了对我国优质黄羽肉鸡品系的研究。其主要目的是在保持地方黄鸡的一些固有特性基础上，对几个主要生产性能进行有目的的选育，提高其生产性能、抗病性能和外貌的整齐度，同时利用杂交原理，对各品种鸡进行配合力测定。在杂交后代中，寻找出繁殖性能和生产性能特殊配合力好的杂交组合，从而筛选出适合不同市场需求的杂交父母代和商品代。南方各大公司如康达尔集团、温氏食品集团股份有限公司、白云家禽发展公司等，利用国内外的鸡种资源选育出具有不同特点的品系或配套品系。

国家“八五”科技攻关设立了“黄羽肉鸡新品系选育与配套研究（1991—1995年）”课题，国家“九五”科技攻关设立了“黄羽肉鸡新品系选育（1996—2000年）”课题。黄羽肉鸡是中国特有的地方品种，肉质细嫩，肉味醇香，*dw*基因是世界上公认的优良隐性伴性基因，含有*dw*基因的种母鸡比正常型母鸡节省饲料和饲养面积20%。针对我国地方品种鸡普遍存在的生长速度慢、繁殖性能差、饲料报酬低以及性状遗传稳定性差等问题，将*dw*基因导入我国地方品种黄羽肉鸡，利用*dw*基因伴性遗传原理，采用以鉴定公鸡后裔为主的家系选择法，并结合表型、基因型选择，培育出黄羽矮脚肉鸡专门化品系，不仅保持了地方黄羽肉鸡的品质和风味，而且体型小、省饲料，生长速度和产蛋性能均比普通黄羽肉鸡有明显的改善和提高，通过遗传育种技术较好地解决了黄羽肉鸡优质、高产和高效的问题。

20世纪80年代初，我国的肉鸡养殖业进入快速发展阶段，国外的优良肉用种鸡源源不断地引入我国。白羽的有隐性白、罗曼（Lohmann）、爱拔益加（Arbor Acres）、艾维茵（Avian）等；黄羽的有海佩科、红波罗、狄高黄等。这些优良肉用鸡种，其商品代虽羽色不同，但却有一个共同的优点，即生长速度快、饲料报酬高，49～56日龄平均体重都可达到1 800～2 000 g/只。上述国外品种有些被直接用于商品生产，如爱拔益加、艾维茵等；有些品种，特别是隐性白、海佩科、狄高黄等品种，被广泛地用于黄羽肉鸡新品种的育种素材，为我国黄羽肉鸡生产性能的改善发挥了重要作用。我国的一些家禽育种公司和科研单位、教学高校单位在20世纪80—90年代，先后成功地选育出882黄鸡、康达尔黄鸡、江村黄鸡、岭南黄鸡、京星黄鸡、清远麻鸡、固始鸡等20多个品系或配套组合。

改革开放以来至“九五”时期末，我国黄羽肉鸡育种和生产得到了快速发展和增长。1988—1995年，华南沿海的黄羽肉鸡市场快速发展，1995年以后，黄羽肉鸡开始向内地发展。黄羽肉鸡和白羽肉鸡在20世纪80年代初同步得到发展，到20世纪90年代中后期，白羽肉鸡出现一定幅度的萎缩，一定程度上被快大型黄羽肉鸡（50～60日龄上市1.5 kg）所替代。黄羽肉鸡在20世纪80年代中期年出栏量8亿～9亿只，到了20世纪90年代中期年出栏量达到12亿只，20世纪90年代后期出栏量已达到15亿～18亿只。

三、品质抗病育种阶段（2001—2010年）

2001年以来，在科技部“十五”科技规划的支持下，中国农业科学院畜牧研究所组织江苏省家禽科学研究所、广东农业科学院畜牧研究所和上海市农业科学院畜牧兽医研究所承担了“黄羽肉鸡和水禽育种和养殖关键技术研究（2001—2004年）”和“家禽育种关键技术与育种新体系研究（2004—2005年）”课题研究。

比较了9个黄羽肉鸡品种肌内脂肪（IMF）含量等肉质性状间的差异，发现不同品种间胸肌IMF含量存在显著差异；研究了不同品种不同周龄IMF的沉积规律，结果表明，IMF含量在不同品种、不同日龄间存在较大差异，品种内IMF含量随日龄的增大而增加，这些研究工作为新品系选育育种素材的确定提供了有益的参考。

利用同胞测定家系选育法，培育出4个高IMF含量的黄羽肉鸡新品系，各品系都完成了4个以上世代的选育，各项生产性能指标都达到或超过了合同规定的要求。主选性状IMF含量与基础群相比，分别提高了57%、39%、15%、11%，选择取得了明显的遗传进展。利用约束最大似然法估计了IMF含量等9个肉质性状的遗传参数。

初步筛选出以高IMF含量品系参与配套的4个优秀配套组合，其中京星100、京星102配套系于2003年获得国家畜禽品种审定委员会颁发的品种证书［（农09）新品种证字第9号、10号］；邵伯草鸡于2004年通过了国家畜禽品种审定委员会专业委员会的审定，推广中市场反应良好。

利用PCR-RFLP和PCR-SSCP技术在10个品种中开展了3类脂肪酸结合蛋白

（FABP）基因的分子遗传标记筛选，发现了不同的多态位点；利用荧光定量RT-PCR技术对*FABP*基因进行了mRNA表达量的研究，结果显示*H-FABP*基因和*A-FABP*基因mRNA表达量随日龄的增长分别呈现递减、递增的趋势，二者和肌肉IMF含量的相关关系存在差异；开展了以*A-FABP*基因分子标记的标记辅助选择育种（MAS），并初步制定MAS方案。

开展了高IMF品系在产蛋期能量需要量和黄羽肉鸡生产期维生素需要量的研究，提出了各阶段的适宜需要量；开展了优质鸡肌内脂肪沉积营养调控的研究，发现在日粮中添加共轭亚油酸（CLA）能够改善胸肌IMF的沉积量和肌肉嫩度；日粮不同的能量和蛋白水平对于IMF的沉积、氨基酸、脂肪酸的含量以及组成存在显著影响。对比了笼养、林地散养等不同的饲养方式下肌肉品质和经济效益的差异，提出了黄羽肉鸡林地散养的饲养管理技术规程。

风味特性研究表明，黄羽肉鸡较高的脂肪和肌苷酸含量可能是其滋味优于快大型AA肉鸡的主要原因；脂肪酸是鸡肉最重要的挥发性风味前体物，黄羽肉鸡较高的脂肪酸含量是其香味优于AA肉鸡的主要原因。研究发现，肌内脂肪对黄羽肉鸡肉质性状具有重要影响，与肌肉pH值、肌纤维密度、肉嫩度呈显著正相关。肝脏脂肪合成酶的表达水平和酶活性是调控脂肪在优质鸡体内沉积与分配的重要生物学基础，肝脏苹果酸酶（ME）活性与胸肌和腿肌IMF含量呈显著正相关，肝脏脂肪酸合成酶（FAS）活性与皮下脂肪厚和腹脂率呈显著正相关。

制定了《黄羽肉鸡产品质量分级》（GB/T 19676—2005）和《黄羽肉鸡饲养管理技术规程》（NY/T 1871—2010）。

“十一五”期间，开展了“优质高产家禽新品种选育（2006—2010年）”“优质肉鸡新品种选育与产业化开发（2008—2010年）”、863课题“中国特色优质鸡肉品质性状分子标记辅助育种研究”以及“优质肉鸡新品种选育与产业化开发（2008—2010年）”等课题研究。

组建了6个分子育种基础群，采用高通量测序、基因芯片以及生物信息学等技术，在基因组学和转录组学水平进行了肉质相关新功能基因的筛选、相关候选基因分子标记的筛选与验证，并同步进行多基因、多性状分子标记组合效应分析。开发与验证了与肌苷酸（IMP）含量和肌内脂肪（IMF）含量相关的10个候选基因共17个SNP（单核苷酸多态性）标记，并针对6个候选基因共10个SNP标记进行了单性状多基因、两性状两基因聚合及两性状多基因聚合及其效应分析。与未选育群或群体均值比较，IMF和IMP含量得到不同程度提高，IMF百分比提高11.25%～32.59%、IMP百分比提高14.48%～63.19%。与常规育种方法相比，IMF百分比和IMP百分比含量育种效率分别提高44.84%和76%，完成2个多基因试剂盒的研制，并在生产中试用。

培育出10个分别以肌内脂肪含量、肌苷酸含量、免疫抗体滴度、异嗜性粒细胞/淋巴细胞比例为特征性状的优质肉鸡新品系，新品系完成4～5个世代的系统选择，遗传性能稳定，其中主选性状改良均达预期。筛选了5个优秀商品配套系已在市场中试和推广，其中2个获得国家新品种证书。筛选出肉质性状、抗病力性状的分子遗传标记共9个。

初步培育了13个分别以肌内脂肪含量、胸肌率、产蛋量为主选性状，结合生长速度、料重比综合平衡选择和疾病净化的优质肉鸡新品系。通过杂交配套试验，筛选出6个配套系进行中试推广，分别为快长型配套系2个、节粮型配套系3个、加工型配套系1个，其中1个配套系获得国家新品种证书，1个配套系通过了国家家禽品种审定委员会的初审。初步形成肉质性状选育技术1套、孵化遗传选育技术1套、胴体性状评价和选育技术1套、禽白血病净化检测技术1套。制定相关行业或地方标准6个。

四、集中屠宰冰鲜上市阶段（2011年至今）

长期以来活禽市场主导黄羽肉鸡销售与流通。羽色、肤色、胫色等性状本身既不是品质性状，也没有营养价值，但在黄羽肉鸡市场这些质量性状却具有非常高的商业价值，是黄羽肉鸡肉品质的代名词，是黄羽肉鸡育种关注的重要指标。我国地域辽阔、资源丰富、饮食文化的差异，黄羽肉鸡市场高度多元化。黄羽、浅黄羽、麻羽、浅麻羽、黑羽等各种不同羽色，高脚、矮脚、细胫、粗胫等颈部性状，黄肤、黑肤等肤色性状，甚至冠大小、冠颜色等冠性状，在不同地区黄羽肉鸡市场上具有特征性需求。

2010年以来，随着禽流感对我国人禽健康和生产的影响不断扩大，特别是H7N9禽流感人类死亡案例和最终演变为对禽的高致病性，黄羽肉鸡传统的活鸡上市消费习惯受到极大冲击，包括广东省在内的各地畜牧行政主管部门相继出台了禁活令，据统计，截至2020年底，全国已有超过80个城市关闭活禽市场。规模饲养、集中屠宰、冷链配送、冰鲜上市成为黄羽肉鸡生产不可逆转的发展方向，对黄羽肉鸡育种技术的发展产生了巨大影响。关注胴体品质和产肉性状、创新育种技术、培育屠宰型黄羽肉鸡势在必行。

禁活政策实施以来，慢速型黄鸡的市场占有率一直呈上升趋势，特别是各具特色众多地理标志鸡体验店如雨后春笋般迅速发展起来。快长型黄羽肉鸡毛孔粗大、很不美观，失水率指标过高影响屠宰正品率。黄羽肉鸡育种目标需要在提高屠宰率基础上，重视胴体选育、肉质风味的提升、屠宰工艺与冷链配送新技术研究、降低饲养成本、加强疾病防控亦是增强行业抗风险的重要手段。均匀度是集中屠宰很关注的问题，商品鸡要控制在变异系数8%以下最好，这与种鸡选育有关。目前国内黄羽肉鸡大部分采用放养模式，受诸多因素影响，整齐度都很不一致。

在生鲜上市、环保等多重压力下，产业需要转型，饲养模式需要升级。散养情况下，生物安全难以兼顾，已越来越难适应今后的发展需求。封闭环境下的养殖模式，如笼养，将成为以后的趋势。海南文昌肉鸡饲养与推广应用就是业界成功案例。

黄羽肉鸡生鲜上市在我国香港和台湾地区已经积累十几年的经验。例如供港的鸡要求笼养，统一70 d上市，体重1.6 kg左右，保证鸡的均匀度，适应屠宰线自动操作，消费者也倾向接受这种体型较大、胴体圆滚的生鲜鸡。

目前消费者对“冰鲜上市”的消费模式存在误解，普遍认为热鲜鸡比冰鲜鸡更鲜、更好吃，导致冰鲜鸡规模化推广受阻。因此，科学系统地揭示热鲜和冷鲜黄羽鸡肉中的风味前体物含量差异，是科学健康指导产业发展的基础，也是消除消费者疑虑的科学依据。

为比较热鲜和冷鲜黄羽肉鸡原料肉的风味差异，王虎虎等（2020）分析了热鲜（1 h、2 h、4 h）和冷鲜（24 h、48 h、60 h）鸡肉的pH值以及其脂肪酸、还原糖、游离氨基酸、核苷酸、硫胺素等风味前体物的含量。热鲜1 h组鸡肉pH值显著高于其他各组，冷鲜组鸡肉的pH值无显著差异。热鲜2 h组IMP高于其他组，冷鲜组的肌苷（I）和次黄嘌呤（Hx）含量明显高于热鲜组，冷鲜组的游离氨基酸总量均大于200 mg/100 g，且显著高于热鲜1 h组和热鲜2 h组。热鲜与冷鲜组间的不饱和脂肪酸无明显差异，两处理组中的硫胺素含量均远低于其风味贡献浓度。综上，热鲜鸡与冷鲜鸡的单个风味前体物含量各有优势，二者的风味前体物整体相差无几，冷鲜鸡替代热鲜鸡进行黄羽肉鸡深加工具有较高的可行性。本研究为推广冰鲜黄羽肉鸡提供了技术支撑。

为研究不同类型的生鲜鸡加工的白切鸡在风味方面的差异，探讨能否用冷鲜鸡、冷冻鸡替代热鲜鸡制作白切鸡，以热鲜（约15 ℃）、冷鲜（0～4 ℃）和冷冻（-18 ℃）3种不同类型的黄羽肉鸡母鸡胴体为原料，进行不同处理后用传统制作工艺加工成白切鸡，测定处理后白切鸡的挥发性风味物质、pH值、有机酸、呈味核苷酸和游离氨基酸含量等。冷鲜处理组与热鲜2 h组、热鲜4 h组的IMP、总游离氨基酸含量无显著差异，但重要挥发性风味物质（如醛类）和丁二酸含量高于热鲜2 h组和热鲜4 h组；热鲜1 h组的IMP含量显著高于冷鲜处理组，但其重要挥发性风味物质含量低于大部分冷鲜组；冷冻60 d组和冷冻90 d组除己醛含量显著高于其他处理组，其他挥发性风味物质、滋味物质含量均较低（表1-22）。上述研究结果表明，冷鲜鸡和短期冷冻鸡在总体上可以替代热鲜鸡制作白切鸡，这为白切鸡工业化生产发展提供了理论支持。

表1-22　生鲜鸡肉类型对白切鸡感官品质的影响（李继昊等，2019）

组别	贮藏时间	气味评分	滋味评分
热鲜组	1 h	7.00 ± 0.82	8.25 ± 0.96
	2 h	6.50 ± 0.58	7.75 ± 0.50
	4 h	6.75 ± 0.50	7.50 ± 0.58

（续表）

组别	贮藏时间	气味评分	滋味评分
冷鲜组	24 h	7.00 ± 1.00	7.22 ± 0.97
	36 h	7.29 ± 0.76	7.14 ± 0.90
	48 h	7.00 ± 1.29	6.14 ± 1.07
	60 h	7.20 ± 0.84	7.40 ± 1.34
冷冻组	7 d	7.17 ± 1.17	7.33 ± 0.82
	30 d	7.33 ± 0.52	6.83 ± 0.75
	60 d	7.50 ± 0.84	7.00 ± 0.89
	90 d	8.00 ± 0.82	6.50 ± 0.58

实际上，从国际市场看，慢速型肉鸡也是屠宰之后上市的。如法国的拉贝鸡，无论是整鸡还是分割鸡产品，都是集中屠宰后以冰鲜的形式在超市里销售的。

参考文献

包世增，1993. 家禽育种学[M]. 北京：农业出版社.

陈琼，2013. 中国肉鸡生产的成本收益与效率研究[D]. 北京：中国农业科学院.

国家畜禽遗传资源委员会，2011. 中国畜禽遗传资源志 · 家禽志[M]. 北京：中国农业出版社.

黄梅南，2002. 我国黄羽肉鸡生产现况和发展前景[J]. 农村养殖技术（10）：5.

姜增，2022. 广东省规模化种禽场四种病毒性疾病的血清学和病原学调查[D]. 广州：华南农业大学.

李继昊，黄明远，王虎虎，等，2019. 不同类型生鲜鸡对白切鸡风味的影响[J]. 核农学报，33（12）：2392-2404.

刘榜，2019. 家畜育种学[M]. 2版. 北京：中国农业出版社.

农业农村部畜牧兽医局，全国畜牧总站，2020. 中国畜牧兽医统计2020[M]. 北京：中国农业出版社.

禽业分会，2008. 我国黄羽肉鸡发展状况及存在的问题[J]. 家禽科学（5）：3-8.

汤晓艳，颜成英，王敏，等，2013. 我国肉鸡加工产业现状及发展对策[J]. 中国家禽，35（24）：2-6.

唐辉，2003. 优质良种肉鸡肉质特性分析及配套系选育方法的研究[D]. 北京：中国农业大学.
王虎虎，邵良婷，秦岳，等，2020. 热鲜与冷鲜黄羽鸡肉中风味前体物比较[J]. 核农学报，34（4）：824-830.
魏彩藩，2001. 我国地方鸡种资源及开发利用前景[J]. 中国家禽（21）：8.
俞燕，周生，徐步，等，2019. K亚群禽白血病病毒分离株全基因组测序及序列分析[J]. 中国兽医学报，39（6）：1091-1098.
张倩，王传彬，韩雪，等，2019. 2014—2016年祖代种鸡场禽白血病的监测与分析[J]. 中国兽医科学，49（9）：1199-1206.
中国农业科学院北京畜牧兽医研究所，2010. 黄羽肉鸡饲养管理技术规程：NY/T 1871—2010[S]. 北京：中国标准出版社.
中华人民共和国农业部，2004. 鸡饲养标准：NY/T 33—2004[S]. 北京：中国标准出版社.
中华人民共和国农业部，2005. 黄羽肉鸡产品质量分级：GB/T 19676—2005[S]. 北京：中国标准出版社.
中华人民共和国农业部，2010. 黄羽肉鸡饲养管理技术规程：NY/T 1871—2010[S]. 北京：中国标准出版社.
中华人民共和国农业部畜牧业司，2014. 标准化养殖场 肉鸡：NY/T 2666—2014[S]. 北京：中国农业出版社.
ROBINSON T P，THORNTON P K，FRANCESCHINI G，et al.，2011. Global livestock production systems[M]. Rome：FAO and ILRI.
LIU P，LI L Z，JIANG Z，et al.，2021. Molecular characteristics of subgroup J avian leukosis virus isolated from yellow breeder chickens in Guangdong，China，during 2016—2019[J]. Infection，Genetics and Evolution，89.
CHANG H S，2007. Overview of the world broiler industry：Implications for the Philippines[J]. Asian Journal of Agriculture and Development，4（2）：67-82.
HORNE P L M，2018. Competitiveness of the EU poultry meat sector，base year 2017：International comparison of production costs[R]. Wageningen：Wageningen Economic Research Report.

第二章 我国地方鸡遗传资源

第一节 世界家禽遗传资源

家禽遗传资源是家禽中存在的，被视为创造社会财富的原材料的遗传性变异。在特定社会经济、技术背景下能用于家禽育种事业，满足社会物质、文化需求的遗传性变异以及携带这类变异的家禽种群、个体、胚胎、配子和其他有生命载体，就是家禽遗传资源。家禽遗传资源与人类及其生活环境息息相关，在有史以来和可预见的未来任何时代，家禽生产都是作为社会生活物质前提的一个重要经济领域。从人类文明史的角度来说，家禽的种类、品种及其演化是一种文化现象，世界上不同地域的各民族人民在不同自然条件、社会经济和技术背景下，在漫长的岁月历史中有意识或无意识地对家禽群体进行了选择，创造了形形色色的地方品种，为近代家禽育种准备了丰富多彩的素材。

一、世界家禽资源的结构和数量

在已知的约11 000种禽类动物和6 400种哺乳动物中，只有约40种被驯化成功用于粮食和农业生产。其中现有的16个家禽物种和1个种间杂交种（家鸭×番鸭）涉及2 462个家禽品种。

家禽的品种数量中鸡的品种数量最多，占64.66%；其次是鸭，占11.25%（不包括番鸭），鹅占8.25%，火鸡占4.59%，鸽子占2.15%，其他禽占9.10%（图2-1）。其中，鸡的数量约是人类数量的4倍，有331亿只，约46.45%在亚洲、39.77%在美洲、约7.09%在欧洲、约6.26%在非洲（FAO，2020）。

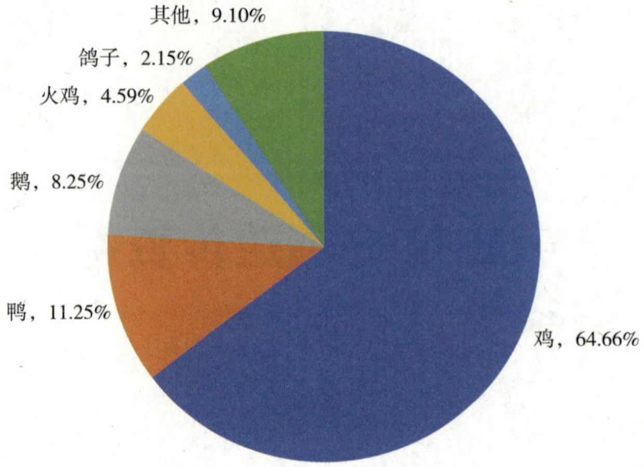

图2-1　2019年世界禽类品种结构

二、世界家禽资源分布

从家禽品种在世界范围内的分布来看（表2-1），亚洲、欧洲和高加索地区家禽的地方品种较多，分别为528种和1 484种；其次是非洲（229种）、拉美和加勒比海（154种）。其中鸡的地方品种数最多，共1 437种，占地方家禽品种总数的64.67%。从区域来看，欧洲和高加索地区，鸡、鸭、鹅的地方品种数分别为832种、102种、117种，均远远超出其他地区，且其鸡的地方品种数占全球鸡的地方品种数近60%，明显超过其他六大地区鸡的地方品种数之和（605种）。

表2-1　世界各地的家禽地方品种数量　　单位：种

物种	非洲	亚洲	欧洲和高加索	拉美和加勒比海	近东与中东	北美洲	西南太平洋	总计
鸡	133	309	832	90	32	11	30	1 437
鸭	16	95	102	22	3	1	12	251
鹅	10	44	117	5	2	0	2	180
番鸭	5	9	6	1	1	0	2	24
鸵鸟	2	8	2	0	0	0	0	12
鹧鸪	0	7	5	6	0	0	0	18
雉鸡	7	13	38	7	8	1	2	76
鸽子	3	23	22	4	0	0	0	52
火鸡	11	11	41	11	2	9	5	90
其他	42	9	319	8	2	1	1	82
总和	229	528	1 484	154	50	23	54	2 222

数据来源：FAO-CGRFA（联合国粮食及农业组织-粮食和农业遗传资源委员会），2019；不包括已灭绝品种。

在所有的家禽品种中，分布在多个国家的地方品种被称为跨境品种。目前，世界家禽中有2 222种（90.03%）属于地方品种（即该品种只分布在某个国家境内），跨境品种240种（9.7%），其中80种（3.2%）属于区域性跨境品种（即该品种分布在某个区域的几个国家境内）、160种（6.5%）属于国际性跨境品种（即该品种分布在多个不同区域的国家境内）（表2-2）。从国际性跨境品种来看，主要为鸡106种（66.3%）、火鸡16种（10.0%）、鹅14种（8.8%）、鸭12种（7.5%）、珍珠鸡等其他家禽占比7.5%。

从不同家禽品种来看，鸡的品种数明显高于其他家禽品种数，共有1 592种，占所报告的地方品种和跨境品种总数（2 462种）的64.7%；其中，鸡的地方品种1 437种（90.3%）、区域性跨境品种49种（3.1%）、国际性跨境品种106种（6.7%）。

表2-2 家禽品种的跨境数量 单位：种

物种	区域性跨境品种							国际性跨境品种	总计
	非洲	亚洲	欧洲和高加索	拉美和加勒比海	近中东	北美	西南太平洋		
鹤鸵	0	0	0	0	0	0	0	1	1
鸡	4	3	42	0	0	0	0	106	155
鸭	0	2	12	0	0	0	0	12	26
鸸鹋	0	0	0	0	0	0	0	1	1
鹅	0	2	7	0	0	0	0	14	23
珍珠鸡	0	0	0	0	0	0	0	5	5
番鸭	0	0	0	0	0	0	0	1	1
鸵鸟	0	0	0	0	0	0	0	3	3
鸽子	0	0	0	0	0	0	0	1	1
鹌鹑	0	1	0	0	0	0	0	0	1
火鸡	0	0	7	0	0	0	0	16	23
总数	4	8	68	0	0	0	0	160	240

数据来源：FAO-CGRFA，2019；不包括已灭绝品种。

三、世界家禽资源风险状况

（一）濒危等级划分标准

灭绝（Extinct）：一个品种如果没有繁殖公畜或繁殖母畜的存在，即被归类为灭绝。不过，其遗传物质有可能已被冷冻保存，从而可以重新建立起种群，恢复该品种。

实际上，远在最后一个个体或者遗传物质消失之前，就已经能够察觉出该物种即将灭绝。

濒临灭绝（Critical）：如果该品种繁殖母畜的总数量低于或等于100；或繁殖公畜总数量低于或者等于5；或者该品种的种群总数低于或等于120且持续减少，与同品种公畜交配的母畜（纯种母畜）比例低于80%，并且该品种未被定位灭绝，这时，就将此品种归为濒临灭绝。

濒临灭绝-维持（Critical-maintained）：指该品种种群虽然处于濒临灭绝状态，但正在开展积极的保护计划，或者其种群正由商业公司或研究机构维持。

危险（Endangered）：某一品种出现下列情况之一并且没有被归入上面所列等级，即可判定为危险：一是该品种繁殖母畜的总数量大于100，小于或等于1 000，或繁殖公畜总数量大于5，小于或等于20；二是该品种的种群总数量大于80，小于100，且呈现出增加的趋势，同时，与同品种公畜交配的母畜（纯种母畜）比例高于80%；三是该品种种群总数大于1 000，小于或等于1 200并持续减少，且与同品种公畜交配的母畜（纯种母畜）低于80%。

危险-维持（Endangered-maintainecl）：指该品种种群虽处于危险状态，但正在开展积极的保护计划，或者其种群正由商业公司或研究机构维持。

濒危中的品种（Breed at Risk）：被归入濒临灭绝、濒临灭绝-维持、危险和危险-维持各等级的任一品种。

（二）濒危等级状况

在全球范围内的禽类品种中，有2.92%已经灭绝（66%为鸡），21.49%为濒危品种（图2-2）。同时，处于濒危状态中的品种比例按物种分类，鸡为24.19%（397种）、鸭为17.81%（52种）、鹅为23.67%（49种）（表2-3）。

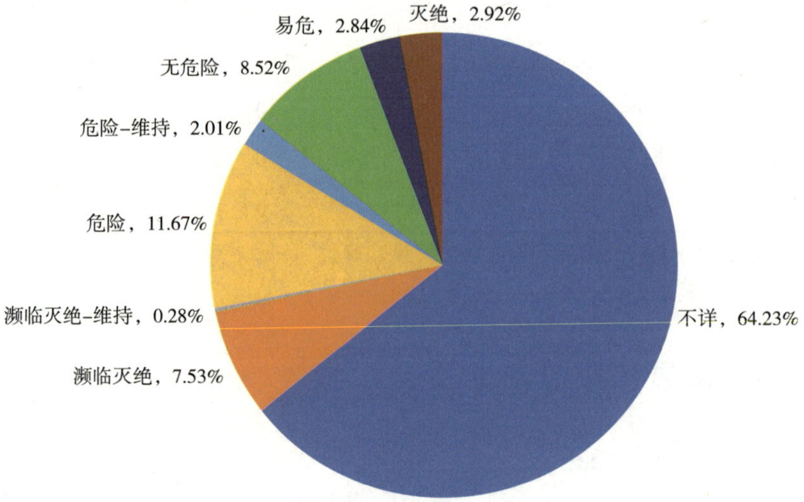

图2-2　世界家禽资源濒危状况

（数据来源：FAO-CGRFA，2019）

表2-3　禽类各物种的濒危状况

项目	鸡	鸭	鹅	珍珠鸡	番鸭	鸵鸟	鹧鸪	雉鸡	鸽子	鹌鹑	火鸡	其他	总和
不详	984	191	137	52	23	14	12	18	52	37	88	21	1 629
濒临灭绝	151	17	8	0	0	0	0	0	12	0	3	0	191
濒临灭绝-维持	5	1	0	0	0	0	0	0	0	1	0	0	7
危险	211	31	28	0	1	0	0	0	12	5	7	1	296
危险-维持	30	3	13	0	0	0	0	0	0	2	3	0	51
无危险	154	30	15	0	1	0	0	0	1	7	7	1	216
易危	57	4	2	2	0	1	0	0	0	1	5	0	72
灭绝	49	15	4	2	0	0	0	0	0	0	4	0	74
总和	1 641	292	207	56	25	15	12	18	77	53	117	23	2 536

注：“其他”指鸭×番鸭杂种、智利鴂（Chilean tinamous）、鹤鸵、鸸鹋、ñandus、孔雀和燕子。

资料来源：FAO-CGRFA，2019。

四、我国地方鸡对世界的贡献

我国地方鸡种在19世纪中叶，产蛋和产肉性能都居世界领先水平，鸡蛋和鸡肉更是作为一种重要的出口产品。比较著名的鸡种有珠江流域下游三角洲中心的石岐鸡、长江流域下游南岸的浦东鸡、北岸的狼山鸡、黄河流域下游两岸的九斤鸡。自1842年至20世纪40年代的100年中，以英国为首的欧美等国，陆续从我国引入了众多优良的鸡种，如广东麻黄鸡、胡须鸡、狼山鸡、九斤鸡以及福建的斗鸡等，其中九斤鸡于1843年输入英国，1847年输入美国，此后便作为肉用型品种被美国定为标准品种；狼山鸡于1872年输入英国，1879年输入德国和美国，此后便作为肉蛋兼用型品种也被美国定位标准品种。被引入的中国鸡种被不断研究，并与其本土的鸡种进行远缘杂交，育成了许多著名的品种，如英国的奥品顿鸡（Orpington）、洛克鸡（Plymouth Rock）、科尼什鸡（Cornish）、美国的温多德鸡（Wyandotte）、洛岛红鸡等。可见我国地方鸡种对世界鸡品种的发展作出了重大的贡献。只是由于我国养鸡业长期停留在农家饲养水平上，即饲养管理粗放，生产水平得不到进一步提高，长期停滞在落后的状态，遂与世界先进水平拉大了距离。

第二节　我国地方鸡遗传资源

我国幅员辽阔，地形地貌极其复杂，在经度、纬度和海拔3个纬度内具有世界上少有的、独特的生态地理环境。长期以来，通过自然和人工的选择，形成了极其丰富的地方鸡遗传资源，使我国成为世界上地方鸡遗传资源最丰富的国家之一。主要品种有：肉质细嫩、风味独特且营养丰富的文昌鸡、清远麻鸡、广西三黄鸡、崇仁麻鸡；具有凤头、胡须、毛腿和五趾特征的北京油鸡；全身乌黑且产绿壳蛋的东乡绿壳蛋鸡；羽毛为丝状羽，皮肤、肌肉和骨膜皆为乌黑色并具有极高药用价值的丝羽乌骨鸡；体躯较长，尾羽高翘，背线呈"V"字形的坝上长尾鸡；胫短身矮、体躯匀称的云龙矮脚鸡；从腿到趾附着浓密羽毛的闽清毛脚鸡；颌下发达且具有胡须状髯羽的惠阳胡须鸡；单冠直立后分叉的河田鸡；经原鸡驯化，上体具有金属光泽的金黄、橙黄或橙红色，并具有褐色羽干纹，善于飞翔的茶花鸡；无尾椎骨、尾棕骨、尾羽、镰羽、尾脂腺，尾部形状似瓢的瓢鸡；羽毛呈灰色、同时有灰（毛）脚、灰喙特征的安义瓦灰鸡；以裸颈为主要特征的阿克鸡等。

一、地方鸡的起源

根据动物分类学，家鸡属于鸟纲、鸡形目、鸡亚目和雉科下的原鸡属。鸡属包含有4种原鸡，即绿原鸡、红原鸡、灰纹原鸡、锡兰原鸡（郑作新，1978）。其中按照地理分布来说，红原鸡分布最广，而且数量最大（Howard等，1984），并分为5个亚种，分别为：分布在印度尼西亚苏门答腊岛、泰国南部、越南、老挝南部地区的*Gallus gallus gallus*亚种；印度东北部、缅甸、我国云南西部和西南部、泰国等地的*Gallus gallus spadiceus*亚种；我国云南东南部、广西、广东和海南等地的*Galus gallus jabouillei*亚种；印度中部、北部等地的*Gallus gallus murghi*亚种；印度尼西亚爪哇岛*Gallus gallus bankiva*亚种（杨岚，2000；Howard等，1984）。

在家鸡的起源问题上，最初的假说是由达尔文提出的，即家鸡起源于公元前2000年的印度大峡谷中的红色原鸡（*Gallus gallus murghi*亚种），然后向东向西扩散到全球。也有学者认为，其他3种原鸡（灰纹原鸡、锡兰原鸡和绿原鸡）也对家鸡的起源有贡献；另一些认为东南亚家禽品种是独立起源的并来源于一个或多个已经灭绝的原鸡品种。基于考古学资料，许多学者认为家鸡是在公元前6000年左右从印度、中国和东南亚的原鸡驯化而来的。在公元前300年到公元300年由印度经韩国引进到日本，铁器时代是家鸡从中国经俄罗斯在欧洲传播的主要时期。我国著名鸟类学家郑作新（1978）、薄吾成（1993）等根据中华人民共和国成立后一系列考古发现和大量出土文物资料，提出中国家鸡有自己的起源地，而且其驯化时间远较印度的家鸡早。

虽然现在普遍认为红原鸡是家鸡的主要祖先，但具体起源于红原鸡的哪一个或多个亚种并不清楚，且不同的研究基于不同的研究材料和研究方法得出结论也不同。如Fumihito等（1996）通过对泰国家鸡、泰国红原鸡和绿原鸡线粒体内切酶多态性分析，发现泰国家鸡都起源于泰国和周边地区的红原鸡*Gallus gallus gallus*亚种。同样，傅衍等（2001）通过测定5个地方鸡品种（萧山鸡、仙居鸡、灵昆鸡、白银耳鸡和白羽乌骨鸡）和1个国外品种来航鸡线粒体D-环区539 bp的碱基序列，并与GenBank中的红色原鸡、灰色原鸡、绿色原鸡和黑尾原鸡的相应序列做比较分析，构建了分子系统发育树，发现我国家鸡可能单一起源于泰国及邻近地区的红原鸡亚种。而Liu等（2006）对鸡的线粒体控制区进行分析，发现来自中国南方、华南、印度次大陆和东南亚等家鸡都和当地的原鸡有基因交流，认为家鸡可能多次起源于这些地方。Kanginakudru等（2008）通过对印度56只红原鸡、16只家鸡和4只灰原鸡的微卫星标记和线粒体控制区（D-loop）序列，以及从GenBank下载的779只印度鸡的线粒体D-环区序列进行研究，发现印度家鸡是由红色原鸡*Gallus gallus spadiceus*亚种、*Gallus gallus gallus*亚种和*Gallus gallus murghi*亚种的多起源驯化而来。包文斌等（2008）通过对14个中国地方鸡和2个红原鸡亚种（中国红原鸡*Gallus gallus spadiceus*亚种和泰国红原鸡*Gallus gallus gallus*亚种）线粒体DNA D-loop区遗传多态性与系统进化分析，发现固始鸡和仙居鸡起源于泰国红色原鸡*Gallus gallus gallus*亚种，而茶花鸡、藏鸡等鸡种可能起源于中国红色原鸡*Gallus gallus spadiceus*亚种，还有一些中国地方鸡品种同时具有这两种红原鸡的遗传贡献，从而认为中国家鸡起源于泰国或单纯起源于中国的观点都是片面的。Wang等（2020）首次系统地对分布于欧洲、南亚、东南亚和东亚的家鸡品种和所有4种原鸡以及红原鸡5个亚种在内的863个样本的全基因组进行测定和深入比较分析，结果表明，家鸡最初起源于中国西南、泰国北部和缅甸等地的红原鸡滇南亚种，而并非其他亚种的红原鸡，这为家鸡起源提供了全新的视角。

二、地方鸡遗传资源分布

我国是一个地大物博、民族众多的国家，地方鸡遗传资源十分丰富。1979—1983年，我国开展了第一次全国畜禽遗传资源调查，初步摸清了全国大部分地区的畜禽遗传资源，出版了《中国家禽品种志》（1989年），但仅收录了27个地方鸡品种，尚有不少未被编入，如浙江省的白羽乌鸡，安徽的宣州鸡、淮南鸡，湖南的湘黄鸡，湖北的洪山鸡、郧阳白羽乌鸡，贵州的威宁鸡，陕西的略阳鸡，与丝毛乌骨鸡完全不同的四川金阳丝毛鸡，以及具有稀有性状、产青壳蛋的四川旧院黑鸡和河南卢氏鸡等。2006—2009年第二次全国畜禽遗传资源调查，基本摸清了当时我国畜禽资源状况和30年来的变化，出版了《中国畜禽遗传资源志·家禽志》（2011年），收录了107种地方鸡品种。2021年初，国家畜禽遗传资源委员会组织整理、汇编了《国家畜禽遗传资源品种名录（2021年版）》，收录地方鸡品种115种。在《中国畜禽遗传资源志·家禽志》（2011年）的基础上，地方鸡品种增加了8种（麻城绿壳蛋鸡、太行鸡、广元灰鸡、荆门黑羽绿壳蛋鸡、富蕴黑鸡、天长三黄鸡、宁蒗高原鸡和沂蒙鸡）。2021年底，阿克鸡通过国家畜禽遗传资源委员会审定、鉴定（《中华人民共和国农业农村部公告第498号》），至此，我国地方鸡遗传资源共116种（表2-4），分布在全国7个分区中（表2-5）。总体而言，我国地方鸡遗传资源的分布不均匀，从区域来看，东南区和西南区数量比较集中；从省份来看，云南地方鸡品种数量最多，达到15种，其次分别是四川（10种）、湖北和江西（8种）、贵州和安徽（7种）。

表2-4　中国鸡遗传资源名录（2021年）

序号	品种名称	序号	品种名称	序号	品种名称
1	北京油鸡	20	五华鸡	39	寿光鸡
2	坝上长尾鸡	21	皖南三黄鸡	40	汶上芦花鸡
3	边鸡	22	德化黑鸡	41	固始鸡
4	大骨鸡	23	金湖乌凤鸡	42	河南斗鸡
5	林甸鸡	24	河田鸡	43	卢氏鸡
6	浦东鸡	25	闽清毛脚鸡	44	淅川乌骨鸡
7	狼山鸡	26	象洞鸡	45	正阳三黄鸡
8	溧阳鸡	27	漳州斗鸡	46	洪山鸡
9	鹿苑鸡	28	安义瓦灰鸡	47	江汉鸡
10	如皋黄鸡	29	白耳黄鸡	48	景阳鸡
11	太湖鸡	30	崇仁麻鸡	49	双莲鸡
12	仙居鸡	31	东乡绿壳蛋鸡	50	郧阳白羽乌鸡
13	江山乌骨鸡	32	康乐鸡	51	郧阳大鸡
14	灵昆鸡	33	宁都黄鸡	52	东安鸡
15	萧山鸡	34	丝羽乌骨鸡	53	黄郎鸡
16	淮北麻鸡	35	余干乌骨鸡	54	桃源鸡
17	淮南麻黄鸡	36	济宁百日鸡	55	雪峰乌骨鸡
18	黄山黑鸡	37	鲁西斗鸡	56	怀乡鸡
19	皖北斗鸡	38	琅琊鸡	57	惠阳胡须鸡
58	清远麻鸡	78	四川山地乌骨鸡	98	盐津乌骨鸡

（续表）

序号	品种名称	序号	品种名称	序号	品种名称
59	杏花鸡	79	石棉草科鸡	99	云龙矮脚鸡
60	阳山鸡	80	矮脚鸡	100	藏鸡
61	中山沙栏鸡	81	长顺绿壳蛋鸡	101	略阳鸡
62	广西麻鸡	82	高脚鸡	102	太白鸡
63	广西三黄鸡	83	黔东南小香鸡	103	静原鸡
64	广西乌鸡	84	乌蒙乌骨鸡	104	海东鸡
65	龙胜凤鸡	85	威宁鸡	105	拜城油鸡
66	霞烟鸡	86	竹香鸡	106	和田黑鸡
67	瑶鸡	87	茶花鸡	107	吐鲁番斗鸡
68	文昌鸡	88	独龙鸡	108	麻城绿壳蛋鸡
69	城口山地鸡	89	大围山微型鸡	109	太行鸡
70	大宁河鸡	90	兰坪绒毛鸡	110	广元灰鸡
71	峨眉黑鸡	91	尼西鸡	111	荆门黑羽绿壳蛋鸡
72	旧院黑鸡	92	瓢鸡	112	富蕴黑鸡
73	金阳丝毛鸡	93	腾冲雪鸡	113	天长三黄鸡
74	沪宁鸡	94	他留乌骨鸡	114	宁蒗高原鸡
75	凉山崖鹰鸡	95	武定鸡	115	沂蒙鸡
76	米易鸡	96	无量山乌骨鸡	116	阿克鸡
77	彭县黄鸡	97	西双版纳斗鸡		

表2-5　我国地方鸡遗传资源分布

区域	省份	品种	资源数量（种）
黄淮海区	北京	北京油鸡	1
	河北	坝上长尾鸡 太行鸡	2
	江苏	狼山鸡 溧阳鸡 鹿苑鸡 如皋黄鸡 太湖鸡	5

（续表）

区域	省份	品种	资源数量（种）
黄淮海区	河南	固始鸡 河南斗鸡 卢氏鸡 淅川乌骨鸡 正阳三黄鸡	5
	山东	鲁西斗鸡 济宁百日鸡 琅琊鸡 寿光鸡 汶上芦花鸡 沂蒙鸡	6
	安徽	淮北麻鸡 淮南麻黄鸡 黄山黑鸡 皖北斗鸡 皖南三黄鸡 五华鸡 天长三黄鸡	7
东南区	上海	浦东鸡	1
	浙江	仙居鸡 江山乌骨鸡 灵昆鸡 萧山鸡	4
	福建	河田鸡 漳州斗鸡 德化黑鸡 金湖乌凤鸡 闽清毛脚鸡 象洞鸡	6

（续表）

区域	省份	品种	资源数量（种）
东南区	海南	文昌鸡	1
	广东	惠阳胡须鸡 清远麻鸡 怀乡鸡 杏花鸡 阳山鸡 中山沙栏鸡	6
	广西	广西麻鸡 广西三黄鸡 广西乌鸡 龙胜凤鸡 霞烟鸡 瑶鸡	6
	江西	白耳黄鸡 丝羽乌骨鸡 安义瓦灰鸡 崇仁麻鸡 东乡绿壳蛋鸡 康乐鸡 宁都三黄鸡 余干乌骨鸡	8
	湖南	东安鸡 黄郎鸡 桃源鸡 雪峰乌骨鸡	4

（续表）

区域	省份	品种	资源数量（种）
东南区	湖北	洪山鸡 江汉鸡 景阳鸡 双莲鸡 郧阳白羽乌鸡 郧阳大鸡 荆门黑羽绿壳蛋鸡 麻城绿壳蛋鸡	8
西南区	云南	茶花鸡 西双版纳斗鸡 大围山微型鸡 独龙鸡 兰坪绒毛鸡 尼西鸡 瓢鸡 他留乌骨鸡 腾冲雪鸡 无量山乌骨鸡 武定鸡 盐津乌骨鸡 云龙矮脚鸡 宁蒗高原鸡 阿克鸡	15
	贵州	矮脚鸡 长顺绿壳蛋鸡 高脚鸡 黔东南小香鸡 威宁鸡 乌蒙乌骨鸡 竹乡鸡	7

（续表）

区域	省份	品种	资源数量（种）
西南区	四川	金阳丝毛鸡 峨眉黑鸡 旧院黑鸡 凉山崖鹰鸡 泸宁鸡 米易鸡 彭县黄鸡 石棉草科鸡 四川山地乌骨鸡 广元灰鸡	10
	重庆	城口山地鸡 大宁河鸡	2
东北区	辽宁	大骨鸡	1
	黑龙江	林甸鸡	1
黄土高原区	山西	边鸡	1
	陕西	略阳鸡 太白鸡	2
	宁夏	静原鸡	1
蒙新高原区	新疆	吐鲁番斗鸡 拜城油鸡 和田黑鸡 富蕴黑鸡	4
青藏高原区	西藏	藏鸡	1
	青海	海东鸡	1

三、地方鸡遗传多样性

遗传多样性是生态系统多样性和物种多样性的基础和核心，生物群落是构成生态多样性的基本单位。遗传多样性是指地球上所有生物携带的遗传信息的总和，主要指种内不同群体之间或一个群体内不同个体间遗传变异的总和，具体表现在种间或种内外部形态特征、染色体特征、生化特征、基因表达产物以及DNA分子水平的多态性。遗传多样性是研究物种基因的依据，它反映了不同种质资源的遗传结构和遗传差异，是物种多样性研究的重要前提。通常而言，物种的遗传多样性越高，那么它对环境的适应能力也就越强，往往表现出较高的抗变能力。因此遗传多样性的研究对认识和了解我国地方鸡的基因结构组成、变异及其种间的遗传和进化关系具有重要意义，同时对地方鸡的遗传资源保护利用、生存状况以及遗传改良策略也都具有重要意义。随着人类对生物遗传多样性研究层次的提高和实验手段的不断改进，评价遗传多样性的方法也在不断丰富，目前常用的遗传多样性研究方法有形态学标记、细胞学标记、生化标记和DNA分子标记。

（一）形态学标记、细胞学标记、生化标记

形态学标记是属于比较传统的方法。但形态学标记具有标记数目少、可借鉴的标记基因有限、多态性不足、遗传表达不稳定、易受环境条件和基因效应的影响等缺点。在《中国畜禽遗传资源志·家禽志》（2011年）中收录的107个地方鸡品种的形态学性状都做了较为详细的介绍。细胞学标记是在染色体水平检测遗传变异，即进行核型和带型分析（如C带、Q带、G带、R带、T带等）。但是利用细胞学标记进行基因定位常常比较粗略，不能很好地消除环境对性状的影响（李华，2003），而且种以下水平居群间，其组型和染色体特征差别不明显，标记的数目也很有限（沈浩，2001），因而在应用于家鸡的研究上存在较大的局限性。生化标记是在蛋白质多态性的基础上发展起来的一种标记方法，主要包括检测血型、蛋白质、同工酶的基因座位的多态性。程光潮等（1991）通过对浙江、江苏、河南、北京、江西和山东的11个地方鸡品种1 087个样本的血型和血浆蛋白多态性研究中发现，崇仁麻鸡和固始鸡的血型基因纯合系数最高，萧山鸡和仙居鸡最低，血型因子组合类型多；聚类分析表明白耳鸡、寿光鸡和鹿苑鸡聚成一类，萧山鸡与仙居鸡聚成一类，狼山鸡、北京鸡和泰和鸡聚成一类，固始鸡与崇仁麻鸡聚成一类。

近年来，由于生物技术的发展以及这3种标记技术的局限性，更多地集中在DNA水平遗传多样性的研究。

（二）DNA分子标记

DNA分子标记是以个体间核苷酸序列差异为基础的遗传标记，是DNA水平上遗传变异的直接反映，能更准确地揭示种、变种、品种、品系乃至无性系间的差异。与前3种标记相比，DNA分子标记具有以下优越性：一是较高的可靠性，直接以DNA的形式

表现，不受环境因素、取样部位和发育阶段的影响，不存在基因表达与否的问题；二是数量多，遍及整个基因组；三是多态性高，自然存在着许多变异；四是表现为“中性”，不影响目的基因的表达，与不良性状无必然的连锁；五是有许多分子标记表现为共显性，能够鉴别纯合基因型与杂合基因型。由于分子标记的巨大优越性，在生物科学领域中的应用相当广泛。近年来DNA分子遗传多样性的研究主要集中在以下两个方面。

卫星标记多态性，微卫星标记（Microsatellite marker）是指简单重复的DNA片段，一般每个重复单位1～6个碱基，重复次数为10～20次，在真核生物基因组中广泛存在。利用微卫星分子遗传标记技术来检测每个群体中个体等位基因型频率，从而对整个种群的遗传多样性进行评估是一种非常直观有效的方法。其中具有代表性的是陈宽维等（2005）利用30个微卫星标记对华东地区27个地方鸡品种进行分析，根据Nei氏标准遗传距离（Ds）用非加权组平均法（UJPGMA）进行聚类分析，发现27个鸡种被聚为7类：崇仁麻鸡、丝羽乌骨鸡和鹿苑鸡聚为第一类，余干乌骨鸡、康乐鸡、灵昆鸡、琅琊鸡、淮北麻鸡、淮南三黄鸡、萧山鸡、江山乌骨鸡、仙居鸡、瓦灰鸡、济宁百日鸡、丝绒乌骨鸡、河田鸡、金湖乌骨鸡、溧阳鸡、白耳鸡、浦东鸡和寿光鸡聚为第二类，东乡绿壳蛋鸡、汶上芦花鸡和狼山鸡各独自聚为第三、第四、第五类，鲁西斗鸡与宁都三黄鸡聚为第六类，漳州斗鸡独自聚为第七类。这些数据为华东地区的地方鸡品种遗传资源的保护和选育工作提供了良好的理论依据。

线粒体DNA（mtDNA）多态性，动物线粒体DNA（mtDNA）是唯一的核外遗传物质，具有独有的遗传特性，其结构相对比较简单，相对分子质量较小，便于进行结果分析；进化速度快，是单拷贝核DNA的5～10倍；无组织特异性；遵守母性遗传；没有遗传重组，几乎所有的变异都来自突变等。因此，mtDNA已广泛用于地方鸡的遗传多样性研究中。武艳平等（2011）通过mtDNA的D-loop区来分析江西省7个地方鸡品种134个个体的遗传多样性，发现江西省7个地方鸡品种间在这个位点上出现一定程度的遗传分化。贾晓旭等（2018）通过对江苏省5个地方鸡品种（黑狼山鸡、白狼山鸡、鹿苑鸡、溧阳鸡和太湖鸡）149个个体的线粒体DNA控制区（D-loop）全序列分析，发现江苏地方鸡品种的遗传多样性较低，可能有5个母系来源，品种间有一定程度的分化，少数群体可能受到了外来高产系的侵入。

四、地方鸡重要经济性状

（一）质量性状

质量性状是指同一种性状的不同表现型之间不存在连续性的数量变化，而呈现质的中断性变化的那些性状，由单基因或简单的几对基因的互作影响的遗传性状，其变异是不连续的。家禽质量性状主要包括冠型、多趾、羽色、羽速、羽毛形状、胫色性状等。质量性状的遗传规律一般可分为显隐性遗传、共显性遗传、常染色体遗传和伴性遗传。在显隐性遗传中，显性性状受显性基因控制，显性纯合子或杂合子的表型相同，而隐性性状受隐性基因控制，只有在隐性基因纯合时才呈现出隐性性状的表型。常染色体遗传是指性状受位于常染色体上的基因控制，与个体性别无关，而伴性遗传是指性状受位于性染色体上的基因控制，性状的表型与性别相关。对于显隐性遗传，个体的基因型一般通过测交试验确定，即将被测个体与隐性纯合子个体交配，根据后代表型判定被测个体是否为杂合子。对于伴性遗传，一般通过正反交试验确定，即利用同一性状存在差异的两个亲本分别相互作为父、母本进行杂交，如果不同性别后代的表型与父、母本的性别存在关联，这样的性状可判定为存在伴性遗传。

（二）数量性状

数量性状指个体间表现的差异只能用数量来区别，变异呈连续性的性状，具有两个主要特征：变异呈连续性和变异易受环境条件影响。其主要特征有：一是个体间差异很难描述，需要度量；二是在一个群体中，变异呈连续性；三是数量性状常受多基因控制；四是数量性状对环境影响敏感。家禽数量性状主要包括生长、屠体、肉品质、脂肪、产蛋量、蛋品质及抗病等性状。生长性状与屠体性状方面：*dw*基因可显著影响鸡的体重，*IGF-I*基因5′调控区C-A突变是影响鸡生长和屠体性状的主效基因，*CDKN3*基因启动子区复等位基因*Indel*与鸡的体重和屠体性状显著相关，*CEL*基因5′UTR Indel与生长和屠体性状显著相关，*CKAP2*、*RB1*、*CCKAR*、*NCAPG*和*IGF2BP1*基因与屠体重显著关联，*HTR2A*、*GTF2F2*、*WDFY2*、*NVAPG*和*SHH*基因与肝脏重、心脏重显著关联，*KCTD4*、*LDB2*、*HEP21*和*PCASP2*基因与脾脏重显著关联，*MyoZ1*的4个SNP位点与肉品质和屠体性状显著相关。肉品质方面：*ACACA*、*FASN*、*SCD*、*ACSL5*、*FADS2*、*FABP1*、*APOA1*、*APOA4*、*ME1*、*HBP1*和*TCF21*基因与肉品质显著相关。脂肪沉积方面：*lncLTR*基因的c242.G>A突变位点与鸡脂肪代谢显著相关，*FTO*基因与脂肪沉积性状显著相关，*EX-FABP*、*GOS2*和*CGI-58*基因与鸡腹脂重显著相关。蛋品质方面：*SLCO1B3*基因为鸡绿壳蛋主效基因且该基因的5′侧翼区的一个鸡逆转录病毒EAV-H插入序列是绿壳基因的致病突变，*CDK6*、*CLDN10*、*OSR2*和*CBLN2*基因与蛋壳颜色和哈氏单位显著相关，*FMO3*基因编码区的突变与饲料中三甲胺及其前体物的存在是造成禽蛋鱼腥味的主要原因。繁殖性状方面：*KIF18A*、*LIN28*、*Tex11*基因以及*GDF9*基因的3个SNPs位点与产蛋量或繁殖性状显著相关。毛孔数方面：*SUCLA2*、*DNAJC15*、*DHRS12*、*MLNR*和*RB1*基因与背部毛孔数显著关联，*Wnt3a*基因与皮肤毛囊密度显著相关。抗病性状方面：*CH25H*、*PA-N155*、*PA-N182*、*ROBO2*和*tvb*基因与免疫功能相关，影响H5N1禽流感病毒复制率的主效基因是*UBA52*，该基因的敲减将显著降低H5N1禽流感病毒PA mRNA的转录。

第三节 我国地方鸡遗传资源的保护利用

畜禽遗传资源是维护国家生态安全、农业安全的重要战略资源，是畜牧业可持续发展的物质基础。我国是世界上畜禽遗传资源最为丰富的国家，已发现地方品种564个，约占世界畜禽遗传资源总量的1/6（表2-6）。我国畜牧业的发展历史悠久，在极为丰富的自然生态条件和社会经济条件的影响下，形成了具有多种遗传特性和生产性能的畜禽遗传资源，这是我们祖先留下的极其宝贵的财富，是一个天然的畜禽品种“基因库”。这些品种与国外培育出的“标准品种”相比，具有对周围环境的高度适应性、耐粗饲、抗病性强、繁殖力高、肉质好等特点，是杂种优势利用和培育高产品种的良好素材。如边鸡产褐壳大蛋，平均蛋重66 g，蛋壳厚而细致，在-30℃气温下放牧能繁殖生存；仙居鸡体小、紧凑、省料，平均体重为1.35 kg，年产蛋量达160～180个，多的达200个以上；丝毛乌骨鸡是闻名世界的观赏品种，在我国则用以与中药一起配制有名的传统妇科用药“乌鸡白凤丸”，被称为药用品种；再如狼山鸡、固始鸡、彭县黄鸡等年产蛋量为135～170个，并不亚于引入品种，如洛岛红、澳洲黑等。因此，在当今世界畜禽资源日趋匮乏、品种趋向单一化的情况下，地方遗传资源的发掘、保护和利用对未来畜牧业的发展和种业安全将产生巨大的影响和难以估量的作用。

表2-6 我国地方畜禽遗传资源数量　　单位：种

畜种	地方品种	国家级保护品种
猪	84	43
牛	104	18
羊	116	25
家禽	187（鸡116）	44（鸡23）
其他	73	16
合计	564	146

注：《中华人民共和国农业农村部公告第498号》，2021年12月3日；《国家畜禽遗传资源品种名录（2021年版）》；《国家畜禽遗传资源保种场名单（第一批）》；《中华人民共和国农业农村部公告第453号》，2021年8月9日。

尽管我国地方鸡种质遗传资源十分丰富（116种），但仍有不少品种处于灭绝边缘，甚至是已经灭绝了（濒危5种：金阳丝毛鸡、边鸡、浦东鸡、萧山鸡、中山沙栏鸡。濒临灭绝1种：彭县黄鸡。灭绝2种：烟台糁糠鸡、陕北鸡），其主要原因有：规模化、集约化生产程度的提高，使品种趋于单一化，地方品种生存空间越来越小；地方品种被杂交品种逐步取代，国外的一些杂交品种被引进国内后常用来与地方品种进行杂交，久而久之，一些地方品种就逐渐被培育品种或杂交品种取代；资源保护能力不足，部分保种场基础设施落后、群体血统不清、保种手段单一等问题突出，加之我国对地方鸡种质资源动态检测预警制度不健全，不能及时、准确掌握资源状况，一些地方资源因未采取有效保护措施，仍处于自生自灭状态；遗传资源保护政策支持力度小，专门化管理机构少，专业化人才队伍缺乏，保护理论不够系统、深入，技术研发和创新能力落后，制约了畜禽种质遗传资源的有效保护和利用。因此，近年来我国逐渐重视对家禽品种资源保护工作，按照“依法保护、科学利用”的原则，各级畜牧主管部门着力强化政策支持、科技支撑和法治保障，并根据“重点、濒危、特定性状”的保护原则和急需保护品种资源的分布情况，由国家投入、地方匹配等多种渠道的集资方式，建成国家级基因库和保种场，实施异地和原产地保护。到目前为止，通过遗传物质交换、建立保种场等方式，全国累计抢救性保护措施保留下来的品种有金阳丝毛鸡、边鸡、浦东鸡、萧山鸡、中山沙栏鸡、彭县黄鸡。

一、地方鸡遗传资源保护名录

我国采用确定重点畜禽遗传资源保护名录的方式保护我国的畜禽遗传资源，包括确定国家级保护名录和省级保护名录两个层级。根据品种的珍稀、濒危和性能优异等基本原则，将部分资源列入国家和省级保护名录。并根据资源情况的变化，如新发现的珍稀或濒危品种、个别列入原名录中的品种在资源调查时未发现、地方品种被重新划分和命名等，名录将适时进行调整修订更新。名录修订是对原产中国的珍贵、稀有、濒危的畜禽遗传资源的再梳理，意义重大。修订工作遵循三原则：一是连续性，畜禽遗传资源保护是一项基础性、长期性工作，名录修订应遵循大稳定、小调整的原则；二是可操作性，列入名录的品种应具备一定的保种工作基础；三是重点突出，未列入国家级保护名录的可列入省级保护名录。近20年来名录的公布和修订如下。

2000年8月原农业部首次公布《国家级畜禽遗传资源保护名录》，确定了78个畜禽品种为国家级畜禽品种资源保护品种，其中国家级鸡遗传资源保护名录共11个品种，包含九斤黄鸡、大骨鸡、中国斗鸡、白耳黄鸡、仙居鸡、北京油鸡、丝羽乌骨鸡、茶花鸡、狼山鸡、清远麻鸡、藏鸡。

2006年，原农业部对《国家级畜禽遗传资源保护名录》进行第一次修订调整，确定了138个畜禽品种为国家级畜禽遗传资源保护品种，其中国家级鸡遗传资源保护名录共23个品种（《中华人民共和国农业部公告第662号》），包含九斤黄鸡、大骨鸡、鲁西斗鸡、吐鲁番斗鸡、西双版纳斗鸡、漳州斗鸡、白耳黄鸡、仙居鸡、北京油鸡、丝羽乌骨鸡、茶花鸡、狼山鸡、清远麻鸡、藏鸡、矮脚鸡、浦东鸡、溧阳鸡、文昌鸡、惠阳胡须鸡、河田鸡、边鸡、金阳丝毛鸡、静原鸡。

2014年原农业部根据第二次全国畜禽遗传资源调查结果，对《国家级畜禽遗传资源保护名录》进行了第二次修订，确定了159个畜禽品种为国家级畜禽遗传资源保护品种，其中国家级鸡遗传资源保护名录共28个品种（《中华人民共和国农业部公告第2061号》），包含大骨鸡、白耳黄鸡、仙居鸡、北京油鸡、丝羽乌骨鸡、茶花鸡、狼山鸡、清远麻鸡、藏鸡、矮脚鸡、浦东鸡、溧阳鸡、文昌鸡、惠阳胡须鸡、河田鸡、边鸡、金阳丝毛鸡、静原鸡、瓢鸡、林甸鸡、怀乡鸡、鹿苑鸡、龙胜凤鸡、汶上芦花鸡、闽清毛脚鸡、长顺绿壳蛋鸡、拜城油鸡、双莲鸡。

2021年，根据《中华人民共和国畜牧法》《国务院办公厅关于加强农业种质资源保护与利用的意见》《畜禽遗传资源保种场保护区和基因库管理办法》《国家级畜禽遗传资源保护名录》等有关规定，农业农村部公布了最新的《国家级畜禽遗传资源保护名录》，确定了146个畜禽品种为国家级畜禽遗传资源保护品种，其中国家级鸡遗传资源保护名录共23个品种，包含白耳黄鸡、拜城油鸡、北京油鸡、边鸡、藏鸡、茶花鸡、大骨鸡、河田鸡、怀乡鸡、惠阳胡须鸡、狼山鸡、溧阳鸡、林甸鸡、龙胜凤鸡、鹿苑鸡、瓢鸡、浦东鸡、清远麻鸡、双莲鸡、丝羽乌骨鸡、文昌鸡、汶上芦花鸡、仙居鸡。

二、地方鸡遗传资源保护方式

畜禽遗传资源的保护方式可分为活体保护和遗传材料的保存，活体保护可分为原地保种场或保护区以及异地保护（基因库），遗传材料的保存包括保存生殖细胞、胚胎、体细胞、干细胞和DNA与DNA文库。目前，我国地方鸡遗传资源保护的主要形式仍是活体保种，其次是遗传材料的保存（目前主要保存的是DNA和体细胞），根据《中华人民共和国畜牧法》的要求，按照“分级管理、重点保护”的原则，从1998年开始，通过实施畜禽良种工程、畜禽种质资源保护等项目，农业农村部先后建设了一批地方鸡国家级保种场和基因库。2021年，经对原有国家级畜禽遗传资源基因库、保护区、保种场审核确认，对新申请单位审核评估，现确定国家级鸡遗传资源保种场24个，国家级地方鸡种基因库3个（表2-7、表2-8）。

表2-7 国家级鸡遗传资源保种场

编号	品种	保种场	保种单位
1	白耳黄鸡	国家白耳黄鸡保种场	上饶市广丰区白耳黄鸡原种场
2	拜城油鸡	国家拜城油鸡保种场	新疆诺奇拜城油鸡发展有限公司
3	北京油鸡	国家北京油鸡保种场	中国农业科学院北京畜牧兽医研究所
4	边鸡	国家边鸡保种场	山西省农业科学院畜牧兽医研究所
5	藏鸡	国家藏鸡保种场	乡城县藏咯咯农业开发有限公司
6	茶花鸡	国家茶花鸡保种场	西双版纳云岭茶花鸡产业发展有限公司
7	大骨鸡	国家大骨鸡保种场	庄河市大骨鸡繁育中心
8	大骨鸡	国家大骨鸡保种场	辽宁庄河大骨鸡原种场有限公司
9	河田鸡	国家河田鸡保种场	福建省长汀县南坶河田鸡保种场有限公司
10	怀乡鸡	国家怀乡鸡保种场	广东盈富农业有限公司
11	惠阳胡须鸡	国家惠阳胡须鸡保种场	广东金种农牧科技股份有限公司
12	狼山鸡	国家狼山鸡保种场	如东县狼山鸡种鸡场
13	溧阳鸡	国家溧阳鸡保种场	溧阳市种畜场
14	林甸鸡	国家林甸鸡保种场	黑龙江省林甸鸡原种场有限公司
15	龙胜凤鸡	国家龙胜凤鸡保种场	龙胜县宏胜禽业有限责任公司
16	鹿苑鸡	国家鹿苑鸡保种场	张家港市畜禽有限公司
17	瓢鸡	国家瓢鸡保种场	镇沅云岭广大瓢鸡原种保种有限公司
18	浦东鸡	国家浦东鸡保种场	上海浦汇浦东鸡繁育有限公司
19	清远麻鸡	国家清远麻鸡保种场	广东天农食品集团股份有限公司
20	双莲鸡	国家双莲鸡保种场	湖北民大农牧发展有限公司
21	丝羽乌骨鸡	国家丝羽乌骨鸡保种场	江西省泰和县泰和鸡原种场
22	文昌鸡	国家文昌鸡保种场	海南罗牛山文昌鸡育种有限公司
23	汶上芦花鸡	国家汶上芦花鸡保种场	山东金秋农牧科技股份有限公司
24	仙居鸡	国家仙居鸡保种场	浙江省仙居种鸡场

注：《中华人民共和国农业农村部公告第453号》（2021）。

表2-8　国家地方鸡基因库

序号	基因库	单位
1	国家地方鸡种基因库（江苏）	江苏省家禽科学研究所
2	国家地方鸡种基因库（浙江）	浙江光大农业科技发展有限公司
3	国家地方鸡种基因库（广西）	广西金陵家禽育种有限公司

注：《中华人民共和国农业农村部公告第453号》（2021）。

三、地方鸡保护原理与方案

为有效地保护家禽的遗传多样性，根据群体遗传学原理，保种应尽可能扩大群体规模，缩小公母禽个数比例、各家系等数留种，避免具有亲缘关系的个体交配，避免群体规模的世代间波动和延长世代间隔等。

（一）地方鸡遗传资源的保护原理

（1）世代间隔。鸡的世代间隔一般为1年。

（2）群体每代近交增量。按照育种目标要求，100年保种期内近交系数（F_t）不超过10%，假设F_t=10%，即$F_t=1-(1-\Delta F)^{100}=10\%$。式中，$\Delta F$为平均每代近交增量。计算得：$\Delta F$=0.001 053。

（3）群体有效大小。保种效率取决于群体有效大小，设保种群体有效大小N_e。$\Delta F=1/(2N_e)$=0.001 053。计算得：群体有效规模N_e=475。

（4）留种数目的确定。家禽群体一般公少母多，鸡的适宜公母比例为♂∶♀=1∶10。

①两性不等数随机留种。$N_e=4N_mN_f/(N_m+N_f)$。式中，N_m为♂数量；N_f为♀数量；$N_m:N_f$=1∶10。计算得N_m=131，N_f=1 310。

②两性不等数各家系内等数留种。$N_e=16N_mN_f/(N_m+3N_f)$，$N_m:N_f$=1∶10。计算得N_m=92，N_f=920。

两性不等数随机留种和两性不等数各家系内等数留种2种留种方法相比较，在群体有效大小相同的条件下，采用两性不等数各家系内等数留种保留的群体规模要小于两性不等数随机留种，保种成本更低，或者说实行两性不等数各家系内等数留种有助于增加群体有效大小，所以在饲养管理条件允许时可选用两性不等数各家系内等数留种，保种的效果更好。

（5）平均群体有效大小及其修正。在保种过程中，由于各种因素的存在，每一世代难以保持群体有效大小恒定不变。为估计连续多个世代平均的群体有效大小，可采用

$N_e=1/t(1/N_{e1}+1/N_{e2}+\cdots+1/N_{et})$。式中，$N_e$为连续$t$世代的群体平均有效大小，$N_{et}$为$t$世代的群体有效大小。

（6）交配制度的确定。交配制度是影响群体近交系数增量的一个重要因素，在保证群内实行非同型交配系统可以保持群体的杂合性，降低近交增量。常用的保种群交配制度有以下方式：

①完全随机交配法。保种群集中统一饲养，大群自然交配，不加人为控制。

②不完全随机交配法。在随机交配基础上，人为避免全同胞、半同胞和亲子等亲缘关系较近的个体间交配，这种方法可有效降低群体的平均近交系数。

③亚群间轮回交配法。将群体划分为不同的亚群，每一亚群内的个体间亲缘关系较近，不同亚群间亲缘关系较远，在亚群间采用轮回交配，控制交配后的公母鸡在一定的世代内不再交配，从而有效控制群体平均近交系数的增长。

④“家系等量随机选配法”主要用人工控制各家系繁殖平衡，使保种群在特定的条件下，使原有的遗传特性和生产性能保持相对稳定，群体内的基因频率不发生漂变。在选择手段和交配制度上，做法如下。

a. 留作亲本的个体、性别可以是不等量，但家系间在同性数目上基本是等量分布的。

b. 选留的与配公鸡，均来自上一世代的每个家系，选留的母鸡均为上一世代的每只母鸡的后裔。

c. 个别母鸡无后裔者，则在该家系中的其他母鸡的后裔中，随机选留递补。

d. 选留的鸡按保种群分别全部合并随机重组新的家系。

e. 根据系谱核对新家系。每一家系中应严格避免全同胞或半同胞组配。

另外，还可以采取非近交公禽轮回交配等方法来降低群体的近交系数。在技术条件相对较差的保种场，可以采用完全随机交配法或避免近亲繁殖的随机交配；而在技术、资金相对充足的保种场，可以选择亚群间轮回交配法或非近交公禽轮回交配法，则保种效果会更好。

（二）地方鸡遗传资源的保护方案

（1）方案的前提应包括制定方案保护该群体的意义、该群体的特点及保种方针，如原产地保种或异地保种、保种场核心群保种或散在保种、保持群体的遗传多样性或同时发展群体的固有特点等。

（2）保种目标包括保种期限和保种的技术指标，如总的近交增量ΔF、最后一代F_t的近交系数的限额水平和生产性能水平（包括生长性状、繁殖性状、抗病力、群体固有特征的表现等）。

（3）制定保种方案的原理。

（4）世代间隔主要包括：鸡的世代间隔一般为1年；继代体制，是陆续淘汰（世代间有重叠）或标准换代年度（世代间无重叠，需列具体年度）；过代个体的淘汰方式；继代以外的繁殖。

（5）保种群规模和公鸡比例。

（6）交配体制一般应在尽量避免近交的前提下，进行随机等量交配。

（7）留种方式最好采用家系内等数留种，同时最好能留下反映亲本特征的个体。

（8）近交增量超过限额时的补救措施，包括近交增量超过当代限额时的调整方案、近交增量超过下一代限额时的补救措施和近交系数突破极限时的补救措施。

（9）保种效果的检测，主要包括外貌特征（冠型、羽色、胫色等）、体重体尺（在每个世代的300日龄前后进行，测量体重、体斜长、胸宽、胸深、龙骨长、骨盆宽、胫长、胫围等相关性状）、生产性能（屠体性能、肉品质、繁殖性能等）、抗性、适应性、特定遗传标记的频率分布等。

四、地方鸡遗传资源利用

家禽遗传资源保护的目的是现在和将来的利用，我国地方鸡遗传资源十分丰富，但很多品种目前尚未得到充分利用，有巨大的潜在价值尚待开发。同时，由于家禽遗传资源具有不可再生性，一旦丧失，就无法挽回。因此，针对我国地方鸡长期存在的保护与利用难以兼顾、品种创新不足等问题，在应用传统育种技术的基础上，加强了新育种技术在地方鸡种质资源上的研发应用，如质量性状的分子检测技术（矮小基因、隐形白羽基因、快慢羽基因、黄白肤色基因等）、全基因组选择技术（凤芯壹号50K蛋鸡SNP芯片、京芯一号55K肉鸡SNP芯片）、性状表型测定的自动化（体重、采食量、产蛋等）、互联网育种数据传输等新技术的应用加快了地方鸡遗传资源的高效利用。

家禽遗传资源的利用主要有两种形式：一是直接利用，对于具有高生产性能或有突出的生产用途性能的既有品种直接用于畜产品；二是间接利用，对大多数的地方鸡品种，由于生产性能较低，作为商品生产的经济效益较差，可以在保存的同时，创造条件间接利用这些资源，将既有品种作为杂交育种的原材料、作为新品种培育的亲本。

（一）直接利用

我国众多的地方鸡遗传资源，是世界上许多发达国家望尘莫及的品种资源优势。随着我国优质鸡“生产—育种—生产”的不断深入和发展，各地地方鸡品种资源优势，正逐步转化为市场经济的商品优势。例如文昌鸡、清远麻鸡、杏花鸡、广西三黄鸡、霞烟鸡、固始鸡、和田鸡、惠阳胡须鸡、宁都黄鸡、鹿苑鸡、北京油鸡、丝毛乌骨鸡等，陆续走出深山庭院，走上了优质鸡产业化的大生产、大流通和大市场。

1. 清远麻鸡

清远麻鸡原产地为广东省清远市，属肉用型品种，300日龄成年体重公鸡约1.90 kg、母鸡约1.50 kg。清远麻鸡于1989年、2011年分别被《中国家禽品种志》《中国畜禽遗传资源志·家禽志》收录，2000年、2006年、2014年和2021年被列入《国家级畜禽遗传资源保护名录》，2008年被认定为“国家级清远麻鸡保种场C4409010”。广东清远市凤中皇清远麻鸡发展有限公司承担清远麻鸡的保种任务，并于1999年注册“凤中皇”清远鸡的商标，2009年获得国家地理标志授权。此外，2015年广东天农食品有限公司培育的天农麻鸡通过国家审定（农09新品种证字第60号）。天农麻鸡为三系配套系，由L系、M系和K系组成。配套模式为K♂×（M♂×L♀）♀，其中L系来源于广西麻鸡（灵山土鸡），M系和K系来源于清远麻鸡。

2. 文昌鸡

文昌鸡原产地为海南省文昌市，属肉用型品种，成年体重公鸡2.0～2.3 kg、母鸡1.50～1.8 kg，并被列为海南“四大名菜”之一。文昌鸡于2006年被国家畜禽遗传资源委员会认定为地方品种（农09新品种证字第15号），2011年被《中国畜禽遗传资源志·家禽志》收录，2006年、2014年和2021年被列入《国家级畜禽遗传资源保护名录》，2008年被认定为“国家级文昌鸡保种场C4609012”，海南罗牛山文昌鸡育种有限公司承担文昌鸡的保种任务，并于2004年注册国家原产地标记。此外，2012年海南（潭牛）文昌鸡股份有限公司培育的“潭牛鸡配套系”通过国家审定（农09新品种证字第50号）。潭牛鸡配套系为二系配套模式，父系为K系，由文昌鸡快羽母鸡和广西三黄鸡快羽公鸡杂交，横交固定2个世代后选育而成；母系为M系，由文昌鸡原始群慢羽鸡经测交纯合慢羽基因后选育而成。

3. 广西三黄鸡

广西三黄鸡原产地为广西壮族自治区，属肉用型品种，中心产区为桂平的麻垌与江口、平南的大安、岑溪的糯桐（原属藤县）以及贺县的信都。300日龄成年体重公鸡约2.10 kg、母鸡约1.60 kg。1987年收录于《广西家畜家禽品种志》，2011年被《中国畜禽遗传资源志·家禽志》收录，2021年被列入《国家级畜禽遗传资源品种名录》。以广西三黄鸡为素材，根据优质鸡的特点和市场需求，采取导入杂交、家系选择、个体选择和分子标记辅助选择等育种技术来改善目标性状，同时集成种鸡现代繁育技术培育出的金陵黄鸡、桂凤二号黄鸡、参黄鸡1号、黎村黄鸡配套系通过国家畜禽遗传资源委员会审定并被列入《国家级畜禽遗传资源品种名录》（2021年）。

对于我国珍贵的地方鸡资源，不同的品种有着各自的优良特性，对于这些优良的性状，不仅要加以慎重地保护，而且应该充分利用这些宝贵的资源。然而，由于各地地方鸡的原始性和自然性，开发规模化的大生产仍有较大的局限性，在土鸡育种改良上要实现早熟（肉质）与生产效率（经济效益）的两者兼顾，难度很大，需要相当长的改良时间和投入。

（二）间接利用

我国地方鸡种的开发利用，早在20世纪60—70年代，就开展了保种与利用的科研生产工作，利用地方鸡品种培育成功的肉鸡新品种有新浦东鸡、新狼山鸡、新扬州鸡、京海黄鸡。同时也越来越多地被用于配套系的培育，自1999年第一个鸡配套系通过审定至2021年底，国家遗传资源委员会共审定了黄羽肉鸡配套系61个、小型白羽肉鸡配套系3个（肉鸡WOD168、WOD158和益生909）、快大型白羽肉鸡配套系3个（圣泽901、广明2号、WOD188）（表2-9）。此外，隐性白羽基因和*dw*基因在我国地方鸡遗传资源的开发利用中也是非常成功。

表2-9 培育的肉鸡品种和配套系

项目	序号	名称
培育品种	1	新狼山鸡
	2	新浦东鸡
	3	新扬州鸡
	4	京海黄鸡
培育配套系	1	康达尔黄鸡128配套系
	2	江村黄鸡JH-2号
	3	江村黄鸡JH-3号
	4	新兴黄鸡Ⅱ号配套系
	5	新兴矮脚黄鸡配套系
	6	岭南黄鸡Ⅰ号配套系
	7	岭南黄鸡Ⅱ号配套系
	8	京星黄鸡100
	9	京星黄鸡102
	10	邵伯鸡配套系
	11	鲁禽1号麻鸡配套系
	12	鲁禽3号麻鸡配套系
	13	新兴麻鸡3号配套系

（续表）

项目	序号	名称
培育配套系	14	新兴麻鸡4号配套系
	15	粤禽皇2号鸡配套系
	16	粤禽皇3号鸡配套系
	17	良凤花鸡配套系
	18	墟岗黄鸡1号配套系
	19	皖南黄鸡配套系
	20	皖南青脚鸡配套系
	21	皖江黄鸡配套系
	22	皖江麻鸡配套系
	23	雪山鸡配套系
	24	苏禽黄鸡2号配套系
	25	金陵麻鸡配套系
	26	岭南黄鸡3号配套系
	27	金钱麻鸡1号配套系
	28	南海黄麻鸡1号
	29	弘香鸡
	30	新广铁脚麻鸡
	31	新广黄鸡K996
	32	大恒699肉鸡配套系
	33	凤翔青脚麻鸡
	34	凤翔乌鸡
	35	五星黄鸡
	36	金种麻黄鸡
	37	振宁黄鸡配套系
	38	潭牛鸡配套系
	39	三高青脚黄鸡3号

（续表）

项目	序号	名称
培育配套系	40	天露黄鸡
	41	天露黑鸡
	42	光大梅黄1号肉鸡
	43	桂凤二号黄鸡
	44	天农麻鸡配套系
	45	温氏青脚麻鸡2号配套系
	46	科朗麻黄鸡配套系
	47	金陵花鸡配套系
	48	京星黄鸡103配套系
	49	栗园油鸡蛋鸡配套系
	50	黎村黄鸡配套系
	51	鸿光黑鸡配套系
	52	参皇鸡1号配套系
	53	鸿光麻鸡配套系
	54	天府肉鸡配套系
	55	海扬黄鸡配套系
	56	肉鸡WOD168配套系
	57	金陵黑凤鸡配套系
	58	大恒799肉鸡
	59	金陵麻乌鸡配套系
	60	花山鸡配套系
	61	园丰麻鸡2号配套系
	62	沃德158肉鸡
	63	圣泽901白羽肉鸡
	64	益生909小型白羽肉鸡
	65	广明2号白羽肉鸡
	66	沃德188肉鸡

白羽鸡根据控制羽色基因位点不同分为显性白羽和隐性白羽两种。目前已知鸡白羽性状是由5对等位基因控制，控制白羽的5对等位基因对白羽性状连锁影响。这5对等位基因分别是：抑制色素形成的基因I（i：无抑制色素形成作用）；控制有色羽性状的色素原基因C（c：无色素原）；氧化酶基因O，与氧化酶形成有关（o：无氧化酶）；色素表现基因P，与色表现有关（p：制止色素表现）；非白化基因a，引起白化。隐性白羽作为鸡的重要经济性状，利用隐性白羽品系为母本与地方鸡杂交来改善本地鸡种生产性能，杂交后代可以保持地方鸡种基本品种外貌特征和血缘，培育适合市场的新型配套系。但目前大部分隐性白羽鸡是从白洛克品种中选育出来的，属于快大型肉鸡，使商品代肉质、体型等性状接近快大型肉鸡，不符合市场对本地鸡品质要求。而我国地方鸡中突变的隐性白羽，体型和体重与地方鸡原种相同，配套杂交后不会改变地方鸡原种的体型和肉质，符合市场要求。如隐性白羽大别山鸡是以武新大别山鸡（江汉鸡山区分支）群体中分离出的白羽个体为基础，利用"隐性白羽分子鉴定技术""快慢羽分子鉴定技术"选留个体，通过组建家系进行世代选育培育隐性白羽系；黎村黄鸡隐性白羽鸡系是由容县祝氏公司从黎村黄鸡中选育出来的纯系隐性白羽。

鸡矮小基因*dw*（Dwarf gene）基因是现已发现的8种矮小型基因中的唯一能够使鸡体型矮小同时对鸡体健康无害而对生产繁殖有益的位于Z染色体上的隐性、伴性遗传突变基因，位于肝坏死基因in位点和无翼基因We位点之间，靠近金银色基因Ss和快慢羽基因Kk。研究表明，*dw*基因和*DW*为不完全等位基因，具有质量性状和数量性状的双重特性，能够使鸡的体形变小、饲料报酬提高、生长速度下降，还能影响产蛋性能，被广泛应用于肉鸡与蛋鸡育种中，其典型的遗传标记是鸡的胫部比正常型短约1/3。我国最初培育的矮脚品系是由中国农业科学院北京畜牧兽医研究所培育的D型矮洛克品系，将*dw*基因引入我国优质黄羽肉鸡育种中。矮脚黄羽肉鸡具有两个突出的优点：一是矮脚黄鸡克服了我国地方品种的繁殖性能差、耗料多、性成熟晚的缺点；二是矮脚鸡长骨短小、胸肌发达、胴体的肉骨比高，非常适合优质肉鸡的体形发育特点和我国活鸡市场对优质鸡的要求，因而取得了很好的效果。目前，我国已培育的含*dw*基因的优质肉鸡有：京星黄鸡、新兴黄鸡、岭南黄鸡、苏禽黄鸡、康达尔黄鸡等，约20个品系。

参考文献

包文斌，束婧婷，王存波，等，2008. 中国家鸡和红色原鸡mtDNA控制区遗传多态性及系统进化分析[J]. 畜牧兽医学报（11）：1449-1459.

薄吾成，1991. 试论中国家鸡的起源[J]. 农业考古（1）：345-349.

陈宽维，李慧芳，王金玉，等，2005. 应用微卫星标记对华东27个地方鸡种遗传多样性的研究[C]// 全国畜禽遗传资源保护与利用学术研讨会论文集：241-250.

程光潮，周德旺，吴丽城，等，1991. 鸡的血型研究X. 我国11个地方鸡种的血型和血浆蛋白质多态分析[J]. 遗传学报（5）：415-423.

傅桐生，郑光美，1978. 评介《中国动物志》鸟纲第四卷（鸡形目）[J]. 动物学杂志（3）：48-49.

傅衍，牛冬，罗静，等，2001. 中国家鸡的起源探讨[J]. 遗传学报（5）：411-417.

国家畜禽遗传资源委员会，2011. 中国畜禽遗传资源志·家禽志[M]. 北京：中国农业出版社.

贾晓旭，唐修君，樊艳凤，等，2018. 江苏省地方鸡品种线粒体DNA遗传多样性分析[J]. 农业生物技术学报，26（10）：1754-1761.

李华，邱祥聘，2003. 乌骨鸡的遗传多样性研究现状[J]. 中国畜牧杂志（6）：51-53.

沈浩，刘登义，2001. 遗传多样性概述[J]. 生物学杂志（3）：5-7.

武艳平，霍俊宏，刘林秀，2011. 江西地方鸡的系统进化及遗传多样性研究[J]. 江西农业大学学报，33（6）：1160-1163.

杨岚，2000. 红原鸡*Gallus gallus*在中国的分布与习性[C]// 中国鸟类学研究——第四届海峡两岸鸟类学术研讨会文集：133-136.

郑作新，1978. 中国动物志：鸟纲（第四卷：鸡形目）[M]. 北京：科学出版社.

《中国家畜家禽品种志》编委会，1989. 中国家禽品种志[M]. 上海：上海科学技术出版社.

FUMIHITO A，MIYAKE T，TAKADA M，et al.，1996. Monophyletic origin and unique dispersal patterns of domestic fowls[J]. Proceedings of the National Academy of Sciences of the United States of America，93（13）：6792-6795.

HOWARD R，MOORE，ALICK，1984. A complete checklist of the birds of the world[M]. London：Macmillan.

KANGINAKUDRU S，METTA M，JAKATI R D，et al.，2008. Genetic evidence from Indian red jungle fowl corroborates multiple domestication of modern day chicken[J]. BMC Evolutionary Biology，10（8）：174.

LIU Y P，WU G S，YAO Y G，et al.，2006. Multiple maternal origins of chickens：out of the Asian jungles[J]. Molecular Phylogenetics & Evolution，38（1）：12-19.

WANG M S，THAKUR M，PENG M S，et al.，2020. 863 genomes reveal the origin and domestication of chicken[J]. Cell Research，30（8）：693-701.

第三章

鸡肉品质

第一节　肉品学基础

肉品是指畜禽屠宰后经过一定的理化特性的变化使其适合用作食品的鲜肉，相对而言，肌肉则是指功能性运动组织。肉品质主要包括感官品质、深加工品质、营养价值和卫生品质4个方面。肉品质是指与鲜肉或加工肉的外观、适口性和营养性等有关的一些理化特性的综合，如肉的色泽、持水性、嫩度、风味、多汁性等物理特性决定着消费者对肉品的可接受性；肉的化学成分则与营养性关系密切。

一、影响肉品质的生化机制

当动物被屠宰时，其肌肉就发生了一系列的生化反应，包括肌肉中糖原的酵解、脂肪的氧化以及蛋白质的部分水解，这些理化变化决定了肉最终的食用品质。

糖原酵解：动物组织存贮碳水化合物的形式为糖原，屠宰后长链的葡萄糖分子（糖原）通过糖酵解途径转化成三磷酸腺苷（ATP），这种糖原酵解就会引起其产物乳酸在肌肉细胞中的聚集，使肉品的pH值从7.1下降到5.7左右。

脂肪氧化：脂肪氧化是发生在生物膜的自动催化过程。动物死后血液停止流动，氧化酸败迅速开始，这种氧化的底物是多不饱和脂肪酸，催化剂是自由基活性化合物。脂肪氧化过程是自由基或过渡金属离子为启动子进入起始阶段，在氧化过程中从脂类不断产生新的自由基，而在终止阶段自由基之间相互作用导致超氧化物的形成，这些超氧化物继续降解并释放出乙醛、丙酮和乙醇等挥发性短链物质导致风味物质丧失，肉的颜色也由鲜红的血红蛋白或氧合血红蛋白氧化成棕红色的高铁血红蛋白。细胞膜的主要成分是蛋白质和脂类，脂类的氧化过程影响了细胞膜的半透膜屏障功能，导致系水力下降。

蛋白质降解：肌肉由肌纤维组成，肌纤维内大部分空间充满纵向排列的肌原纤维，而每个肌原纤维由一系列的重复单位——肌小节组成。肌小节之间由Z线结构分开，屠宰后位于Z线条状肌中特定结构蛋白的降解对肉的嫩度非常重要。这种蛋白降解由一种叫肌钙蛋白的酶所催化，在屠宰后生理条件下，肌钙蛋白的活性对钙的浓度非常敏感。因此，如果能增加细胞内钙的浓度，就能增加肌钙蛋白的酶水解特性，提高肉的嫩度。

二、肉品的风味与质地

肉品的风味与质地以及营养、安全性等，成为影响消费者对畜禽肉品取舍的决定因素。肉品的风味和质地构成了肉品的主要感官品质，见图3-1。

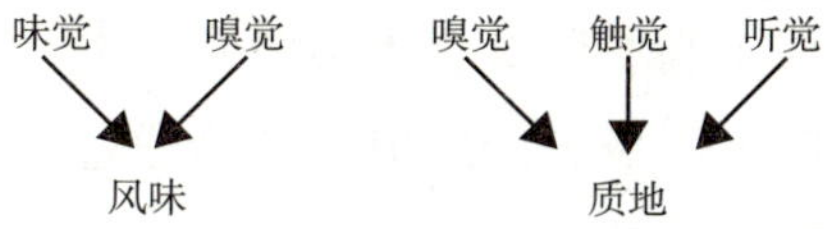

图3-1　基本感官的组成

（一）肉品的风味

随着生活水平的提高，消费者对肉品的风味越来越重视。在众多肉类产品中，鸡肉以其低廉的价格、高蛋白、低脂肪受到消费者的青睐。但是，在肉鸡养殖业中对生长速度的片面追求将影响肉的品质，特别是风味。

肉制品的风味是滋味和香味的综合体，即人能感觉到的气味和口味的总和。滋味是通过食品中的可溶性成分与口腔内舌和上腭等部位的味觉感受器产生作用所引起的一种感觉，基本的滋味有酸、甜、苦、咸等。肉的滋味源于肉中的呈味物质，如无机盐、游离氨基酸和肽，核酸代谢产物如肌苷酸、核糖等。肉制品香味是挥发性气味物质刺激人的嗅觉器官产生的一种感觉，肉品的香味主要由肌肉基质在受热过程中产生的挥发性风味物质如不饱和醛和酮、含硫化合物及一些杂环化合物产生。

自20世纪60年代以来，借助于现代仪器和分离技术鉴定出肌肉中挥发性化合物后，人们认识到肉类风味是由相当复杂的混合物形成的，且在风味中起主要作用的关键化合物在很大程度上是糖类和蛋白质加热交互反应的各种产物。在加工过程中，一些简单的前体物质如氨基酸、糖和脂肪酸等可以降解为许多小分子的醛、酮、胺类和其他化合物，这些化合物既可以直接增加肉的风味，也可以相互作用或通过某些途径与其他化合物反应生成香味物质。生肉不具备芳香性，芳香物质90%来源于脂质反应，其次是美拉德反应，硫胺素降解产生的风味物质比例最小，对芳香的感觉并不绝对与芳香物质数量呈正相关。

由于脂肪是肌肉香味的来源，故脂肪含量直接影响到肉的风味，鸡肉中90%的芳香物质来自脂质反应。脂肪含量越高，肉的口感越好。肌肉中脂肪通常被分为肌间脂肪和肌内脂肪，前者主要成分是甘油三酯，其含量的多少与肌肉的多汁性、大理石纹等有关。大理石纹样肌间脂肪存在于肌纤维周围的结缔组织中，当肌束和肌纤维间沉积一定量脂肪时，肉的断面呈大理石状，增加肌间脂肪含量能增加肉的嫩度、多汁性和香味，是理想的肉品。肌内脂肪的含量取决于脂肪细胞（多小室脂肪细胞）的数量和脂肪合成蓄积的能力。脂肪细胞的数量在家畜出生前和生长发育的早期就已固定，在育肥期仅通过脂肪细胞体积的增大和重量增加来完成脂肪的沉积。

肌内脂肪主要成分是磷脂（60%～70%），而磷脂的组成主要是含十六碳和十八碳的脂肪酸，约占脂肪酸的98.5%。脂肪酸是构成脂肪的重要化学物质，也是一种重要的芳香物质或芳香物质前体。肌内脂肪因富含不饱和脂肪酸，特别是多不饱和脂肪酸极易被氧化，其氧化产物直接影响风味成分的组成。磷脂通过美拉德反应相互作用，改变其挥发性产物的构成，从而影响肉品的风味。

不饱和脂肪酸（UFAs）比饱和脂肪酸（SFAs）更容易进行自动氧化。鸡肉中UFAs的含量越高，最终形成的风味就越浓。这是由于UFAs的自动氧化产生的氢过氧化物，氢过氧化物继续反应生成醇类、酮类和醛类等风味物质。磷脂相比于三酰甘油酯含有更高的UFAs，因此在烹饪过程中，磷脂是挥发性风味物质的主要来源。

虽然在不同研究中鸡肉脂肪酸的种类和含量在不同品种、不同性别、不同部位肌肉中存在一定差异，但从主要脂肪酸的组成上看，主要包括油酸（C18:1，ω-9）、棕榈酸（C16:0）、亚油酸（C18:2，ω-6）、亚麻酸（C18:3，ω-3）等，且多以不饱和脂肪酸占主体，这表明鸡肉中脂肪酸的组成相对稳定。据报道，鸡肉中的挥发性有机化合物包括醛类、醇类和烷烃类，其中总醛类含量最高，并与其他两类物质含量呈负相关。醛类物质对鸡肉香味起着不可替代的作用，其中己醛（Hexanal）、庚醛、辛醛和壬醛主要来源于油酸、亚油酸、亚麻酸等氧化。主成分分析鉴定出己醛和1-辛烯-3醇（1-octen-3-ol）是鸡肉中的主要香味物质，这两种物质具有水果和蘑菇香味。实际上，此两类物质也是猪肉、牛肉、羊肉、鱼肉等其他肉制品的香味组成成分，只不过特征香味物质的组成和比例有所不同。

肉的滋味中，甜味来自葡萄糖、核糖和果糖，咸味来自一系列无机盐和谷氨酸盐，酸味来自乳酸和谷氨酸等，苦味来自一系列游离氨基酸和肽类，鲜味主要来自IMP和鲜味氨基酸。肌肉中的鲜味是增添食物风味的主要因素。IMP天然存在于肌肉中，是肉食鲜味的主要来源，其鲜味是味精的50倍。IMP与谷氨酸钠（MSG）具有协同作用，即使增加极少量的IMP，它与MGS混合后可收到数十倍的增味效果，对风味的增加效果主要表现在肉的鲜味、口感上，而对酸、甜、油腻味等无促进作用。虽然在烹调过程中MSG和IMP会有损失，前者损失较多（转化为二羟吡咯羧酸），但在熟肉中仍然是鲜味的作用物质。

（二）肉品的质地

肉的食用质量指标有很多，主要包括滋味、质地、多汁性和气味等，其中以代表质地（Texture）品质的嫩度（Tenderness）最为重要。嫩度是肉的主要食用品质之一，它是消费者评判肉质优劣的最常用指标之一。肉的嫩度是指肉入口咀嚼组织状态时所感觉的印象，主要决定于组织成分及其结构。肉的质地是指在口中从咬第一口到完成吞咽的过程中，由动觉和体觉感应器，以及在适当条件下视觉及听觉感受器感知到的所有机械的、几何的、表面的和主体的产品特性。整个咀嚼过程中，物质与牙齿、腭接触以及与唾液混合时，形体变化影响感知能力。听觉信息有助于对产品尤其是干制产品的质地进行判断。机械特性与对产品压迫产生的反应（硬性、黏聚性、黏性、弹性、黏附性）有关。几何特性与产品大小、形状及产品中微粒排列（密度、粒度和构造）有关。表面特性与在口中产品表皮内皮周围水分和（或）脂肪含量引起的感觉有关。主体特性与在口中产品构造中的水分和（或）脂肪含量，以及它们释放方式引起的感觉有关。

肌肉的组织学特性一般包括肌纤维类型、肌纤维直径、肌纤维密度、肌纤维面积比例、肌节长度、结缔组织特性等。目前，普遍认为肌纤维的类型是造成肉质改变的重要因素，肌纤维直径和密度是影响肌肉品质的组织学基础，对肉品的质地有较大的影响。根据肌动球蛋白在酸性孵化和碱性孵化中mATPase活力差异，将肌纤维分成了Ⅰ型、ⅡA型、ⅡX型和ⅡB型4种主要收缩类型，其中Ⅰ型为慢肌、ⅡB型为快肌、ⅡA和ⅡX型介于两者之间，其收缩速率Ⅰ型<ⅡA型<ⅡX型<ⅡB型。肉用动物骨骼肌中有2种主要能量代谢途径来获取ATP，即氧化途径和糖酵解途径。氧化途径，即指肌细胞在高氧供给条件下，糖原、葡萄糖、氨基酸、酮酸、脂质可在线粒体中被氧化，获取ATP。糖酵解途径，即指肌纤维间隙的储备糖原，在低氧或无氧条件下快速转换为乳酸，以获取能量。而根据这两种代谢方式的相对重要程度，可以将肌纤维分为氧化型、氧化-糖酵解混合型、糖酵解型3种代谢类型。一般而言，代谢类型与收缩类型密切相关，Ⅰ型纤维（红肌纤维）通常被认为就是氧化型代谢，ⅡB（白肌纤维）和ⅡX型纤维被认为就是糖酵解型代谢，ⅡA型纤维则是氧化-糖酵解混合型代谢。

氧化型肌纤维中肌红蛋白的含量高，所以氧化型肌纤维所占比例较高时，肌肉颜色鲜红，肉色评分较高；相反，ⅡB型肌纤维所含肌红蛋白量很低，如果ⅡB型肌纤维在肌肉中所占比例高，肌肉颜色则显得苍白，肉色评分较低，同时导致pH值大幅下降，甚至产生苍白松软渗水肉（PSE肉）。氧化型肌纤维直径较细，而酵解型纤维直径较粗；肌肉酵解型尤其是ⅡB型肌纤维比例增大，会增加肌肉的剪切力，从而降低肉品的嫩度；氧化型肌纤维与酵解型肌纤维相比，具有更高的磷脂含量，进一步证明了氧化型肌纤维组成比例高与浓郁风味有关。

肌纤维类型与系水力存在显著的相关性，并且高含量的酵解型肌纤维会导致肌肉保水性能的下降。肌纤维直径、密度与肉品质关系的研究表明，肌纤维越细，肌束内肌纤维密度越大，肌内脂肪含量高，肉质也越嫩；肌纤维越粗，肌束内肌纤维密度越小，肉质越差。同一年龄不同部位肌内肌纤维和结缔组织的含量也不相同。从主观口感评价的结果来看，腿肌的嚼劲和滋味都优于胸肌，这是大多数消费者偏爱腿肉的重要原因。通常幼龄家禽肌肉内肌纤维的比例较大，肉质较细嫩，但随着年龄的增大，肌纤维的比例逐渐减少，这是因为结缔组织和脂肪组织增加度超过了肌纤维。研究发现，随着鸡的生长，肌纤维直径越来越粗，密度越来越小。腿肌纤维直径大于胸肌。幼年动物尽管肌纤维含量较高，但是其系水力、肉品风味都不理想，所以在适宜的屠宰时间才能够得到较好的肉质。肌肉超微结构也影响着肌肉的优劣，如肌节的长短影响着肉的嫩度，肌浆量的多少影响肉的多汁性等。

我国地方鸡品种在肉质方面优于外来肉用品种（表3-1），因此优质鸡的生产往往用我国地方鸡品种与外来肉鸡杂交，使后代在保持高生长性能的同时肉质表现能得到提高。国外地方鸡也有类似特点（表3-2）。北京油鸡的肌纤维直径显著低于隐性白鸡。总体来看，杂交后代没表现出杂种优势，而偏向其隐性白鸡母本，表现出一定的母体效应（表3-3、表3-4）。体型较小、生长速度较慢的肉鸡品种肌纤维密度较高，而体型大、体重大的鸡品种肌纤维密度较低。

表3-1　两个品种鸡腿肌（比目鱼肌）肌纤维性状（Du et al.，2017）

肌纤维性状	清远麻鸡	COBB500	标准差	显著性
横截面积（μm^2）	1 990	2 882	570	显著
直径（μm）	47.8	58.3	5.9	显著
密度	428	302	73	显著
红肌纤维比率	0.79	0.76	0.04	不显著
白肌纤维比率	0.21	0.24	0.04	不显著

注：清远麻鸡112 d屠宰，平均体重1 330 g；COBB500鸡42 d屠宰，平均体重2 825 g。

同品种不同性别之间的肌纤维密度存在一定差异，表现为母鸡的肌纤维密度普遍比公鸡高。肌纤维直径的变化趋势与肌纤维密度的变化趋势相反，同一鸡品种肌纤维密度与直径之间有着显著性的负相关。肌纤维直径与胸肌重的相关性也非常高，相关系数为0.65（表3-5）。

肌束间积聚脂肪时，结缔组织失去弹性，肌束易分离、易咀嚼。据报道，肌内脂肪趋向冲淡基质中的结缔组织，并提供水解胶原蛋白漂移的良好环境，从而使肌肉嫩度得到改善。

表3–2 肌纤维特性比较（n=3）（Koom Krong，2015）

部位	指标	45日龄AA	112日龄泰国土鸡	P值
胸肌	单位面积纤维数	170.13 ± 7.37	216.20 ± 20.55	0.102
	纤维直径（μm）	52.31 ± 1.83[a]	33.31 ± 2.20[b]	0.003
	纤维面积（$μm^2$）	2 860.50 ± 188.15[a]	1 531.80 ± 101.96[b]	0.003
	肌束膜厚（μm）	15.60 ± 0.79	20.05 ± 2.07	0.115
	肌内膜厚（μm）	1.93 ± 0.11[b]	5.74 ± 0.45[a]	0.001
腿肌	单位面积纤维数	183.27 ± 23.86	195.60 ± 39.32	0.802
	纤维直径（μm）	45.10 ± 4.13	35.30 ± 5.22	0.215
	纤维面积（$μm^2$）	2 555.00 ± 417.88	1 681.50 ± 344.43	0.182
	肌束膜厚（μm）	19.48 ± 0.37	19.52 ± 2.64	0.988
	肌内膜厚（μm）	3.66 ± 0.32	6.04 ± 1.52	0.255
	活重（g）	2 156.28 ± 43.67[a]	1 394.80 ± 46.08[b]	<0.001
	全净膛率（%）	79.23 ± 0.43	79.99 ± 0.42	0.213
	胸肌率（%）	17.88 ± 0.28[a]	12.92 ± 0.23[b]	<0.001
	腿肌率（%）	13.54 ± 0.22[a]	12.62 ± 0.10[b]	<0.001

注：同一行数据上标小写字母不同为差异极显著。

表3–3 不同品种腿肌和胸肌的肌纤维直径变化（刘冰等，2006） 单位：μm

周龄	腿肌纤维			胸肌纤维		
	北京油鸡	北京油鸡♂×隐性白鸡♀	隐性白鸡	北京油鸡	北京油鸡♂×隐性白鸡♀	隐性白鸡
0	9.20 ± 1.65	7.98 ± 0.84	9.30 ± 1.51	5.72 ± 0.93	6.95 ± 0.36	6.52 ± 0.95
2	12.69 ± 1.56	16.35 ± 3.25	15.15 ± 1.94	13.83 ± 1.18	15.84 ± 2.07	16.29 ± 2.19
4	19.73 ± 2.69	21.5 ± 2.65	24.01 ± 3.62	18.44 ± 2.49	19.56 ± 2.47	20.77 ± 3.92
6	22.24 ± 1.85	24.44 ± 1.77	27.96 ± 3.38	19.59 ± 1.43	22.91 ± 3.16	24.61 ± 2.99
8	22.35 ± 2.06	28.38 ± 2.42	30.59 ± 4.01	22.00 ± 2.13	23.75 ± 1.94	26.23 ± 2.09

（续表）

周龄	腿肌纤维			胸肌纤维		
	北京油鸡	北京油鸡♂×隐性白鸡♀	隐性白鸡	北京油鸡	北京油鸡♂×隐性白鸡♀	隐性白鸡
10	25.54 ± 2.49	30.62 ± 2.40	32.14 ± 3.02	23.15 ± 1.64	28.17 ± 7.02	28.61 ± 2.83
12	37.69 ± 4.75	43.49 ± 5.46	47.36 ± 4.63	29.16 ± 2.13	33.34 ± 4.18	35.83 ± 4.12
14	42.89 ± 5.37	49.29 ± 4.91	56.93 ± 8.02	35.43 ± 2.49	40.78 ± 5.62	45.08 ± 3.70

表3-4　不同周龄平均体重（均值 ± 标准误）（刘冰等，2006）

单位：g

周龄	隐性白鸡	杂交鸡	北京油鸡
初生	42.06 ± 0.17	42.11 ± 0.18	35.89 ± 0.16
2	192.39 ± 8.21	163.28 ± 8.21	95.98 ± 8.21
4	459.13 ± 19.07	364.94 ± 19.07	254.58 ± 20.23
6	904.96 ± 6.44	714.55 ± 7.02	448.05 ± 6.11
8	1 308.86 ± 8.12	1 030.5 ± 8.74	630.75 ± 7.53
10	1 615.61 ± 11.84	1 348.6 ± 12.63	843.69 ± 10.79
12	2 122.34 ± 25.36	1 692.67 ± 26.49	1 077.84 ± 25.96
14	2 440.63 ± 34.96	1 961.02 ± 36.49	1 307.9 ± 36.10

表3-5　普通鸡和大胸鸡屠宰和肌肉组织性状（Petracci et al.，2013）

指标	53日龄普通鸡	55日龄大胸鸡	标准误	显著性
活重（g）	4 236.1	4 226.3	76.0	NS
胸肌率（%）	30.0	31.0	0.51	显著
肌纤维横截面积（μm^2）	2 239.6	2 674.3	146.8	极显著
脂肪（%）	1.82	1.65	0.10	显著
剪切力（kg/g）	2.11	2.59	0.15	极显著
滴水损失（%）	2.06	2.46	0.17	显著

注：胸肌率基于胴体重。

三、肉品质评价指标

肉品的评价指标包括感官评价、物理学评价、组织学评价、生化评价、营养价值评价等（表3-6）。目前，我国已颁布涉及鸡肉质量方面的标准主要有《鲜（冻）禽肉卫生标准》（GB 2710—1996）、《鲜、冻禽产品》（GB 16869—2005）、《鸡肉质量分级》（NY/T 631—2002）、《黄羽肉鸡产品质量分级》（GB/T 19676—2005）和《肉与肉制品感官评定规范》（GB/T 22210—2008）等。

表3-6 肉品质的评价指标

指标		具体项目
客观指标	胴体指标	胸肉率、腿肉率、腹脂率、肌间脂肪、脂肪带宽
	物理学指标	肉色、嫩度、持水性（WHC）、pH值
	组织学指标	肌纤维：肌节长度，肌纤维类型、密度、直径
	生化指标	肉的风味化学成分，分为香味和滋味成分，分别由挥发性物质和非挥发性物质产生
	卫生指标	微生物指标等
主观指标	感观指标	鲜肉：肉色、弹性、气味。熟肉：滋味、香味、质地

随着科学技术发展以及肉品质快速、准确检测需求，同时减少人为主观习惯的影响，电子感官评价技术模拟人类感官功能以其便捷、快速、绿色环保等优点，在肉品质量分析与检测方面得到广泛应用。研究人员利用电子鼻（Electronic nose）、电子舌（Electronic tongue）、电子眼等电子感官评价系统在肉品品质评定、肉品品种识别、肉品新鲜度评价、肉品微生物分析以及货架期预测等方面进行了相关的研究。电子舌是根据味觉器的材料不同，对不同物质的味觉产生响应从而进行味觉感官分析。电子舌可以实现对不同品种、不同部位、不同贮藏时间下鸡肉品质的检测。采用电子舌系统对不同生长日龄、不同品种鸡肉的生鲜肉和熟制品进行差异分析，可快速区分鸡肉的原料品种。电子舌可以对生鲜肉类味觉风味进行直接判断，而不需顾虑食用生肉是否卫生等问题。电子鼻是利用不同类型的嗅觉传感器阵列，通过对各种芳香成分、甲烷、硫化物、乙醇、氨气等味道的响应和分析，对肉类质量进行判定。利用不同类型的电子鼻系统对鸡汤风味进行采样，能很好地对鸡汤品质进行识别。利用电子鼻对不同加热温度下的禽肉样品进行挥发性物质的响应分析，通过模式识别算法能够鉴别出不同种类的禽肉。利用电子鼻系统，采用主成分分析、局部最小方差和人工神经网络方法对鸡肉的品质进行分析评价，能够发现鸡肉腐败变质的信号，对鸡肉品质进行预测。拉曼光谱凭借其操作简单、易于实现在线分析、分析效率高、样品无需处理以及不受水介质干扰的特点，成为一种快速无损的新型检测技术。利用拉曼光谱技术可以对肉的嫩度、系水力、pH值、肉色进行预测分析，并能区分不同品种及冷藏时间。近些年来，随着食品质构研究的不断深入以及人们对食品品质要求的不断提高，越来越多的质构分析需要量化评价，质构仪器测量在不同的食品体系中得到了越来越广泛的应用。质构仪（Texture analyzer）也叫物性分析仪，测定的参数包括硬度、黏性、弹性、咀嚼性、回复性、内聚性、破裂强度、拉伸强度、凝胶强度、抗张强度等。自1926年Warner发明了测量肉制品质构的仪器

以来，肉品的质构测量已由模糊的感官评价逐步过渡到使用仪器进行准确的量值表述。质构在肉品中的应用除了研究加工工艺对肉品品质分析的影响外，还集中在研究肉品品质特性以及肉品质构与感官的回归分析方面。

第二节　肉质性状的形成规律

在实际生产中，品种、年龄、性别、日粮、饲养方案、屠宰方式、贮藏条件、烹调方法等，对禽肉风味都有不同程度影响。

一、品种

有关品种间风味差异的研究主要在具有快速生长速度的现代鸡品种与慢速生长鸡品种之间展开。在肌肉组织学方面，研究发现红肌纤维肌小节长于白肌纤维。不同遗传型鸡肌纤维直径、肌节长度、肌质、线粒体、肌糖原、脂肪滴含量等方面均存在一定差异。地方品种鸡肌肉肉色、大理石纹、白度、色差、亮度、系水力和破碎指数等指标均显著优于AA肉鸡；与AA鸡相比，地方品种鸡肌肉白肌纤维含量较低，红肌纤维含量较高，肌小节较长。有研究报道，中国7个地方品种鸡肌纤维密度及肌纤维直径均存在一定差异，且肌纤维直径与体重呈正相关，肌纤维密度与嫩度、失水率呈负相关。随着生长速度的提高，家禽进行糖酵解的白肌纤维数量增多，使其在屠宰后肌肉pH值下降速度加快。一般而言，红肌纤维较细，含脂类较多，代谢和贮藏脂肪的能力较强；白肌纤维较粗，含有较多的糖原，品种间不同类型肌纤维含量差异可能对嫩度、系水力及其化学组成带来影响，从而影响肉品风味。

有研究报道，中国台湾地方品种鸡肌苷酸含量与AA肉鸡相当，游离氨基酸中唯一显著高于肉鸡的是磷丝氨酸含量，而两种鸡胸肌肌苷酸含量均显著高于腿肌，胸肌和腿肌游离氨基酸含量也有很大差异。慢速型鸡肌肉肌苷酸含量较高，因而具有较浓的风味。不同地方鸡种肌肉肌苷酸含量各不相同，且鸡肉肌苷酸含量与体重呈显著负相关，这可能是小型鸡比大型鸡肉味浓的原因。利用快大型AA肉鸡和优质型石岐黄鸡为试验动物，比较了不同品种鸡的风味物质差异，见表3-7。

表3-7　90日龄AA、石岐黄鸡胸肌风味物质成分比较（李建军，2003）

指标	AA		石岐黄鸡	
	56日龄	90日龄	56日龄	90日龄
醚浸出物（%）	0.88	0.85	1.64	1.61

（续表）

指标	AA		石岐黄鸡	
	56日龄	90日龄	56日龄	90日龄
总不饱和脂肪酸（%）	2.20	2.09	4.19	3.89
游离谷氨酸（mg/100 g）	26.6	22.2	21.4	18.4
硫胺素	536	459	519	486
总还原糖	1.61	1.99	2.98	3.17
肌苷酸	0.42	0.45	0.49	0.58

上市日龄白羽肉鸡和黄羽肉鸡IMF含量比较。按照上市日龄比较，目前普遍接受“不同长速的黄羽肉鸡胸/腿肌IMF含量均高于白羽肉鸡（42日龄）”的说法；按照同日龄比较，白羽肉鸡IMF含量高于黄羽肉鸡同组织的IMF含量（表3-8）。

表3-8　白羽肉鸡与黄羽肉鸡同日龄组织IMF含量对比（陈继兰等，2005；崔焕先，2011）　单位：%

组织	日龄（d）	IMF	
		北京油鸡	AA肉鸡
胸肌	28	2.536 ± 0.377	3.310 ± 0.360
	56	3.089 ± 0.341	4.285 ± 0.376
	90	3.865 ± 0.628	6.571 ± 0.959
腿肌	28	11.59 ± 0.850	10.81 ± 1.003
	56	10.42 ± 1.347	14.59 ± 1.910
	90	13.20 ± 0.794	18.35 ± 3.101
胸肌	21	1.83 ± 0.13	2.49 ± 0.32
	42	2.43 ± 0.25	2.11 ± 0.36
	90	2.74 ± 0.15	5.39 ± 0.88a
	120	2.67 ± 0.36	—

鸡IMF含量的沉积范围。随着日龄的增加，IMF整体上呈现逐渐增加趋势；胸肌IMF含量在多数报道中集中于0.8%～3.5%，高值达到6%～9%；而腿肌IMF更高，集中于5%～12%；数据差别大的原因可能跟IMF测定时对样品附带脂肪的处理，以及目前测定方法存在的结果不稳定性有很大关系。

IMF组成与定位。IMF是脂质混合物，主要受甘油三酯（TG）成分的影响，磷脂和胆固醇不是决定IMF沉积量的主要成分。IMF主要组成成分包括甘油三酯和磷脂以及少量的胆固醇；甘油三酯是构成IMF的主要成分，IMF中磷脂主要定位于细胞膜上；胸肌组织中存在脂肪酸的从头合成，脂肪酸的合成增加可以促进TG的沉积；对于肌肉组织而言，从血液中获取的游离脂肪酸通常以氧化供能的形式被消耗。当脂肪酸的摄取速度大于脂肪酸氧化的速度时，脂质也会在肌肉组织中进行沉积，从而形成TG进而生成IMF；目前研究表明，肌肉组织中存在一定量的脂肪酸从头合成。IMF沉积于肌肉组织中肌细胞与脂肪细胞的比例：在动物肌肉组织中，主要位于肌外膜、肌内膜和肌束膜上；80%以上的TG贮存在肌内脂肪细胞内，5%～20%的TG位于肌细胞胞质的脂滴内。

鸡的特征性风味物质成分。据报道，肉中挥发性醛酮类和醇类是影响肉风味品质的主要成分；多群体大样本（3个品种1 073个个体）挥发性风味物质表型分析发现，鸡的特征性风味物质是已醛和1-辛烯-3-醇，二者含量呈极显著负相关（相关系数为-0.379）；已醛具有草味、牛脂味和脂肪味，而1-辛烯-3-醇具有蘑菇味，均可提升鸡肉的风味品质。上市日龄黄羽肉鸡和黄羽老母鸡肉中挥发性成分的种类、醛酮类和醇类含量、已醛和1-辛烯-3醇的含量均高于上市日龄白羽肉鸡，处于报道的物质阈值内，可提升鸡肉风味品质（表3-9）；有研究表明，使用上市日龄白羽肉鸡和黄羽肉鸡，抽提各自肌内脂肪后处理，白羽肉鸡胸肌IMF转化的1-辛烯-3-醇含量高于黄羽肉鸡，这与黄羽肉鸡风味品质优于白羽肉鸡不符，猜测原因可能与二者IMF转化的1-辛烯-3-醇含量是否超出阈值有关。挥发性风味物质存在阈值问题，超过阈值可能导致风味肉品质下降；已醛阈值是5 μg/kg、1-辛烯-3-醇的阈值是1.5 μg/kg。

表3-9 不同品种鸡风味品质与脂肪酸研究（高素敏，2008；袁华根，2007）

品种	日龄（d）	部位	指标
艾维茵	126	胸肌	艾维茵鸡品种C14:0（143 μg/kg）与C14:1（195.6 μg/kg）高于固始鸡纯系（C14:0是31.2 μg/kg，C14:1是146.0 μg/kg）、父母代（C14:0是24.1 μg/kg，C14:1是16.1 μg/kg）及商品代（C14:0是15.3 μg/kg，C14:1是161.6 μg/kg）
固始鸡纯系	126		
固始商品鸡	126		
鹿苑老母鸡	730	整鸡	白羽肉鸡C14:0（0.42%）高于鹿苑老母鸡（C14:0是0.28%）。
白羽肉鸡（母鸡）	42	整鸡	白羽肉鸡1-辛烯-3-醇相对含量（0.041 μg/mL）低于鹿苑老母鸡（0.051 μg/mL）；白羽肉鸡中已醛相对含量（0.648 mg/mL）低于鹿苑老母鸡（0.718 mg/mL）

IMF与风味等肉品质的关系。IMF在什么范围内会对风味不再促进？在目前的报道中，IMF在腿肌含量6.8%，仍保持较好的风味；135 d胡须鸡母鸡胸肌IMF3.26%，较2.1%含量的个体的醛类风味物质高，风味提升；报道发现亚油酸、α-亚麻酸、花生四烯酸对已醛、辛醛和癸醛的增加，以及庚醛、（E，E）-2, 4-癸二烯醛、1-辛烯-3-醇的形成具有重要的作用，是它们重要的前体物质；油酸对庚醛、辛醛、壬醛、癸醛、2-癸烯醛等重要醛类的形成有重要的作用；多群体大样本（3个品种1 073个个体）挥发性风味物质和脂肪酸相关分析结果发现，油酸、亚油酸、α-亚麻酸、花生四烯酸与已醛极显

著正相关（相关系数分别为0.520、0.543、0.527、0.501），而与1-辛烯-3-醇极显著负相关（相关系数分别为-0.803、-0.781、-0.740、-0.767）；此外，C14：0、C14：1、C16：1同样与己醛极显著正相关（相关系数分别为0.483、0.359、0.417），而与1-辛烯-3-醇极显著负相关（相关系数分别为-0.764、-0.669、-0.755）；揭示了IMF中脂肪酸与鸡肉中重要挥发性风味物质的密切关系。

IMF与嫩度。IMF含量与嫩度呈正相关，IMF含量越高，嫩度越好。

二、屠体部位

同一个体不同屠体部位，生理机能不同，其风味物质含量也有很大差异。如胸肌肌苷酸、总还原糖较高，而腿肌脂肪、硫胺素等含量较高，见表3-10。在对京海黄鸡及其杂交配套组合肉品质的研究中发现，3个实验群体不论公母，胸肌的肉色、pH值、粗脂肪含量、胆固醇含量、羟脯氨酸含量均低于腿肌，嫩度、水分含量、粗蛋白质含量均高于腿肌；2个群体胸肌中鲜味氨基酸含量均低于腿肌。不同的饲料添加剂水平对京海黄鸡的不同屠体部位的成分影响也不同，当脂溶性迷迭香提取物在150 mg/kg添加水平时，对胸肌粗脂肪的影响较大；混合迷迭香提取物在150 mg/kg添加水平时，对腿肌粗脂肪影响较大；水溶性迷迭香提取物在200 mg/kg添加水平时，能提高鸡肉胸肌肌苷酸的含量，但对腿肌肌苷酸含量没有显著影响。

表3-10 90日龄石岐黄鸡胸肌和腿肌成分比较（李建军，2003）

指标	胸肌	腿肌
硫胺素（μg/kg）	486	1 012
肌苷酸（mmol/100 g）	0.58	0.19
总还原糖（mmol/kg）	3.17	0.45
游离谷氨酸（mg/100 g）	18.4	35.4
醚浸出物（%）	1.61	6.83
C18:2	1.39	6.51

三、日龄

日龄是对鸡肉风味有明确影响的几种因素之一。通过比较具有相同体重而不同日龄（63 d和144 d）的两种鸡胸肉和腿肉风味，发现慢速型鸡的风味显著浓于快速型，但如果在相同日龄屠宰，风味差异不显著，因此认为风味的差异源于日龄。研究发现在相同日龄（47 d）屠宰，快速型鸡腿肉风味浓度显著高于慢速型鸡；如慢速型鸡达到与快速型鸡（47 d）相同的体重时（75 d），二者风味差异性消失。在这种情况下，体重似乎是造成风味差异的原因。以快速型隐性白羽肉鸡和慢速型温氏黄羽肉鸡为实验材料，发现年龄对胴体性状有正向影响，但对肌肉pH值、嫩度和蒸煮损失有负向影响。研究发现，随着年龄的增长，肌肉IMP含量增加，见表3-11。

表3-11　AA鸡、北京油鸡胸肌肉IMP的含量（王述柏，2004）　单位：mmol/100 g肉

品种	4周龄	8周龄	13周龄
AA鸡	$0.33^{A}\pm0.02^{a}$	$0.40^{B}\pm0.02^{a}$	$0.42^{B}\pm0.03^{a}$
北京油鸡	$0.41^{a}\pm0.03^{b}$	$0.46^{b}\pm0.03^{b}$	$0.50^{b}\pm0.02^{b}$

注：同列标准误右上标为相同周龄不同品种比较；
同行平均数右上标为同品种不同周龄比较；
大写字母表示0.01水平的差异显著性，小写字母表示0.05水平的差异显著性。

年龄对风味的影响可能是通过改变体内代谢，特别是氨基酸、蛋白质和核苷酸的代谢和肌肉pH值来实现的。研究发现，黄羽肉鸡的氨酰-tRNA、转运蛋白ABC、泛酸和辅酶A的合成，以及谷胱甘肽代谢是受年龄影响的主要代谢途径。随着日龄的增加，鸡体不断发生生理学变化，这些变化会影响肉中滋味和风味前体物的形成。

四、性别

有关性别对禽肉风味影响的报道结果差异很大。有报道，性别对10周龄和14周龄的鸡肉汤及烤鸡风味无显著影响；性别对鸡肉IMP、游离氨基酸无显著影响；54日龄或34日龄肉鸡风味无性别差异。但也有报道，母鸡胸肉和腿肉风味优于公鸡；许多地方品种12周龄母鸡肌肉IMP含量总是高于公鸡；公鸡肉比母鸡肉有更强的风味，或更易为消费者接受。研究发现，慢速型（Label Rouge）公鸡在14周龄接近性成熟时风味物浓度达到最高峰，但此结果不适用于母鸡；6～8周龄公鸡肉口感最好，12周龄居中，而10周龄公鸡肉口感最差，但对母鸡没发现差异；从4～12周龄，公母鸡风味可接受性均增加。研究发现，混合迷迭香提取物在150 mg/kg及200 mg/kg添加水平时，对肌肉氨基酸含量的变化有一定的作用，能够显著提高氨基酸的含量，但对公鸡试验组无显著影响。脂溶性迷迭香提取物在100 mg/kg和150 mg/kg添加水平时，对京海黄鸡肌肉脂肪酸含量的影响极为显著，但对母鸡肌肉影响不显著。研究报道，随着日粮蛋白能量水平的提高，京海黄鸡肌肉中脂肪酸含量无规律性变化，但是对公鸡胸肌中硫胺素含量却影响显著。通过对公鸡、母鸡和阉鸡的研究，对比了性别对优质黄羽肉鸡屠体性状和肌肉品质的影响，结果表明，公鸡生长性能最好，其次是母鸡和阉鸡；公鸡和阉鸡屠宰率及腿肉率显著大于母鸡，母鸡胸肉率显著大于公鸡及阉鸡；化学组成方面，阉鸡脂肪含量最高，但蛋白质却最低。公鸡、母鸡及阉鸡胸肉肉质性状的比较见表3-12。比较了不同

性别北京油鸡胸肌中IMP、IMF含量差异，结果发现北京油鸡母鸡IMP有高于公鸡的趋势，IMF含量无固定性别趋向（表3-13）。

表3-12　公、母及阉鸡胸肉肉质性状的比较（刘定发等，2005）　单位：%

指标	公鸡	母鸡	阉鸡
粗脂肪	0.78	1.11	1.67
粗蛋白质	24.8	24.2	23.77
水分	72.1	71.5	71.2
棕榈酸	25.74	27.08	27.01
棕榈油酸	3.11	3.11	3.31
硬脂酸	7.89	7.64	6.88
油酸	32.81	32.79	35.00
亚麻油酸	27.95	27.46	26.44
总饱和脂肪酸	34.33	35.41	34.27
总单不饱和脂肪酸	36.25	36.37	38.12
总多不饱和脂肪酸	28.19	28.32	27.16
总饱和/不饱和脂肪酸	1.89	1.85	1.97

表3-13　北京油鸡不同性别胸肌中IMP、IMF含量差异（陈继兰，2004）　单位：mg/g

指标	性别	28 d（n=24）	56 d（n=24）	90 d（n=24）
肌苷酸	公	2.660 ± 0.467^{a}	2.744 ± 0.423^{a}	2.598 ± 0.517^{a}
	母	2.744 ± 0.466^{a}	3.244 ± 0.296^{b}	3.139 ± 0.451^{b}
肌内脂肪	公	2.403 ± 0.331^{a}	3.265 ± 0.357^{a}	4.336 ± 0.432^{a}
	母	2.668 ± 0.400^{a}	2.913 ± 0.231^{a}	3.395 ± 0.385^{b}

注：同列标准误右上标相同小写字母表示公、母之间差异不显著，不同小写字母差异显著（$P<0.05$）。

性别对风味的影响与性激素产生和代谢的遗传控制及其对脂类组成和代谢的影响有关。天然或人工合成类固醇激素都会影响脂类风味前体物。性别差异的表达依赖于性的成熟，因此性别对风味影响程度的大小与日龄有关。有研究报道，在14周龄以前，公鸡、母鸡风味无明显差异，但14周龄后，公鸡腿肉和胸肉有更强的风味，许多关于性别间存在风味差异的报道也是以该日龄段家禽作为研究对象。

五、生产制度和环境

许多研究分析了管理方法、环境条件、饲养密度等因素对包括风味在内的肉品质的影响。研究发现，在标准条件（Label Rouge体系，慢速型鸡种，低脂肪、高谷物日粮，低饲养密度，饲养时间至少81 d，严格加工和质量控制环境）下生产的鸡肉有更浓的风味，更易为消费者所接受；风味浓度的增加源于饲养日龄的延长。比较4种因素（日粮、品种、饲养密度和日龄）对Label Rouge鸡口感的影响发现，对风味影响最大的是日龄；不同品种间风味浓度也有显著差异。尽管较低的饲养密度有增加风味的倾向，但饲养密度和日粮对风味影响不显著。有报道集约化养殖鸡与散养鸡无明显风味差异，但散养鸡胸肉和腿肉比圈养鸡有更诱人的风味。研究发现，笼养肉鸡的肌肉中各种常见的营养成分相比较于散养肉鸡肌肉的营养成分更高，但是肌肉中干物质、粗蛋白质和氨基酸的含量在两种饲养模式中差异不大，仅脂肪的含量在两种饲养模式之间存在显著差异；肉鸡养殖密度对于鸡肉品质和机体脂肪沉积有关键影响，平养肉鸡相比较于笼养肉鸡而言，屠宰性能更佳。有研究报道，昼夜温度在21～30 ℃循环变化下饲养的肉鸡胸肉比一直在21 ℃饲养的鸡有更高的风味评分，但腿肉风味无显著差异。在较高温度下鸡脂肪更易沉积多不饱和脂肪酸。

热应激是世界家禽业最重要的环境应激源之一。急性或慢性热应激的后果是生长速度降低、饲料效率低下、免疫反应受损、肠道菌群变化和肉质恶化。就肉质而言，热应激可能通过3种主要机制影响肉品质：一是屠宰期间和屠宰后，由于糖原转化，乳酸积累增加，pH值迅速下降，尤其是在肌肉温度较高时，高温和低pH值的结合，促进肌浆蛋白变性，导致肌肉的持水能力降低；二是热应激加速喘息以散发体温，增加二氧化碳呼出量，血液pH值下降，引发骨骼肌代谢性酸中毒；三是热应激产生的活性氧会增加鸡类体内的氧化应激，从而破坏调节肌肉肌浆钙水平的酶的结构和功能。

六、屠宰方式及宰后加工

宰前应激及宰后刺激（如电击）可通过影响风味物质生成过程（如糖酵解）而影响肉风味。研究发现，痛苦挣扎死亡鸡肌肉IMP在死后3 h达最大值，而无痛死亡鸡宰后需10 h才能达到顶峰。其原因可能是挣扎死亡鸡乳酸含量及pH值变化更快，从而影响磷酸肌酸酶、ATP酶、肌激酶、5′-AMP脱氨酶等相关酶活性；保留内脏的鸡风味更易劣化，这可能是肠道微生物活动产生的异味物质被骨骼肌俘获的结果；肠道中的硫化氢可通过肠壁扩散，而到达肌肉组织，并可与肌红蛋白反应使鸡胴体发绿。与宰后立即去内脏的鸡相比，贮存8 d后去内脏的鸡风味更浓，但有更强的腐败味和异味。多聚磷酸盐（1.25%）可显著降低鸡肉羰基化合物产量，而增加含硫挥发物产量。有报道，亚硝酸盐处理可降低鸡肉羰基化合物的形成；一些对肉风味有重要作用的前体物可在宰前通过血管注射到动物体内，从而增加肉品风味，提高肉品质。黄羽肉鸡宰前急性淋浴最优时间为15 min，最佳吊挂时间为60 s，吊挂室光照照度值低于60 lx时肉品质最佳，此时肉鸡应激最小，鸡肉品质最优。不同部位的肌肉在宰后成熟过程中保水性能、嫩度、pH值、色泽以及蛋白热性质的变化均存在一定的差异。宰后2 h蒸煮损失达最小值，随着宰后成熟时间的延长，鸡胸肉与鸡腿肉的pH值均呈下降趋势，且由于肌糖原分解速度的不同，鸡胸肉pH值降幅要显著高于鸡腿肉；鸡胸肉与鸡腿肉的剪切力均有一定程度的降低。随着宰后成熟时间的延长，鸡腿肉的热变性温度均略高于鸡胸肉，且宰后成熟一定时间有利于促进肌肉蛋白的热变性。

在影响肉质的各种重要因素中，pH值是影响肉质的最被广泛接受的化学指标之一。屠宰期间和/或屠宰后肌肉中的厌氧糖酵解加快，肌肉pH值可能会迅速下降。糖原在肌肉中转化为乳酸，加速的厌氧糖酵解导致一系列化学反应迅速降低pH值。研究表明，pH值的快速下降可能与鸡胸肉的低红色、高滴水和烹饪损失有关。在热应激火鸡中也观察到这种现象，屠宰后不同贮存时间pH值降低，而亮度、滴水损失和烹饪损失增加。

七、存储条件

储运过程中品质的降低对黄羽肉鸡行业带来了十分不利的影响，目前冷鲜储运被认为是较佳的方式，但相对于发达国家，我国冷鲜冷链的建设还有一定差距。通常情况下，肉类的冷鲜贮存温度为0～4 ℃，但研究表明，-1 ℃的贮存条件会使得肌肉组织中水分呈微结晶状态，肉在这种微结晶状态下的质构特性既不产生严重影响，又可以对微生物的生长和增殖起到很好的抑制效果。研究报道，在1 ℃时，鸡肉葡萄糖、果糖、核糖及肌醇含量随存储时间的增加而增加；宰后24 h内，保存在碎冰中的鸡肉IMP含量上升，ATP含量下降，而AMP含量先上升而后下降；与保存17 h相比，保存41 h的鸡肉IMP、AMP均降低，而肌苷含量增加，但绝对含量很低。鸡胸肉和腿肉在10 ℃、5 ℃和0 ℃存储时IMP损失90%的时间分别为1～2周、3～4周和5～6周；随着IMP含量的下降，鸡肉感官品质也明显下降。动物屠宰后在熟化和冷冻过程中，由于细胞及亚细胞膜受到破坏，大量内源酶被释放到周围组织中。屠宰和食用之间调理时间的延长会增加肉汤滋味，随着调理时间的延长，IMP浓度下降，但包括风味增强剂谷氨酸在内的氨基酸和寡肽浓度增加。通过构建肉鸡的冷鲜贮存过程中品质的监测体系发现，在4 ℃条件下，黄羽肉鸡约在第4天成为二级鲜肉，6 d后开始变质；-1 ℃条件下，黄羽肉鸡变为二级鲜肉的时间可延长至第6天，开始变质时间延长至第10天；此外-1 ℃条件下各指标的变化趋势较缓慢，货架期长于4 ℃条件。所以-1 ℃条件对于冷鲜黄羽肉鸡鸡肉的保存更为适宜。研究表明鲜光鸡在2 h内，口感和品质优于冰鲜鸡，但高温促进鸡肉僵直进程和微生物生长，2 h后鲜光鸡的品质下降，4 h已经进入僵直期，而冷却可以很好地延长鸡肉的僵直延滞期，但是冰水浸泡会造成肌肉内可溶性蛋白流失，在营养和风味上略有损失。表3-16呈现了冷却方式对鸡肉弹性的影响。研究发现，超冷却技术（-1.3 ℃）可以延长鸡肉的货架期，保持鸡胸肉的品质。冻藏期间温度的波动会降低鸡胸肉的持水能力，这表明在冻藏期间应保持温度稳定性。随着贮存温度的降低，鸡肉滴水损失和蒸煮损失显著增加。同样，低温下贮存时间显著影响烹饪损失，其中，与贮存24 h的样品相比，贮存72 h的样品表现出更高的烹饪损失。

表3-14 冷却方式对鸡肉弹性（GPa）的影响（郑华等，2017）

时间（h）	宰后25 ℃贮藏		冰水冷却4 ℃贮藏		冰水-冷风冷却4 ℃贮藏	
	鸡胸肉	鸡腿肉	鸡胸肉	鸡腿肉	鸡胸肉	鸡腿肉
0	0.76 ± 0.11^{Ba}	0.81 ± 0.03^{Ba}	0.75 ± 0.04^{Ca}	0.80 ± 0.01^{Ca}	0.79 ± 0.09^{Ca}	0.83 ± 0.05^{Ca}
2	0.84 ± 0.03^{Aa}	0.85 ± 0.01^{Aa}	0.86 ± 0.04^{Aa}	0.88 ± 0.03^{Aa}	0.83 ± 0.05^{Ba}	0.88 ± 0.05^{Ba}
4	0.84 ± 0.07^{Aa}	0.87 ± 0.02^{Aa}	0.82 ± 0.07^{Ba}	0.89 ± 0.05^{Aa}	0.83 ± 0.12^{Ba}	0.88 ± 0.03^{Ba}
6	0.74 ± 0.03^{Bc}	0.78 ± 0.05^{Bc}	0.80 ± 0.100^{Bb}	0.86 ± 0.04^{Bb}	0.86 ± 0.05^{Aa}	0.91 ± 0.05^{Aa}
8	0.66 ± 0.09^{Cc}	0.69 ± 0.08^{Cb}	0.79 ± 0.09^{Bb}	0.86 ± 0.08^{Ba}	0.88 ± 0.02^{Aa}	0.86 ± 0.04^{Ba}

注：同列不同大写字母表示差异显著（$P<0.05$）；同行不同小写字母表示差异显著（$P<0.05$）。

超声和低温短时加热（40 kHz，0.2 W/cm^2，55 ℃，15 min）可作为黄羽肉鸡的一种替代预处理方法，超声和低温短时加热预处理能够使肉类蛋白酶、钙蛋白酶、组织蛋白酶B和总蛋白酶失活，与冷冻预处理相比，超声和低温短时加热能有效降低肉类蛋白质的降解，提高胸肌肉的硬度，改善质地和微观结构，肉在冷藏期间脂肪和蛋白质氧化降低。此外，超声和低温短时加热能使肉中的微生物失活，显著延长肉的保质期。运输时间为0 h、0.5 h、1 h、2 h或3 h对达到上市日龄中等体型黄羽肉鸡的死亡率没有影响，但体重减少，对血浆和胸肌中的一些应激生物标记物产生了负面影响，对肉品质的影响微乎其微，主要变量肉色和剪切力没有受到影响。运输时间应激的影响，表现为肌肉总抗氧化能力降低和滴水损失增加。

八、烹调方式

烹调方式和最终内部温度对挥发性和非挥发性化合物的形成和稳定性有显著影响，从而影响肉的风味。研究报道，解冻方式、胴体清洗和修整、锡箔或烤袋包裹与否对风味无影响，但影响肉的质地。未包裹肉在加热时有更浓的风味。分析了最终内部温度对各品种鸡风味及其他感官品质的影响，发现从65～80 ℃，风味逐渐增加，但到85 ℃时，有轻微下降。不同的烹调温度带来一定的风味差异，炉温的增加导致风味的增加。与微波炉相比，传统烹调方式产生更宜人的风味。其原因可能是：微波炉中热空气的缺乏抑制美拉德褐变反应；肉组分的风味特性可能被各种不同加热方式改变，微波辐射可能使肉风味消失。煮鸡肉和烤鸡肉产生的挥发性风味物质在质和量上都存在很大差异。烹调温度和时间对鸡胸肉的理化特性和适口性有显著影响，与传统烤箱烹制的鸡肉相比，在60 ℃下烹制1 h的鸡肉烹调损失、剪切力和硬度更低。含酸鸡胸肉的最佳条件是在60 ℃下连续烹饪2～3 h，以改善感官质量特性，同时不降低系水力。袋装水浴烹调鸡胸肉样品的蒸煮时间较长；脱骨和去皮的袋装水浴烹调鸡肉样品具有较高的蒸煮损失和较低的蛋白质溶解度。带有骨骼和皮肤的袋装水浴烹调样品在皮肤和肌肉中都有较高的亮度。烤箱烹调肉的蒸煮时间、蒸煮损失和剪切力值显著增加，而L^*（亮度值）值较低；两种烹调方法烹调后蛋白质溶解度均降低，但两种烹调方式之间无统计学差异；水煮肉表现出更高的胶原溶解度和肌原纤维碎裂指数；描述性感官分析显示，水煮肉的水分释放显著增加，初始硬度、咀嚼硬度和残余松散颗粒降低；烤箱烹调肉颜色较深，鸡肉风味增强。用沸水煮、真空低温慢煮、空气炸锅炸制和电蒸箱蒸制4种处理方式，得出不同的烹饪方法会得到口感不同的鸡肉；空气炸锅处理鸡肉导致烹饪损失率高于其他3种处理方式，空气循环加热带走水分较多；电蒸箱处理鸡肉的水分损失率最少，这与在蒸制过程中电蒸箱内供水充足减少了鸡肉的水分流失有关。电磁炉、电压力锅、电炉3种烹制工具对鸡肉的感官品质和营养特性均有显著影响，电磁炉加热鸡肉的感官品质最好，且脂肪含量较低；烤制、煮制、蒸制3种烹饪方法下鸡肉的香气、滋味和游离氨基酸含量都存在显著差异；蒸制方式下鸡肉的各种游离氨基酸含量均处于较高水平，蒸制有利于鸡肉蛋白质降解产生较多的滋味物质（表3-15）。

表3-15 蒸煮后石岐黄鸡胸肉风物物质含量变化（李建军，2003）

指标	含量	变化（%）
谷氨酸（mg/100 g）	22.1	-20.3
总氨基酸（mg/100 g）	254	-5.74
C18:2（%）	1.38	0.7
总不饱和脂肪酸（%）	3.92	-0.8
总脂肪酸（%）	5.92	-0.2
硫胺素（μg/kg）	356	26.1
总还原糖（mmol/kg）	2.06	35.2
IMP（mmol/100 g）	0.31	45.6

第三节　遗传育种对肉品质的影响

一、肉质性状的遗传规律

一些肉质性状具有较高的遗传力，国内外利用数量遗传原理改进畜禽肉品质的研究已取得进展。国内外对鸡肉品质的关注点有所不同，国外偏重肉色、持水力等物理指标，国内强调风味等感官指标。已有报道将肌肉脂肪含量等肉品指标列入选择指数，在生产性状继续提高的同时，肉质性状得到改进。国内育种实践中已将肌内脂肪列入猪、鸡选育指标，将嫩度等指标列入肉牛选育指标。

法国农业科学院建立了优质肉鸡品系，具有低腹脂、高胸肉和高生长速度特点，连续选择了12代以上。为了对比选择效果，还同步建立了一个随机交配的对照系。肉鸡在42日龄屠宰，腹脂率的公母平均遗传力是0.63，胸肌率的公母平均遗传力是0.65。体重与胸肌率和腹脂率的公母平均遗传相关分别是0.15和0.12。选择胸肌率没有导致鸡只过肥，胸肌率和腹脂率的公母平均遗传相关是-0.15，腹脂率遗传力在性别间存在差异显著（表3-16）。

表3-16　鸡胴体性状遗传力（对角线）和遗传相关（上三角）（Duval et al.，1998）

性状	体重（公鸡）	体重（母鸡）	胸肌率（公鸡）	胸肌率（母鸡）	腹脂率（公鸡）	腹脂率（母鸡）
体重（公鸡）	0.39 ± 0.03	0.94 ± 0.01	0.13 ± 0.05	0.06 ± 0.03	0.07 ± 0.06	0.18 ± 0.06
体重（母鸡）		0.46 ± 0.02	0.20 ± 0.05	0.16 ± 0.03	0.09 ± 0.06	0.17 ± 0.06
胸肌率（公鸡）			0.64 ± 0.05	0.98 ± 0.02	−0.01 ± 0.018	−0.09 ± 0.07
胸肌率（母鸡）				0.66 ± 0.06	−0.21 ± 0.09	−0.29 ± 0.07
腹脂率（公鸡）					0.71 ± 0.06	0.99 ± 0.01
腹脂率（母鸡）						0.55 ± 0.06

肉色和滴水损失性状的遗传力较高，剪切力的遗传力为0.22，肌内脂肪的遗传力只有0.18（表3-17）。肌内脂肪与腹脂率的遗传相关为0.32，与剪切力的遗传相关达到0.57。

表3-17　遗传力（对角线）和遗传相关（上三角）

指标	BW6	BMY	AFP	LEGP	pHu	L^*	a^*	b^*	DL	SF	IMF
BW6	0.31 ± 0.07	0.28 ± 0.19	0.46 ± 0.16	0.08 ± 0.19	−0.10 ± 0.21	0.04 ± 0.19	−0.27 ± 0.19	−0.32 ± 0.21	−0.01 ± 0.21	0.03 ± 0.23	0.29 ± 0.25
BMY		0.46 ± 0.12	−0.42 ± 0.14	0.17 ± 0.17	−0.41 ± 0.18	0.13 ± 0.17	−0.19 ± 0.17	0.12 ± 0.18	0.20 ± 0.19	−0.08 ± 0.21	−0.29 ± 0.23
AFP			0.53 ± 0.14	−0.24 ± 0.16	0.33 ± 0.17	0.15 ± 0.16	0.02 ± 0.17	−0.46 ± 0.15	−0.43 ± 0.16	−0.12 ± 0.20	0.32 ± 0.21
LEGP				0.43 ± 0.08	−0.08 ± 0.19	−0.18 ± 0.17	0.13 ± 0.17	−0.13 ± 0.18	−0.14 ± 0.19	0.04 ± 0.19	0.25 ± 0.23
pHu					0.48 ± 0.08	−0.83 ± 0.07	0.15 ± 0.17	−0.53 ± 0.14	−0.68 ± 0.12	−0.26 ± 0.18	−0.03 ± 0.21
L^*						0.44 ± 0.10	−0.28 ± 0.16	0.51 ± 0.14	0.64 ± 0.13	0.34 ± 0.19	0.42 ± 0.20
a^*							0.39 ± 0.10	0.05 ± 0.19	0.03 ± 0.19	0.22 ± 0.19	−0.20 ± 0.24
b^*								0.30 ± 0.11	0.47 ± 0.18	0.02 ± 0.22	−0.33 ± 0.24
DL									0.30 ± 0.12	0.10 ± 0.22	−0.04 ± 0.25
SF										0.22 ± 0.08	0.57 ± 0.21
IMF											0.18 ± 0.07

注：BW6为6周龄体重；BMY为胸肉产量；AFP为腹脂率；LEGP为腿部百分比；pHu为极限pH值；L^*为亮度值；a^*为红度值；b^*为黄度值；DL为滴水损失；SF为剪切力；IMF为肌内脂肪含量。

二、肉质性状的分子遗传标记

肉质性状不易测量，因为需要屠宰动物，成本高，给常规遗传选择带来一定困难。分子遗传标记辅助选择具有较大潜力。

（一）鸡肉脂肪相关基因的研究进展

过氧化物酶体增殖蛋白激活受体基因（Peroxisome proliferator-activated receptor，PPAR）。PPAR是核激素受体（Hormone nuclear receptor）超家族中的成员，是一类由配体激活的核转录因子，属于Ⅱ型核受体超家族，在机体脂类代谢及脂肪细胞的分化过程中发挥着重要作用。包括α、β（或δ）和γ亚型，三种亚型参与脂肪细胞分化的程度有所不同，α在肾脏和肝脏中表达较高，参与脂肪酸的氧化并有抗炎功能。β分布广泛，但表达水平相对较低。γ的成脂作用较强，在脂肪组织中表达较高，影响成熟脂肪细胞中脂肪酸的贮存和吸收。

PPARγ的结构及生物学功能。*PPARγ*基因有γ1、γ2、γ3三种亚型，由同一基因编码。*PPARγ*基因具有脂肪组织专一性，参与脂肪细胞的分化和脂类代谢相关基因的调控，*PPARγ*基因缺失时，胚胎成纤维细胞和干细胞在分化为脂肪细胞的过程中受阻。PPARγ在成纤维细胞中的异位表达，导致脂肪细胞数量的增加，最终促进脂肪的沉积。PPARγ在家禽脂肪组织中表达较高，有研究发现鸡的年龄和营养水平不同，其PPARγ在腹脂中的表达有所不同。PPARγ参与脂肪细胞的分化，许多脂肪细胞基因转录前被γ诱导，在脂肪细胞分化过程中表达水平逐渐上升，在成熟脂肪细胞中其表达量达到最高，PPARγ在细胞分化过程中起到了重要的作用。

*PPARγ*基因的研究进展。*PPARγ*基因位于3号染色体上，研究发现其变异与肥胖相关。鸡*PPARγ*基因包括6个外显子和5个内含子，并且定位于鸡的12号染色体上。肉鸡*PPAR*γ的表达量在脂肪组织中最高，在脾脏、心脏和小肠组织中表达次之。发现PPARγ的配体结合区发生突变导致构象发生改变，进一步使转录活性下降，导致部分脂肪营养障碍。以高低脂双向选择群体为实验素材，检测编码区的多态位点，结果表明*PPARγ*基因与控制腹脂性状的主基因存在连锁关系。对鸡*PPARγ*基因的5′侧翼区进行多态位点检测，发现5′侧翼区存在3个多态性位点（g-1784-1769del17，c-1241G>A及c-75G>A），单倍型关联分析表明该区域可能存在影响鸡脂肪性状的SNP。近几年，以*PPAR*基因作为家禽脂肪性状候选基因的研究越来越多，由于*PPARγ*基因多态性与脂肪性状的显著关系，推测*PPARγ*基因可能是影响鸡脂肪代谢的主效基因。研究还发现在金茅黑鸡*PPARγ*基因外显子5处检测到1个突变，发现该突变对粗脂肪、剪切力、系水力和腹脂重等肉质性状具有显著的影响。

随着生物信息学和全基因测序技术的发展，推动了鸡肉脂肪相关基因的研究。近年来，挖掘并鉴定调控鸡IMF沉积的关键基因成为鸡遗传育种领域的热点之一。利用Illumina chicken 60K芯片进行的一项全基因组关联研究，发现与胸肌和腿肌脂肪含量相关的两个单核苷酸多态位点（rs312796105和rs15469825）达到了全基因组显著性水平，*BLN2*、*HPGDS*、*SETD2*和*ANKRD46*等7个基因可能影响鸡的肉品质。利用RNA-seq技术研究鸡IMF前体细胞在成脂分化过程中的转录组表达情况，共筛选到4 694条差异表达lncRNAs和2 169条差异表达mRNAs；功能注释显示，差异表达基因主要富集在信号调控、细胞通信调控及信号转导调控等生物学过程，通路分析结果显示，差异表达基因显著富集在焦点粘连、MAPK及PPAR等信号通路中。利用可视化分析在鉴定的6个阶段特异性模块中筛选出了28个高连通性的基因，这些基因可能为调控鸡IMF前体细胞成脂分化的重要候选基因，包括*XLOC_013577*、*gga-mir-146b*、*BMP3*和*MYOD1*等基因。利用RNA-seq技术筛选到多个与鸡IMF含量密切相关的基因，包括*ENSGAG0000041996*、*L3MBTL1*、*TNIP1*、*HAT1*和*BEND6*。研究发现Krüppel样因子KLF9抑制鸡肌内前脂肪细胞分化，gga-miRNA-18b-3p通过靶向*ACOT13*基因抑制鸡IMF细胞分化。研究表明gga-miR-140-5p通过靶向维甲酸X受体γ促进鸡IMF细胞分化。miR-223通过靶向GPAM抑制鸡IMF细胞分化。研究发现，*SLC27A1*基因的低表达通过CPT1A介导的脂肪酸氧化下调促进鸡IMF沉积。

在分子遗传标记方面，检测了脂肪酸结合蛋白（A-FABP）基因多态性与鸡IMF含量的相关性，在*A-FABP*基因第一外显子发现了一个C51T突变位点，形成AA、AB和BB的3种基因型；和田黑鸡胸肌中AA基因型的IMF含量显著高于AB基因型。因此，C51T突变位点是选择和田黑鸡胸肌较高IMF含量的基因标记。此外，该多态位点还与拜城油鸡IMF含量显著相关；在拜城油鸡的腿肌中，AA基因型IMF含量显著高于AG基因型。因此，该位点还可作为选择拜城油鸡中腿肌较高IMF含量的分子标记。在脂蛋白脂肪酶（LPL）基因中检测到一个同义突变C12315T，形成3种基因型AA、AB和BB；在三黄鸡腿肌中，AA基因型的IMF含量显著高于AB基因型。拜城油鸡中胸肌和腿肌的mRNA表达均显著高于三黄鸡。以60周龄和自繁后的12周龄的如皋鸡作为试验材料，采用PCR-SSCP技术对细胞外脂肪酸结合蛋白（*EX-FABP*）基因进行单核苷酸多态性分析。结果检测到2个SNP突变，分别为4271G/A、4281G/A突变基因型；最小二乘差异显著性检验结果表明，在60周龄时，AA型IMF含量最高，显著高于AB型；12周龄时，AB型IMF含量最高，BB型最低。采用PCR-SSCP方法对脂肪分化相关蛋白（*ADFP*）基因的外显子进行SNPs检测，结果找到3个SNPs位点，位点A和C的基因型对IMF含量有显著性影响，推测可以利用多态位点A和C对鸡IMF含量进行标记辅助选择。采用PCR-RFLP方法检测脂滴包被蛋白（*PLIN*）基因内含子6在济宁百日鸡、莱芜黑鸡等4个地方鸡种和1个培育品系中的遗传多态性，鸡*PLIN*基因2 467 bp处检测到G→A突变，形成3种基因型：A1A1、A1A2和A2A2，A1A2基因型个体的胸肌IMF含量显著高于A1A1和A2A2基因型个体。

（二）鸡肉嫩度相关基因的研究进展

钙蛋白酶。1917年首次发现CAPN，1964年从鼠的大脑中首次将CAPN分离出来。1991年该酶被正式命名为钙蛋白酶（Calpains）。Calpain是半胱氨酸蛋白水解酶超家族成员之一，参与细胞的骨架重建、信号转导以及细胞凋亡等过程。根据组织分布不同分为两类，其中一类广泛分布于哺乳动物组织中，包括Calpain1、Calpain2、Calpain5、Calpain7、Calpain10、Calpain13、Calpain15，这些酶在体内各组织中广泛表达，称为无组织特异性蛋白酶。另一类是组织特异。包括Calpain3、Calpain6、Calpain8、Calpain9、Calpain11、Calpain12。它们的表达仅限于特定的组织中，所以又称为组织特异性蛋白酶。普遍型中的CAPN1和CAPN2是两种主要的同工酶，激活它们所需的钙离子浓度不同，Calpain1需要1～20 nmol/L，而Calpain2需要250～750 nmol/L。这两种酶的生化特性和催化性质几乎完全不一样。由于钙离子在细胞内的波动在微摩尔浓度水平以下，所以一般认为Calpain1在正常生理条件下发挥作用，而Calpain2在细胞内钙超载等病理条件下才被激活。

CAPN1的结构及生物学功能。*CAPN1*基因属于钙蛋白酶基因家族，是个不均一的二聚体蛋白，由分子量为30 kDa和80 kDa的2个不同的亚基组成，其中80 kDa的大亚基含有Ca^{2+}结合位点和催化蛋白水解的活性域，因而具有催化活性，小亚基则具有调节活性。鸡的*CAPN1*基因的结构与其他哺乳动物结构基本相同。研究发现*CAPN1*的大亚基包括4个结构域，分别命名为Ⅰ、Ⅱ、Ⅲ、Ⅳ结构域。小亚基包括2个结构域，由268个氨基酸组成，命名为结构域Ⅴ和Ⅵ。*CAPN1*被激活后，其大小亚基分离，30 kD小亚基降解为17 kD，80 kD先转化成78 kD再变成76 kD才具有活性。Calpain1的活性和表达量受多个因素影响，除受动物的年龄、品种、营养水平影响外，细胞内外的一些因素，例如自溶、膜活化、微环境因素、化学因素、高压、抑制剂也会不同程度地影响Calpain1的活性。

*CAPN1*基因的研究进展。根据Genbank发布的序列，鸡的*CAPN1*基因位于3号染色体上，*CAPN1*基因的mRNA序列全长为338 bp（NM-205303.1），由20个内含子和21个外显子组成，内含子大于外显子。据报道，已找到与肌肉嫩度有关的突变位点，这些位点造成Glu变为Ala（316）、Ile变为Val（530）。以5个优质肉鸡纯品系和3个配套系为试验对象，检测了*CAPN1*基因CDs区的突变位点，同时分析了不同基因型在群体中的分布规律。结果显示，2 546位处由C突变为T和3 535处位点由G突变为A，且不同的基因型个体的肌纤维密度和部分屠体性状指标之间差异显著。研究发现，*CAPN1*基因中3个

SNPG3535A、C7198A和G7324A与鸡嫩度性状显著相关。

（三）其他肉质性状的分子标记研究

利用鸡快长系和慢长系建立的F_2资源群定位影响肉质性状的QTLs（表3-18），发现了5个全基因组水平显著的QTLs，分别在1号和2号染色体上发现了影响pH15的QTL，在1号染色体上发现了影响滴水损失的QTL，在11号染色体上分别发现了影响红度值和黄度值的QTL。此外，在全基因组水平发现了4个影响鸡肉品质的潜在显著的QTLs。

表3-18　鸡肉质性状QTLs（Nadaf et al.，2007）

性状[1]	*GGA*	QTLMAP软件					QTLExpress软件		
		位置[2]	侧翼标记	LRP[3]	Var[4]（%）	*P*值（Chr）[5]	*P*值（Chr）[5]	F值	位置（cM）
BCo-Y	1	174（168–182）	ADL188–ADL150	102	20.5	0.02*	ns	5.13	49
DL	1	357（352–367）	MCW200–LEI139	114	12	0.002**	0.02*	10.1	560（454～565）
pH15	1	396（386–403）	LEI139–MCW283	126	29	<0.000 5**	0.04*	8.97	369（324～404）
pH15	2	249（243–274）	MCW063–ADL257	124	14	<0.000 5**	ns	2.36	302
pHu	4	189（140–200）	ADL331–MCW240	99	18	0.02*	<0.000 5**	21.71	191（182～231）
BCo-Y	11	62（56–69）	ADL210–ADL308	153	31	<0.000 5**	<0.000 5**	53.42	62（51～69）
BCo-R	11	68（58–69）	ADL210–ADL308	115	19	<0.000 5**	<0.000 5**	24.83	65（41～69）
pH15	12	24（16–30）	ADL372–ADL044	105	21	0.005*	ns	4.43	0
DL	14	20（20–44）	ADL118–MCW123	98	13.5	0.003*	ns	0.49	45

注：[1]BCo-Y为黄度值；DL为滴水损失；pH15为宰后15 min pH值；pHu为极限pH值；BCo-R为红度值；[2]位置和置信区间（cM）；[3]似然比；[4]QTL解释的方差（%）；[5]染色体水平的*P*值；*为潜在显著水平；**为1%基因组水平。

通过宁都黄鸡*PHKG1*基因多态性与肉质和胴体相关性状之间的关联研究，发现单核苷酸多态性*rs15845448*分别使24 h和48 h的滴水损失显著减少了3.62%和5.97%。日粮中添加苏氨酸对黄羽种鸡的产蛋量和后代的存活率和生产性能有积极影响，并且对氨基酸运输和蛋白质沉积相关基因的表达水平有显著影响。

以京海黄鸡J^+、J^-品系为材料，检测到*IGFII*基因外显子区域发生了G64A、*C173A*、*G7641A*的单碱基突变，最小二乘方差分析表明，前2个突变位点对J^-品系的腹脂重、腿肌pH值具有显著的影响，对J^+品系腿肌pH值具有显著的影响，推测IGFⅡ基因可能是影响鸡肉质性状的候选基因。脂联素（Adiponectin）是一种由脂肪组织分泌的具有生物活性的一类蛋白质激素。探讨脂联素基因第1内含子突变位点对京海黄鸡腹脂重、腹脂率的遗传效应，发现就腹脂重而言，公鸡AA和AB型与BB型间差异极显著，但母鸡间差异不显著。公、母鸡的BB型个体腹脂率最高，分别为2.20%和2.95%，极显著高于AA和AB型个体。

检测了金茅黑鸡脂滴包被蛋白（*PLIN*）基因的多态性，在外显子8上发现了1个突变位点，发现该突变位点对腹脂重、系水力、粗蛋白质、剪切力和水分含量等肉质性状具有显著的影响。在外显子5上发现了5个突变位点，形成的单倍型组合对肉色、pH值、系水力、肌苷酸含量和粗脂肪含量等肉质性状具有显著的影响。

以金茅黑鸡为研究素材，利用肉品质性状的转录组关联分析结果显示*FFAR4*和*TXK*等基因可作为肌苷酸含量的候选基因。*PLEKHS1*、*MUC*等基因的表达可能影响肉色。在系水力的研究中，*LHX9*、*SPDEF*、*GRXCR1*等基因可作为系水力的候选基因。*NPY*、*POMC*、*FGF20*、*MGAT4C*和*GUK1*基因在调节脂类代谢、糖代谢过程和磷酸二酯酶水解同时可能影响肌肉pH值的变化。*HS6ST3*、*EDAR*基因作为肌肉剪切力（嫩度）的候选基因，与肌肉纤维和肌间脂肪的沉积有关，进而间接影响肌肉的剪切力。

第四节 饲料营养对肉品质的影响

日粮对肉品质的调控日益受到人们的重视。对日粮进行科学合理的设计，能够改善肉的品质，如肉的颜色、风味、质地和货架期等。

一、日粮成分对肉品质的影响

（一）能量饲料

日粮中脂肪酸组成在很大程度上决定着胴体脂肪的性质。鸡肉中适当的脂肪含量，能够改善肉的味道和营养品质，但胴体过高的脂肪含量，特别是腹脂的含量高，不符合人们的保健要求。日粮中添加鱼油可显著提高胸肌ω-3脂肪酸含量。研究发现，肉仔鸡饲料中添加8%亚麻油增加了腹脂和胸肌中PUFA含量。过多的不饱和脂肪酸造成鸡肉感官品质降低，通过控制日粮中脂肪来源、数量和时间，同时添加高剂量维生素E和抗氧化剂等方法可以减少这种影响。

薯类、麸类、麦类和淀粉粕类能使体脂变白变硬，而米糠、豆腐渣、鱼粉和菜籽粕等能使体脂变软，并可能引起黄脂。用玉米饲喂肉鸡比小麦沉积更多的脂肪，而小麦配以燕麦比配以大麦可使鸡肉味道更鲜美。高粱中因含有单宁而会造成带有鱼腥味的鸡肉。以无壳燕麦替代肉鸡日粮中玉米、豆粕，将降低肌肉嫩度与多汁性。以甘薯替代肉鸡日粮中50%玉米，同时以23%大豆粕替代花生粕，有降低腹脂的趋势。用木薯粉替代日粮中玉米的50%时会产生浅色胴体，当占到75%或100%时会降低煮后肌肉的感官品质。如表3-19所示，研究报道以辅料形式补充大豆皮和稻壳可在一定程度上促进肉鸡生长，提高生产性能，改善肉品质及促进腺胃肌胃发育，并且以补饲大豆皮的效果最好。探究了库存稻糙米对肉鸡生长性能、免疫器官指数、屠宰性能、肉品质和血清生化指标的影响，结果表明，与新收获的稻糙米相比，库存稻糙米降低了肉鸡的血清抗氧化、免疫功能和血清TP的含量。

表3-19　稻壳、大豆皮对42日龄AA肉鸡胸肌和腿肌肉品质的影响（王芳等，2021）

组别	胸肌				腿肌			
	肉色L	肉色a	肉色b	pH值	肉色L	肉色a	肉色b	pH值
对照组	37.5 ± 3.5^{a}	2.7 ± 0.3	5.7 ± 0.5	6.3 ± 0.2	45.2 ± 1.9^{a}	2.3 ± 0.3^{b}	7.3 ± 0.2^{b}	6.2 ± 0.1
稻壳组	27.5 ± 4.2^{b}	3.0 ± 0.4	5.3 ± 0.3	6.3 ± 0.1	45.9 ± 1.5^{a}	3.6 ± 0.5^{a}	8.8 ± 0.4^{a}	6.1 ± 0.2
大豆皮组	39.9 ± 2.6^{a}	$24. \pm 0.4$	5.0 ± 0.5	6.3 ± 0.1	41.8 ± 1.7^{b}	2.1 ± 0.6^{b}	6.8 ± 0.3^{b}	6.1 ± 0.1

注：同一列数据肩标字母相同或者无字母表示差异不显著（$P>0.05$）；不同小写字母表示差异显著（$P<0.05$）。

在日粮中添加香蕉加工残渣可以提高肉鸡生长后期的日增重和饲料效率，同时改善有机物表观消化率及肌肉系水力，考虑饲料生产成本，在1～42 d肉鸡日粮中香蕉加工残渣适宜的添加水平为10%。不同添加水平的玉米酒糟和可溶性干谷物对1～63日龄的中国黄羽肉仔鸡的影响表明，随着添加水平的升高，血浆甘油三酯和肝脏丙二醛含量随之增加，24 h和96 h的滴水损失增加，a^*值增加，对生产性能、抗氧化能力和肉品质没有负面影响。在39周龄时，由11.51～11.92 MJ/kg的能量和17.5%的粗蛋白质组成的母鸡日粮提高了后代肉仔鸡1～21 d的生长性能，而11.51 MJ/kg的能量和15.5%的粗蛋白质组成的母鸡日粮提高了其后代肉仔鸡的屠宰率和肉色。研究了玉米酒糟及其可溶物对地塞米松诱导的应激肉鸡肉品质的影响，结果表明，玉米酒糟及其可溶物显著增加胸肌失水率和L^*值。产蛋后期肉种鸡腹脂率、肌间脂带宽随饲料能量水平降低而极显著降低；与对照组相比，低能量组胸肌红度值（a^*值）显著升高；与高能量组相比，低能量组肌肉剪切力显著升高，胸肌pH_{24h}值降低，肌肉粗蛋白质含量显著升高，粗脂肪含量极显著降低；说明降低饲料能量水平（80%）可有效降低产蛋后期肉种鸡腹脂率及肌间脂带宽，提高肌肉红度，改善胴体品质及肉品质。

（二）蛋白质和氨基酸

不同蛋白质饲料影响鸡肉风味和体脂肪的蓄积。饲料中添加鱼粉导致鸡肉风味下降，采用鱼内脏发酵饲料替代鱼粉，对胴体重、肌肉成分没有影响，肌肉不再有鱼腥味。在肉雏鸡饲料中添加2%～10%羽毛粉不影响其生产性能而降低了腹脂和胴体脂肪含量。菜籽饼是一种廉价的蛋白质饲料，但在饲料中大量使用时，因含有硫葡萄糖苷而可能造成肌肉异味。研究结果表明，添加10%低葡萄糖苷菜籽饼降低鸡肉的感官品质。研究发现饲喂菜粕型日粮并补充5 g/kg腐殖酸可以改善肉鸡的生长性能、提高胸肌产量及肌肉中不饱和脂肪酸含量。表3-20列出了菜粕型日粮添加腐殖酸对肉鸡胴体性状的影响。有学者研究了低蛋白氨基酸平衡饲料对清远麻鸡肉品质的影响，结果表明，低蛋白组清远麻鸡胸肌剪切力高于对照组，低蛋白组清远麻鸡胸肌肌内脂肪低于对照组，证明低蛋白氨基酸平衡饲料可显著降低清远麻鸡胸肌嫩度和肌内脂肪含量。日粮代谢能与蛋白质水平对生长中期和后期拜城油鸡肉品质均无显著影响。研究发现与饲料11.93 MJ/kgME（代谢能）组比较，12.98 MJ/kgME组试验鸡胸肌pH值和肉色a^*值、腿肌中乳酸含量显著提高，肉色b^*值显著降低；饲料粗蛋白质（CP）水平17%组胸肌谷氨酸含量显著低于15.8%组；饲料CP水平17%组胸肌b^*值显著高于15.8%和14.6%组。

表3-20　菜粕型日粮添加腐殖酸对肉鸡胴体性状的影响（解德道，2021）

项目	豆粕组	菜粕组	腐殖酸组	标准误	*P*值
屠宰率（%）	70.13	69.82	70.05	0.16	0.37
热胴体重（g）	1 810.33	1 807.45	1 812.37	2.47	0.43
冷胴体重（g）	1 765.34	1 762.33	1 767.52	2.61	0.54
胸肌（%）	0.26^a	0.22^b	0.27^a	0.03	0.03
腿肌（%）	0.16	0.15	0.16	0.01	0.87
肌胃（g）	30.65^b	30.24^b	33.18^a	1.59	0.04
心脏（g）	12.28^b	13.87^a	12.45^b	0.87	0.04

（续表）

项目	豆粕组	菜粕组	腐殖酸组	标准误	*P*值
脾脏（g）	2.38[b]	2.40[b]	3.17[a]	0.45	0.03
肝脏（g）	40.57	41.23	40.86	0.33	0.48
十二指肠（cm）	39.38[a]	30.17[b]	37.24[a]	4.82	0.03
空肠（cm）	40.28[c]	38.75[b]	43.26[a]	2.29	0.01
回肠（cm）	50.18[a]	43.28[b]	49.27[a]	3.75	0.04

注：同行数据肩标字母相同或无字母表示组间差异不显著（$P>0.05$）；同行数据肩标不同字母表示组间差异显著（$P<0.05$）。

据报道，饲料中添加蜂胶残渣对28～56日龄黄羽肉鸡生长性能无显著影响，但能提高肉鸡的全净膛率，且有改善肉色、提高系水力和嫩度的效果，1.0%添加水平能显著提高肉鸡胸肌率和腿肌率。在饲料中添加0.7%～1.0%谷氨酰胺可改善黄羽肉鸡后期的饲料利用率和胸肌及腿肌的pH值，显著提高血清、肝脏、胸肌和腿肌的谷胱甘肽过氧化物酶活力，显著降低血清、肝脏、胸肌和腿肌的丙二醛含量，显著降低胸肌和腿肌的滴水损失，从而改善鸡肉品质。赖氨酸和其他必需氨基酸对1～18日龄黄羽肉鸡屠宰性能、肉品质和屠体外观都有不同影响。综合屠宰性能和屠体外观指标，适合1～18日龄黄羽肉鸡的饲料氨基酸水平为：1.05%赖氨酸、0.78%蛋氨酸、0.68%苏氨酸、0.19%色氨酸。

研究确定玉米-豆粕基础日粮中补充羟基硒蛋氨酸使生长缓慢的黄羽肉鸡血清和肌肉中的硒含量增加，提高了胸肌肌肉的保水能力、$pH_{24\ h}$值和嫩度，硒蛋白编码基因的mRNA丰度也与日粮硒水平有关，推荐的补充量为0.42～0.66 mgSe/kg。研究表明，异亮氨酸的补充使黄羽肉鸡的产蛋率、蛋重、蛋质量和初生重增长，对蛋品质无影响，降低了血液中甲状腺球蛋白浓度，但异亮氨酸似乎是一种应激源，推荐产蛋期黄羽肉鸡（40～45周龄）异亮氨酸添加量为5.79～7.44 g/kg（0.75～0.97 g/d）。研究了饲料赖氨酸水平对10～16周龄北京油鸡配套系母鸡肉品质的影响，以确定饲料适宜的赖氨酸水平，结果表明，饲料赖氨酸水平显著影响鸡肉剪切力和滴水损失，0.68%组的剪切力显著高于其余2组，滴水损失显著低于0.73%组。研究发现饲料中添加L-组氨酸和β-丙氨酸对肉色有显著交互作用，饲料添加1 950 mg/kg L-组氨酸+1 200 mg/kg β-丙氨酸降低了$b^*_{24\ h}$值；相对于对照组，饲料添加1 300 mg/kg或1 950 mg/kg L-组氨酸均显著提高$pH_{24\ h}$值。研究发现饲料中添加500 mg/kg β-丙氨酸可改善肉仔鸡的生长性能，减少胸肌滴水损失，降低胸肌丙二醛含量，增加胸肌肌肽含量，改善肉品质。

（三）肌苷酸

据报道，在日粮中添加外源性肌苷酸对黄羽肉鸡的生长性能无影响，能显著增加胸肌和腿肌中肌苷酸含量，显著提升肌肉中的游离氨基酸和美味氨基酸含量，增加参与肌苷酸生成过程的酶活性，并降低参与肌苷酸降解过程的酶活性，添加0.2%～0.3%外源性肌苷酸能改善鸡肉风味品质。研究还发现种鸡及子代肉仔鸡饲料添加外源肌苷酸对子代肉仔鸡生长性能、屠宰性能无显著影响；能够提高肌肉pH值，降低胸肌L^*值，提高胸肌腺苷琥珀酸裂解酶（ADSL）基因表达量，在一定程度上能够提高子代肉仔鸡肉品质。

（四）矿物质和微量元素

钙和维生素D通过一种钙活化蛋白酶（肌钙蛋白）对屠宰后肌肉中特定结构蛋白（如Titin，Nebulin）的降解起重要作用，从而达到提高肌肉嫩度的目的。由于动物本身的平衡机制，很难提高肌肉组织中的钙水平。磷不足对生产性能有改善的趋势，对去皮、去骨肉产量也无有害影响，但对骨骼发育有不良影响，正是由于骨骼问题使鸡缺乏运动，减少了能量消耗，因而提高了鸡的生产性能。由于生产性能对低磷的敏感度不高，生产中常常为了节省成本而将无机磷从育肥饲料中减除，这样做不会对整个胴体产生明显的影响，但对鸡肉分割产品质量有较大影响。由于缺乏运动，降低了胸部水疱（Breast blister）和背部淤伤的产生，但提高了运输损伤和加工造成骨折的比例（表3-21）。有研究表明硒可改善黄羽肉鸡的肉品质，但由于有机硒在清除氧自由基及抑制脂质过氧化方面效果均明显好于无机硒，所以它更易被吸收，在体内保留时间长。将新型有机硒添加在饲料中可改善黄羽肉鸡的肉品质和肉鸡组织抗氧化能力，形成的氧化硒可有效在黄羽肉鸡组织中沉积，且与剂量呈线性依赖关系。

表3-21　慢性磷缺乏和去除后期饲料磷对肉仔鸡分割产品的影响（Chen and Moran，1994）

	冷却胴体			
	宰前失重（g）	腹脂重（g）	胴体重（g）	屠宰率（%）
3～6周龄	NS	***	***	*
NRC	169	55	1 909	67.8
低磷	184	45	1 769	67.2
6～7周龄	*	NS	NS	NS
NRC	186	50	1 852	67.5
后期无磷	167	50	1 827	67.5

（续表）

	胴体残损率（%）			
	小腿骨折	锁骨骨折	胸部水疱	背部淤伤
3～6周龄	NS	NS	**	***
NRC	0.6	25.0	26.3	22.1
低磷	2.8	25.3	17.0	13.6
6～7周龄	*	*	*	**
NRC	0.5	21.3	28.9	21.3
后期无磷	3.0	29.0	18.4	14.4
	分割鸡			
	去皮骨胸肌（%）	去皮骨腿肉（%）	股骨载荷（kg）	股骨头残损（%）
3～6周龄	NS	NS	***	NS
NRC	20.5	15.5	31.4	9.3
低磷	20.5	15.2	25.3	13.1
6～7周龄	NS	NS	***	***
NRC	20.3	15.4	31.6	3.0
后期无磷	20.5	15.3	25.1	19.4

注：NS表示差异不显著（$P>0.05$）；*表示$P<0.05$；**表示$P<0.01$；***表示$P<0.001$。

研究了钙和非植物磷添加对56～84日龄期间慢速型黄羽肉鸡的影响，结果表明日粮中钙的添加显著提升平均日采食量、平均日增重、终体重和胫骨直径，但不影响胴体性状，日粮中非植物磷的添加显著提高半净膛率，还研究了日粮中钙和非植物磷水平的交互作用对胴体性状和肉质的影响，建议57～84日龄黄羽肉鸡日粮中添加0.80%的钙和0.35%的非植物磷。据报道，在日粮中添加0.30 mg/kg纳米硒可有效提高广西黄鸡的生长性能和饲料转化率、组织中的硒含量以及肉的质量。日粮中添加锰对黄羽肉鸡的生长性能、胸腺相对重量、胫骨特性和肉的颜色特性均有影响，对于不同生长阶段推荐最佳锰补充量分别为52 mg/kg（1～21 d，基础日粮中锰含量为16 mg/kg）、60 mg/kg（22～42 d，基础日粮中锰含量为17 mg/kg）和68 mg/kg（43～63 d，基础日粮中锰含量为14 mg/kg）。

镁是许多酶系的辅助因子，对神经传导、ATP结构稳定性起重要作用。在屠宰前5 d通过饮水方式添加900 mg/kg镁，对改善肉质有效。进一步研究其机理认为，镁降低了血清皮质醇和儿茶酚胺，有助于应激条件下降低动物的糖酵解，减少了乳酸的产量，并减少了贮存的脂肪氧化。

铜和铁是机体Fe-SOD、CuZn-SOD的重要组成部分，提高饲料中铜和铁的添加量可增强肌肉中超氧化物歧化酶的活性，减少自由基对肉品的损害。另外，铁和铜也是肌肉中脂质氧化的催化剂，通过芬顿（Fenton）类反应，铁和铜大大加速脂质氧化速度。因此，多数学者认为提高饲料中铁和铜的添加量可加快肉及肉制品酸败的速度，在育肥后期，饲料中少添加或不添加铜和铁有利于保护肉品质量。研究发现宰前5周将铁从火鸡饲料中去掉，肌肉中铁含量没有显著变化，但贮藏过程中肌肉TBARS（硫巴比妥酸反应物）含量明显降低。屠宰前1～2周将肉鸡饲料中铜（8 mg/kg）去掉，可显著提高冷藏过程中熟的绞碎鸡肉的氧化稳定性。总之，铁和铜对肉质的影响取决于两个过程：由铁、铜组成的酶的抗氧化过程和铁、铜催化脂肪氧化过程。畜禽屠宰后，由铁和铜催化的脂质氧化过程起主导作用，FeCu-SOD的抗氧化作用减弱，因此，铁、铜对熟化和贮存过程中肉品的质量有不利影响。

研究黄羽岭南肉鸡产蛋期的最佳日粮锌需求量，确定58～65周龄达到最大产蛋率、蛋黄锌含量、受精率和孵化率的最佳日粮锌添加量分别为71.09 mg/kg、92.34 mg/kg、94.44 mg/kg和98.65 mg/kg。据报道，日粮钙水平对黄羽肉鸡的生产性能、胫骨特性和肉品质均有影响。将包被铜、铁、锌和锰的复合微量元素添加在黄羽肉鸡基础饲料中来替代常规无机微量元素，可有效减少微量元素添加量，不影响黄羽肉鸡生长性能，屠体性能及肉品质，研究表明其适宜添加量为400 mg/kg。也有报道几种不同剂型微量元素复合多矿对黄羽肉鸡前期生长性能有显著影响，并对屠宰性能、鸡冠发育和肉品质也有不同的影响。

屠宰前几天口服电解质来改变动物的酸碱平衡，特别是口服碳酸氢钠，可以延缓屠宰后pH值的下降，降低PSE的发生率。钾是动物体含量仅次于钙磷的金属元素，是肌肉组织中丰富的矿物质，钾不仅促进细胞间氨基酸的吸收，还可以提高赖氨酸的消化率，更重要的是钾对维持系水力和组织正常的pH值有重要作用，有助于减少胴体PSE的发生。

铬作为动物体内葡萄糖耐受因子（GTF）的重要成分，协助或增强胰岛素在体内的作用，提高体内葡萄糖及饲料能量利用率，增加肌肉组织中蛋白质合成，减少脂肪组织合成，具有改善胴体品质的作用。

低剂量镍元素为鸡所必需，镍能改变鼠血浆中胰岛素与糖原的摩尔比，肉鸡饲料中加入适量镍可能会改善肉仔鸡胴体成分。用半纯合低镍日粮补镍后能获得较黄的胴体皮肤。镍对色素沉积的影响可能是由于改变了腹脂的数量而间接发挥作用。

（五）维生素

维生素对改善肉和蛋的品质有一定作用。它是人类和动物共同的营养素，给动物饲喂高剂量维生素已成为市场上“含丰富维生素”肉、禽蛋品的根据。

据报道，肉鸡日粮添加维生素E，组织中α-生育酚含量增加，TBARS减少。为保持肉质稳定，每克肉中维生素E含量必须不少于3 IU。鸡摄食大量的α-生育酚后，其鲜肉或熟肉经保鲜（4 ℃）或冷藏（-20 ℃）后，肉中TBARS含量明显低于摄食少量α-生育酚的鸡肉，生肉中TBARS含量比熟肉低4~10倍。日粮中添加维生素E（300 mg/kg或600 mg/kg）显著降低贮存在4 ℃和-20 ℃条件下的火鸡肉品TBARS。维生素E是一种脂溶性抗氧化剂，对类胡萝卜素有一定的保护作用。维生素E对保护饲料叶黄素、提高胫部皮肤和血清叶黄素含量均有显著作用，合成抗氧化剂、维生素E和微量元素硒具有协调效应，三者结合使用增色效果最好。研究发现，维生素A、维生素E对黄羽肉鸡皮肤色素沉积有显著影响，随维生素E的升高，皮肤的颜色有上升的趋势。随维生素A添加水平的上升，色度的变化为先上升后至维生素E 20 000 IU/kg时又下降，说明维生素A在20 000 IU/kg对色素的沉积起到了抑制作用，但不同水平维生素E对其这种抑制作用的缓解能力不同（表3-22）。

表3-22 日粮维生素A、维生素E水平对90日龄黄羽肉鸡皮肤颜色的影响（罗氏比色扇值）（赵芸君，2002）

	维生素E（IU/kg）				
维生素A（IU/kg）	0	30	60	120	平均值
0	4.30+0.16	4.45 ± 0.26	4.98 ± 0.30	5.21 ± 0.33	4.74 ± 0.47
5 000	4.33 ± 0.20	6.07 ± 0.23	6.55 ± 0.26	6.68 ± 0.31	5.91 ± 1.00
10 000	4.28 ± 0.23	6.01 ± 0.27	6.73 ± 0.26	6.85 ± 0.26	5.97 ± 1.07
20 000	4.18 ± 0.30	4.85 ± 0.24	5.43 ± 0.27	5.95 ± 0.21	5.10 ± 1.03
平均值	4.27 ± 0.18	5.35 ± 0.78	5.92 ± 0.81	6.17 ± 0.73	5.43 ± 0.54
	P_A=0	P_E=0	$P_{A\times E}$=0.003		

在饲料中添加维生素E对肉质的影响，是由于其对磷脂酶A2产生了抑制作用。该酶不仅水解磷脂而引起异味，而且也是造成PSE的部分原因。添加维生素E使禽肉细菌计数显著降低，滋味增加，滴水损失减少。在日粮中添加盐酸吡格列酮（PGZ）和维生素E可显著提高黄羽肉鸡的生长性能，并能改善鸡肉品质，尤其是可以提高肌内脂肪含量（表3-23、表3-24）。

表3-23 日粮中添加PGZ和维生素E对黄羽肉鸡胸肌肉品质的影响（张宗明等，2019）

项目	对照组	PGZ组	维生素E组	PGZ+维生素E组
滴水损失（%）	1.85 ± 0.34	1.58 ± 0.10	1.72 ± 0.17	1.72 ± 0.11

（续表）

项目	对照组	PGZ组	维生素E组	PGZ+维生素E组
蒸煮损失（%）	22.33 ± 0.93	20.90 ± 0.55	20.7 ± 0.34	19.15 ± 1.67
剪切力（N）	25.34 ± 2.48	20.58 ± 2.28	24.48 ± 1.68	24.54 ± 2.32
$pH_{45\ min}$值	5.82 ± 0.06	5.82 ± 0.11	5.75 ± 0.04	5.76 ± 0.03
$pH_{24\ h}$值	5.81 ± 0.03	5.79 ± 0.01	5.77 ± 0.04	5.78 ± 0.02
肉色L^*值	55.86 ± 0.80	56.27 ± 1.94	60.87 ± 2.93	57.02 ± 1.88
肉色a^*值	6.27 ± 0.24	6.85 ± 0.38	6.80 ± 0.63	7.46 ± 0.57
肉色b^*值	7.52 ± 0.23	7.96 ± 0.32	7.92 ± 0.46	8.12 ± 0.46

表3-24　日粮添加PGZ和维生素E对黄羽肉鸡腿肌肉品质的影响（张宗明等，2019）

项目	对照组	PGZ组	维生素E组	PGZ+维生素E组
滴水损失（%）	1.39 ± 0.13^a	1.28 ± 0.33^{ab}	1.19 ± 0.33^b	1.25 ± 0.81^{ab}
蒸煮损失（%）	29.96 ± 1.14^a	25.55 ± 0.95^b	29.86 ± 1.78*	27.86 ± 1.11^{ab}
剪切力（N）	23.39 ± 0.90	20.70 ± 1.59	22.09 ± 1.28	22.21 ± 2.26
$pH_{45\ min}$值	6.01 ± 0.04	6.01 ± 0.10	5.97 ± 0.03	5.90 ± 0.03
$pH_{24\ h}$值	5.95 ± 0.03	5.98 ± 0.03	5.96 ± 0.02	5.92 ± 0.03
肉色L^*值	54.47 ± 1.23	56.59 ± 3.48	53.93 ± 1.42	54.82 ± 1.17
肉色a^*值	9.22 ± 0.30	9.73 ± 0.46	8.96 ± 0.50	9.53 ± 0.34
肉色b^*值	6.29 ± 0.49	6.96 ± 0.39	6.23 ± 0.82	6.10 ± 0.69
IMF	6.99 ± 0.17^b	7.66 ± 0.33^a	7.02 ± 0.27^b	7.89 ± 0.33^a

注：同行数据肩标不同小写字母表示差异显著（$P<0.05$）。

核黄素与维生素E及维生素C协同作用能降低鲜肉及冷藏肉中的TBARS值，显著降低肉品贮藏期间的细菌繁殖，改善肉品风味评分（表3-25）。添加核黄素显著降低肉鸡肌肉颜色的亮值、滴水损失及剪切力，改善肌肉品质。添加核黄素可以显著降低肉仔鸡皮下脂肪厚度。与对照组相比，添加核黄素可以降低肌肉总脂、肝脂和肌肉中硫代巴比妥酸反应物含量（表3-26）。

表3-25　添加维生素E对禽肉质量的影响（Mckninght等，1996）

维生素E（IU/kg）	滴水损失（%）	胸肌细菌计数	滋味评分
100	1.03	2.19	3.09

（续表）

维生素E（IU/kg）	滴水损失（%）	胸肌细菌计数	滋味评分
200	0.98	1.44	2.11
300	0.86	1.13	1.54

注：滋味评分，1表示很好，5表示很差。

表3-26　核黄素水平对热应激条件下56日龄肉仔鸡胴体脂肪含量及肌肉氧化稳定性的影响（王丹丽，2002）

核黄素（mg/kg）	腹脂率（%）	皮下脂肪（mm）	肌间脂肪（mm）	肌肉总脂（%，干物质）	肝脂（%，干物质）	肌肉TBARS（mg/kg）
0	2.284 ± 0.169[a]	0.591 ± 0.080[a]	0.575 ± 0.076[a]	33.24 ± 0.89[a]	20.63 ± 0.88[a]	0.224 ± 0.029[ab]
1.6	2.094 ± 0.162[a]	0.540 ± 0.013[ab]	0.563 ± 0.025[a]	33.44 ± 0.38[a]	18.11 ± 0.61[ab]	0.169 ± 0.010[ab]
5.2	2.077 ± 0.165[a]	0.530 ± 0.048[ab]	0.586 ± 0.067[a]	31.99 ± 1.08[ab]	18.07 ± 0.92[ab]	0.126 ± 0.024[b]
12.4	2.489 ± 0.140[a]	0.563 ± 0.086[ab]	0.613 ± 0.075[a]	31.99 ± 0.53[ab]	18.21 ± 0.66[ab]	0.124 ± 0.002[b]
23	2.154 ± 0.258[a]	0.490 ± 0.068[b]	0.517 ± 0.029[a]	31.94 ± 0.78[ab]	16.59 ± 1.20[b]	0.119 ± 0.017[b]
48	2.303 ± 0.144[a]	0.488 ± 0.075[b]	0.583 ± 0.075[a]	29.35 ± 1.47[b]	16.33 ± 1.10[b]	0.101 ± 0.016[b]

注：同列数据肩标完全不同小写字母表示差异显著（$P<0.05$）。

硫胺素是动物必需的一种维生素，同时硫胺素也是一种含硫和含氮的双环化合物，受热降解可产生多种含硫和含氮挥发性香味物质。日粮中添加硫胺素对肌肉IMP、IMF等指标有一定影响（表3-27）。

表3-27　日粮添加硫胺素对北京油鸡胸肌肉质及相关成分含量的影响（王述柏，2004）

添加量（mg/kg）	IMP（mmol/100 g肉）	IMF（%，鲜肉）	碱性磷酸酶（IU/100 g肉）
0	0.369 ± 0.028	0.55 ± 0.04	17.09 ± 1.39
1.8	0.385 ± 0.022	0.61 ± 0.02	11.60 ± 1.49
9	0.404 ± 0.026	0.64 ± 0.05	7.12 ± 1.13
18	0.418 ± 0.019	0.62 ± 0.03	6.78 ± 1.51

有研究报道，当日粮烟酸水平从0 mg/kg提高到60 mg/kg时，肝脂、肌肉总脂和腹脂率分别下降了35.1%、51.4%和28.0%（表3-28）。

表3-28　烟酸对肝重、肝脂、肌肉总脂和腹脂含量的影响（文杰等，1995）

日粮烟酸添加量（mg/kg）	肝重（%，体重）	肝脂含量（%，干物质基础）	肌肉总脂含量（%，干物质基础）	腹脂率（%，体重）
0	2.50 ± 0.12^{A}	21.81 ± 2.74^{A}	3.89 ± 0.75^{A}	2.18 ± 0.19^{A}
15	2.33 ± 0.19^{A}	17.48 ± 1.58^{B}	3.11 ± 0.27^{B}	1.94 ± 0.28^{AB}
30	2.25 ± 0.11^{A}	16.05 ± 0.37^{B}	2.42 ± 0.21^{BC}	1.74 ± 0.12^{B}
60	2.04 ± 0.10^{A}	14.15 ± 1.46^{B}	1.89 ± 0.16^{C}	1.57 ± 0.11^{B}
120	2.22 ± 0.29^{A}	14.43 ± 2.19^{B}	2.53 ± 0.31^{BC}	1.51 ± 0.12^{B}

注：同一纵列肩标不同字母者表示差异显著（$P<0.05$）。

β-胡萝卜素与维生素E存在着相互作用关系，β-胡萝卜素对肌肉的抗氧化作用需要组织中维生素E的存在。随着日粮中β-胡萝卜素提高，血浆和肝中α-生育酚含量降低，但不影响胸肌和腿肌中的含量。生物素是乙酰辅酶A的成分，在脂肪酸合成过程中发挥重要作用。日粮缺乏时，体脂中不饱和脂肪酸含量明显增加，导致体脂硬度下降，贮藏期缩短。在含有大豆脂肪的肉仔鸡日粮中，添加400 mg/kg生物素不影响腹脂和肝脂重量，但提高了肉仔鸡的生产性能，腹脂中饱和脂肪酸：单不饱和脂肪酸：多不饱和脂肪酸比例显著升高。

（六）其他日粮成分对肉品质的影响

共轭亚油酸（Conjugated linoleic acid，CLA）是亚油酸的系列异构体，CLA作为一种脂肪添加，由于降低了脂肪的合成速度，提高了胴体瘦肉率。CLA使脂肪饱和度提高，降低了细胞壁的氧化酸败，提高了系水力。

在饲料中添加分子质量为3 600 Da的壳聚糖能显著降低粗脂肪代谢率，添加2 374 Da和3 600 Da不同分子质量的壳聚糖均能降低血脂水平，并降低胸肌滴水损失，改善肉品质。分子质量为2 400 Da的壳寡糖可降低肉鸡料重比，提高饲料转化率；分子质量为2 400 Da和3 600 Da的壳寡糖可减少肝脂和皮下脂肪沉积，降低肌肉滴水损失，有改善胴体品质的效应；脂肪吸收代谢率降低和肝组织分解代谢加强是肉鸡胴体脂肪沉积下降的重要原因。

不同类型的油脂对黄羽肉鸡的生长性能和肉品质等有不同的影响。生长前、中期饲用鸡油、后期使用混合油能使岭南黄快速型黄羽肉鸡获得更高的生产性能；饲用鸡油具有更佳的肉品质；饲用豆油具有更高的饲料粗脂肪表观代谢率；饲用豆油和混合油具有改善体脂代谢和肌肉多不饱和脂肪酸沉积的效果。在麻黄肉鸡饲料中添加以百里香酚和香芹酚为主要成分的复合植物精油，显著提高了其生产性能和胴体屠宰率、改善空肠形态和肉品质。

肉碱作为动物体内转运长链脂肪酸到线粒体内膜的酶的辅酶，促进长链脂肪酸的转入及短链和中链脂肪酸的转出，可加速脂肪酸的氧化，减少脂肪酸酯化及甘油三酯的贮集。在18～53日龄肉仔鸡等能不同蛋白水平（18%、20%、22%）饲料条件下添加50 mg/kg肉碱，结果发现，添加肉碱显著提高了肉仔鸡生产性能，降低了53日龄腹脂率和胸肌醚浸出物含量。同时，进一步研究发现采用等蛋白不同能量水平（13.5 MJ/kg、12.8 MJ/kg、12.2 MJ/kg）饲料添加50 mg/kg肉碱，显著提高了胸肌和大腿肌肉含量，降低了腹脂重量和腹脂率，且在高能水平下效果更好。

在肉仔鸡饲料中添加100 mg/kg甜菜碱显著增加肌肉中肌酸、肌苷酸和肌红蛋白含量。也有学者报道得出了类似的结果（表3-29）。研究发现饲料中添加甜菜碱能够降低黄羽肉鸡体脂沉积，增加胸肌中粗脂肪和氨基酸含量，提高胸肌系水力和抗氧化能力，从而改善肌肉品质。

表3-29　日粮中添加甜菜碱对北京油鸡胸肌肉质及相关成分含量的影响（王述柏，2004）

添加量（mg/kg）	IMP（mmol/100 g肉）	IMF（%，鲜肉）	碱性磷酸酶（IU/100 g肉）
0	0.379 ± 0.021	0.57 ± 0.06	16.52 ± 2.07
250	0.402 ± 0.017	0.59 ± 0.03	13.73 ± 1.45
500	0.501 ± 0.018	0.54 ± 0.03	13.92 ± 1.21
1 000	0.539 ± 0.031	0.55 ± 0.05	12.65 ± 1.92

2, 4-二硝基酚是一种动物体内电子传递和ATP合成的解偶联剂，因此有助于降低机体脂肪。研究发现在肉仔鸡日粮中分别添加0 mg/kg、100 mg/kg、200 mg/kg、400 mg/kg 2, 4-二硝基酚，400 mg/kg水平显著降低了腹脂含量。

枯草芽孢杆菌作为一种符合在饲料中添加的益生菌，对禽类的生产具有重要的作用，能产生多种酶类物质，具有调节肠道微生态的平衡和提高免疫力等作用。在黄羽肉鸡日粮中添加枯草芽孢杆菌发酵棉粕，显著提高屠宰率、半净膛率、全净膛率、腿肌率以及胸肌率，并在一定程度上改善了肌肉品质。凝结芽孢杆菌能显著提高黄羽肉鸡的日增重，同时可提高全净膛率、胸肌率、腿肌率比例、肌肉蛋白含量和脂肪含量，对熟肉率有一定改善作用，并且在降低肠道内的有害菌，增强小肠的吸收功能等方面有很好的促进作用。

鼠李糖脂可作为抗生素替代品添加于肉鸡饲料中，提高肉鸡腿肌重，改善腿肌肉品质，增加粗脂肪含量和抗氧化能力。厚朴总酚作为一种酚类混合物具有抗菌、抗腹泻、抗氧化和消炎等一系列功能特点，还具有良好的安全性和稳定性。有研究报道，厚朴总酚可显著提高黄羽肉鸡后期的平均日采食量，提高胸肌pH值，降低胸肌的失水率和滴水损失，说明厚朴总酚对黄羽肉鸡后期生长性能提高和肉品质改善具有促进作用。在黄羽肉鸡的日粮中添加一定水平的植物多酚可以增加肉鸡肌肉的抗氧化性能，并能改善肉鸡的肠道形态和肉品质，饲料中植物多酚的添加量以1 000 mg/kg为宜。在黄羽肉鸡的饲料中添加杆菌肽锌和葫芦巴提取物均能改善肉鸡胸肌肉色，提高肌肉肌苷酸含量，提高抗氧化性能，从而改善鸡肉风味，提升肉品质，增强抗应激能力。山楂叶总黄酮作为一种饲料添加剂在提高家禽日增重和饲料转化效率、改善肉品质等方面也具有显著的效果，能很好地替代抗生素使用。黄羽肉鸡的日粮中添加一定水平的枸杞可以显著提高肉鸡总增重、肌肉24 h后pH值和嫩度，还可显著提高肌肉中天门冬氨酸、谷氨酸、丝氨酸、精氨酸、丙氨酸、苯丙氨酸、肉豆蔻油酸、棕榈酸、棕榈油酸、油酸和亚油酸的含量，提高生产性能的同时，改善肉品质。日粮中添加枸杞渣和甘草混合添加剂，不仅改善了黄羽肉鸡的鸡肉品质，而且在生产性能及肌肉抗氧化性能方面均可获得与添加金霉素同样的效果。

添加中草药饲料添加剂有助于提高黄羽肉鸡的成活率，显著提高鸡肉质量，且料肉比下降。在饲料添加黄芩素，提高了湘黄肉鸡的生长性能、免疫功能、血脂状态、抗氧化能力和肉品质。在日粮中添加0.30%复方超微粉和添加0.3%复方超微粉+0.8%板蓝根复方可显著提高黄羽肉鸡的生产性能、屠宰性能和肉品质，且经济效益较好，适合在肉鸡生产中推广应用。荷叶提取物作为中草药饲料添加剂也常被用于黄羽肉鸡的生产中，可提高生长性能和屠宰性能，降低饲料成本和改善胴体品质，荷叶提取物对黄羽肉鸡胸肌肉品质的影响见表3-30。

表3-30　荷叶提取物（LIE）对黄羽肉鸡胸肌肉品质的影响（陈俊鹏，2010）

项目	性别	对照组	0.1%LIE	0.2%LIE
$pH_{45\,min}$值	公	5.90 ± 0.15^{B}	6.06 ± 0.25^{A}	5.83 ± 0.19^{B}
	母	5.86 ± 0.22	5.96 ± 0.33	6.00 ± 0.22
$pH_{24\,h}$值	公	5.75 ± 0.16	5.79 ± 0.11	5.75 ± 0.12
	母	5.67 ± 0.10	5.67 ± 0.07	5.65 ± 0.10
滴水损失率（%）	公	4.41 ± 2.11	4.28 ± 1.64	4.64 ± 2.00
	母	4.65 ± 2.06	4.00 ± 1.54	4.19 ± 1.18
肉色L^*值	公	59.09 ± 2.21	57.13 ± 3.11	57.99 ± 3.42
	母	60.77 ± 3.01	60.49 ± 3.27	60.07 ± 2.97

（续表）

项目	性别	对照组	0.1%LIE	0.2%LIE
肉色a^*值	公	13.26 ± 1.46	13.64 ± 1.01	13.15 ± 1.84
	母	10.45 ± 1.37	10.47 ± 1.84	9.90 ± 1.12
肉色b^*值	公	16.57 ± 2.29	15.95 ± 2.83	17.17 ± 2.29
	母	15.85 ± 2.66^b	18.65 ± 2.30^a	18.51 ± 2.79^a

注：同行间数据肩标有不同小写字母表示差异显著（$P<0.05$），有不同大写字母表示差异极显著（$P<0.01$）。无字母或相同字母表示差异不显著（$P>0.05$）。

大蒜粉是一种多功能天然饲料添加剂，在畜禽生产应用中能增加采食量，促进生长，提高畜禽产品质量。研究表明，大蒜粉能够作为抗生素替代品添加到日粮中以提高肉鸡屠宰性能、肌肉品质和抗氧化功能，改善蛋白质沉积。日粮中添加壳寡糖在热应激下维持黄羽肉鸡的生长性能、肝功能和肉品质，肉品质的改善是因为热应激条件下壳寡糖的添加能够降低肌肉糖酵解代谢和改善肌肉氧化状态。谷氨酰胺、吡啶甲酸铬、维生素C、甜菜碱和牛磺酸这些功能性营养素能够降低黄羽肉鸡的应激反应程度。日粮中补充盐酸吡格列酮和L-肌肽能够提高黄羽肉鸡的生长性能、抗氧化能力、肌内脂肪含量和货架期，二者具有协同效应。

二、日粮营养水平对肉品质的影响

饲喂水平，即对动物的养分供给量，可影响胴体的组成，因为饲喂水平直接影响生长速率及体内蛋白质和脂肪的比例。肌肉的快速沉积是影响肉品质的重要的原因。快速生长（也即自由采食）有助于产生较嫩的鸡肉。有关饲喂水平的效应尚不清楚，可能与组成饲料的原料的质量和种类有关，而与饲养水平本身无关。

（一）阶段饲养

畜禽在不同的生长发育阶段对蛋白和能量等营养物质的利用有很大的差别，根据不同阶段的代谢特点配制合适的能量、蛋白水平的日粮，既能充分发挥机体瘦肉生长潜力，提高日增重及瘦肉率，又能有效地降低饲料成本。蛋白能量的水平除了影响瘦肉率外，还因影响肌间脂肪及肌肉脂肪含量而对肌肉的口味产生影响。

美国NRC（美国国家科学研究委员会）将肉仔鸡全期日粮划分为0～3周龄、3～6周龄和6～7周龄3个阶段，如将其改变为0～2周龄、2～5周龄和5～7周龄三阶段，虽然对活鸡的生产性能影响不大，但导致胴体肥度提高和胸肉产量下降，见表3-31。

表3-31　缩短前期饲养期对雄性肉仔鸡的影响（Moran，1996）

组别	活鸡或加工胴体				
	活重（g）	饲料/收益（F/G）	胴体（%）	腹脂（g）	美国胴体A级（%）
饲养方式	NS	*	***	***	NS
NRC	3 192	1.87	67.5	40	35.1
前期缩短	3 138	1.89	66.3	45	37.7
组别	分割胴体产量（g）				
	翅	小腿肉	胸大肌	胸小肌	大腿肉
饲养方式	NS	NS	**	*	NS
NRC	244	298	466	107	335
前期缩短	241	297	450	103	325

注：NS表示差异不显著（$P>0.05$）；*表示$P<0.05$；**表示$P<0.01$；***表示$P<0.001$。

（二）能量水平及能量蛋白比

家禽能量摄入过多，超过消耗量，则以脂肪的形式在体内蓄积。提高饲料能量水平就会提高胴体脂肪和腹脂含量。给黄羽肉鸡饲喂能量浓度不同的两种饲料（3 150 kcalME/kg和2 940 kcalME/kg）[①]，能量低的饲料使肌肉的嫩度增高，而风味则有所降低。一些研究还发现体内脂肪蓄积的增加或减少不仅与能量水平有关，还与能量蛋白比有关，维持蛋白水平不变降低能量水平可降低脂肪沉积，并认为其原因是提高了脂肪合成和脂肪合成酶、乙酰辅酶A羧化活性。蛋白、能量水平皆增加，则体蛋白和体脂肪皆提高，但体脂肪的蓄积变化大于体蛋白。雌性肉仔鸡比雄性肉仔鸡需要较少的蛋白质，因此需要的适宜能量蛋白比高。饲料蛋白质水平低于20%时（E：P为160）[②]就会引起雄性肉仔鸡生产性能下降和胴体脂肪含量提高，而雌性肉仔鸡直到蛋白质水平降到16%以下时（E：P为200）才会有此反应。

据报道，能量对公、母鸡肌肉肌苷酸含量的影响较一致，随着能量水平的降低，公、母鸡的肌肉肌苷酸含量有升高的趋势，与高能组相比，低能组公、母鸡肌肉肌苷酸含量（2.01 mg/g、1.93 mg/g）分别升高了35%、27%；粗蛋白质水平对公、母鸡肌苷酸含量的影响不一样，随着粗蛋白质水平的增加，公鸡肌肉肌苷酸含量相应增加，而母鸡肌肉肌苷酸有下降趋势。日粮营养水平对母鸡肌肉肌苷酸含量影响大于公鸡，不过，在较低的营养

① 1 kcal约为4.19 kJ，全书同。
② E：P表示能量蛋白比。

水平时，肌肉的肌苷酸含量相应较高。公鸡的肌苷酸含量高于母鸡。与配合饲料饲养相比，农家饲养的鸡的肌肉肌苷酸含量低于配合饲料饲养的和田鸡。

通过研究不同日粮能量蛋白水平对京海黄鸡的肉品质的影响，发现除肉色、系水力外，对水分、pH值、粗蛋白质、粗脂肪、粗灰分和剪切力等均无显著影响。不论公母，肌肉中肌苷酸含量在各试验组间差异不显著，不同的日粮蛋白能量水平对京海黄鸡公鸡胸肌中的硫胺素含量有显著影响，而对肌肉中胆固醇含量无显著影响。中等营养水平和变程光照及间歇光照程序对中速型黄羽肉鸡肉品质有较好影响。饲养密度对肉仔鸡胴体品质和肉品质影响较小，但不同能量水平饲料可造成脂肪酸在体内沉积的差异，胸肌中多不饱和脂肪酸、必需脂肪酸含量随饲料能量水平提高而显著增加。高能量高蛋白水平并不利于肉品的保鲜和蛋白质在体内的沉积，中能量中蛋白水平时肌肉蛋白含量最高，肌肉脂肪含量随日粮能量水平的升高而升高，肌纤维直径随能量水平的升高而增大。研究比较了笼养方式下3种营养水平（高、中、低）的北京油鸡肉质的差异，结果发现高营养水平下烹煮损失和剪切力值较低，高营养水平下肌纤维密度高，中营养水平下牛磺酸含量、肌苷酸和校正肌苷酸含量高；中低营养水平下天门冬氨酸含量高；中营养水平下谷氨酸高；高营养水平下游离必需氨基酸含量极高，高营养水平总游离氨基酸含量高。

（三）蛋白质及氨基酸水平

近年来，人们为实现低氮排出以减少环境的污染，对低蛋白饲料开展了大量研究和应用，但降低蛋白水平会对胴体品质带来影响。保持日粮能量水平，降低蛋白质水平，可增加肉仔鸡腹脂比例；提高蛋白质水平则降低胴体脂肪含量和腹脂沉积。在等能条件下，逐渐提高肉仔鸡日粮蛋白质两个百分点，腹脂和胴体脂肪显著下降，但对胸腿肌产量没有影响，胸肌、大腿肌和小腿肌蛋白质含量随蛋白质水平提高而增加，脂肪含量则降低。因此，可以通过提高日粮蛋白质水平来控制体脂肪的增加。据报道，在日粮中添加一定水平的硒代蛋氨酸可以改善黄羽肉鸡的肉品质（表3-32）。

表3-32　硒代蛋氨酸不同添加水平对黄羽肉鸡肉品质的影响（许飞利等，2007）

组别	pH值	肌纤维直径（μm）	滴水损失率（%）	丙二醛含量（nmol/mL）
对照组	5.70 ± 0.08^{cf}	65.74 ± 1.96^{a}	1.39 ± 0.15^{a}	7.12 ± 0.15^{a}
0.15 mg/kg	5.89 ± 0.16^{ac}	67.31 ± 0.28^{a}	1.22 ± 0.28^{ab}	6.62 ± 0.18^{ae}
0.30 mg/kg	5.87 ± 0.04^{af}	67.57 ± 0.85^{a}	1.11 ± 0.11^{ac}	6.51 ± 0.18^{ae}
0.45 mg/kg	5.97 ± 0.05^{ab}	65.16 ± 2.29^{a}	0.75 ± 0.17^{c}	5.96 ± 0.40^{ae}
0.60 mg/kg	6.09 ± 008^{a}	66.96 ± 1.42^{a}	0.67 ± 0.09^{c}	5.51 ± 0.54^{de}

注：同列肩标相同字母表示差异不显著（$P>0.05$），肩标不同字母表示差异显著（$P<0.05$）。

低蛋白质饲料添加合成氨基酸是改善饲喂效果的重要措施，饲料中氨基酸组成不平衡会造成仔鸡采食过多的饲料和能量，造成脂肪沉积。低蛋白条件下，添加限制性氨基酸有利于减少脂肪沉积，氨基酸平衡的饲料若添加过多氨基酸也会造成胴体脂肪沉积降低。在含硫氨基酸缺乏的日粮中添加蛋氨酸+胱氨酸或添加蛋氨酸能显著提高肉仔鸡屠宰率和胸肌产量，降低腹脂含量。在赖氨酸缺乏日粮中，随着赖氨酸的添加，胴体脂肪含量下降，高能量和高赖氨酸水平下可获得最大的蛋白质沉积，低能量和正常赖氨酸水平下则可获得最低的脂肪沉积。

在等能条件下将肉仔鸡饲料中粗蛋白质水平从20%降到16%，添加0.2%缬氨酸可降低因低蛋白带来的腹脂增加，而单独添加0.2%异亮氨酸则提高腹脂含量。也有报道，在导致较高腹脂沉积的肉仔鸡低蛋白饲料中，添加谷氨酸降低了腹脂率。

第五节　饲喂制度对肉品质的影响

优质鸡的生产一般采用生长速度较慢的肉鸡品种（系）。饲养生长缓慢的肉鸡应注意不能使鸡的体重增加过快，避免脂肪增多和控制摄食量。早期生长过快会影响饲料转化效率，而后期生长过快（早期生长缓慢的补偿）则有助于积累脂肪。研究表明，后期近乎于慢速的均匀生长是最适宜的。

限饲有可能造成低脂胴体，基于此，人们开展了早期限饲的大量研究，但这些研究在限饲对育肥后期胴体成分影响上得出了不同的结果。一些研究认为限饲并不降低肉仔鸡后期腹脂含量，而一些研究则认为限饲降低了体脂肪或腹脂含量。这些研究间的差异可能是由于限饲方式和年龄的不同造成的。对于易出现PSE肉的猪种，屠宰前限饲时间超过16 h有助于降低PSE肉的发生，主要是由于屠宰前限饲能够降低骨骼肌肌纤维中肌糖原的数量，因为限饲时肌纤维中的糖原会分解供能，其结果是肌肉中的乳酸较少，肉的pH值较高，但限饲不利于防止DFD（黑硬干肉）肉。

饲养方式能影响鸡肉的色泽和纤维。在开放式鸡舍中，分别采用低密度和高密度饲养方式，分群饲养了土种肉鸡和肉仔鸡。分析了不同饲养方式对胸肉、腿肉的色泽与纤维的影响。结果表明，肉仔鸡的体重、腿肉量不受平养、笼养方式的影响，笼养方式饲养的土种肉鸡，体重、腿肉量比肉仔鸡轻，肉色的亮度也低。比较肌纤维面积，平养方式饲养的肉仔鸡和土种肉鸡，ⅡA型肌纤维的面积大，土种肉鸡比肉仔鸡更大。研究结果表明，平养方式饲养肉仔鸡和土种鸡，有益于鸡肉的色泽、肌纤维的形成。通过研究比较同种营养水平（中营养水平）笼养与散养方式下北京油鸡肉质的不同特点，结果发现笼养组鸡肉水分含量显著高于散养组；笼养组烹煮损失和剪切力值极显著低于散养组；笼养组肌纤维密度显著高于散养组；散养组牛磺酸含量极显著高于笼养组；散养组肌苷酸和校正肌苷酸含量显著高于笼养组；散养组天门冬氨酸、谷氨酸含量和游离必需氨基酸含量高于笼养组；综合各项指标显示散养组北京油鸡的肉质优于笼养组。

室外散养能增加黄羽肉公鸡的能量和脂肪代谢率，从而减少腹部脂肪沉积，相对于室内饲养，室外散养对体重、增重、饲料转化率、胴体性状差异不显著。散养可以提高肌肉的蛋白含量和水分含量，使肉色比笼养鸡更深。也有报道表明，饲养方式、饲养日龄和杂交组合均能影响黄羽肉鸡的生长性能、屠宰性能和肉质等性状。肉用性能笼养方式高于散养方式，肉色散养方式比笼养方式更好，总鲜味氨基酸含量散养方式高于笼养方式，呈味核苷酸IMP含量散养方式高于笼养方式，滋味性状味精当量（EUC）150日龄优于120日龄，散养方式优于笼养方式。

研究发现，增加放养天数有利于雄性苏秦黄羽肉鸡的胸肌产量，同时降低大腿肌、腿部、大腿骨和爪部产量以及腿肌的持水能力，且没有证据表明增加自由放养天数会导致生长性能、肉质和淋巴器官的变化。研究还发现自由放养相比于常规笼养对于皖南黄鸡的胸肌和腿肌产量、肉品质和某些血清生化指标具有显著优势，但对生长性能差异不显著。据报道，自由放养天数的增加对皖南黄鸡的胸肌产量、剪切力、胸腺重量和高密度脂蛋白胆固醇含量有显著影响，但对腿肌产量、鸡爪产量、滴水损失、腿肌L^*值、葡萄糖、总蛋白、胆固醇和甘油三酯水平差异不显著。将4周龄的河田鸡分为3组，A组采用传统的喂养方式也就是常规喂养，B组采用自由放养的方式，C组采用放养与笼养结合的方式，屠宰后取胸肌与腿肌进行肉品质测定。研究结果表明，随着饲养周期的延长，鸡肉品质也在不断提高，而且B组肌肉组织的剪切力要高于A组和C组，其中A组肌肉的剪切力最小，这说明自由散养的饲养模式可以提高肉鸡品质。研究还比较了不同饲养方式和饲喂水平对广西黄羽肉鸡肉质的影响，结果表明常规平养和自由放养相比，鸡肉中肌肉肌纤维密度和肌组织面积都显著下降，而放养的各类肌纤维都相对提高，说明自由放养有利于提高鸡肉的品质。

综上所述，不同日粮成分、日粮营养水平、饲喂制度等造成的畜禽饲料营养来源及水平的改变，都可引起肉品质的变化。这些因素不但直接影响肉品质，相互之间还存在着复杂的协同或拮抗关系。因此，科学合理地配制畜禽日粮，既需要掌握常规的饲料特性、营养需要等知识，还要掌握不同饲料因素、不同营养水平等对畜禽肉品质的调控技术，只有这样才能满足现代畜禽生产的优质高效的要求。因此在考虑日粮能量、蛋白质水平时，应使生产效率（生长速度和饲料报酬）和肉品质这两个负相关指标得到最佳统一。

参考文献

陈继兰，2004. 鸡肉肌苷酸和肌内脂肪含量遗传规律及相关候选基因的研究[D]. 北京：中国农业大学.

陈继兰，文杰，王述柏，等，2005. 鸡肉肌苷酸和肌内脂肪沉积规律研究[J]. 畜牧兽医学报（8）：843-845.

陈俊鹏，王劼，郭福有，等，2010. 日粮中添加荷叶提取物对黄羽肉鸡生长性质和肉品质的影响[J]. 养禽与禽病防治（11）：8-11.

陈鹏，2016. 冷鲜黄羽肉鸡储运过程中品质的变化及货架期预测模型的建立[D]. 南昌：江西农业大学.

崔焕先，2011. 肉鸡肌内脂肪形成的分子调控网络及相关基因研究[D]. 北京：中国农业科学院.

高素敏，2008. 品种、饲养方式对鸡肉中主要营养成分及风味前体物质的影响[D]. 郑州：河南农业大学.

何珍，2019. 不同水平硒代甲硫氨酸羟基类似物对黄羽肉鸡肉品质及硒沉积的影响[D]. 雅安：四川农业大学.

江蕾，2021. 饲用不同类型油脂对肉鸡生产性能、肉品质及脂质代谢的影响[D]. 杭州：浙江大学.

解德道，2021. 菜粕型日粮添加腐殖酸对肉鸡生长性能、肉品质及饲养成本的影响[J]. 中国饲料（16）：13-16.

李爱华，2014. 迷迭香提取物对京海黄鸡肉用性能、肉品质及部分盲肠微生物的影响[D]. 扬州：扬州大学.

李建军，2003. 优质肉鸡风味特性研究[D]. 北京:中国农业科学院畜牧研究所.

刘冰，2005. 不同品种鸡的肌纤维发育规律及其与肉质的关系[D]. 北京：中国农业大学.

刘冰，杨君，杨宁，2006. 不同品种鸡肌纤维的发育规律及杂种优势研究[J]. 畜牧兽医学报，37（8）：829-833.

刘定发，林勇，蒋隽，等，2005. 性别对优质黄羽肉鸡屠体性状和肌肉品质的影响[J]. 中国畜牧兽医（11）：24-26.

沈啸，2021. 不同生长速度肉鸡肌肉品质比较[J]. 中国家禽，43（5）：8-13.

王丹丽，艾杰，2002. 日粮核黄素水平对热应激条件下肉仔鸡生产性能、免疫机能及脂肪代谢的影响[D]. 北京：中国农业科学院.

王芳，任曼，徐茂森，等，2021. 稻壳、大豆皮对肉鸡生产性能、肌肉品质及腺胃肌胃发育的影响[J]. 安徽科技学院学报，35（3）：30-38.

王述柏，2004. 鸡肉肌苷酸沉积规律及营养调控研究[D]. 北京：中国农业科学院.

文杰，王和民，1995. 日粮烟酸水平对肉仔鸡生长及脂肪代谢的影响[J]. 中国农业科学，28（32）：67-72.

许飞利，潘晓亮，马平云，等，2007. 硒代蛋氨酸对黄羽肉鸡肉品质的影响[J]. 今日畜牧兽医（4）：2-3.

杨月欣，2019 .中国食物成分表标准版[M]. 6版. 北京：北京大学医学出版社.

袁华根，2007. 鸡肉汤香味成分鉴定及日龄、性别和酮体部位对鸡肉风味的影响[D]. 南京：南京农业大学.

张涛，2017. 京海黄鸡脂肪沉积关键基因的筛选[D]. 扬州：扬州大学.

张宗明，曾环仁，金成龙，等，2019. 日粮添加盐酸吡格列酮和维生素E对黄羽肉鸡生长性能和肉品质的影响[J]. 饲料工业，40（11）：19-24.

赵芸君，2002. 黄羽肉鸡色素沉积规律及育肥期维生素A、维生素E适宜添加量研究[D]. 乌鲁木齐：新疆农业大学.

郑华，梁颖思，林捷，等，2017. 冷却方式对黄羽肉鸡胴体僵直进程与品质的影响[J]. 现代食品科技，33（6）：228-233.

ALNAHHAS N，BERRI C，CHABAULT M，et al.，2016. Genetic parameters of white striping in relation to body weight，carcass composition，and meat quality traits in two broiler lines divergently selected for the ultimate pH of the pectoralis major muscle[J]. BMC Genetics，17：61.

CHABAULT M，BAÉZA E，GIGAUD V，et al.，2012. Analysis of a slow-growing line reveals wide genetic variability of carcass and meat quality-related traits[J]. BMC Genetics，13：90

CHANG Q，LU Y，LAN R，2020. Chitosan oligosaccharide as an effective feed additive to maintain growth performance，meat quality，muscle glycolytic metabolism，and oxidative status in yellow-feather broilers under heat stress[J]. Poultry Science，99（10）：4824-4831.

CHEN X，MORAN E T J，1994. Response of broilers to omitting dicalcium phosphate from the Wethdrawal feed，live performance，cacass，down grading and further-processing yields[J]. Journal of Applied Poultry Research，3（1）：74-79.

DU Y F，DING Q L，LI Y M，et al.，2017.Identification of differentially expressed genes and pathways for myofiber characteristics in soleus muscles between chicken breeds differing in meat quality[J].Animal Biotechnology，28（2）：83-93.

GOU Z，ABOUELEZZ K，FAN Q，et al.，2020. Physiological effects of transport duration on stress biomarkers and meat quality of medium-growing yellow broiler chickens[J]. Animal，15：100079.

JIANG S，JIANG Z，LIN Y，et al.，2011. Effects of different rearing and feeding methods on meat quality and antioxidative properties in Chinese Yellow male broilers[J]. British Poultry Science，52（3）：352-358.

JIN S，FAN X，YANG Y，et al.，2019. Effects of rearing systems on growth performance，carcass yield，meat quality，lymphoid organ indices，and serum biochemistry of Wannan Yellow chickens[J]. Animal Science Journal，90（7）：887-893.

JIN S，YANG L，ZANG H，et al.，2019. Influence of free-range days on growth performance，carcass traits，meat quality，lymphoid organ indices，and blood biochemistry of Wannan Yellow chickens[J]. Poultry Science，98（12）：6602-6610.

JIN Y，CUI H，YUAN X，et al.，2021. Identification of the main aroma compounds in Chinese local chicken high-quality meat[J]. Food Chemistry，359（4）：129930

LE BIHAN-DUVAL E，MIGNON-GRASTEAU S，MILLET N，et al.，1998. Genetic analysis of a selection experiment on increased body weight and breast muscle weight as well as on limited abdominal fat weight[J]. British Poultry Science，39（3）：346-53.

LI P，SUN L，WANG J，et al.，2021. Effects of combined ultrasound and low-temperature short-time heating pretreatment on proteases inactivation and textural quality of meat of yellow-feathered chickens[J]. Food Chemistry，355（3）：129645.

MORAN E T Jr，1996. Broiler feeding regimen and yield in：Proceedings of the Western Canada Nutrition Conference[R] Eelmonton，Canada，5-13.

NADAF J，GILBERT H，PITEL F，et al.，2007. Identification of QTL controlling meat quality traits in an F_2 cross between two chicken lines selected for either low or high growth rate[J]. BMC Genomics，8：155.

NUNYARAT K，SIRIN T，CHAIWAT B，et al.，2015. Breed-related number and size of muscle fibres and their response to carcass quality in chickens[J]. Italian Journal of Animal Science，14：4.

PARK C H，LEE B，OH E，et al.，2020. Combined effects of sous-vide cooking conditions on meat and sensory quality characteristics of chicken breast meat[J]. Poultry Science，99（6）：3286-3291.

PETRACCI M，SIRRI F，MAZZONI M，et al.，2013. Comparison of breast muscle traits and meat quality characteristics in 2 commercial chicken hybrids[J]. Poultry science, 92（9）: 2438-2447.

PETRACCI M, SIRRI F, MAZZONI M, et al., 2013. Comparison of breast muscle traits and meat quality characteristics in 2 commercial chicken hybrids[J]. Poultry Science, 92（9）: 2438-2447.

RUAN D, JIANG S Q, HU Y J, et al., 2017. Effects of corn distillers dried grains with solubles on performance, oxidative status, intestinal immunity and meat quality of Chinese Yellow broilers[J]. Journal of Animal Physiology and Animal Nutrition, 101: 1185-1193.

TANG J Y, HE Z, LIU Y G, et al., 2021. Effect of supplementing hydroxy selenomethionine on meat quality of yellow feather broiler[J]. Poultry Science, 1: 101389.

WANG X Q, CHEN X, TAN H Z, et al., 2013. Nutrient density and slaughter age have differential effects on carcase performance, muscle and meat quality in fast and slow growing broiler genotypes[J]. British Poultry Science, 54（1）: 50-61.

XING S, LIU R, ZHAO G, et al., 2020. RNA-Seq analysis reveals hub genes involved in chicken intramuscular fat and abdominal fat deposition during development[J]. Frontiers in Genetics, 11: 1009.

YAN J, LIU P, XU L, et al., 2018. Effects of exogenous inosine monophosphate on growth performance, flavor compounds, enzyme activity, and gene expression of muscle tissues in chicken[J]. Poultry Science, 97: 1229-1237.

ZHANG F, JIN C, WANG X, et al., 2021. Dietary supplementation with pioglitazone hydrochloride and L-carnosine improves the growth performance, muscle fatty acid profiles and shelf life of yellow-feathered broiler chickens[J]. Animal Nutrition, 7（1）: 168-175.

ZHOU X, WANG Y, 2011. Influence of dietary nano elemental selenium on growth performance, tissue selenium distribution, meat quality, and glutathione peroxidase activity in Guangxi Yellow chicken[J]. Poultry Science, 90（3）: 680-686.

第四章 黄羽肉鸡育种

第一节 黄羽肉鸡品种的市场分类

我国幅员辽阔，各地自然条件、经济文化、生活习惯和社会需求等不同。长期以来对鸡的体型、外貌、羽色等选择，形成了形形色色不同外形、不同生产性能的优良鸡品种。黄羽肉鸡，既包括土生土长的地方品种，也包括导入外血的仿土鸡，涵盖品种较广。与白羽肉鸡相比，黄羽肉鸡生长速度较慢，但是肉质鲜美、鸡味浓郁、香嫩可口，风味和口感通常优于白羽肉鸡，抗病力和耐受力比较强。随着人民生活水平不断提高，人们对于鸡肉的风味、口感、营养等需求也在不断提高，促进了黄羽肉鸡品种不断培育和改良。同时，优质黄羽肉鸡与快大型白羽肉鸡的市场价格逐渐拉开。本节主要介绍国内市场上黄羽肉鸡的品种分类。

一、黄羽肉鸡品种分类

黄羽肉鸡又称优质肉鸡，是除了快大型白羽肉鸡和小型白羽肉鸡以外的有色羽肉鸡的统称，包括我国的地方品种或含有我国地方品种血缘的肉用型鸡，其肉质鲜美、风味独特，但生长速度较慢。市场上的黄羽肉鸡品种根据来源（地方品种、培育品种和引入品种）、生长速度（快、中和慢）、羽色（麻羽、麻黄羽、黄羽、黑羽、花羽）、肤色（黄、白、黑）、胫色（黄、青、白、黑）、胫长（长脚、矮脚）和上市日龄（60 d前、60～90 d、90 d后）等方面的差异有多种分类方法，其中以生长速度和上市日龄结合的分类方法得到了普遍的认可。根据其生长速度分为：快速型、中速型和慢速型。

1. 快速型（生长速度较快、饲料转化率高、胸肌发达的快大黄鸡、快大麻鸡等品种）

市场对快速型黄羽肉鸡的外貌（鸡冠、羽色、胫色等）要求不高，不一定需要具有典型的“三黄”特征，可以为麻羽、黑羽、青色胫、黑色胫等，但要求体型长、胫长而粗，一致性较好，其长速、胸肌和饲料转化率都略次于白羽肉鸡，但肉质风味和抗病力优于白羽肉鸡。由于地方品种生长速度比较慢，一般达不到此类品种要求，多数快速型黄羽肉鸡为培育的品种（配套系）。其产地主要集中在西北、华东、华南、长江中下游等地区；主要市场为上海、江苏、浙江和安徽等省份。品种有皖南青脚鸡、五星黄鸡、皖江黄鸡、岭南黄鸡Ⅱ号、粤禽皇2号等。根据市场需求不同，采用公母混合或分开的地面平养方式饲养，42～63 d出栏上市公、母鸡平均体重达1.6～2.0 kg，料重比为（1.8～2.6）：1。与其他类型相比，快速型黄羽肉鸡具有明显大规模屠宰优势，产业链相对容易拉长。近年来由于活鸡集中销售的疫病传播风险越来越大，政府倡导交易手段由活禽转冷鲜的形势下，快速型黄羽肉鸡的市场有扩大趋势。

2. 中速型（生长速度稍慢，羽色和肉质较好的广西三黄鸡、麻黄鸡、竹丝鸡、青脚麻鸡、乌皮麻鸡等品种）

市场对其体形外貌和口味要求较高：鸡只的“三黄”特征明显，毛色光亮，冠红而大，体型滚圆，胫长适中；肉质风味优于快大型黄鸡，生长速度次之。其产地分布较广，主要集中在长江以南的华东、华中、西南、华南等各个地区。一般采用公母分开的地面平养方式饲养，64～91 d出栏上市公母平均体重达到1.5～2.0 kg，料重比为（2.6～3.2）：1。市场上以活鸡销售为主，但由于有些地区对公母喜好不同而导致某个性别占据市场主导优势。

3. 慢速型（生长速度最慢的清远麻鸡、文昌鸡、固始鸡等地方品种）

市场对慢速型品种鸡的体型外貌要求极为严格，一般要求体型为楔形或“U”字形、体态优美、圆润、尾羽较短、胫短而细、早熟性好、冠大红而直立、皮薄而嫩。该类鸡只肉质、风味俱佳，抗病力也好，但饲养成本最高。母鸡在90 d后上市，体重达1.1～1.5 kg。其中又可细分为两大类：一类是92～100 d上市的优质仿土鸡，母鸡体重1.3～1.5 kg；另一类是120 d或更长时间上市的特优质型，以放养为主，母鸡体重1.1～1.3 kg，此时个别鸡已经开始产蛋，肉质达到最好，是目前最高档的优质肉鸡。优质型黄羽肉鸡以广西、广东市场为代表，内地中高档宾馆饭店、高收入人群也有需求，这种类型的鸡一般未经杂交改良，以各地优良地方鸡种为主。

这3种类型的黄羽肉鸡面对不同的消费市场和人群，销售价格以快大型最低，中速型次之，慢速型最高。近年来，随着人们生活水平的提高，在饮食上更加注重口味与口感，这三种肉鸡所占市场份额也在发生着变化，快大型黄羽肉鸡由主导地位逐渐退居次要地位，中速型黄羽肉鸡市场占有率逐渐上升至主导地位，优质型仿土鸡发展势头很猛，已占相当的市场份额，预计将是今后市场消费的新增长点。

二、肉鸡商业品种及配套系

传统的饮食习惯促使黄羽肉鸡品种被不断培育和改良，新品种不断涌现。为指导和规范遗传资源的研究、选育等工作，新品种（配套系）需通过国家畜禽遗传资源委员会的审（鉴）定才能进行推广。市场上黄羽肉鸡的品种相对较多，通过国家畜禽品种审定的黄羽肉鸡品种（配套系）已有60多个，这些品种（配套系）是我国各地具有较高技术水平和科研实力的高校、科研院所或大型育种企业培育而成，涵盖了多种外貌特征及生长速度，能够满足大部分市场的需求。除此之外，市场上还存在一些未通过国家畜禽品种审定的品种或配套系，也具有一定的市场份额，此处不再详列。

三、我国黄羽肉鸡行业特点

1. 品种资源丰富

黄羽肉鸡广泛分布在我国大部分地区，由于各地区对保种的重视程度和开发力度不同导致地区发展不均衡，大部分优良品种资源得以保存下来并得到了产业化开发，市场前景较好。还有一些优良的地方鸡种没有被重视，至今已经灭绝或濒临灭绝，并被列入国家级重点保护品种名录，例如九斤黄鸡、大骨鸡、鲁西斗鸡、漳州斗鸡、白耳黄鸡和仙居鸡等。近年来，随着黄羽肉鸡消费市场的不断扩大，育种企业和科研人员根据市场需要，结合当地品种资源特点，经过多年的不懈努力，成功培育了一些配套品系。

2. 区域市场分布明显

由于各地品种资源不同，再加上饮食习惯和消费方式的差别，黄羽肉鸡区域市场差别较大，为了适应市场的不同需求，我国育种企业开发出了各具特色的配套品种，例如两广地区的主导品种是优质土鸡，海南是文昌鸡，重庆、四川是中速型青脚麻鸡和乌皮麻鸡，福建、江苏、浙江、安徽的主导品种是快大型青脚麻鸡。

3. 饲养总量不断增加

相对于快大型白羽肉鸡，黄羽肉鸡一向深受我国市场欢迎。黄羽肉鸡是由我国优良的地方品种杂交培育而成的优良肉鸡品类，广东和广西地区黄羽肉鸡发展比较早。随着人民生活水平的提高和营养膳食结构的改善，黄羽肉鸡的需求不断增加，主要消费群体从高档餐饮业发展为家庭消费，而黄羽肉鸡肉质好、味道鲜美等特点符合民众高消费的需求，以往大家逢年过节用以改善生活和招待客人的优质肉鸡，现在随处可见，增加了市场对黄羽肉鸡的需求。

4. 传统消费习惯仍占市场主导

我国不同地区对黄羽肉鸡的消费习惯不同，如广东地区以煲鸡汤为主，港澳地区主要是以消费三黄鸡为主，而且是接近性成熟的小母鸡，当地称为“项鸡”，具有典型的"三黄"外形特征，冠红而大，毛色光亮，海南地区以文昌鸡为主。黄羽肉鸡本地区销售的多，跨区域销售的少，精细深加工产品更少。由于黄羽肉鸡的大众化资源开发滞后于现代消费需求，未能开发出与现代消费接轨的富有特色的系列商品，因此仍以传统消费为主，与快大型白羽肉鸡的快餐市场和即食市场相比，黄羽肉鸡消费市场发展显得相对滞后。

四、黄羽肉鸡市场发展趋势

1. 黄羽肉鸡市场多元化

我国人民素有喜食三黄鸡的习惯，随着生活水平的不断提高，经济水平、地理位置和生活习俗的不同对黄羽肉鸡的要求不同。这种对黄羽肉鸡要求的差异，形成了多元化的黄羽肉鸡市场。包括羽色多元化、体重多元化、品牌品位多元化（高、中、低三档）、上市日龄多元化、销售方式多元化、加工品牌多元化等，从而满足了不同消费者对黄羽肉鸡的需求。所以要培育一个适应各地市场的品种需求不太可能。其中，以快大型黄羽肉鸡为主导的华北和华东市场，对生长速度要求较高，要求49日龄公母平均上市体重达1.3～1.5 kg。由于受消费习惯的影响，所以要求黄羽肉鸡公母混合饲养的出栏体重差别不能太大。而广西和广东部分市场以优质型黄羽肉鸡为主，要求母鸡在90～120日龄体重达1.1～1.5 kg，胫短、早熟性好，一般以未经杂交改良的地方鸡种为主。

2. 规范活禽销售市场，积极倡导食用冰鲜禽肉

禽肉的流通和其他农副产品一样，是十分活跃的。从禽场销售到批发商，从批发商销售到零售商，从零售商到消费者等各个流通环节多以活禽形式销售。活禽运输是禽肉运输的主要形式。活禽市场在禽流感的发生和传播中发挥着病毒汇集、增殖、杂交、变异、贮存和传播的作用，严重威胁着我国养禽业健康持续发展和公共卫生安全，与我国禽流感防控和养禽业转型升级方向相悖。尤其是2014年和2017年H7N9禽流感陆续暴发后，政府对活禽交易市场的管理趋严，严格控制活禽交易市场数量，倡导冰鲜禽肉销售。冰鲜禽肉不仅可以使各类流感病毒在活禽市场中增殖、杂交和扩散的风险变为零，而且民众也可以通过更安全的途径消费新鲜美味的禽肉。随着日益普及的电子商务的发展，在全国范围内冰鲜禽肉取代传统的活禽市场成为可能。

3. 生产消费区域性特征明显，市场向华中方向等区域加速延伸

广东和广西是我国黄羽肉鸡生产排名第一、第二的主产省（区），也是主要的消费地区；其次，江苏、浙江、安徽也有较大的生产和消费市场；我国北方区域由于消费习惯等原因，黄羽肉鸡消费量相对较少，消费习惯有待进一步引导。

近年来，黄羽肉鸡市场向长江中上游等华中方向延伸的速度持续加快。湖北、湖南、四川等地黄羽肉鸡的生产能力和消费水平不断提高，黄羽肉鸡消费市场逐渐成熟。

同时，两广以外的黄羽肉鸡生产企业持续推进自主品种的开发选育工作，另外，部分黄羽肉鸡养殖龙头企业开始在北方市场尝试进行市场拓展，如温氏股份已经在山东、河南等地设立子公司，并开发了适应北方市场养殖环境及消费习惯的黄羽肉鸡品种，积极引导部分北方省份消费者的消费习惯。

4. 国内肉鸡产业发展潜力巨大

随着经济快速发展和居民收入持续增加，国内居民肉类消费将随居民收入水平同步快速增长。鸡肉作为国内主要的肉类消费品之一，其消费量将随着国家经济增长、居民收入及消费提高、肉类消费需求的提升保持长期、稳定的增长态势。国内居民收入水平的日益提升在改善居民生活质量、提高居民生活水平的同时，也逐步影响着包括饮食理念在内的居民生活理念。在满足基本能量摄取的同时，美味、健康成为居民对食物的更高需求。尤其是健康因素，日益成为居民在选择食物时考虑的重点因素。黄羽肉鸡历来是我国居民公认的滋补、美味肉类，相对于猪肉、牛肉等红肉食品，其具有高蛋白、低脂肪、低热量的特点。随着居民健康饮食理念的深化，鸡肉作为主流健康型肉类消费品之一，市场份额仍将进一步提升。

第二节　黄羽肉鸡主要经济性状的选种方法

一、黄羽肉鸡主要经济性状的选育目标

黄羽肉鸡按照生长性分为3个类型，优质型、中速型和快速型，其中中速型发展最早，其选育程度相对较高，生长性能较稳定，群体的均匀度也可以达到生产的基本要求。肉质、繁殖性能、生长速度、饲料转化率和屠体性状是主要的经济性状，这些经济性状的选育又可以大致分为以下方面。

1. 质量性状的选育

对经济性状的选择一般根据个体表型值选择（遗传力高的性状）或家系均值选择（遗传力低的性状）。在优质黄羽肉鸡中还需对一些质量性状进行选择，对这类性状的处理主要是根据个体的表现型判断其基因型，而后根据孟德尔遗传学规律进行选择。

鸡的质量性状有：冠型、羽色、羽形、肤色、喙色、胫色、蛋壳颜色、血型、畸形及各种遗传疾病等。鸡质量性状的选择主要包括表型选择和分子标记辅助选择。表型选择是指通过表型对质量性状进行选择，即依据所选性状的表型选留需要的表型而淘汰不需要的表型，从而使群体中的个体在该性状上呈现表型一致且稳定遗传。如果需要保

留的表型受隐性基因控制，则只需保留具有该表型的个体即可获得表型一致且稳定遗传的群体；相反，如果需要淘汰的表型受显性基因控制，则需要通过测交淘汰杂合子才能获得表型一致且稳定遗传的群体。分子标记辅助选择法是指利用分子生物学技术检测致因基因或紧密连锁标记来直接淘汰不需要的基因型，从而获得表型一致且稳定遗传的群体。对于选留的表型受显性基因控制时，分子标记辅助选择法通常优于表型选择法，因为分子标记辅助选择法的选择效率及准确性都较高，但分子标记辅助选择法取决于是否能筛选到相关分子标记。

本节以蛋壳颜色、羽色、羽速、胫色、肤色、冠型和趾数性状为代表阐述质量性状的相关功能基因和分子标记。

蛋壳颜色

鸡的蛋壳颜色主要包括白色、褐色、粉色和绿色等。绿色蛋壳的形成是由于胆绿素和胆绿素的锌螯合物沉积导致的。绿壳蛋是由显性单基因（*Occyan*基因）控制，是由溶质载体有机阴离子转运蛋白家族成员1B3（*SLCO1B3*）基因上游由于逆转录病毒*EAV-HP*序列（一种内源病毒的部分序列）的反向插入而导致该基因在蛋壳腺内的异位表达引起的胆绿素沉积造成的绿壳性状。*SLCO1B3*基因在绿壳蛋鸡的壳腺部表达，而在非绿壳蛋鸡中不表达。微卫星AY493302以及内源性病毒因子*ev1*上的相关位点均可以作为绿壳蛋的分子标记。

羽色

鸡的羽色主要分为白色羽和有色羽两大类。其中有色羽包括黑羽、红羽、黄羽和花羽等。羽毛颜色受到体内黑色素类型和分布的影响。鸡的羽色调控机制较为复杂，既有单基因的调控也受到多基因互作效应的影响。羽色与黑素皮质素受体1（*MC1R*）基因的多态性和表达水平有关。

金银羽色受到Z染色体上一对等位基因控制。银色羽基因S相对于金色羽基因*s*为显性。在育种实践中采用银色羽品系作为母本、金色羽品系作为父本，子代雏鸡可以实现羽色自别雌雄。在本章下文中将有详细介绍。银羽表型与*SLC45A2*基因的变异相关，大多数银羽表型鸡种该基因都存在C9423A位置的碱基突变。

芦花羽色受到Z染色体上的基因控制，芦花基因B对非芦花基因*b*为显性遗传。利用芦花羽色在育种中也可以实现雏鸡的羽色自别雌雄。在本章下文中将会详细阐述。*CDKN2A*基因是芦花羽色的候选基因，该基因的多个变异可以作为芦花羽色的分子标记。

羽速

鸡的羽速受到Z染色体上一对定位基因的控制，慢羽基因*K*对快羽基因*k*为显性。在本章的下文中有对快慢羽用于后代性别鉴定的详细介绍。*K*等位基因是由长度为176324 bp的串联重复序列构成， 其中一个序列的*ev21*插入位点上整合了*ev21*基因，另一个则没有。对*ev21*基因进行检测可以作为区分快慢羽表型的重要手段。插入的串联重复区域导致了包括催乳素受体基因（*PRLR*）和编码精子鞭毛蛋白2 的基因（*SPEF2*）在内的2个基因的部分重复。*PRLR*基因对毛囊激活有抑制作用，是慢羽性状的主要候选基因。*SPEF2* 可能与羽毛生长信号通路有关。

胫色

鸡的胫色与叶黄素和黑色素的水平有关。鸡的胫色主要包括深色胫和浅色胫两类。浅色胫对深色胫为不完全显性遗传，胫色主要受Z染色体上鸡真皮黑色素抑制基因*Id* 的控制，*Id*基因主要控制胫部真皮黑色素的产生。影响胫色的基因定位在Z染色体的*Tyrp-1*基因上。此外胫色也受常染色体上*W* 基因座的影响，*W*基因座主要影响类胡萝卜素与真皮黑色素的交互作用。

肤色

鸡的肤色包括白色、黄色和黑色等。多数鸡种皮肤为黄色或白色，少许鸡种皮肤颜色为黑色。与黄皮肤相关的基因包括*BCDO2*、*BCMO1*、*SCARB1*等影响叶黄素的吸收与沉积的基因；与乌肤相关的基因有*EDN3*、*MC1R*、*TYR*、*MITF*等，上述基因通过α-MSHMC1R-cAMP-TRP通路调控黑色素的形成，其中*MC1R*基因是调控乌肤性状的主效基因，该基因的G867A变异与鸡的肤色显著相关。

冠型

鸡冠冠型是鸡的重要外观性状，包括豆冠、玫瑰冠和双冠等冠型。冠型属豆冠基因P、玫瑰冠基因R以及双冠基因等多对互作基因控制的常染色体显性性状。鸡的冠型与结构变异导致的*SOX5*、*MNR2*及*EOMES*等转录因子的异常表达有关。如*SOX5*基因的第一个内含子上发生的拷贝数变异是形成豌豆冠的主要原因；*HOXC8*基因与凤冠性状显著相关；玫瑰冠由7号染色体上的一个大范围倒置造成的*MNR2*基因的异常表达引起。

趾数

鸡的趾数一般为四趾，同时也存在五趾等多趾变异性状。鸡的多趾性状为显性遗传性状。影响鸡多趾性状的QTL被定位在2号染色体上，其中*Lmbr1*基因的SNP（rs80659072）是引起鸡五趾的关键位点。

2. 数量性状的选育

由于经过多年的选择，家禽的遗传进展已经呈现变慢的趋势，用我们一直所采用的常规育种方法很难取得突破性进展。其主要原因是以数量性状遗传学为理论基础的常规育种方法对性状的选择并不总是有效的，尤其是那些低遗传力性状。家禽的大多数经济性状都属于数量性状，这些基因具有相同或相关效应。在有限的基因群内，每一基因占据一定染色体区域，成为数量性状位点。数量性状包括生长、抗病力、肉品质、风味等多种性状。本节以肌内脂肪和抗病力为代表阐述数量性状的选育。

肌内脂肪性状的选育

肉质是优质鸡最重要的经济性状，影响因素很多，包括肌间脂肪含量、肌肉剪切力、肌纤维大小等，因此对肉质性状的选育可以从以下方面优化。例如黄羽肉鸡的胸腿肌率并不是越高越好，适度的胸肌和腿肌发达程度在选种中应该很好地把握。胸腿肌的选育要根据品种特点选择适合的日龄，需要不断实践、掌握经验才能做好。肌肉的硬度是衡量腿肌的基本评价标准。肌内脂肪含量是影响黄羽肉鸡肉品质的重要指标。随着生活条件的改善和经济的快速增长，消费者对优质鸡的需求越来越大。肌内脂肪（IMF）含量是与肉质和质地有关的一个重要性状。因此IMF的含量是影响消费者可接受性的一个重要因素。IMF的更多增加会导致较低的剪切力。IMF的增加往往伴随着腹脂的增加，然而过多的腹脂作为副产品，会增加饲料成本降低生产效率，同时又会影响消费者健康。IMF和腹脂存在高度的遗传相关。腹脂具有较高的遗传力（0.6～0.8），而IMF在中国本地鸡种中的遗传力仅为0.12左右。如何在选育IMF的同时控制腹脂的含量是研究的重点。中国农业科学院北京畜牧兽医研究所以IMF和腹脂作为选择指标进行选育，建立两个选择系，分别是只选择肌内脂肪的IMF上选系和同时考虑IMF和腹脂的平衡选择系。对G0～G5世代选育数据进行分析，IMF上选系肌内脂肪由2.89%增加到3.45%，提升了19.38%，腹脂率由3.31%提升到3.93%，提升了18.7%；平衡选择系IMF由2.89%升到了3.22%，增加了11.4%，腹脂率由3.31%降低到3.26%，降低了1.5%。上述结果表明IMF的选择可以实现不增加腹脂的基础上进行选育提高。

抗病性状的选育

抗病育种是动物育种的重要课题。在家禽选育中，家禽体重增长的选择与特殊免疫反应和疾病抵抗力的逐渐递减相关，且较强免疫反应家系的选育导致了体重的降低。在家禽饲养期内，个体难免会暴露于很多病原生物中，家禽的遗传抵抗力可以通过对特定疾病或逆境的反应或某些如绵羊红细胞（SRBC）等非致病性抗体的免疫反应的选择得到提高。不同品种或同一品种不同品系对某一疾病或逆境的抵抗力是不同的，通过选择可以改进这一性状。广西大学选育出的抗马立克氏病的霞烟鸡品系，不仅其后代能抵抗马立克氏病，而且此品系的公鸡与其他鸡种杂交，其后代对马立克氏病也有抵抗力，这充分说明抗病育种是大有可为的。

SRBC抗体滴度作为抗病育种研究中的一个免疫性状，代表了机体产生抗体总量的能力。但是，较高的SRBC抗体滴度并不是对所有的疾病都有较好的抵抗力，还与很多因素有关。目前，国内外对于SRBC的研究多集中于品系内不同个体间差异的比较，而对于品种间比较较少。对SRBC双向选择系攻毒试验表明，高SRBC群体对新城疫、支原体等抗性较强。该研究结果表明，对SRBC的持续选育会降低鸡群对传染性疾病感染的风险。研究中发现，通过SRBC的世代选育，鸡体内的IgM水平也会出现高低分化，并且雌雄个体之间存在差异，对SRBC具有高抗体反应的个体也显示了对某些疾病，如马立克和新城疫病毒以及沙门氏菌高的抵抗力。对SRBC抗体反应进行世代选育发现体重与SRBC抗体滴度呈负相关。而且，对新城疫病毒抗体反应选择的家系，也显示了体重和其抗体滴度呈负相关。

禽异嗜性粒细胞是存在于禽血液中的一种颗粒性细胞，类似于哺乳动物的中性粒细胞，是禽类抵御外界微生物病原体入侵的一道重要防线，也是机体非特异性免疫系统中的重要成员和主要调节者。H/L值是异嗜性粒细胞与淋巴细胞的比值，是一个可以直接从细胞水平研究免疫效应的性状。异嗜性粒细胞是禽类急性免疫反应中发挥作用的主要的粒性白细胞，具有较强的吞噬能力以及细胞脱粒、呼吸暴发等功能，以此来抵御多种外界病原微生物的入侵。在早期研究中发现异嗜性粒细胞与淋巴细胞的比值即H/L值与禽类体内的糖皮质激素水平和应激能力有关，且H/L值越小，个体抗应激能力越强。经深入研究发现，H/L值与家禽抗病能力呈现负相关的关系。中国农业科学院北京畜牧兽医研究所以H/L值为选择指标进行抗病品系选育，目前已经开展了10个世代的抗病选择系的选育工作，选择系群体H/L值已降低到0.26左右。使用上述抗病选择系，进行了选择系后代抗沙门氏菌感染能力的检测。以抗病系的第8世代分别选择出H/L值高低不同的鸡，以1∶3的公母比例建立半同胞家系，通过肠炎沙门氏菌感染，发现高H/L值组的死亡率（22.9%）高于低H/L值组（16.7%）。另外，以H/L值分组进行了鼠伤寒沙门氏菌分组攻毒试验，分别为选择系F_1代、选择系公鸡对照系母鸡杂交F_1代、对照系F_1代，上述三组攻毒72 h后死亡率分别为10%、17%和20%，组织载菌量也呈递增态势。上述结果表明，亲本H/L值低的群体抗沙门氏菌的能力显著优于亲本H/L值高的群体，即以低H/L值为选育指标选育的群体抗沙门氏菌能力得到显著提升。Al-Murrani等（年代）比较了H/L值不同的2个鸡品系免疫指标，亦发现低H/L值组个体在抗体滴度、细胞吞噬能力等方面都优于高H/L值组个体。以H/L值为主选性状，可选择出先天免疫和后天免疫能力均强的新品系，SRBC抗体滴度、IgM含量、体重等指标均显著性改善，证实H/L值选择能显著性提高机体的免疫能力（图4-1）。

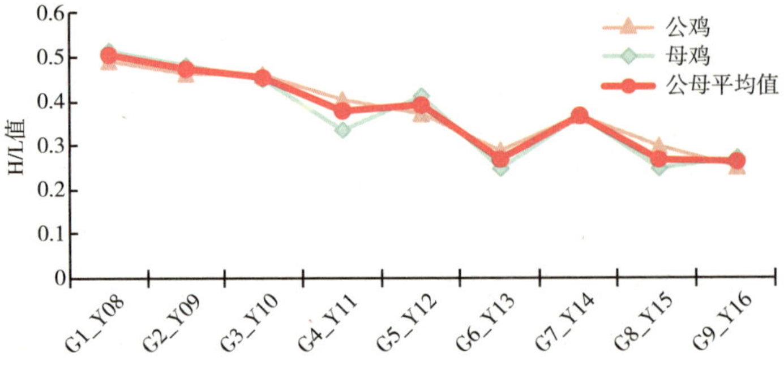

图4-1　H/L值的选育进展（王杰等，2021）

二、黄羽肉鸡育种中存在的主要问题

产业的发展促进了黄羽肉鸡育种技术快速进步，新品系不断出现，品种生产性能大幅提高。但是黄羽肉鸡育种的整体水平还是较差，先进的育种技术还有待实施，育种方向的前瞻性不够，特别是育成的品种引导市场的能力还较差。主要表现在以下方面。

1. 育成的新品种（配套系）多，但应用范围小

我国自主培育的黄羽肉鸡品种大多肉品质优良、环境适应性强，具有较好的养殖效益，极大地丰富了我国肉鸡产品市场，满足了多样化的消费需求。但我国黄羽肉鸡育种企业数量多、规模参差不齐，整体技术力量薄弱，先进育种技术应用不够，育种设施设备相对落后，低水平重复育种现象严重，生产中特征明显、性能优异、市场份额大的核心品种较少。

2. 表型选育为主，数量性状选育未能广泛开展

对育种企业调查发现，企业选种内容以羽毛颜色、生长速度、性成熟和体型等表型选种为主。性状选择对选种时间要求严格，但大部分不能在最佳时间进行选种。数量性状的选种除几个大型企业外，大部分企业存在选种方法不当或没有开展的问题。

3. 育种企业多，投入大，低水平重复现象严重

我国黄羽肉鸡缺乏公认的品牌，由于各地的美食文化对黄鸡的要求各不相同，形成了几乎所有的黄羽肉鸡企业都要开展育种的格局。据初步统计，我国从事黄羽肉鸡的育种企业有100家以上，不包括没有注册的个体养殖场。各个公司为长期发展，进行了育种素材收集，包括地方品种、培育品种和品系，保存素材10个以上的企业达到了15家，保存育种素材总数超过了400个，这些工作无疑增加了育种的投入。

4. 育种基础条件普遍较差

遗传性能的充分表达是关系到选种效果好坏的关键因素。大多育种企业测定鸡舍环境控制和疾病防控条件较差，影响了选种的准确性。

5. 影响育种效果的因素多样

禽类疾病。育种群的健康是我国黄羽肉鸡育种普遍存在且是最严重的问题，在不健康的鸡群下进行育种是劳而无功的工作。影响育种的主要疾病包括白痢疾、白血病、大肠杆菌病、各种慢性呼吸道疾病等。均匀度也是育种过程中经常遇到的问题，其影响因素很多，选择好的素材是选好种的基础。

生长环境。要保证育种舍的环境条件，让种鸡在最好的条件下饲养，遗传潜力充分表达，才能选育到最好的鸡。公司最好的鸡舍一定是育种舍，环境控制的全自动化是未来育种舍的方向。较差的饲养环境条件，测定数据的可靠性差，各种应激、限制饲喂等都会影响选种效果。同时要有好的数据收集技术和条件。

饲养条件。限饲对育种影响非常大，易出现免疫力差、公鸡精液量少质差、公鸡的使用寿命短、母鸡太瘦或太肥等不利效果。解决办法是要根据不同品种特点、生长发育阶段的实际需要，配制合理的饲料配方或设定合理的饲喂量。要改变现行的相互套用、借用配方的办法。种公鸡使用低蛋白配方不科学，应当改进。

测定误差。育种是基于测定数据对个体和群体进行选择，没有准确的测定数据就谈不上育种。但测定误差也是育种中最经常发生的问题。测量方法不正确、测定人员之间的差异、测定条件不合格等都是普遍存在的问题，而体尺测定是最易造成测定误差的项目。体重测定是选种工作的重要一环，从初生重开始一直到淘汰，经历了无数次，费时费力，占用大量精力，直到拐点法的出现。只要测得某个品种或品系的体重找到生长发育的规律，就能减少选种的盲目性，从而更加准确、便捷、省时省力。

品种资源丰富是我国黄羽肉鸡行业的一大优势，但目前的情况是品种众多但分类标准杂乱，对于这些现象，首先要明确各品种的分类信息，根据不同类别制定不同的生产标准，以指导行业有序发展；其次，加强对黄羽肉鸡优势品种的推广。对于国家级审（鉴）定品种以及未审（鉴）定品种，在实际生产和发展中应有所侧重，以凸显优势品种价值。

第三节　黄羽肉鸡遗传评估

一、个体遗传评估

遗传评估指的是评估个体单个或者多个性状的遗传价值的过程。个体育种值是可以稳定遗传的，根据它进行种禽选择可以获得最大的遗传进展，但是育种值不能够直接度量得到，包括育种值在内的各种遗传效应和环境效应共同作用形成个体的表型值。利用统计分析方法，通过表型值和个体间的亲缘关系可实现育种值估计。

二、选择指数法

选择指数法由Lush和Wright（1931）首次应用于植物育种上的，后来Hazel在动物育种中展开了应用，它是通过对个体本身及其各亲属的成绩信息进行适当地加权而来的一个指数，习惯上称为估计育种值（Estimated breeding value，EBV）。

一般选择指数法假设：不存在影响观测值的系统环境效应或者这些效应是已知的，从而对观测值进行校正而得到的估计育种值（$\hat{A}$）具有如下性质：一是真实育种值A的无偏估计值，即$E=(A-\hat{A})=0$；二是估计误差（$A-\hat{A}$）的方差最小，这意味着以估计值与正值的相关系数来度量估计值的精确性最大；三是若将群体中所有个体按（$\hat{A}$）排序，则此序列与按真实育种值排序所得序列相吻合的概率最大。然而，这个基本假设几乎在所有情况下都是不可能成立的，在不同群体或不同世代之间总是会存在着一些遗传上的差异。当这种差异也被随之校正时，就使得估计出来的育种值不再是无偏估计值。因此，选择指数法并非理想的遗传评定方法。

三、BLUP法

Henderson于1948年提出了最佳线性无偏预测（Best linear unbiased prediction，BLUP）法，当时由于计算机技术还不够完善，这个方法并未应用于育种实践中。直至1972年，Henderson系统介绍了BLUP的原理："BLUP法的重要特征是将选择指数法和最小二乘估计方法有机地结合起来，所用的混合线性模型能够在同一个方程组中既能估计固定的环境效应和固定的遗传效应，又能预测随机的遗传效应，从本质上弥补了选择指数法的不足。"

BLUP法是一个非常灵活的线性模型分析方法，它有广泛的适应性，适于解决动物育种中各种情况的育种值估计。因此它具有很高的实用价值，尤其在群体规模很大、群体结构复杂、获得的数据不均衡的情况下，可以获得较传统的育种值估计方法更为准确地估计育种值，因此可获得较高的遗传进展。此外，BLUP法与其他传统法相比还有以下的特点。一是一只公鸡的后裔在BLUP法中并非像传统的方法那样，简单地与对应的群体均数比较，而是在与其他可比个体比较时还考虑到其他亲代的育种值，这样就避免了对育种值估计偏高或偏低的误差，例如用传统的方法，如果一只公鸡的后代是直接与那些育种值很高的后代比较时，这只公鸡的育种值有可能估计偏低。由于估计育种值时对场、年、季等效应的估计和校正是在一个混合模型方程组中同步进行，所以上述比较是在运算中间接地进行。二是BLUP法可以比较来自不同群体（或遗传分组）而又在同一群体内使用公鸡的遗传基础。三是BLUP法也可以利用以前获得的数据资料。

1. 父本模型

父本模型是指在混合模型中除各种固定效应和随机效应外，仅有父本随机效应的模型。其一般形式为：

$$Y = X\mathrm{b} + Z_s + U_s + e$$

式中，Y是$N\times 1$维的观察值向量，N是观察值总数；b是未知的所有固定效应的$p\times 1$维向量，一般总体均数μ也包含其中；X是由观测资料确定的与固定效应相联系的$N\times \mathrm{p}$维设计矩阵；U_s为父本1/2的加性遗传效应向量；Z_s为相应的结构矩阵，且$U_s \sim N(0, \sigma_s^2 I)$ U；e为残差效应。在模型中仅考虑了对后代有影响的父本效应，而将母本效应排除在外。将母本效应作为源于群体的随机样本，即亲本之间是随机交配的，仅能提供父系半同胞全体平均育种值预测，主要适用于育种中的种公鸡后裔测定。父本模型的优点是比较简单，易实现；其缺点是没有考虑影响后代的母本效应，当母本受到选种选配影响时，如同质选配等，这会给父本效应的估计带来很大的偏差，此外它不能提供后代个体效应的预测。

2. 父本-母本模型

在父本模型中引入母本效应，以消除母本效应对父本效应的影响，就构成了父本-母本模型。其一般形式为：

$$Y = X\mathrm{b} + Z_s U_s + Z_d U_d + e$$

与父本模型不同的是，U_d为母本1/2的加性遗传效应向量，Z_d是相应的结构矩阵，且$U_d \sim N(0, \sigma_d^2 I)$。为了简化模型，可以不考虑亲本间的遗传相关，即假设公、母本效应间的协方差为0，该模型同样仅用于后裔测定的父、母亲育种值估计，常用于鸡等繁殖力较高的种公母禽的评定。利用这一模型可以提供全同胞个体平均育种值的估计，因而较父本模型优越，但它的缺点也是不能提供后代个体效应的预测。

3. 外祖父模型

在父本模型中引入外祖父效应，即通过母本父亲效应来考虑母本1/4的加性遗传效应。其模型的一般形式为：

$$Y = X\mathrm{b} + Z_s U_s + 0.5 Z_{mgs} U_{mgs} + e$$

与父本模型不同的是，这里U_{mgs}为外祖父1/2的加性遗传效应向量，Z_{mgs}为相应的结构矩阵，且$U_{mgs} \sim N(0, \sigma_s^2 I)$。外祖父模型的优点是，在模型中不引入母本效应从而避免增加计算量的情况下，可以考虑一半母本效应。兼有父本模型和父本-母本模型的部分优点，在家禽上主要适用于种公鸡评定。

4. 动物模型

在混合模型中，若随机效应包含所有信息个体本身的加性遗传效应，则称这种模型为个体动物模型，或者加性遗传效应模型、育种值模型。其一般形式为：

$$Y = X\mathrm{b} + Z_u + e$$

式中，u为个体的加性遗传效应向量；Z为相应的结构矩阵，当每个个体只有一个记录时，$Z=I$（单位矩阵），其他的与父本模型相同。由于在动物模型中，直接考虑了所有个体的加性遗传效应，从而可以利用所有亲属资料估计所有个体的育种值，而且当某些个体本身无资料记录时，也可以根据其亲属资料给予尽量准确的估计，这是前面几个模型无法做到的。当然。由于动物模型中包含了所有信息个体，其建立的方程组十分庞大，计算时间较多。

5. 简化动物模型

简化动物模型由Quass和Pollak于1980年提出，它的基本原理是：亲本个体用动物模型，后代用配子模型（Gametic model，GM），即将后代方程吸收到亲本方程中，使方程维数极大降低后求解，然后根据亲本的解求出后代的解，结果与动物模型相同。简化动物模型中的配子模型如下：

$$Y_{\mathrm{i}} = X_i b_i + Z_i U_i + e = X_i b_i + Z_i(0.5U_{\mathrm{s}} + 0.5U_{\mathrm{d}} + M_i) + e_i$$

式中，Y_i为后代观测值向量；b_i为固定效应向量；X_{i}为相应的结构矩阵；U_{s}和U_{d}分别为后代双亲加性遗传效应向量；Z_i为相应的设计矩阵；e_i为随机误差向量；M_i为孟德尔抽样偏差效应向量，这有以下性质，$M_i \sim N(0,\sigma_{\mathrm{M}}^2 I), Cov(M_i,U_{\mathrm{s}}) = Cov(M_i,U_{\mathrm{d}}) = 0$，当近交时有$\sigma_{\mathrm{M}}^2 = [1-0.25(a_{\mathrm{ss}}+a_{\mathrm{dd}})]\sigma_{\mathrm{a}}^2$；若双亲均未知，则有$a_{\mathrm{ss}} = a_{\mathrm{dd}} = 0$，因此$\sigma_{\mathrm{M}}^2 = \sigma_{\mathrm{a}}^2$；若仅知一个亲本，则有$\sigma_{\mathrm{M}}^2 = (1-0.25a_{\mathrm{ss}})\sigma_{\mathrm{a}}^2$；若双亲均已知，则有$\sigma_{\mathrm{M}}^2 = [1-0.25(a_{\mathrm{ss}}+a_{\mathrm{dd}})]\sigma_{\mathrm{a}}^2$。而$\sigma_{\mathrm{a}}^2$为加性遗传方差，$a_{\mathrm{ss}}$和$a_{\mathrm{dd}}$是亲缘系数矩阵中个体$i$的双亲所对应的对角线元素。若将配子模型合并后，则任何子代的信息均可在父母信息中得到表现，从而简化运算。

第四节　黄羽肉鸡配套系培育

一、专门化品系培育

专门化品系指具有某方面突出的优点，专门用于某一配套杂交生产的品系，也是以生产杂交商品代为目的而培育的品系。专门化品系包括专门化父系和专门化母系两类。

专门化品系的建立不同于传统意义上的品系培育，其意义是用于配套系杂交，充分利用不同品系间的杂种优势，提高畜牧业生产水平和经济效益。根据现代遗传学理论和长期育种实践可知，想要使肉鸡的多种经济性状，如生长速度、饲料转化效率、产蛋量和肉品质等都很好地集中在同一品系内是不切实际的，但是集中力量培育具有1～2个突出的经济性状，其他性状保持在一般水平的专门化品系则较易实现。自1964年Smith提出专门化品系的育种理论之后，畜禽育种开始由品种选育和品种间杂交转向专门化品系选育和配套系生产。与传统的生产方式相比，通过专门化品系和配套系生产优质黄羽肉鸡可大大缩短育种年限，提高育种效率，增强育种对生产和市场需求的适应能力，并根据市场需要不断推出新的配套系组合。

20世纪90年代以后，我国优质肉鸡育种进入了系统选育和配套系制种阶段，目前专门化品系选育和配套系生产成为优质黄羽肉鸡开发的主流。随着人们生活水平的提高和消费习惯的改变，优质肉鸡的消费正逐渐打破地域性，北方市场的需求也在急剧增加，优质肉鸡的饲养量和市场份额逐年提高，培养适合市场需求的优质黄羽肉鸡已成为当务之急。

二、黄羽肉鸡专门化品系选育程序

黄羽肉鸡育种中，父系选育和母系选育的方法不同。父系重点进行早期增重速度、体型外貌、精液量和精液品质等选择；母系主要选择开产日龄、产蛋量、蛋重和蛋壳质量等，及时淘汰有就巢性的个体。同时对父、母系鸡进行严格的鸡白痢、白血病净化。

1. 母系选育

肉鸡母系的选育主要根据体型外貌、生理特征和生产性能3个方面进行选择，侧重于繁殖性能，如产蛋、蛋重、受精率和孵化率等指标的提高，兼顾胸部发育、腿部结实度、趾形等性状的选择。其选育程序如下。

出雏选择。选留健雏，根据黄羽肉鸡的羽色和胫色要求选留合格个体，淘汰羽毛和胫色不合标准的个体和残次雏。

早期体重选择。母系鸡的生长速度普遍比父系慢，所以母系早期体重选择要晚于父系选择，体重称量的时间以固定体重为基础进行确定。此时根据本身的体重、胸肌发育、腿部结实度、趾形等进行个体选择。母系早期增重速度选择方法与父系不同，不是单纯选择增重快的鸡，而要平衡产蛋性能、体重增长和均匀度。

产蛋性能选择。产蛋性能主要关注产蛋量、蛋重以及蛋的品质。产蛋量的影响因素主要是产蛋持续期的长短、产蛋强度和开产日龄，母系选择过程中要做好准确的个体产蛋记录。肉鸡产蛋量的选择需要注意保持与增重速度的协调发展。如何平衡协调早期增重速度与产蛋量这对负相关的性状，需要较高的技术水平和育种经验。产蛋量测定过程中还要测蛋重及蛋品质。留种母鸡要按家系与个体产蛋性能相结合的方式进行选择，留种公鸡则按同胞产蛋性能进行选择。

家系组建。根据表型选择具有黄羽肉鸡特征，体型紧凑、肌肉丰满的鸡组建0世代。根据需要组成60～80个家系，家系公母配比1：12。每个家系分别收集种蛋、孵化，出雏后按家系带翅号。家系选择采用综合指数法，选择8周龄体重、300日龄产蛋量、300日龄蛋重、受精率和开产日龄等性状。按指数的高低选出最优秀的20个家系组成下一个世代的核心群。在家系选择的同时，结合家系内选育，按优质肉鸡的体型外貌、繁殖性能等要求，进行有关质量性状的选择，淘汰入选家系内不符合要求的个体，从淘汰家系中选择优秀个体进行补充。以后每世代以同样的方法选择和评定家系。

2. 父系选育

父系的选育侧重于生长性能和产肉性能的提高，包括早期生长速度、腿肌率和胸肌率等，兼顾早熟形状（如冠高）和繁殖性能（如受精率和精液品质）等性状的提高。选择方法以个体选择为主，在繁殖性能和饲料转化率等方面结合家系选择进行。

父系母鸡参照母系母鸡的选择方法进行。父系公鸡采用群体继代选育法，由于肉鸡的多种性状会在不同的发育阶段表现出来，因此需要对不同性状分阶段选择，早期增重的遗传力较高，采用个体选育法，5周龄进行第一次选择，按留种数2倍选留；14周龄进行第二次选择，主要选择体型外貌、毛色、体质健壮的个体；22周龄进行第三次选择，选择发育良好、体格健壮，背腰平直、泄殖腔宽大松软，雄性特征明显的个体。25周龄进行性反射和精液品质选择，30周龄复选。

出雏选择。出雏选择主要是进行体型外貌的选择，选留健雏，同时根据纯系的要求对羽色、胫色等特征进行选择。

早期体重选择。目前对于早期体重的选择方法主要是固定选种体重法，即达到1.8 kg体重的日龄作为本代的选种日龄。此时，根据本身的体重、胸肌发育、腿部强壮度、趾形等做个体选择，淘汰个体较小的，羽色、胫色不合格的个体。此阶段可以对部分个体进行屠宰测定，根据测定结果对死亡率做家系选择，对产肉率和腹脂率等做同胞选择。

饲料转化率的选择。饲料转化率的高低对生产成本影响巨大，如何提高饲料转化效率是科研人员和肉鸡生产者高度关注的问题。在实际生产过程中，饲料转化效率的测定是一项十分烦琐的工作。实际生产中较为常见的饲料转化效率测定方法主要有家系测定法和单笼测定法，家系测定法是指以家系为单位集中饲养在小圈内，测定家系消耗量，然后对家系平均饲料转化率进行选择。单笼测定法是指对受选择公鸡进行单笼饲养并测定部分公鸡的阶段耗料量，然后进行选择。

公鸡繁殖力的选择。精液品质是影响受精率的关键性因素之一，选种时应对精液品质进行全面检查综合评定。在25～28周龄，测定公鸡采精量、精液品质等。所选公鸡性反射要强，挑选时用拇指和食指刺激公鸡尾根，能往上高高翘起、泄殖腔周围松弛干净、乳状突外翻充分者日后采精训练条件反射才容易形成，往往1次按摩采精便可成功。还可对孵化率和健雏率进行家系选择，淘汰表现差的家系。

产蛋量测定。黄羽肉鸡父系需要以家系为单位记录产蛋成绩。如发现因个体家系产蛋量下降而使父系平均产蛋量退化或达不到育种目标，这些家系应予以淘汰。

三、黄羽肉鸡专门化品系选育方向

优质黄羽肉鸡育种的方向就是培育肉质好、生产效率高的个体。优质黄羽肉鸡的内涵在于肉质优、营养丰富，在选育过程中，肉质应当是首位的，其次是母系的繁殖性能，而生长速度这一项应当兼顾。从原则上讲，所有对商品群生产效益有直接影响的生产性状都应该是育种目标性状，但也要注意，纳入到育种目标中的性状不宜过多，因为随着性状个数的增多，育种估计的难度加大，估计的准确性也会相应下降，每个性状所获得的遗传进展就会减少。

黄羽肉鸡应以市场需求和各地经济条件为主进行专门化品系的培育，主要包括：体型外貌的选育、早熟品系的选育、快速生长品系的选育、强抗病力品系的选育、节粮品系的选育等。

1. 体型外貌的选育

优质肉鸡的体型外貌性状及包装性状直接影响其销售价格，虽然大部分包装性状与鸡肉质量并无本质的联系，但不同包装性状的鸡的上市价格差异很大，部分育种工作者为了适应市场形势，一直将体型外貌性状纳入优质肉鸡的选育目标中。体型外貌的选择一般采取独立淘汰法，出雏时淘汰不良性状个体，经过几个世代就可以使体型外貌性状达到较高的整齐度。

2. 早熟品系选育

对黄羽肉鸡来说，要求上市的肉鸡具有冠红、毛亮等性成熟的外观，因为此时体内沉积了一定的脂肪，鸡肉风味浓郁。但是目前很多地方鸡需要饲养120～130 d才会达到性成熟，饲养时间长，耗料多、成本高。因此早熟品系的培育至关重要，可使参与杂交配套的商品鸡提早达到性成熟外观而提前上市，降低饲养成本。

采用个体测定、综合指数选择，以及避免近亲繁殖的随机交配制度，每年繁殖一个世代。每个世代从后备群中选留冠高大红润，同时外貌及体型、体重相对一致且符合品种要求的健康公鸡；从产蛋率达5%的开产母鸡群中选留冠大脸红并已见蛋，同时外貌及体型、体重相对一致且符合品种要求的健康母鸡，组建早熟核心群，经世代繁殖选育，形成早熟品系。

3. 快速生长品系的选育

黄羽肉鸡主要以生长速度和上市日龄结合的方法进行分类，主要分为快大型、中速型和慢速型3类。其中快大型黄羽肉鸡其生长速度、胸肌和饲料转化率略次于白羽肉鸡，但是肉质风味和抗病力优于白羽肉鸡。在快速生长品系的培育过程中，以早期生长速度、饲料转化率和产肉率为选育重点。

4. 强抗病力品系的选育

从长远来看，提高畜禽对病原的抗性对于肉鸡生产至关重要。抗病性的选育是个十分复杂的问题，它涉及禽类对疾病的抗性以及对抗病性状的选择方法两方面的内容。关于抗病性的选育主要包括直接选择法、间接选择法和遗传标记辅助育种。直接选择法主要是指观察种禽的抗病力。观察种禽法是根据鸡场疾病记录，当有病原攻击家禽时，在相同感染条件下有的个体不发病，有的个体发病，表明不发病的个体具有抗性遗传基因，将这些个体选出进行大量繁殖，久而久之，可使抗病个体增多，抗病基因频率增加。这种传统的表型选择法具有直接、简便、准确等优点，而且可以提高一般抗病力。间接选择法的关键是要找到与疾病或抗病性状相关联的标记基因或标记性状，实行标记辅助选择。近年来的间接选择方法主要是免疫应答和体外试验，它们作为一种抗病选择的间接指标。大多数的疾病是多基因疾病，往往有一系列标记位点，这一系列标记位点称为数量性状基因位点（QTL），这些QTL可以通过确定其与RFLP（DNA限制性酶切长度多态性）的连锁，将其定位于RFLP遗传图中，然后通过选择那些可识别的RFLP标记位点来选择QTL，达到间接选择抗病性的目的。定位与抗性性状紧密连锁的DNA分子标记，通过间接对标记选择，而达到抗病选择的目的，这种方法主要是确定抗病性状的遗传标记。标记辅助选择（Marker assisted selection，MAS）是当代选种工作的一个新台阶，用于对抗病性的选择可克服直接选择的弊端和减少因攻毒试验造成的经济损失，提高选择准确性和缩短世代间隔。

5. 节粮品系的选育

矮小基因（*dw*基因）可显著提高蛋鸡饲料转化率，降低肉用型鸡制种成本。生长期矮小型鸡饲料报酬均高于正常型同胞；产蛋期间，肉用种鸡矮小型母鸡比正常型鸡的饲料报酬提高15%～20%。此外，*dw*基因对产蛋率、蛋重、蛋品质和孵化率等经济性状都有显著影响。矮小鸡普遍能提高鸡群的产蛋率、合格产蛋率和受精率，而对产蛋数无显著影响。

*dw*基因因其诸多特性在现代家禽生产和育种研究当中得到广泛应用。由*dw*基因培育而成的隐性纯合家禽品系（矮小鸡）体重仅有正常型鸡的60%～70%，具有基础代谢率低、耗料量少、饲养密度大、适应性强和抗应激能力强等许多优点，拥有较高的育种价值和经济效益。中国农业科学院北京畜牧兽医研究所在国内最早建立了黄羽矮小肉鸡制种技术，种鸡产蛋期节约饲料12%～15%。我国科研工作者将*dw*基因引入黄羽肉鸡品系中，育成了数种中国黄羽肉鸡的矮小鸡配套系，均得到了市场的广泛认可。如京星肉鸡是中国农业科学院北京畜牧兽医研究所培育出的优良肉用种鸡。京星100、京星102为优质黄羽肉鸡，前者90日龄活重可达2.00 kg，耗料比为1：（2.8～3.0），后者70日龄活重可达2 kg以上，耗料比为1：（2.4～2.6）；京星肉鸡的父母代鸡中母鸡含有*dw*基因，凡含有*dw*基因的鸡与一般肉用种鸡相比，采食较慢，饲料可节省23%以上，一个饲养期一只种母鸡可节省10～13 kg饲料。主要是因*dw*基因的鸡代谢时的同化作用比

异化作用强，饲料利用率高、耗料较少的缘故。

6. 隐性白羽肉鸡品系的选育

隐性白羽鸡在我国肉鸡育种上有着重要的地位。代表性的隐性白羽肉鸡有白洛克等国外品种以及狼山鸡、丝羽乌骨鸡等国内品种等。本书所指的用于肉鸡配套系育种的隐性白羽鸡主要指白洛克等快大型肉鸡品种。隐性白羽基因存在隐性白羽、红眼白羽和白化等多种等位基因。

隐性白羽鸡品系具有抗病力强、产蛋量高、早期生长速度快等特点，在配套系培育中往往作为第一母本使用。隐性白羽鸡体重的遗传力较高（0.36～0.57），体重呈S形增长，在6～7周龄达生长高峰。利用隐性白羽肉鸡品系与我国地方鸡种杂交并通过筛选达到基因型纯合的目的，进而用作优质鸡的祖代或者父母代，上述方式在新品种（配套系）培育方面取得了显著的成绩，有力地推动了我国黄羽肉鸡产业的健康发展。利用快大型隐性白羽鸡的羽色基因、优异的产肉和产蛋性能，在配套系培育中将其作为母本使用，后代具有生长速度快、饲料转化率高的特点，同时外貌、体型及肉质和与其配套的地方优质鸡种相似。如利用宫廷黄鸡作为父本与隐性白羽鸡作为母本进行杂交配套，杂交后代的饲料利用率、成活率和生长速度显著提升，原本宫廷黄鸡胸窄、体型差的缺点都得到了改善。

四、杂交制种

杂交制种，即利用多品种间杂交使彼此的优点结合在一起而创造新品种的杂交方法。杂交普遍存在于自然界中，在许多动植物中都发现杂交现象。杂交是指通过不同基因型的个体之间的交配而获得双亲基因重新组合的个体的过程。杂交是育种广泛采用的一种手段，杂交不仅能够丰富遗传结构，使不同类型的亲本优良性状得以结合，提高杂交后代的生活力，还能产生亲本从未出现过的优良性状，获得杂种优势，杂交育种周期短，效果明显，一般在子代即可表现出杂种优势。根据亲本的亲缘关系，杂交可分为远缘杂交和近缘杂交，远缘杂交是分类单位在种以上的两个亲本间的杂交，近缘杂交即种内杂交。随着育种工作的不断发展，许多种内遗传资源逐渐枯竭，利用远缘杂交拓展遗传资源的范围日益受到重视。

（一）杂种优势

1. 杂种优势

杂种优势是指杂种第一代在体型、生长率繁殖力及行为特征方面均比亲本优越的现象（图4-2）。动物育种学家常将两个具有某些所需性状的不同纯系亲本进行杂交，杂种子代往往表现出比双亲优良的性状。

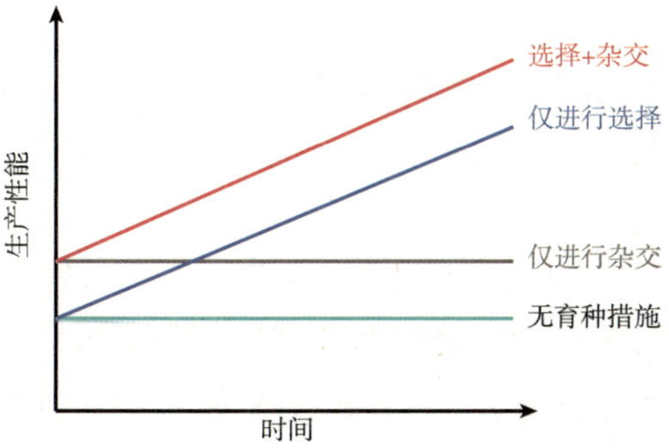

图4-2　杂种优势示意图

2. 显性学说

显性基因多为有利基因，有害基因多为隐性基因；显性基因对隐性基因有抑制和掩盖作用；显性基因在杂种群中产生累加效应，若两亲本种群各有部分不同的显性基因，则其杂交后代可出现显性基因的累加效应；非等位基因间的互作（上位效应）使一个性状受到抑制或者增强，杂种优势是上位效应的促进作用。

3. 超显性学说

每一基因座上有一系列的等位基因；每一等位基因又具有独特的作用；等位基因间在生理上相互刺激；不同等位基因间的生理刺激大于同类等位基因间；杂合子在生活力和适应性上优于纯合子，即表现为杂种优势。

4. 遗传平衡学说

杂种优势是显性和超显性共同作用的结果，不同情况下可能不同效应起主导作用；在控制一个性状多基因座位中，有各种基因间互作情况（不完全显性、完全显性、超显性，有上位效应或没有上位效应）；各种遗传多态性是产生杂种优势的一个重要因素。

（二）杂种优势度量

1. 杂种优势计算

假设群体A、B之间杂交，A为父本，B为母本，产生杂种AB，则对任意数量性状而言杂种优势即为AB杂种群体均值超过A、B两个亲本群体均值平均部分，即

$$H=y_{AB}-0.5\ (y_A+y_B)$$

式中，H表示杂种优势；y_{AB}是群体均值；y_A为A群体的均值；y_B为B群体的均值。

2. 配合力

一般配合力的实质是群体的平均加性基因效应，反映的是一个种群同其他种群杂交的一般效果。特殊配合力的实质是两个种群正交和反交的平均显性效应和上位效应。

3. 杂种优势产生的机制

杂种优势与近交退化是同一个遗传机制的两个方面，而且杂种优势取决于群体的杂合度，杂合度高时则出现杂种优势，并且个体的杂种优势取决于基因组合。

4. 相对杂种优势增量

杂种优势增量的程度在各杂种世代中各不相同，F_1代获杂种优势增量最大，在F_2代或回交代中仅保持原杂种优势的一半。相对杂种优势是与F_1相比，某一杂交世代出现杂种优势的程度，例如F_1代的相对杂种优势增量是1，而F_2代为0.5。即杂种优势逐代丢失一半。

（三）杂交亲本

杂交用的亲本种群是否妥当，关乎杂种能否得到优良、高产及非加性效应大的基因和基因型，进而决定杂交能否取得最佳效果，就杂交亲本种群而言，需要注意类别、初选以及选育等问题。

1. 杂交亲本的类别

家禽品种数目众多、特点各异，运用品种杂交一直是主要的育种形式，品种间的杂交将来也依然占据重要的育种地位。

应用品种作为杂交的亲本群的缺点如下。

（1）种群不纯，种群间的基因频率差异不显著，导致杂种优势不明显。

（2）杂种的一致性差，不能达到商品的规格化。

（3）杂交效果不稳定、杂种优势难以预测。

（4）个体选种选配特别费力，错选的可能性很大。

2. 母本群的要求

（1）母本种群应数量多、适应性强。

（2）母本种群的繁殖力要高，泌乳能力要强，母性要好。

（3）母本种群在不影响杂种生长速度的前提下，体格不一定要求太大。

3. 父本群的要求

（1）父本群的生长速度要快，饲料利用率要高，胴体品质要好。这些性状的遗传力一般较高，可遗传给杂种后代。

（2）父本群的类型应与对杂种的要求相一致。如要求生产快大型肉鸡时，即应选择快大型鸡作父本。

4. 亲本群的选育

主要包括选优、提纯两个方面：

（1）“选优”就是通过选择，选出性能优良、合乎理想的个体，从而使亲本群内优良、高产的基因频率尽可能增大。

（2）“提纯”则是通过选配，使亲本群在主要性状上纯合子的基因型频率尽可能增加，个体间的差异尽可能减少。

5. 当前杂种合理利用情况

我国许多地方由于历史的原因，纯种地方品种越来越少，留下大量血统混杂、来源不清的杂种。如果不及时整顿，放任自流，会使生产力低落，继续利用困难。为此应做以下两方面工作。

（1）对现有杂种群体调查，查清它们的血统来源、生产性能、体型与类型等，然后分类、分群。在此基础上制订品系繁育计划。

（2）有计划地引进本地区过去没有引进的优良品种。经过配合力测定，确定杂交组合或轮回杂交方案。可以利用现有大量杂种母本再杂交，仍能利用杂种优势，取得较好的杂交效果。

五、杂交制种方式

1. 两系配套

一代杂种无论是公是母，都不作为种用继续繁殖，而是全部用作商品鸡。这种杂交方式可获得完全的杂种优势，但是不能充分利用母本种群繁殖性能方面的杂种优势，且维持两个很大规模的纯繁群体，经济负担重。

两系配套（AB），如图4-3所示。

A♂ × B♀

↓

AB

图4-3　两系配套示意图

2. 回交

指两个种群杂交，所生杂种母鸡再与两个种群之一的公鸡杂交，所生杂种不论公母一律用作商品鸡。这种杂交方式可以利用二元杂种母鸡在繁殖性能方面的杂种优势，由于二元杂种母鸡的显性效应损失一半，三系配套优势也丧失一半，比两系配套利用杂种优势小（图4-4）。

A♂ × B♀

↓

A♂ × AB♀

↓

A（3/4）B（1/4）

图4-4　回交示意图

3. 三系配套

这种杂交是用两个种群杂交，所生杂种母鸡再与第三个种群杂交，所生二代杂种用作商品鸡。三系配套集合了3个种群的差异，单个数量性状上的杂种优势更大，可通过两系杂种母鸡充分利用母本在繁殖性能方面的杂种优势，在组织工作上，要比两系配套更为复杂，因为它需要有3个种群的纯种鸡源（图4-5）。

A♂×B♀

↓

C♂×AB♀

↓

C（1/2）A（1/4）B（1/4）

图4-5　三系配套示意图

4. 四系配套

它是用4个种群分别两两杂交，然后再在两种两系杂种间进行杂交，产生四系杂种商品鸡。这种方式遗传基础更广一些，可望有较大的杂种优势，既可利用到母鸡的杂种优势，又可以利用公鸡的杂种优势，由于大量利用杂种繁殖，纯种就可以少养，双杂交涉及4个种群，因此其组织工作就更复杂（图4-6）。

A♂×B♀　　C♂×D♀

↓

AB♂　　×　　CD♀

↓

A（1/4）B（1/4）C（1/4）D（1/4）

图4-6　四系配套示意图

5. 轮回杂交

它是用几个种群轮流作为父本杂交，杂交用的母本种群均用杂种母鸡，每代产生的杂种除继续杂交外，其余杂种全部作商品鸡。这种方式除第一次杂交外，每代都可利用到母本杂种优势，比较适合繁殖力低的鸡种，每代使用杂种母鸡繁殖，组织工作简单，每代仅需少量纯种公鸡，每代始终能产生一定的杂种优势。但是每代需要变换公鸡品种，使用过的公鸡不能连续使用，杂交组合筛选中的配合力测定难以进行，产品各代间产品一致性差，影响市场形象（图4-7）。

A♂×B♀

↓

A♂×AB♀

↓

B♂×［A（3/4）B（1/4）］♀

↓

A♂×［A（1/4）B（3/4）］♀

图4-7　轮回杂交示意图

6. 三系轮回杂交

与两品种轮回的原理和过程均一样，但是使用了3个品种。由于3个品种轮流相应杂种交配而最终形成各有侧重血缘成分的3个杂种群，参与杂交的品种非常多，获得的杂交优势更高，所以经济效益更加明显（图4-8）。

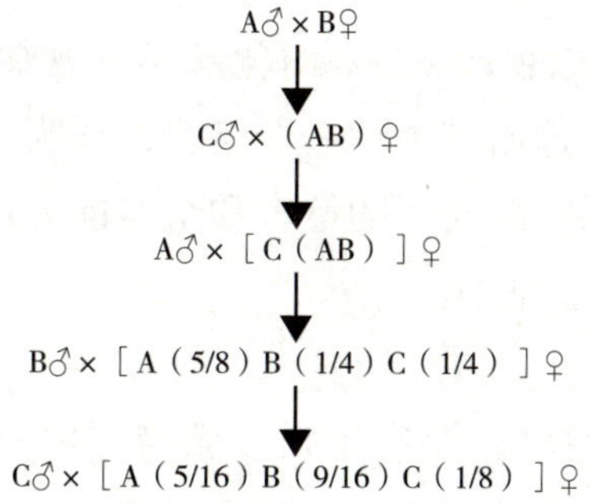

图4-8　三系轮回杂交示意图

7. 顶交

用近交系的公鸡与无亲缘关系的非近交系母鸡交配，这种杂交方式主要用于近交系的杂交，父本要高度提纯，使得公鸡在主要性状上基本都是优良的显性纯合子。这样即使母本群的纯度稍差一些，影响也可能不大。

六、杂种生产性能预测

1. 利用遗传距离预测杂种优势

现代杂种优势理论认为，杂种优势的大小在某种程度上受亲代的遗传基因差异大小的影响，即遗传距离。所谓的遗传距离是指利用基因频率的函数表示群体间的遗传变异。通常人们都是利用不同品种或品系的血液或家禽的各种生理生化指标及家禽的某些生活生产性能来衡量，从而对家禽的遗传距离做聚类分析。

2. 利用蛋白质多态性预测杂种优势

蛋白质是生物体的结构物质，是生命现象的体现者。其本身具有的多态性与其自身的功能有着密切的联系。因而，在家禽的杂交优势的预测上可以利用蛋白质分子的这一特性。例如1992年陶钧等利用改进的淀粉凝胶电泳测定了湖南等11个地方猪种群的转铁蛋白、前白蛋白（Pa）、后白蛋白、铜蓝蛋白（Cp）、血液结合素和淀粉酶的多态性，并通过聚类分析发现，我国的湖南、江西和东亚地方猪种亲缘关系较近，而它们与美国猪种杜洛克和汉普夏亲缘关系较远。由此可见，可以利用蛋白质分子的多态性预测杂种优势。

3. 利用种群间和种群内方差之比预测杂种优势

种群间和种群内的方差分别用以表示群体间和群体内遗传变异的情况。通常情况下二者之比越大，两群体间的杂种优势就会越明显。

七、配套系杂交

1. 配套系含义

配套系是指以数组两个或两个以上专门化品系（含父系和母系）为亲本，通过经严格设计的杂交组合试验，筛选出其中的一个组合，作为“最优”杂交模式，再依此模式进行配套杂交所得到的产物。配套系的培育和组装前需进行配合力的测定，在配套系杂交过程中亦应经常进行配合力测定。

2. 配套系建立

配套系建立考虑的选育性状主要有生长、繁殖、肉质、外貌特征等方面，各性状在配套系中的选育效果有一定的分配规律。配套系建立过程中亲本的选择主要通过杂交组合试验来确定。

杂交组合试验应遵循4个原则：对照、随机、重复和均衡一致。一般情况下应尽可能压缩参试组数，只设亲本纯繁组与正交组合组；每组参试个体要有足够数量；选取个体应符合随机原则，具有本群体代表性；测定过程中应控制环境条件一致，使结果具有可比性。根据杂交组合试验结果，确定亲本组合，形成固定的配套组合模式。

3. 配套系的特点

（1）配套系的培育以与其他品系配套杂交高效率地生产优质商品杂种为目的。

（2）配套系的育种素材可以是多种多样的。

（3）配套系的培育可以采用近交、合成等各种方法。

（4）配套系要求特点突出，纯合度高。

（5）配套系与同体系内的其他配套系杂交，能获得最大的杂种优势。

（6）配套系的更新换代进程很快。

八、基因聚合育种

1. 基因聚合育种含义

基因聚合分子育种与常规育种技术相结合已成为今后动植物育种的主流方向。基因聚合分子育种主要包括遗传转化基因聚合分子育种和分子标记筛选基因聚合分子育种。

分子标记辅助选择的基因聚合育种就是通过传统杂交、回交、复交技术将分散在不同品种中的有用基因聚合到同一个基因组中，在分离世代中通过分子标记选择含有多个目标基因的个体，从中再选出优良生产性状的个体，实现有利基因的聚合。比如将生长速度快的鸡和肉质好的鸡杂交，就会获得生长速度快且肉品质好的鸡。

2. 基因聚合育种的前提条件

（1）候选基因标记和QTL信息应该有较高的准确性、可靠性和稳定性。

（2）功能和调控网络比较清楚的基因数目有限。

（3）大规模、高通量分析基因型与表型关联性技术的突破。

（4）多基因聚合的实行必须有一个合理可行的方案，如何找到最优方案是实现优势基因型聚合的关键问题。

3. 分子标记辅助基因聚合实例

将*GH*、*POU1F1*和*PRL*基因作为影响鸡繁殖性状的候选基因，以白耳鸡为试验材料，采用PCR-SSCP方法检测白耳鸡*GH*、*POU1F1*和*PRL*基因单核苷酸多态性，分析这3个基因的单基因以及聚合基因型对白耳鸡72周龄产蛋数影响。结果表明，*GH*、*POU1F1*和*PRL*基因均对白耳鸡72周龄产蛋数的差异产生影响，与鸡的产蛋数存在关联，AA、CC、EE型为优势单基因型；优势单基因型两两聚合的遗传效应高于优势单基因型的遗传效应；3个优势单基因型聚合（AACCEE型）遗传效应又高于优势单基因型两两聚合的遗传效应，因此我们推断可能聚合的优势单基因型越多，对白耳鸡72周龄的产蛋数影响效应越大，所以可以尝试利用聚合基因型对白耳鸡的72周龄产蛋数进行标记辅助选择。

九、杂交繁育体系

繁育体系是有效地开展动物育种和杂交利用的一种组织体系，是由一系列育种和生产单位组成的。在这个体系中，包括纯种扩繁和杂交制种两方面的技术工作和组织工作。动物育种规划必须通过繁育体系中的实体来实施，把育种目标变为现实。良种繁育体系，一般可分为纯种繁育体系和杂交繁育体系两类。

良种繁育体系，由原种场（核心群）、扩繁场（繁殖群）和商品场（生产群）组成。这些鸡牧场的总体目标一致，但各自的性质不同，生产任务不同。整体结构上小下大，呈宝塔式。优良基因的传递方向是自上而下的，不可出现逆反方向。核心场和扩繁场所做的严格测验和选育工作，最终是为商品场服务的；而商品场的表现，是鉴定核心场和扩繁场选育成果的最好依据。良种繁育体系建设是畜牧业持续发展的重要保证，是一个国家或地区种业发达程度的重要标志。

繁育体系呈“金字塔”形。其中“金字塔”顶部是育种场（原种场），核心群在育种场里选育，对已选择的品种、品系进行纯繁提高。一般自身应有测定设施或与鸡禽测定站配合建立测定制度，以获取最大的遗传改进。“金字塔”中部是繁殖场，饲养繁殖群。它的基本任务是将来自核心群的纯种扩群繁殖，向商品场提供后备种母鸡或提供品种、品系杂种母本。“金字塔”的底部是商品场，饲养商品代。它的任务是按照育种计划规定的杂交模式，组织优质的商品鸡上市。

育种场处于繁育体系的最高层，其主要任务是根据繁育体系和育种方案的要求，进行纯种（系）的选育和新品种（系）的培育，开展细致的性能测定、遗传评定和选种提纯工作，以期获得最大的遗传进展。为此原种场必须有专门的育种技术力量，具备高水平或者某方面特长的鸡群，拥有完善的测定设施。在其繁殖的后代中，经过性能测定后，除保证核心群更新外，主要向扩繁场提供后备公、母鸡的精液和胚胎，扩大或更新繁殖群，也可直接向生产群提供终端父本和精液。

繁殖场处于繁育体系的中间层，起着承上（核心群）启下（生产群）的重要作用。其主要任务是扩繁生产纯种母鸡和杂种母鸡，为商品场（生产群）提供优秀种源。繁殖群选种的重点应放在繁殖性能上。在四系配套的繁育体系中，扩繁场还生产特定的杂种公鸡，为商品场提供杂交所需的杂种父本。繁殖群更新所需的后备公母鸡应来源于核心群，不允许接受商品场的鸡，也不允许向核心群提供种鸡。

商品场处于繁育体系的底层，构成繁育体系的基础。其主要任务是按照杂交计划要求，组织好父、母代的杂交，生产杂优商品代，为市场提供优质的鸡产品。在商品场内，不做细致的选择和测定工作，工作重点放在提高鸡群生产效率上，保证生产环境和鸡群健康，及时淘汰性能低下、体质差、有外伤和老龄的种鸡，组织好配种工作。按照统一的育种计划，接受核心场、扩繁场提供的终端父本，或由人工授精站提供的公鸡精液；接受扩繁场提供的杂种公、母鸡；生产群的后代不许再做种用。

第五节　鸡基因组选择育种方法及应用

基因组选择（Genomic selection）是利用覆盖全基因组的分子标记选择育种的方法。被广泛应用到不同畜禽的遗传改良中。基因组选择主要优点在于可实现早期选择，不依赖系谱和表型信息，能够显著提高估计育种值的准确性。目前，国内已经建立了奶牛、肉牛、猪的基因组选择技术平台。安伟捷、科宝、海兰等国际家禽育种公司已经全面采用基因组选择技术，并取得了显著的成效，在国内肉鸡和蛋鸡基因组选择技术也已经开始应用基因组选择技术开展鸡育种。基因组选择依赖于对基因的高通量分型，目前主流的基因分型技术包括重测序、基于固相和液相芯片的基因分型、简化基因组测序等技术。继国外开发出鸡60K和600K SNP芯片后，中国农业科学院北京畜牧兽医研究所、中国农业大学等单位针对我国鸡育种和地方种质资源保护的现状和需求，自主研发出了京芯一号55K SNP芯片和凤芯壹号等高性价比的鸡用检测芯片。芯片特点包括：包含中国地方鸡种特有遗传变异信息，兼顾国外商业化鸡种基因组信息；整合大量的功能基因相关SNP位点；在基因组上均匀分布；密度适中，性价比高等。应用实践证明，鸡基因组SNP芯片在基因组选择育种、种质资源多样性分析、亲缘关系鉴定、基因组关联研究、基因定位等方面可发挥重要作用。本节将重点以京芯一号芯片为代表介绍鸡基因组选择研究进展。

多样的鸡遗传资源是世界生物遗传资源多样性的重要组成部分，是进行新品种培育的优秀原始素材。中国现有地方鸡种107个，是世界上地方鸡种资源最丰富的国家之一。这些特色资源也为我国30余年的肉鸡和蛋鸡的自主育种提供重要素材，使鸡成为国产化育种程度最高的农业动物。然而，作为世界第一大的肉鸡和蛋鸡饲养国，仍有近一半的种鸡需依赖进口品种。当今我国鸡育种领域，两大挑战依然严峻，一方面是如何有效地进行现有丰富地方品种的保护；另一方面是如何提高育种效率，加速新品系的培育。

单核苷酸多态性（SNP）指基因组单个核苷酸的变异，是由单个核苷酸对置换、颠换、插入或缺失所形成的变异形式。单核苷酸多态性作为第三代遗传标记，SNP数量众多、分布密集、易于检测，是较理想的基因分型目标。全基因组SNP芯片即单核苷酸多态性微阵列（Array），将数百万DNA标记序列排列在玻片或特殊硅片上，固定形成SNP探针阵列。它的工作原理是通过固定在芯片上的DNA标记序列与目标基因组发生碱基配对反应，从而精准鉴定遗传变异信息。ThermoFisher（原Affymetrix公司）和Illumina两家公司，分别具备商业化基因组SNP芯片制作技术。ThermoFishe公司利用Axiom平台技术制作SNP芯片（https://www.thermofisher.com），即利用原位光刻技术，通过光刻在芯片上原位合成基因探针序列。Illumina芯片是基于光纤微珠的芯片，将特定的基因探针序列与直径3 μm的微珠偶联，然后在基质的微孔中进行自我组装，从而形成微珠芯片。这两类芯片在动植物基因组变异检测中已得到广泛应用。

畜禽全基因组SNP芯片由于均匀覆盖全基因组、具有测定准确率高、易实现标准化和自动化检测等诸多优势，可以应用于分子遗传研究和基因组育种等各个方面，可为育种上下游过程提供支持，包括种质资源遗传多样性分析、亲缘关系分析、全基因组关联分析（GWAS）、数量性状QTL定位分析和选择进化研究等。其中，已经在全基因组选择育种中发挥了举足轻重的作用，已应用于奶牛、生猪、快大型白羽肉鸡和国外高产蛋鸡等商业化品系选育实践。

总之，全基因组SNP变异检测是开展基因组育种和准确度量群体遗传多样性的基础；全基因组SNP芯片是功能基因组研究通向育种和保种实践应用的重要桥梁。我国自主研发出了京芯一号55K肉鸡SNP芯片和凤芯壹号50K蛋鸡SNP芯片。凤芯壹号50K蛋鸡SNP芯片含有大量与经济性状相关联的位点，包括抗病性状、蛋品质性状、产蛋性能和饲料转效率等重要经济性状；具有优异的性能，重复率在99.04%以上，能够保证测序结果的可靠性；该芯片为我国蛋鸡育种工作提供精准、快速的基因组选择服务，降低了育种成本，加速蛋鸡选育和品种改良的速度，提高国产蛋鸡品种的国际竞争力。京芯一号55K肉鸡SNP芯片由中国农业科学院北京畜牧兽医研究所设计研发的，该芯片可显著加快肉种鸡的饲料报酬、产肉率和繁殖性能等重要经济性状的育种进展，有利于我国自主肉鸡品种培育和育种技术国际竞争能力的提升，使我国肉鸡分子育种技术达到国际先进水平。本节将以自主研发的京芯一号55K芯片为重点，综述鸡全基因组SNP芯片研发和应用的最新进展。

一、鸡全基因组SNP芯片研发进展

2004年3月，国际鸡基因组测序协会（International Chicken Genome Sequencing Consortium）联合发布了鸡基因组测序草图，并将此红色原鸡基因组序列数据在NCBI等各大公共数据库中公开。鸡基因组测序工程的完成标志着禽类功能基因组时代的到来。同时，由中国等多国科学家组成的另一小组（International Chicken Polymorphism Map Consortium），还宣布绘成了一张鸡的遗传变异图谱。这张图谱以红原鸡基因组序列草图为参考框架，将罗斯肉鸡、来航蛋鸡和中国丝羽乌骨鸡基因组进行比对分析，识别出约2.8 M遗传变异。现在，鸡基因组测序物理图谱已经更新至6.0版本（Gallus_gallus-6.0），这些多态位点为功能基因组研究和基因组育种技术研发奠定了重要的基础。

1. 鸡60K SNP芯片

位点特征是信息来源有限、基因组覆盖度好、密度适中。

鸡60K SNP芯片（Illumina SNP Bead Chip）由荷兰瓦格宁根大学于2011年研制。芯片上的60 K个标记来源和特征为：来源于4个商业化鸡品种，包括两个肉鸡品系和两个蛋鸡品系的基因组重测序数据，经过比对和筛选，获得352 K个蛋鸡和肉鸡品系间最小等位基因频率高度分化SNP位点；注重SNP在基因组的全覆盖，包括小染色体区域，即利用454平台进行12倍的深度测序，获得当时参考基因组（Gallus_gallus-2.1）未覆盖区域上的790个SNP，增加了421个未知染色体上的SNP，理论上这些位点应位于小染色体上；注重SNP在全基因组上的平均分布，以已知的鸡LD（连锁不平衡）分析获得的遗传图谱为依据，使SNP之间具有相似的遗传距离。

2. 鸡600K SNP芯片

位点特征是信息来源广泛的商业鸡种、基因组平均分布、密度高。

鸡600K SNP芯片（Axiom® Genome-Wide Chicken Genotyping Array）由安伟捷公司和英国罗斯林研究所联合开发，于2013年报道，是唯一一款鸡高密度SNP芯片。芯片标记来源和特征为：一是来源于24个鸡品种的基因组重测序数据，包括5类商业化蛋/肉鸡品系和9个实验鸡品系，使用4.0版本参考基因组（Gallus_gallus_4.0），从139M SNP位点中经过比对和筛选，获得约78 M品系间分化位点；二是多重标准筛选最终600K标记，包括SNP在品种内的多态性、Affymetrix芯片设计平台的打分和基因组平均分布、蛋鸡和肉鸡间所占的SNP比例等。由于是高密度芯片，所以具有诸多优势，但同时由于密度高带来了成本高，不适用于基因组育种实践。

600K商业化SNP芯片位点信息缺少中国地方鸡种基因组变异信息，在应用于中国地方鸡种育种和保种中具有一定的局限性。

3. 京芯一号鸡55K芯片

位点特征是信息来源广泛的中外鸡种，具有功能关联性，平均分布、密度适中。

京芯一号鸡55K芯片，是由中国农业科学院北京畜牧兽医研究所自主设计研发，是国内首款广泛适用于中国地方鸡种多样性评价和基因组育种，特别是肉鸡育种的全基因组分型芯片。整合我国地方品种和广泛应用的育种素材的基因组信息，整合已有各层面研究获得的生物学关联SNP位点。它是一款适用于中外鸡种、与经济性状关联度更强、通量适中的鸡全基因组SNP芯片。

4. 京芯一号55K芯片上标记信息来源基于中外品种更多、范围更广

该芯片上的SNP位点包括三类来源。第一类，基因组重测序获得的探针：包括5个中国地方品种和合成品系（北京油鸡、三黄鸡、矮脚黄鸡、青脚快速麻鸡、青脚慢速麻鸡）和3个引进白羽肉鸡品系（科宝父系、科宝母系和隐性白鸡）的全基因组重测序信息；筛选出白羽肉鸡、黄羽肉鸡和麻羽鸡中MAF（巨噬细胞活化因子）>0.05，且在基因组上均匀分布的1.92万个SNP位点。第二类，目标性状相关探针：利用由北京油鸡和科宝肉鸡构建的F_2资源群体，测定屠宰、免疫和肉质等性状，采用Illumina 60K芯片进行分型和GWAS分析；对已有基于转录组等性状关联基因进行梳理，获取目标性状候选基因及SNP位点。目标性状包括同生长相关的饲料报酬、不同日龄体重；胴体组成相关的胸肌率、腿肌率、净膛率和腹脂率；抗病性状相关的血清IgY水平、SRBC（绵羊红细胞）抗体滴度、H/L值、平均红细胞压积；肉质性状相关的宰后最终pH值、肌内脂肪（IMF）、肉色（亮度、黄度和红度）；以及繁殖性状等。共有1.46万个SNP位点。第三类，探针：为了填充以上两类探针不能覆盖的基因组区域，从公共数据库SNP位点选取了探针1.84万个。整个芯片5.22万个位点中，有1.7万个是通过多品种重测序新发现的，是已有Ensembl（生物学数据库）公共数据库中未记载的SNP位点。将这些共52.18 K位点，设计出55K探针。

5. 京芯一号在全基因组选择中应用效果显著并成功更新第二代产品

京芯一号鸡55K芯片产品经过了一年多的中试，已经在全基因组选择、全基因组关联分析、亲缘关系鉴定等多个方面得到成功应用。在针对白羽肉鸡品系产肉率的GS（全基因组选择）选择中，一个世代选育后，产肉率显著提高；在文昌鸡、乌骨鸡等20余个中外鸡种中均有40 K以上的位点具有多态性（MAF>0.05）。2018年3月更新了

二代产品，即京芯一号V2版，涵盖52K SNP位点，同时加入已有文献报道的536个功能基因相关的2 190个位点，包括了辅助性别鉴定的W染色体位点。位点关联性状包括RFI（剩余采食量）、食欲、生长、腿部、体脂、繁殖和产蛋性能、免疫性状、肉品质、外观性状、表观修饰调控、行为等。

6. 京芯一号分型芯片的比较优势

与600K商业化芯片相比具有3个优点。一是具有品种通用性：对比筛选了我国代表性的地方鸡种、国内外高度选育商用鸡种的特征位点，确保位点信息的普适性和有效性；二是具有经济性状的功能相关性。筛选了与饲料报酬、产肉率、脂代谢、肉品质、一般抗病力、繁殖等性状能基因显著的位点，增加了芯片进行分析研究的准确性；三是位点分布均匀、通量适中。5.2万个位点在全基因组上均匀分布，保证了育种值估计和相关研究的准确性；与600K芯片相比，通量适中，价格大幅降低，具有较高的性价比；与基于二代重测序的基因分型系统相比，由于检测变异位点固定，所以数据分析简单、容易实现标准化自动化检测和分析，而且来源于不同批次、不同实验室的数据之间较容易实现可比性。

二、鸡全基因组SNP芯片的应用

1. 在鸡基因组育种中应用

2001年，Meuwissen等提出了全基因组选择（Genome wide selection，GS）的方法，这种方法应用全基因组范围的高通量的SNP标记，结合GBLUP和贝叶斯等数据统计方法，估计待测群体的全基因组育种值（GEBV），辅助优秀个体的选择和留种。该方法具有增强选择强度、提高低遗传力性状遗传评定准确性、缩短选育时间等多方面优势，被认为是全新的分子辅助育种技术。特别是对一些活体不易测量、微效多基因控制的性状，具有更强的应用价值。至今，GS技术已在国际家禽育种公司广泛应用。最早于2012年，安伟捷公司宣布将GS技术应用于常规商业育种流程，在蛋鸡和肉鸡中全部应用。又于2017年开始在火鸡育种中应用；并在多项报告中显示，GS技术的应用可在产蛋性能等经济性状选择中提高20%～40%的准确性。

为检验GS方法选种的准确性，中国农业科学院北京畜牧兽医研究所最早于2010年开展了利用该技术进行肌肉IMF选择的育种技术研究。建立了以北京油鸡为素材的试验群体，包括GS选择群、同胞选择群和随机交配的对照群。利用参考群728只鸡全基因组Illumina 60K SNP芯片结果和胸肌IMF量的测定数据，使用GBLUP求解待测群育种值，经过一个世代的选择，GS群体主选性状IMF显著高于随机扩繁群体，且与同胞选择群体相当。

京芯一号研发完成后，针对新广农牧企业白羽肉鸡B系育种的需求，建立了2 000

只具有表型和全基因组芯片基因型的参考群，对待测选留群利用一步法GBLUP进行分析，按照性状的经济权重综合选留，结果表明，目标性状胸肌率提高达2.5%，腿肌率提高0.3%，基因组选择进展显著。充分证明了全基因组选择技术具有提高选择准确性的作用。鸡全基因组SNP芯片的开发为我国鸡GS育种技术的应用奠定了必要基础。

2. 在鸡遗传多样性和保种评价中应用

由于特殊的卵生繁殖方式，活体保存是地方鸡品种资源保护的最主要形式之一。家禽遗传资源保种效果评价方式，主要包括利用常规表型性状记录、系谱记录和微卫星DNA标记3种方式。然而，目前适用于地方鸡种遗传多样性分析的微卫星DNA标记在基因组中的覆盖范围很有限，反映出的基因组遗传变异信息量严重不足。

如今，应用全基因组SNP标记进行遗传多样性或保种效果评估是大势所趋。研究证实，使用全基因组SNP标记替代系谱记录用于度量遗传多样性是非常有效的选择（相关性可达0.5～0.9），尤其是在系谱信息未知或不完整的情况下。与系谱、微卫星标记相比，全基因组标记信息不仅能真实反映出整个基因组的平均多样性，还能度量出单个染色体水平上的遗传多样性，为制定精细的保护方案提供依据。

利用京芯一号鸡55K SNP芯片，对9个地方鸡种（清远鸡、文昌鸡、茶花鸡、芦花鸡、鹿苑鸡、大骨鸡、丝羽乌骨鸡、白耳鸡和仙居鸡）和2个快速白羽鸡种（哈伯德和科宝肉鸡）和1个来航蛋鸡品种进行遗传多样性分析。在检测的鸡种中，所有SNP位点检出率均达97%以上，MAF>0.05位点均在4万个以上；品种内平均MAF在0.22～0.27。证明该芯片位点在地方品种和引进品种中均具有较高多态性，广泛适用于中外鸡种的遗传多样性评价。

对以上12个鸡种进行聚类分析（图4-9），来航蛋鸡与其他各类鸡种距离较远；国

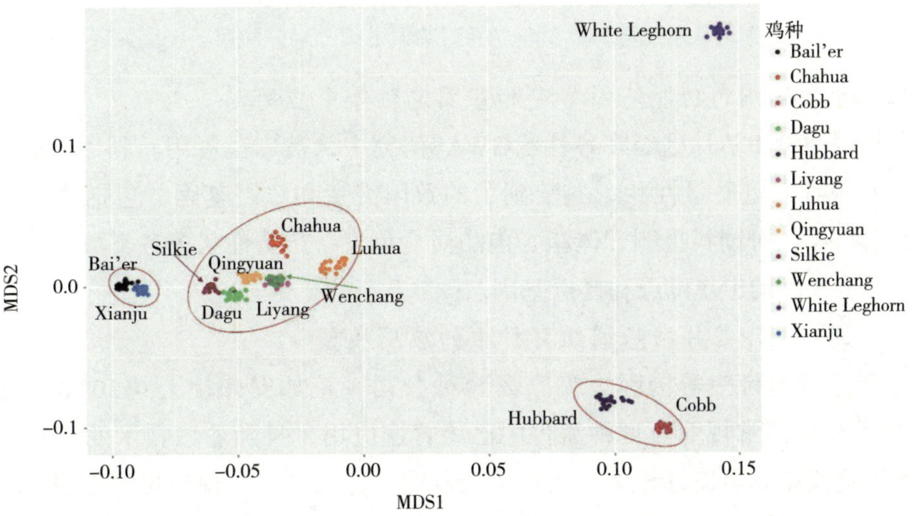

图4-9　利用京芯一号55K SNP芯片进行12个中外鸡种的聚类分析

外引进哈伯德与科宝肉鸡距离较近；蛋用型地方鸡种白耳和仙居鸡距离较近，并与各类肉用/兼用地方鸡种区分开来；整体地方鸡种相比于国外来航蛋鸡和引进快大白肉鸡距离更近，鉴定结果准确可靠。因此，京芯一号鸡55K SNP芯片在地方鸡种质资源多样性分析和动态保种评价中具有较大的应用潜力。

3. 在鸡群亲缘关系鉴定中应用

鸡品系的选择实践中，由于主观或客观因素会造成部分鸡混杂后而无法分辨来源的问题，因此需要对鸡群进行亲缘关系鉴定工作。本研究中针对某鸡场3个品系鸡中掺入非纯系鸡的待测群体，应用京芯一号55K SNP芯片对111系、201系和301系共380个鸡的DNA样品进行了亲缘关系检测。存在67个掺入非纯系鸡（图4-10中4个已知品系以外个体），需要在种用中进行剔除或是调整；其他黑圈内个体分属于已知品系。经SNP芯片鉴定后即可辅助育种中进行准确亲缘关系鉴定，加速育种进程。

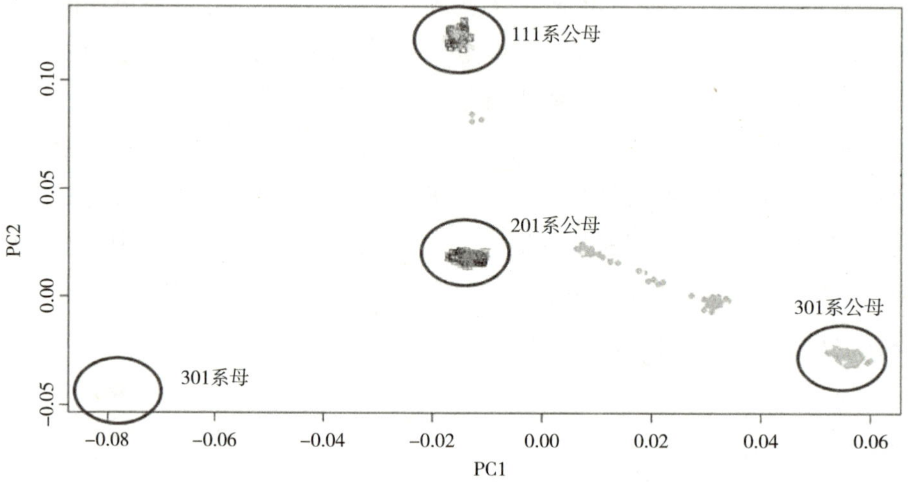

图4-10 利用京芯一号55K SNP芯片对鸡群进行PCA分析用于亲缘关系鉴别

4. 在基于GWAS的功能基因鉴定和基因定位等中应用

鸡全基因组SNP芯片已经在各性状GWAS研究中，被广泛应用。利用GWAS分析，已经对鸡外貌等大量质量性状，鉴定到了的致因突变和致因基因，包括鸡胡须、玫瑰冠、丝羽性状等；对饲料报酬、体脂、肉品质、免疫、产蛋性状等各类数量性状分析，均获得了显著关联的SNP位点和候选基因。

5. 全基因组SNP芯片在基因组育种中的应用展望

对于安伟捷、科宝等国际大型家禽育种公司，正如安伟捷公司2018年报告指出的，GS技术在公司常规商业育种流程中已经普遍应用，且随着该技术的成熟，产业应用的技术风险变小。然而，正是由于技术的成熟，各大国际育种公司均普遍应用，给企业带来的竞争优势便逐渐变小。技术的更新已经被企业密切关注，包括应用通过测序基因分型（Genotyping by Sequencing，GBS）进行的二代基因组选择技术和转基因技术等。GBS技术可以通过基因组重测序捕捉更全的基因组变异及拷贝数变异信息，避免基于SNP芯片固定有限的SNP进行估计带来的偏差。但安伟捷公司认为，二代基因组选择技术还处在试验研究阶段，现在还很难判断其中长期是否可以给产业化应用带来确实的益处。而转基因技术距离产业化应用更加的遥远，因为该技术要对基因组进行碱基或DNA片段的改变以改变表型，至今为止在动物育种中的成功案例较少。除了技术方面存在的难题，更关键的是受到公众接受度等问题的影响较大。

对于我国家禽育种，一方面拥有丰富而优异的家禽种质资源，但开发利用效率较低；另一方面GS育种技术已经成熟，但科技成果和产业应用存在着技术脱节问题。在这样的背景下，国内首个肉鸡全基因组选择育种联盟应运而生，由包括一线企业、科研单位、技术服务企业等的8家单位参与。将整合应用自主知识产权的京芯一号全基因组SNP芯片等技术成果，充分利用我国的丰富的家禽种质资源，快速、精准地实现定向选择、培育出我国自主品牌的高品质肉鸡新品种，有效提升国产品种的市场竞争力。

第六节　转基因和基因编辑技术在家禽上的应用及发展

转基因和基因编辑技术的不断发展推动着转基因动物研究的进步，转基因和基因编辑技术在医学、畜牧业等多个领域有着广泛的应用前景和发展潜力。相比哺乳动物，家禽因其独特的生殖系统而在转基因动物制备的过程中遇到难题，发展较晚。但也因它的特殊性在转基因生物反应器的应用上具备优势。近年来，基因编辑技术发展迅速，但也一直面临着来自社会各方面的质疑与争议，基因编辑动物带来巨大潜力的同时，也随之带来了潜在的风险。

一、家禽转基因技术的发展

转基因动物研究开始于20世纪70年代末，1974年美国科学家Jaenisch等将SV40病毒DNA注射到小鼠囊胚培育出转基因小鼠，这是世界上首例转基因动物。1982年Palmiter等通过原核微注射将大鼠的生长激素基因导入小鼠体内，成功培育出世界著名的“超级小鼠”，开启了转基因动物研究的热潮。随着生物技术和交叉学科的发展，多种转基因技术被应用于转基因动物的制备，出现了各种转基因动物。但由于家禽胚胎发育模式、生殖结构的独特性，转基因家禽相比于哺乳动物发展起步较晚，主要是因为当时作为转基因动物制备技术的常规方法“显微注射法”并不适合家禽。随着技术的发展，人们发现逆转录病毒感染法更具备优势，也使得转基因家禽有了突破性发展。1986年，

Salter等通过将网状内皮增生症病毒（Reticuloendotheliosis virus，REV）和鸡重组白血病病毒（Recombinant avian leucosis virus，re-ALV）同时注射到发育鸡胚的胚盘，并在子代中检测到病毒基因组序列，证明了逆转录病毒法在转基因家禽制备中的可行性。1987年，通过逆转录病毒感染法将外源基因导入鹌鹑胚胎，推动了基因工程在禽类中的研究。随后，美国科学家通过慢转录病毒载体能够更加高效地制备转基因家禽，培育出抗白血病病毒的转基因鸡。2004年McGrew等通过慢病毒载体法成功制备了转基因鸡。2007年，Lillico等成功制备了能表达人源化的单克隆抗体ScFv-Fc和重组人IFN-β-la蛋白的转基因鸡，转基因技术的发展不断成熟。

近些年来基因打靶技术如锌指核酸酶（ZFNs）技术、TALENs（Transcription activator-like effector nuclease）技术、CRISPR基因编辑技术等的出现提高了基因靶向修饰的效率和精准度，加快了转基因动物的发展。其中CRISPR/Cas9技术更具优势，操作简单，经济高效，应用性更广。在构建家禽细胞模型方面，CRISPR/Cas9技术的突变率还有待提高，2016年左其生等根据*C2EIP*基因PAM位置设计了gRNA，将Cas9/gRNA转入DF-1获得了目标突变体，虽然突变率只有26%，但证明了CRISPR/Cas9能够应用于家禽。利用CRISPR/Cas9敲除基因有效利用于家禽功能基因的筛选与验证，推动着家禽功能基因的研究。2016年张琦等通过CRISPR/Cas9技术敲除了鸡的前脂肪细胞中的视网膜母细胞瘤（Retinoblastomal，RB1）基因，证明了RB1基因对鸡前脂肪细胞分化具有促进作用，而对其增殖具有抑制作用。此外CRISPR/Cas9在家禽的疾病研究中也发挥着重要作用，Lee等在DF-1细胞上靶向编辑了B型肿瘤病毒（Tumor virus B，TVB）基因，使TVB受体半胱氨酸结构域中提前产生终止密码子，从而有效抵抗B型ALV的感染。CRISPR/Cas9技术优点很多，但存在的脱靶现象一直没有得到很好解决，会引起非特异性的基因突变、删除或重排，造成激活癌基因甚至引起细胞死亡等不良后果，给转基因动物的应用带来安全隐患。

二、转基因家禽制备技术

与其他转基因动物相比，转基因家禽个体小，繁殖快，世代间隔短，在应用方面也具备很多优势。对于家禽，其特殊的生理结构使得转基因导入细胞的生殖阶段变得十分关键，影响着转基因家禽成功与否。

1. 受精卵注射法

家禽相比其他畜禽动物拥有独特的生殖结构和生理特点，利用受精卵注射法获得转基因动物难度较大。显微注射技术需要将外源基因注射在胞质中，通过受精卵分裂过程中的修复机制将外源基因整合到宿主细胞基因组中。家禽卵子排出后将在输卵管的漏斗部受精，沿输卵管下行过程中先后形成卵白、壳膜及蛋壳，与此同时受精卵开始分裂。当鸡蛋排出体外时，胚胎已发育至第Ⅳ～Ⅴ期，细胞数目达到4万～6万个，而且1枚受精卵中最多可达20多个雄原核，周围又含有大量卵黄，因而很难像哺乳动物那样对受精卵进行显微注射。1988年，Perry等将外源裸DNA直接注射到鸡胚的胚盘中，第一次通过显微注射法成功获得了转基因鸡。1994年，Love等利用显微注射，成功获得了一只能够种系传递β-半乳糖苷酶报告基因的转基因公鸡，其后代中转基因阳性比例为3.4%，同时对G2代进行统计符合孟德尔遗传定律，证明发生了稳定整合事件。其后受精卵注射法经过多次改进，转基因的比例大幅度上升，但其操作比较复杂，且整合位点比较随机，外源基因遗传稳定性较差，使得转基因鸡的应用局限性很大。

2. 逆转录病毒介导转基因

逆转录病毒介导法是通过将外源基因重组到逆转录病毒载体上。将逆转录病毒转染细胞产生的大量毒素经超离心获得高浓度的病毒颗粒，再显微镜注入鸡的受精卵或胚盘中，病毒中可以通过逆转录酶和整合酶将外源基因整合到受精卵或胚盘干细胞基因组中。常见的逆转录病毒载体包括复制缺陷的网状内皮增生病毒载体、禽脾坏死病毒载体以及改良的复制缺陷性禽白血病病毒载体等。早期研究中，逆转录病毒是直接注射到胚胎或在体外感染新鲜的胚泡细胞，再移植到受体胚胎中。Salter等通过逆转录病毒介导技术成功获得转基因鸟类，但他们发现研究中用到的逆转录病毒具有复制能力，转基因动物的安全性受到质疑，存在传播感染性颗粒的可能性。随着病毒基因组的修饰以及复制缺陷型逆转录病毒的使用，克服了这些问题。1989年Bosselman等利用复制缺陷型逆转录病毒颗粒感染鸡胚的胚泡制备了转基因鸡，经过2次传代后，都不会检测到具有感染性的病毒颗粒。

逆转录病毒介导生产的转基因动物在外源基因表达水平上发生了下降，同时有部分个体存在基因沉默现象。之后慢病毒介导技术克服了转基因动物后代发生转基因沉默的现象。

3. 利用慢病毒载体实现转基因的介入和导向

慢病毒载体介导法与逆转录病毒法类似，但慢病毒可感染分裂及非分裂期的细胞，因此提高了外源基因转入受体细胞的效率，且对广泛的宿主都有感受性，因而对转基因操作而言是理想的工具。2000年之后，多项研究证实了利用慢病毒载体将外源基因导入哺乳动物或禽类的可行性，同时转基因后代不会出现基因沉默现象。2004年，McGrew等利用VSVG蛋白对马传染性贫血病毒（EIAV）包膜，然后注射到鸡胚胚盘下腔中，成功获得了10只生殖嵌合公鸡，其后代的转基因阳性比例为4%～45%，在G1和G2代均能够检测到外源基因的表达，证明了慢病毒载体能够克服转基因后代中的基因沉默现象。

慢病毒载体已被广泛用于转基因鸡的制备研究中，转染效率相较其他方法有所提高，且在体内通常无致病性，免疫原性较低，适用性广。但慢病毒介导的外源基因插入属于随机事件，并倾向于插入基因组转录活跃区或其附近序列，存在突变的风险，若激活癌基因、灭活抑癌基因等出现突变事件则容易引发癌症。针对慢病毒载体可能造成的随机突变，近些年来研究者们开发出对特定细胞类型的抗体介导转染方法，利用特定的配体受体反应来改变病毒包膜的趋向性，这通过在Mo-MLV病毒包膜糖蛋白中加入一种称为异种球蛋白的蛋白质，能够靶向目标细胞表达的某种蛋白质。利用抗体介导的方法进行转基因鸡制备的尝试，通过比较VSVG包膜的慢病毒和SSEA4抗体介导的M168假型化慢病毒对鸡原始生殖细胞的感染效果，结果显示在抗体作用下的M168慢病毒能够实现更有效的靶向转基因，且外源基因阳性率显著高于VSVG包膜组。该研究为靶向高效地制备转基因鸡提供了支持，并有效降低了慢病毒随机插入导致受体动物基因组突变的风险。

三、基因编辑鸡的研究进展

CRISPR/Cas9系统是一种在细菌和古细菌中发现的获得性免疫系统，由规律成簇间隔短回文重复序列（Clustered regularly interspaced short palindromic repeats，CRISPR）和CRISPR相关蛋白（CRISPR-associated proteins，Cas）组成。在此基础上改造获得的CRISPR/Cas9基因定点编辑技术可通过设计小的单链引导RNA（single guide RNA，sgRNA）对目标基因进行定向编辑。CRISPR/Cas9系统由sgRNA通过碱基互补配对识别靶DNA序列，引导Cas9特异性切割，实现基因组特定DNA片段的敲除、敲入或替换。CRISPR/Cas9技术具有操作简单、成本低、效率高和适用范围广等优点，已广泛应用于人类细胞、斑马鱼、小鼠、猪等动物及植物的基因组定点修饰，在畜禽基因组编辑和应用中具有广阔的应用前景。

近年来，随着基因组编辑技术的不断发展，科研工作者也在不断地探索CRISPR/Cas9在鸡基因组编辑中的应用。Veron等借助CRISPR/Cas9系统对鸡胚PAX7基因进行敲除，结果表明，CRISPR/Cas9介导的基因编辑技术是一种能够实现鸡胚胎组织中基因功能缺失的有效方法，该结果为该技术在家禽中的应用奠定了基础。Oishi等采用CRISPR/Cas9技术来制备转基因鸡，该研究通过嘌呤霉素在鸡原始生殖细胞（Primordial germ cells，PGCs）中筛选OVA和OVM基因，检测打靶效率为90%以上，随后将敲除OVM基因的PGCs细胞成功注入鸡胚血管中，获得了嵌合体的转基因公鸡，通过杂交获得基因敲除的纯合转基因鸡，该研究结果为制备基因编辑鸡奠定了基础。利用CRISPR/Cas9技术将人干扰素β（hIFN-β）基因整合到鸡PGCs卵清蛋白基因座中，而后将修饰过的PGCs移植到受体胚胎中来生产嵌合体公鸡，成功敲入hIFN-β基因的雌性后代产生蛋清中含有丰富的hIFN-β。CRISPR/Cas9技术可以在细胞系、鸡原代细胞和胚胎中进行切实有效的编辑，并可以借助该技术制备转基因鸡，这些研究结果为进一步利用CRISPR/Cas9技术进行鸡基因功能研究、重要经济性状的遗传改良和分子定向育种提供新的思路和途径。值得注意的是，CRISPR/Cas9系统主要依据sgRNA上的20个核苷酸碱基与目标位点的碱基配对作用来识别靶DNA序列，但由于生物体基因组序列的复杂性，sgRNA有可能会与基因组中非目标位点序列进行匹配，进而产生非特异性切割，产生脱靶效应，这在一定程度上会导致对该技术在家禽中的应用的生物安全方面的担忧。

四、转基因和基因编辑在家禽方面的应用

1. 动物生物反应器——输卵管生物反应器，生产药用蛋白

生物反应器是利用动物体所具有的生物功能，在其体内经过生物自身的代谢，能够获得目标产物的细胞、组织器官的方法。根据蛋白表达部位不同来划分，主要有血液、膀胱、唾液腺、乳腺、输卵管等生物反应器。乳腺和输卵管两大生物反应器的广泛应用受到了研究者们的高度关注。利用禽类输卵管作为生物反应器具有许多优势。与牛奶乳腺相比，鸡蛋中的大部分蛋白其糖基化与人类更为接近，可以避免乳腺作为生物反应器可能出现的一些问题，例如在奶牛乳腺细胞作为宿主，细胞的死亡率较高，但如果选择鸡细胞作为宿主来表达，则对其正常的机体功能无任何损伤。乳蛋白和脂肪生化成分难以证实，重组蛋白分离提纯的难度大成本高，而家禽作为转基因动物，其产蛋数量多、蛋白含量高，鸡蛋内部有天然无菌环境，蛋白分离提纯简单。同时，与哺乳动物相比，家禽具有繁殖周期短，养殖成本低的优势，因此鸡输卵管生物反应器可以作为临床医学药用蛋白高效生产的理想途径，越来越多的研究也开始关注转基因家禽，以期开发人类药用蛋白的新途径。

2. 家禽新品种育种

利用转基因或基因编辑技术将生长发育、抗性相关功能基因转入或者对家禽基因进行编辑并提升目标性状，为家禽新品种的培育提供了更有效的技术手段。张琦等利用CRISPR/Cas9技术敲除鸡前脂肪细胞中的视网膜母细胞瘤（Retinoblastomal 1，RB1）基因，结果表明，RB1基因对鸡前脂肪细胞分化具有促进作用，而对其增殖具有抑制作用。提高家禽的抗病能力长期以来都是育种研究者关注的热点问题，例如在家禽养殖的集约化环境下，高密度的饲养使得禽白血病（ALV）等病原的传播更为方便，成为家禽养殖最为头痛的问题。传统的育种方法一般会通过在高度环境压力下不断自然选育出有抗病力的品种，需要几个世代的严格筛选，费时费力成本高。但转基因和基因编辑技术可以通过将抗病基因转入家禽基因组或者改变家禽的抗病基因表达，极大地缩短育种时间，有望在家禽抗病育种上发挥重要作用。因此，一些科学家们也尝试通过转基因和基因编辑技术进行家禽抗病育种，例如1989年美国生物学家就通过重组的ALV载体将有抗A型白血病肉瘤基因转入鸡体内，获得抗ALV的鸡品种。2011年Hellen等通过慢病毒载体制备了能够表达干扰和阻碍禽流感病毒聚合酶功能的shRNA（Shorthairpin）的转基因家禽，这是首次研发出对禽流感有一定抵抗力的转基因鸡。NHE1（Na^+/H^+exchanger type 1）基因是禽白血病J亚型的宿主受体。2019年，捷克科学家利用CRISPR/Cas9技术对鸡NHE1基因进行了基因编辑使其第38位的色氨酸位点替换并获得了纯合子基因编辑鸡，所得的基因编辑鸡对禽白血病有较强抵抗力，且该位点的基因编辑对于鸡的正常生长并无明显的副作用。

将转基因和基因编辑技术应用于抗病育种具备明显的优势：可以将其他物种的抗性基因加入鸡的基因组中，不仅能打破物种隔阂，还可以定向诱导培育，大幅度缩减繁殖育种时间；转基因和基因编辑育种可以避免自然交配育种耗时长、筛选单一、获得目的形状的概率小等缺点；转基因和基因编辑技术的应用可避免在家禽疾病预防中疫苗的长期使用和滥用，以及给食物带来安全隐患等缺点。

3. 性别鉴定

在家禽养殖业中存在着对特定性别雏鸡的需求。如蛋鸡企业希望获得更多的母鸡，而孵化出的公鸡多数将面临被处死的命运。在孵化期内鉴别出雏鸡的性别并进行选择不仅可以节约成本，也能避免养殖业中涉及的动物福利问题。Lee等将含有sgRNA识别序列的质粒和CRISPR/Cas9载体转染到鸡原始生殖细胞中，将荧光蛋白GFP靶向插入Z染色体，随后将遗传修饰后的原始生殖细胞移植至鸡胚胎中并生产转基因鸡，成功建立了鸡性别鉴定模型。澳大利亚科学家利用CRISPR/Cas9技术将来自海葵基因中的“红色荧光蛋白（RFP）”片段，复制到了母鸡的Z染色体上，由此得到的胚胎可以在激光灯下呈现橘红色。用特殊的激光灯照射基因编辑过的鸡蛋，如果呈现橘红色那就是公鸡（ZZ），因为其中一条Z染色体来自被修改过的母亲，而母鸡只会继承来自母亲的未带RFP的W染色体。

五、转基因和基因编辑鸡面临的难题

转基因和基因编辑动物的发展落后于植物，效率低、成本高等问题都是制约转基因和基因编辑动物发展的主要因素。由于家禽特殊的生理特点，转基因和基因编辑家禽的发展更是落后于哺乳动物。现阶段的应用方向还是在于能生产人类药物的生物反应器上，例如利用转基因家禽输卵管可以分离得到有药用价值的蛋白，得到了许多生物技术公司的投资和支持。但想要用转基因技术改善家禽自身生产性、改良品种，还需要克服技术、法规和公众上的障碍。转基因和基因编辑技术一直备受争议，主要原因还是现有的转基因和基因编辑技术仍存在诱导肿瘤、造成未知疾病等风险。目前转基因技术主要采用的是病毒载体感染法，但这些缺陷型病毒有可能会和内源性病毒的成分进行重组而获得复制及致病性。转基因和基因编辑鸡的成活率仍然很低，成功的转基因和基因编辑鸡其安全健康也很难保障，未知的风险都是人们担心的问题。

但不可否认的是近年来转基因和基因编辑技术对家禽育种、遗传资源利用等方面的应用都取得了巨大进步。并且仍有很多应用空间未被开发，如何完善转基因和基因编辑技术、预测和避免安全风险、解决社会舆论对转基因和基因编辑技术的误解都是转基因和基因编辑动物走向应用的路上需要面临的重大难题。

第七节　黄羽肉鸡的繁育和推广

目前行业采用较为广泛的黄羽肉鸡种鸡繁殖方式有两种：人工授精和自然交配。人工授精的繁育方式适于大规模扩繁，省时省力，笼养种鸡往往采用人工授精的方式进行扩繁；自然交配方式，适用于平养种鸡。根据市场需求和养殖目标的不同，有时需要将不同性别的鸡分别饲养或销售，此时需要对雏鸡的性别进行鉴定，本节还将述及雏鸡的翻肛性别鉴定和自别雌雄技术。

一、黄羽肉鸡繁殖方式

（一）自然交配

自然交配是在不施加人工干预的情况下，由公母鸡自行完成交配的一种繁殖方式。公鸡的生殖器官主要由睾丸、输精管、附睾和阴茎突起组成。公鸡没有交配器官，只有一个退化了的位于泄殖腔的腹侧的阴茎突起。自然交配时公鸡踩在母鸡背上，保持平衡、公鸡泄殖腔孔周围的肌肉收缩将精子压入母鸡的泄殖腔孔内完成交配。自然交配的受精率受到公母配种比例、温度和光照等多重因素的影响。

自然交配的鸡群，饲养密度不宜过高，要维持适宜的公母比例。在交配的时候如果鸡群中公鸡过多，往往会发生争配现象并使母鸡过度交配，踩伤母鸡，造成母鸡体况下降，干扰交配并影响受精率；反之若公鸡过少而母鸡过多，每只公鸡的配种任务过大，公鸡精液品质下降进而导致受精率下降。一般来讲在鸡群产蛋前期适宜的公母比例是1：（8～15），鸡群公母比例可根据品种的体型适当调整，轻型鸡公母比例为1：（12～15）、中型鸡1：（12～15）、体重较大的品种为1：（1～8）。体重超重的公鸡交配时可能对母鸡造成伤害，而使母鸡拒绝交配，要及时淘汰体重过重的公鸡，在生产中也要避免使用大公鸡和小母鸡进行交配。此外种鸡的日龄对于自然交配的受精率有很大影响，只有当公母鸡均处于性活动比较丰富的日龄时方可获得最好的受精率。种鸡的种用年限一般为1～2年，育种场的优秀母鸡一般可以产蛋2～3年。

（二）人工授精

人工授精是通过人工采集公鸡精液并输入产蛋母鸡输卵管中而获得受精蛋的一种方法，适用于笼养方式中。人工授精相对自然交配来说技术难度大，但是人工授精技术可大幅度减少种公鸡的饲养量、节约养殖成本，还可克服如体重差异过大、公鸡受伤等公母鸡间的配种障碍，因此在笼养种鸡的配种中得到了广泛应用。此外随着鸡精液冷冻技术的发展，种公鸡的精液可以冷冻贮存到需要时再与母鸡受精，母鸡的受精时间可以不受公鸡生命周期的限制，不同区域的鸡场乃至国家间都可以更为方便地进行优良公鸡精液的交流。

种鸡人工授精过程中要注意以下方面的问题。

1. 采精公鸡的训练

在配种前3～4周，备用公鸡转入单笼饲养，以便管理和熟悉环境。在采精前2～3周挑选健康、体重达标、发育良好的公鸡进行采精训练。训练之前，先将泄殖腔外周的羽毛剪除，以防采精时遮挡视线或羽毛上沾染的粪便污染精液。由熟练的技术人员隔天1次或每天1次采精训练，训练时注意观察公鸡的性欲反应是否强烈、交配器是否勃起正常以及采集的精液是否合格。一旦训练成功，就要坚持隔天1次采集。正常的精液应为乳白色或微显黄色不透明的乳状液体，如果多次训练采精的精液量太少或者呈水样（精子密度太低）、絮状（尿酸盐污染）、黄褐色（粪便污染）、呈血色等则可淘汰相应公鸡。有条件的可进一步用显微镜检测效果更好。经3～4次训练的公鸡，大多数能够获得精液。有的公鸡经过多次训练后依然不能建立正常的条件反射，若是因为公鸡日龄较小没有达到性成熟则应加强饲养管理并继续训练，否则应淘汰。

2. 采输精器具的准备

采输精所用器具如集精杯、胶头滴管、输精枪头、枪头盒等在使用前经高压灭菌后放进60～65 ℃的烘箱中烘干。烘干后的输精器具最好用牛皮纸包裹密闭保存，防止尘土或细菌污染影响种鸡的健康。

3. 精液的采集

采精通常由2人操作，其中一人负责保定公鸡，另一人按摩与收集精液。采精间隔根据实际情况而定，注意给予公鸡一定的休息时间，防止频繁采集导致精液质量下降。采集步骤如下。

（1）保定员用双手紧握公鸡双腿根部，并使双腿夹紧给予公鸡腹部一定挤压，如图4-11所示。注意不要让公鸡有挣扎的余地。

（2）采精者用右手食指和中指把采精杯夹好。采精者左手掌向下，贴于公鸡背部，从背部靠近翼根处经背腰部轻轻推至尾羽区，从轻到重按摩数次，公鸡尾羽竖起，左手迅速将尾羽拨向背部，如图4-12所示。

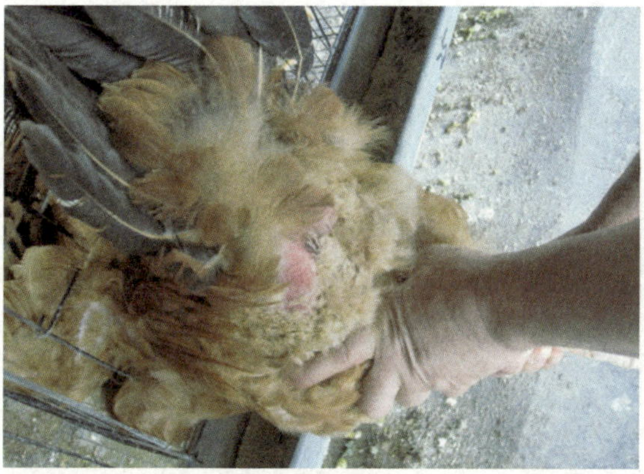

图4-11　公鸡的保定

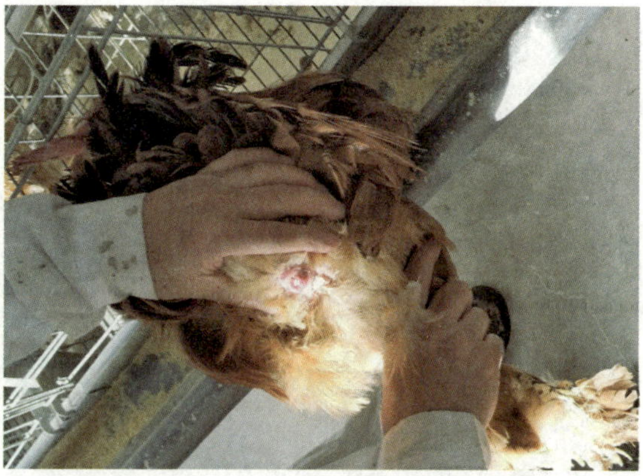

图4-12　按摩公鸡

（3）采精者左手拇指与食指分开跨捏于泄殖腔上缘两侧，当公鸡尾部向上翘起、肛门向外翻出并露出交配器时，左手拇指与食指跨捏在耻骨间肛门两侧挤压，精液即流出，右手便可将采精杯盛接精液，如图4-13所示。公鸡排精时左手要捏紧肛门两侧不能放松，否则精液不能完全排出来。采精过程中若发现精液中掺有粪便或其他杂质，则注意不要接入集精杯中，防止污染其他精液。采集精液要尽快使用，一般从精液采出后到输精完毕的时间最好不要超过25 min，否则对精子活力和受精率会有一定的影响。夏季高温的时候更是要注意使用冰水降温。

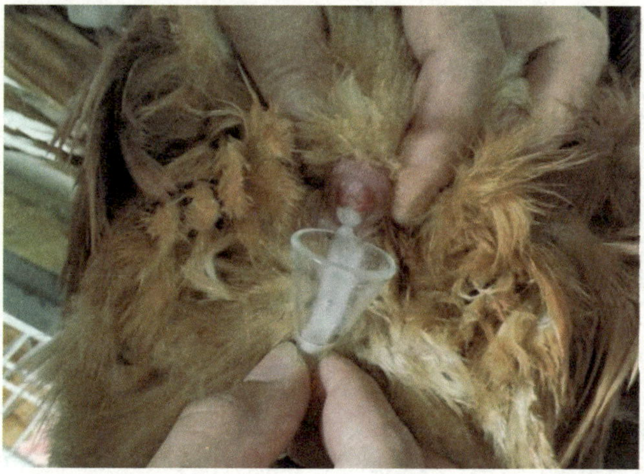

图4-13　精液采集

4. 输精

输精时需要2人操作，1人负责翻肛，1人负责输精（图4-14、图4-15）。操作步骤如下。

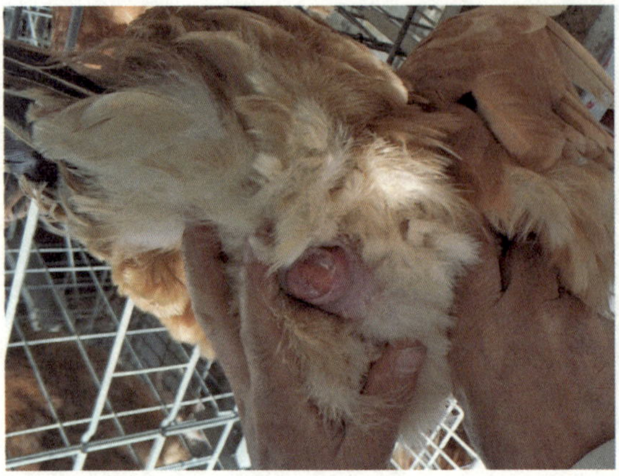

图4-14　翻肛

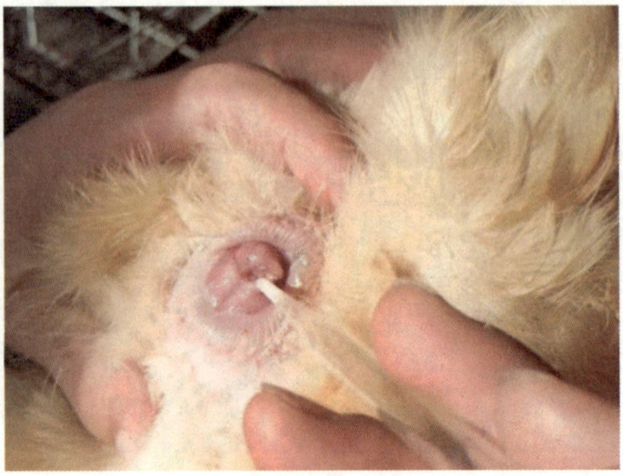

图4-15　输精

（1）母鸡的绑定。负责翻肛的人员稍稍提起母鸡双腿，左手压住腹部用力使得输卵管开口外露。

（2）输精。输精人员手持输精滴管对准输卵管开口中央轻轻插入并完成注入精液，翻肛人员同时立刻解除对母鸡腹部的压力，使母鸡输卵管缓缓缩回，观察没有精液溢出后即可完成输精。

输精一般选择在一天内大部分母鸡产蛋后，此时输卵管里没有鸡蛋比较有利于精液的输送和精子顺利到达受精部位。具体时间安排应按当时光照制度而定，通常在下午15：00—17：00输精。建议每次输入原精液0.05 mL，每4～5 d输1次，以确保受精所需精子数，提高受精率。在操作中要注意以下要点：一是抓鸡要快、准、稳。减少母鸡挣扎的机会，从而减少机械性卵黄性腹膜炎的发生机会；二是翻肛动作要迅速敏捷，不能用力过猛，以免造成脱肛和机械性卵黄性腹膜炎；三是对鸡腹部施压时，一定要着力于腹下左侧，因输卵管在泄殖腔左侧上方，右侧为直肠开口，如着力相反。便会引起母鸡排粪；四是输精时切忌将输精滴管斜插入输卵管，否则不但不能输进精液，而且容易损伤输卵管壁；五是为防止疾病交叉感染，要求一只母鸡一支枪头，并且枪头的前端不能太尖，防止刺伤输卵管；六是输精动作要到位，不是越慢越好，输精时间太长，反而会增加精液流出的机会；有些输精感觉不理想的、输完精又产蛋的、不能立即翻肛的鸡只不要强迫人工授精，先做好标记，等到晚上或翌日补授。

（三）两种繁殖技术的利弊

上述两种繁殖技术目前都比较成熟可靠，应用也比较广泛，但各有利弊。

1. 公鸡饲养成本

人工授精的公母比例可以达到1：（30～50），可以充分利用优秀种公鸡资源，减少公鸡饲养成本。而自然交配需要饲养公鸡数量较多。

2. 受精率

熟练的人工授精可以保证种蛋受精率达到90%以上，有的可以高达95%以上。而自然交配方式的受精率在前期可以达到90%以上，但是产蛋后期由于公母鸡的交配能力下降，种蛋受精率会略有所下降。

3. 人工成本

人工授精操作步骤多，需要严格的岗前培训和熟练的操作技巧，工作强度大，人工成本高。自然交配不需要人工干预，人工成本较低。

4. 疾病传播

人工授精可以逐个观察公鸡健康以及精液情况，进而降低由于公鸡生殖器官疾病而导致母鸡的感染。自然交配需要更加关注公鸡的健康状况，防止公母鸡交叉感染。

二、雌雄鉴别

（一）翻肛鉴别

翻肛鉴别主要是指雏鸡出壳24 h内通过人工观察公母雏鸡泄殖腔结构的微小差异而区分性别的一种方法。其适用范围广，可鉴别任何1日龄雏鸡。翻肛鉴别法最好在雏鸡出壳后2～12 h进行，最迟不要超过24 h，否则生殖突起萎缩，鉴别变得困难。正确的翻肛鉴定准确率可以提高到98%以上，雏鸡初生的雌雄鉴别可以淘汰生产上不需要的公鸡，降低饲养成本，可显著提高养殖企业的经济效益。

1. 雏鸡泄殖腔结构的性别差异

雏鸡的泄殖腔内口处有1个退化的交尾器官、很微小。将泄殖腔纵向切开，由内向外可以看到3个皱褶：第一皱褶为直肠的末端部位；第二皱褶在泄殖腔的中央，由斜行的小皱续集合而成，终止于第三皱褶外；第三皱褶是形成泄殖腔口的皱褶。鸡退化的生殖器官位于第二皱褶和第三皱褶会合的中央处。雄雏有1个比小米粒还小的透明小突起点，称“生殖突起”。雄性雏鸡生殖突起分为6类，分别为：正常型、小突起型、大突起型、肥厚型、纵型和分裂型。正常型生殖突起比较发达，形状规则且位于肛门线外，“八”字状襞发达，此种类型占大部分。小突起型生殖突起较小呈钝圆状，“八”字状襞不明显。大突起型生殖突起多呈扁平状，“八”字状襞较发达，此种类型约占5%。肥厚型生殖突起与“八”字状襞连在一起，生殖突起并不发达然而“八”字状襞特别发达。纵型生殖突起尖长，“八”字状襞不发达也不规则。分裂型生殖突起中间有一纵沟将生殖突起分为两部分。母雏绝大多数生殖突起退化而没有生殖突起点，而是皱褶凹陷会合沟，如图4-16所示。在实际生产中也有20%～40%的母雏生殖突起没有完全退化，这类生殖突起分为小突起型和大突起型两种类型。母雏小突起型生殖突起近似球形，形状像针尖一样，“八”字状襞明显退化。大突起型生殖突起明显，“八”字状襞较发达，此类母雏占比较低和公雏较难区分。

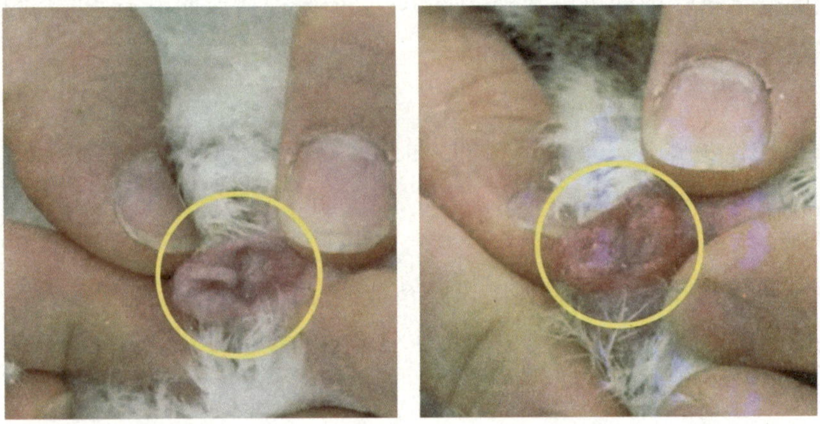

图4-16　翻肛鉴别（左图公；右图母，无生殖突起）

2. 操作步骤

雏鸡肛门鉴别应在出壳后24 h内进行，此时泄殖腔饱满未萎缩，可增加鉴别的准确性。鉴别台配有3个鸡苗框，中间框放混合雏，左右框分别放雌雏或雄雏。另设1个台灯和接胎粪小盆。鉴别时双手可抓1只雏，左手抓一只进行翻肛鉴别，右手抓一只轻握手心待鉴。左手握雏，雏鸡背贴掌心，3指轻握雏鸡体躯，头朝小指方向。翻肛前用拇指轻压腹部，借助雏鸡呼吸将胎粪挤入接粪盆中。左拇指置于肛门左侧，左食指自然伸开，右中指放肛门右侧，利用右食指和中指轻轻顶推肛门一侧。左拇指协同外翻肛门，3指向肛门凑拢，肛门即被翻开。肛门翻开后，放在乳白亮光台灯下观察，根据生殖突起的有无和形态上的差别，便可判断雌雄。如有粪便，可用手指轻轻抹去。当难以看清形态特征时，可用指端触摸，观察突起点的饱满或充血程度加以鉴别。

（二）自别雌雄

家禽有些性状是伴性遗传的，因此通过专门品种或品系之间的杂交，可以根据初生雏禽的某些伴性性状准确地辨别雌雄。自别雌雄主要利用伴性性状在不同性别中表现不同特征的遗传特性而进行性别鉴定。其原理是公鸡性染色体组成是ZZ、母鸡性染色体组成是ZW，公鸡性染色体（ZZ）上携带纯合的隐性等位基因，母鸡的性染色体（ZW）中的Z染色体上携带的是显性等位基因，后代公雏ZZ性染色体表现其母本的显性性状，而ZW染色体的母雏则表现其父本的隐性性状。与翻肛鉴别相比，自别雌雄操作相对简单且对雏鸡无损伤。目前常用的自别雌雄的方式主要包括快慢羽、金银羽、芦花和非芦花等。

1. 快慢羽

快慢羽是指翅膀羽毛生长速度的快慢。在出雏的24 h内，快羽指主翼羽比覆主翼羽长，而慢羽是主翼羽比覆主翼羽短或者两者一样长。有些主翼羽虽然长于覆主翼羽，但在2 mm以内，通常也认为是慢羽。慢羽性状为显性（K），快羽性状为隐性（k）。用快羽公鸡（Z^kZ^k）配慢羽母鸡（Z^KW），后代的公鸡是慢羽（Z^KZ^k），母鸡是快羽（Z^kW），如彩图4-7所示。根据快慢羽伴性遗传规律，快羽为隐性，其表现型与基因型一致，不必再进行基因型测交试验，即可确定快羽鸡的基因型。

2. 快慢羽鉴别

慢羽基因K相对于快羽基因k为显性。用快羽公鸡和慢羽母鸡杂交，所产子代公雏全部为慢羽，而母雏全部为快羽。快慢羽的区分主要由初生雏鸡翅膀上的主翼羽和覆主翼羽的长短来确定。主翼羽明显长于覆主翼羽的雏鸡为快羽，图4-17子代中快羽全部为母鸡。

慢羽类型较多：主翼羽短于覆主翼羽；主翼羽与覆主翼羽等长；主翼羽未长出；主翼羽与覆主翼羽等长，但是前端有1～2根稍长于覆主翼羽，这种类型容易看错。

快慢羽除了可以用于家禽生产中的雌雄鉴定，快慢羽基因型对于鸡对禽白血病抗性也有影响。研究表明慢羽鸡对禽白血病较为敏感且更难净化，这可能是因为慢羽K基因携带内源性禽白血病病毒ev21，可能造成快慢羽鸡对禽白血病感染具有不同的免疫反应，慢羽鸡在禽白血病感染时免疫因子的产生较快羽鸡相对滞后，强度也小于快羽鸡。

♂（Z^KZ^K，快羽）×♀（Z^kW，慢羽）

↓

♂（Z^KZ^k，慢羽）×♀（Z^kW，快羽）

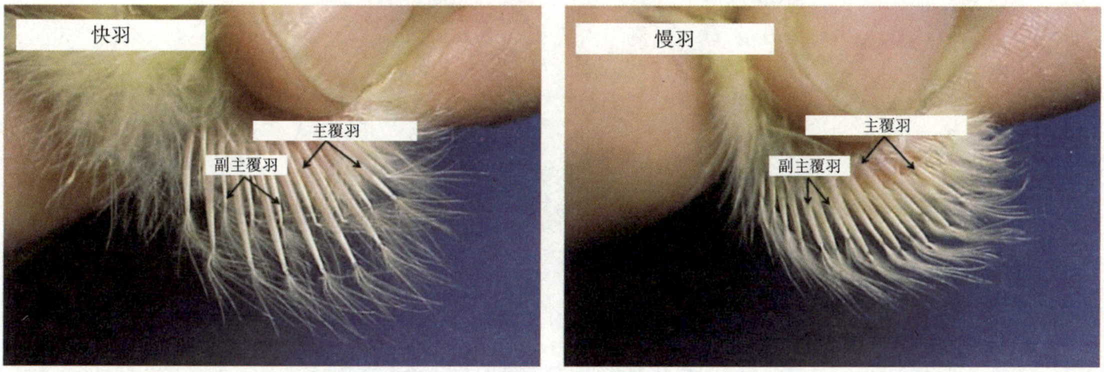

图4-17　快慢羽交配方式及鉴别（右图为慢羽公鸡，左图为快羽母鸡）

（图片来源：Jacquie Jacob，肯塔基大学）

3. 金银羽自别

银色基因（S）和金色基因（s）是一对位于性染色体上的等位基因。银色对金色为显性。带银色基因的鸡其羽型一般表现为银白色、浅白色或杂斑银白色。所有黄羽鸡都带有金色基因。用带有纯合金色基因的公鸡（Z^sZ^s）与带有银色基因的母鸡（Z^SW）交配，其后代将产生基因分离。如图4-18所示后代的母鸡带有金色基因（Z^SW），而公鸡则为杂合体（Z^SZ^s），羽色表现为银羽。

金色♂ Z^sZ^s × Z^SW ♀银色

↓

Z^SZ^s ♂银色　　金色♀ Z^sW

图4-18　金银羽色的分离及鸡雏羽色自别鉴定

4. 芦花羽

芦花又称横斑，是一种性连锁性状。造成鸡的芦花表型包括性连锁的芦花表型和常染色体芦花表型。性连锁的芦花是伴随着色素沉着的完全缺失，而常染色体芦花产生深色的和明亮的色素沉着交替的条纹，不是很规则。性染色体上控制该性状的等位基因（B）为显性基因，能冲淡有色羽的黑色素使其产生深浅相间的条纹即芦花。成年的芦花羽表现为深浅相间的条纹，公鸡斑纹白色宽于黑色，母鸡斑纹宽窄较一致，而雏鸡则表现头顶绒羽的色素呈现白色或乳白色斑块，公雏的斑点要比母雏的大。等位基因（b）为隐性基因，表现为一致的羽色。当用非芦花公鸡（Z^bZ^b）与芦花母鸡（Z^BW）交配时，后代中的公鸡是芦花鸡，母鸡是非芦花鸡（图4-19）。该基因除了对羽毛颜色有影响外，还对胫色有稀释作用，且表现出剂量效应（图4-20）。

图4-19　芦花鸡羽毛（上为公鸡，下为母鸡）

非芦花♂（Z^bZ^b）×芦花♀（Z^BW）

↓

芦花♂（Z^BZ^b）非芦花♀（Z^bW）

图4-20　不同芦花基因型后代杂交表型

5. 胫色

鸡的胫色受黑色素和叶黄素影响，根据胫部的表皮层和真皮层的黑色素和黄色素及其他色素含量可直观地把胫色分为深色胫和浅色胫两类，深色胫有黑色和浅黑色，而浅色胫有青黄、黄色和白色。表皮层和真皮层缺乏色素时，鸡胫色表现为白色（或称肉色）和红色；表皮层存在叶黄素、真皮层缺乏黑色素时，鸡胫色为不同程度的黄色（从青黄色到黄色）；胫部表皮层存在黑色素时，胫色为深色。深色胫由隐性基因id控制，浅色胫由显性基因Id所致。胫色基因是性染色体上的一对等位基因，其遗传属伴性遗传。浅色胫对深色胫为完全显性，因此深色胫公鸡与浅色胫母鸡杂交，其代中的母鸡应全为深色胫，公鸡全为浅色胫，在生产上可自别雌雄（图4-21）。

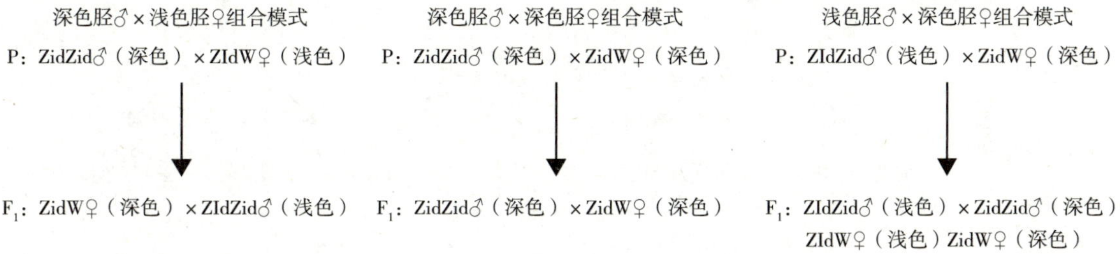

图4-21　胫色交配方式及鉴别

6. 矮小基因（*dw*基因）

*dw*基因位于Z染色体上，为隐性伴性遗传，相对正常型基因*Dw*为隐性。只有矮小型基因纯合子的公鸡（$Z^{dw}Z^{dw}$）和携带矮小型基因的母鸡（$Z^{dw}W$）的表型才为矮小。和正常鸡相比，*dw*基因使鸡的胫骨短1/3左右，成年鸡体重下降30%左右，能提高产蛋率、合格种蛋率、饲料报酬和受精率，对产蛋数一般无影响，但它能降低蛋重（一般为正常鸡蛋重的90%），对热应激或高温有较强的抵抗力和适应性（图4-22）。

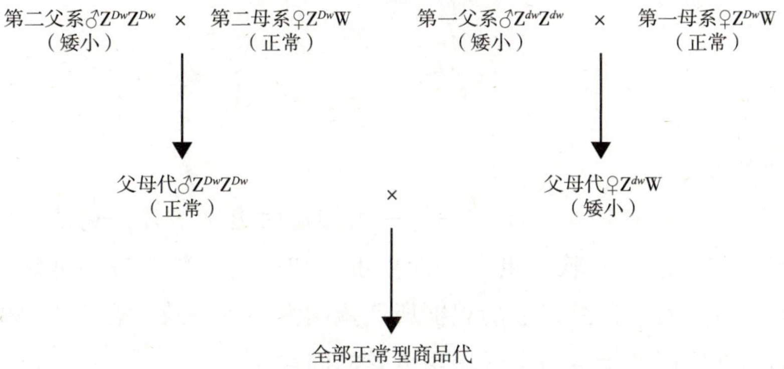

图4-22　*dw*基因一般配套模式

7. 垂尾基因（Rumpless基因）

垂尾基因位于性染色体Z上，为显性伴性遗传，相对正常型翘尾基因为隐性。

8. 羽速和羽色自别相结合

利用伴性遗传实现初生雏鸡雌雄自别的方法主要有以上三种，为了实现父母代和商品代均能自别雌雄，避免父母代初生雏鸡翻肛鉴别，有时将两种方法结合起来使用（图4-23）。

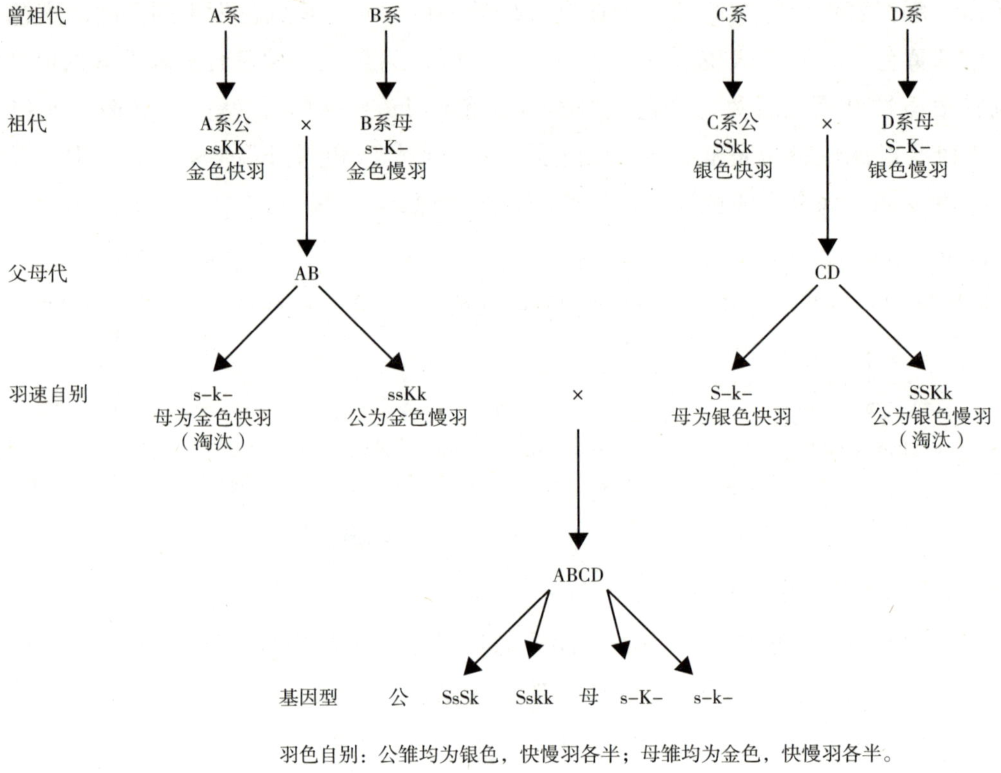

图4-23　羽速和羽色自别相结合

三、种蛋的孵化

（一）种蛋管理

1. 种蛋的外貌选择

鸡的种蛋要求大小合适。大小均一的种蛋孵化后出雏整齐、鸡苗均匀度较高。种蛋需呈纺锤形或卵圆形。“软壳蛋”“沙皮蛋”和“钢皮蛋”等各种畸形蛋需及时淘汰，不能作为种蛋上孵。日龄接近的鸡群所产蛋的大小越一致、合格率越高，相反，日龄差异较大的鸡群所产种蛋容易出现均匀度差的问题。

种蛋形状上接近卵圆形的孵化效果好，种蛋的蛋形指数（长轴/短轴）宜在1.32～1.39（标准为1.35），过长、过圆和两头过大或过小的蛋都不宜作种蛋使用。

种蛋蛋壳要求致密均匀，厚度适宜，蛋壳表面光滑。蛋壳上有皱纹、沙粒等异常的种蛋不宜用于孵化。黄羽肉鸡蛋壳颜色一致性较差，留种蛋时无须苛求蛋壳颜色完全一致。

2. 种蛋的贮存

种鸡场应当配备专门的种蛋储藏室，储藏室温度控制在13～18℃、湿度控制在75%～80%。储藏室应当保持清洁卫生，防止蚊蝇的滋生，配备有防鼠措施。种蛋一般应该在7日内上孵，最长不超过2周。存放时间过长容易导致种蛋孵化率下降。如果种蛋保存时间不超过1周在贮存期间不需要翻蛋；如果保存时间超过1周，在贮存期间需要每天将种蛋翻转90°，以防止系带松弛、蛋黄粘壳，导致孵化率下降。

3. 种蛋的运输

种蛋运输宜采用专用种蛋运输车， 运输车须为能保温的厢车。夏季时要注意种蛋的防雨防晒，冬季要做好种蛋的保暖防寒。最好用已消毒的专用蛋托和纸箱装蛋，避免种蛋之间相互碰撞。装运种蛋时要轻拿轻放，防止装蛋工具变形。种蛋运输过程中，车速应保持运行平稳减少颠簸，防止强烈震动而造成气室移位、蛋黄膜破裂和系带断裂等。种蛋到达目的地后，应尽快开箱检查，拣出破蛋并清洁被污染过的蛋壳。

4. 种蛋的消毒

许多禽病可以通过种蛋垂直传播，产出的种蛋通过泄殖腔时就有可能被细菌污染。种禽场应建立多次拣蛋制度，两次拣蛋时间间隔不超过2小时，对收集的种蛋使用甲醛或高锰酸钾熏蒸等简单有效的方法消毒，否则容易导致鸡胚的死亡率增加。

（二）种蛋的孵化

1. 种蛋孵化的温度

孵化温度是鸡胚发育的关键因素，在生产实践中通常有恒温孵化和变温孵化两种孵化方式。种蛋从温度较低的储藏室突然进入37.8℃的孵化器，容易使种蛋产生应激，因此需要有一个预孵化的过程，一般设置25℃、4h作为种蛋的预孵期。

恒温孵化通常是在种蛋量较少或种蛋来源不足的情况下采用，种蛋往往分多批次入孵，新老蛋交错放置，一般将孵化器温度控制在37.8℃。

变温孵化往往在种蛋来源充足的情况下采用，即一次只孵化一个批次的种蛋。在孵化中采用“前高、中平、后低”的温控方式。如第1～10天孵化器温度为37.9～38℃，第11～15天温度为37.8℃，第16～18 天温度为37.7℃，第19～21天温度为37.3～37.5℃。孵化温度并非一成不变的，在实践中根据鸡胚发育的具体情况来确定孵化温度。

2. 种蛋孵化的湿度

在种蛋孵化的不同阶段对于孵化环境的湿度要求也不同，总的原则是湿度“两头高，中间低”。种蛋孵化初期，鸡胚要形成羊水和尿囊液，此时孵化器内的温度需要偏高一些，一般孵化1～7d内将湿度控制在60%～65%；鸡胚孵化中期，为了充分利用羊水和尿囊液，应适当降低相对湿度，第8～18天湿度控制在50%～55%；第19～21天，为了防止雏鸡绒毛粘壳，在开始出壳时，把相对湿度提高到70%，然后逐渐下降，直至孵化结束。利用分批方式进行孵化时，应保持入孵期的湿度在 53%～57%，出雏期的湿度在70%左右。

3. 翻蛋

在种蛋孵化期间，定时翻蛋可使胚胎受热均匀，防止胚胎与壳膜粘连，也可防止胚胎与卵黄粘连。在孵化过程中每2h翻蛋1 次即可，前后角度为90°。更多次数的翻蛋不会对孵化率带来更好的影响，只会增加机械磨损反而影响种蛋的孵化率。在孵化过程中，前期翻蛋次数不足容易导致雏鸡均匀度差和弱苗的出现；如果后期翻蛋过于频繁，同样会导致鸡胚的死亡，影响孵化率。

参考文献

蔡超，杨岸奇，曲湘勇，等，2013. 隐性白羽鸡的利用与研究进展[J]. 广东畜牧兽医科技，38（3）：6-7.

陈宽维，黎寿丰，唐业玲，2000. 黄羽肉鸡的性状与选育[J]. 中国禽业导刊（14）：4-10.

陈宽维，章双杰，2003. 我国黄羽肉鸡产业发展趋势及育种方向[J]. 中国禽业导刊（12）：18-19.

成荣，李建凡，陈国宏，2018. 转基因鸡制备方法的研究进展[J]. 动物科学与动物医学，21（1）：20-21.

丁国志，张绍秋，2007. 家禽生产技术[M]. 北京：中国农业大学出版社.

顾云飞，顾玉萍，施会强，2008. 黄羽肉鸡产业现状及发展对策[J]. 农产品加工（4）：41-42.

鲁绍雄，吴常信，2000. 动物育种方法的回顾与展望[J]. 国外畜牧科技，27（1）：24-28.

聂庆华，2016. 从目前行业形势看黄羽肉鸡的育种方向[J]. 中国禽业导刊，33（11）：40-41.

杨宁，2010. 家禽生产学[M]. 2版. 北京：中国农业出版社.

邱桂如，王政，何婷婷，等，2018. CRISPR/Cas9系统及其在鸡基因组编辑中应用的研究进展[J]. 中国畜牧兽医，45（6）1590-1598.

王改芳，2010. 提供黄羽肉鸡种蛋孵化率的综合措施[J]. 养禽与禽病防治，10：21-22.
王杰，2021. 基于H/L选育系解析鸡异嗜性粒细胞的抗菌机理[D]. 北京：中国农业科学院.
盛志廉，陈瑶生，1999. 数量遗传学[M]. 北京：科学出版社.
温汝波，缪宪纲，1988. 利用金银羽色伴性基因建立肉鸡自别雌雄杂交配套体系的初步研究[J]. 中国畜牧杂志（2）：11-14.
谢德明，陈良，龙小曾，等，2018. 转基因鸡制备技术研究进展[J]. 现代农业科技（12）：229-230.
许继国，张细权，2011. 鸡芦花羽色性状的遗传和应用[J]. 养禽与禽病防治（8）：4-5.
杨宁，2002. 家禽生产学[M]. 北京：中国农业出版社.
张蕾，张海波，章敬旗，等，2020. CRISPR/Cas9系统在家禽中应用研究进展[J]. 中国畜牧兽医，47（1）：140-147.
张沅，张勤，1993. 畜禽育种中的线性模型[M]. 北京：北京农业大学出版社.
周新初，姚红，2001. 宫廷鸡与隐性白羽鸡杂交试验效果研究[J]. 上海畜牧兽医通讯（5）：24-25.
邹剑敏，2002. 我国黄羽肉鸡产业现状与发展趋势[J]. 中国禽业导刊（22）：33-34.
GROSS W G，SIEGEL P B，HALL R W，et al.，1980. Production and persistence of antibodies in chickens to sheep erythrocytes：2. resistance to infectious diseases[J]. Poultry Science，59（2）：205-210.
HENDERSON C R，1976. Multiple trait sire evalution using the relationship matrix[J]. Journal of Dairy Science，59（4）：769-774.
JIANG Z Q，WU H Y，TIAN J，et al.，2020. Targeting lentiviral vectors to primordial germ cells （PGCs）：An efficient strategy for generating transgenic chickens[J]. Zoological Research，41（3）：281-291.
LAUFS S，GENTNER B，NAGY K Z，et al.，2003. Retroviral vector integration occurs in preferred genomic targets of human bone marrow-repopulating cells[J]. Blood，101（6）：2191-2198.
LILLICO S G，SHERMAN A，MCGREW M J，et al.，2007. Oviduct-specific expression of two therapeutic proteins in transgenic hens[J]. Proceedings of the National Academy of Sciences of the United States of America，104（6）：1771-1776.
LOVE J，GRIBBIN C，MATHER C，et al.，1994. Transgenic birds by DNA microinjection[J]. Biotechnology，12（1）：60.
LYALL J，IRVINE R M，SHERMAN A，et al.，2011. Suppression of avian influenza

transmission in genetically modified chickens[J]. Science , 331: 223-226.

MCGREW M J, SHERMAN A, ELLARD F M, et al., 2004. Efficient production of germline transgenic chickens using lentiviral vectors[J]. EMBO Reports, 5: 728-733.

SALTER D W, SMITH E J, HUGHES S H, et al., 1986. Gene insertion into the chicken germ line by retroviruses[J]. Journal of Poultry Science, 65 (8) : 1445-1458.

第五章

黄羽肉鸡养殖模式

现代化肉鸡生产，其规模化程度已今非昔比。我国地域广泛，民族众多，各地区对肉鸡的消费习惯与喜好多种多样，不仅体现在消费量上，市场价格也存在显著的差别。适宜的养殖模式，可以让生产者获得更好的生产效率，更低的生产成本，以及更高的产品价格。

第一节　黄羽肉鸡生产特点

我国养鸡历史悠久绵长，民众自发选育，造就了大量的地方品种资源。虽然，我国黄羽肉鸡饲养、选育历史悠久，但应用现代育种技术进行高强度的品种培育起步较晚。在20世纪80年代国家“六五”攻关计划时才设立黄羽肉鸡的育种项目，至今不过40余年。相比于白羽肉鸡上百年的培育历史，黄羽肉鸡依旧保留了明显的自然天性，在其生活习性和行为特征上与白羽肉鸡有着显著差别。在进行黄羽肉鸡的育种和生产时，更好地了解黄羽肉鸡自身的习性与行为特征，有助于我们制订育种计划和设计养殖模式。

一、黄羽肉鸡生活习性与生产管理

1. 气候与温度

相较于白羽肉鸡，黄羽肉鸡雏鸡个体偏小，因此初生雏鸡抗寒能力相对较弱，舍温偏低时更容易出现“扎堆”现象。所以，黄羽肉鸡育雏时必须做好保温工作，前期舍内温度宜提高1～2℃。无论是地方品种还是培育品种，外貌特征都是黄羽肉鸡的重要特点，对羽毛丰满度和颜色有很高的要求。因此，黄羽肉鸡换羽后被毛相比白羽肉鸡要更丰满和厚密，保暖性更好。故当鸡体被毛发育齐全后更怕热，而鸡并不具备汗腺，是通过换毛、呼吸、庇荫来降低体温的。夏季要做好防暑降温工作，尤其放养时要有遮阴设施，避免阳光直晒。

2. 行为学特征

黄羽肉鸡爱啄食环境中的各类杂物。放养时，黄羽肉鸡会自行觅食自然界各种昆虫、嫩草、植物种子、浆果、嫩叶等食物。鸡自身无牙齿，喜欢采食粒状饲料，而黄羽肉鸡又更好动、更敏感，对环境中的各种颗粒状物体都充满好奇，爱啄食。而鸡的嗉囊与腺胃、腺胃与肌胃交接处狭窄，容易阻塞；若不慎采食了不易消化的异物，容易发生阻塞，引发软嗉、硬嗉病。因此，加工饲料时，要防止铁丝、铁钉、羽毛、毛纤维、塑料布、编织线等不易消化的杂物混入饲料。放养时需注意清理牧场异物，避免在鸡只活动环境中出现这类杂物。

3. 被毛与换羽

鸡生理性换羽可分为出生换羽和季节性换羽。出生换羽是指雏鸡孵化出壳后，随着身体生长发育初生羽—绒毛逐渐脱落更换成永久羽的过程。出生换羽整个过程会一直延续到产蛋前。其更换规律是：首先脱换身体远端，然后是近端；先长粗毛，后又长绒毛。而且不是在同一时期全部脱落更换，而是渐进式更换。就更换速度而言，6周龄时鸡身体上的初生羽基本上更换完全，主副翼羽和尾羽要到7周龄时才能长出来，而翅膀覆盖部位的胸腹两侧的新生羽成长最慢，要到开产见蛋后才基本生长完全。季节性换羽是指在每年的秋季和初冬时出现的换羽现象。季节性换羽在白羽肉鸡和高产蛋鸡中已经不常见，而黄羽肉鸡，尤其是在未经过高度选育的地方品种中仍保留着季节性换羽的习性。换羽时，地方鸡种多伴随着产蛋停止或减少。换羽期间，羽毛生长所需的营养成分，如蛋白质、维生素和含硫氨基酸等的需求量会有所增加。此时日粮中如果出现缺乏，会影响鸡只的毛色外观。黄羽肉鸡的羽毛较白羽肉鸡要厚密得多，因此对羽毛生长所需营养成分的需求量也比白羽肉鸡要多。换羽未完全会影响到外观“卖相”，刚生长的新羽由于难以清理，会影响到屠宰后胴体的美观。黄羽肉鸡目前多为活鸡销售，对毛色外观的要求较高。因此，出栏上市的时间需要避开换羽期。快速型黄羽肉鸡要在8～10周龄，主覆翼羽和尾羽基本长出，而翅膀覆盖部位的胸腹两侧的新生羽还没有出现时出栏；中速型黄羽肉鸡应在10～13周龄，翅膀覆盖部位的胸腹两侧的新生羽已经生长到一定的长度后出栏；而慢速型黄羽肉鸡对外观要求最高，需要在开产见蛋后，所有羽毛基本生长完全后再上市。但随着国内“冰鲜鸡”的不断推广，黄羽肉鸡屠宰上市的占比的提高，对活体外貌的要求会逐渐降低，在黄羽肉鸡育种中会更注重胴体的外观。

4. 性成熟与敏感性

我国的消费习惯还体现在更偏爱性成熟后的个体。因此，无论是培育品种，还是地方品种都能比较早地达到性成熟度。在商品肉鸡饲养时，室外放牧以及生产者的意愿都会增加鸡只接受光照的时间和强度，这又进一步加速了性成熟的过程。较早地性成熟也造成在很早的时候就会表现出公鸡好斗，母鸡喜啄等争斗行为，同时鸡只更敏感，易受惊吓。争斗行为的出现，不仅会产生更多的外伤，同时由于打斗行为和受惊次数的增多而需要消耗更多的能量，增加饲料用量。因此，黄羽肉鸡在性成熟后，往往体重的增长速度会迅速下降，进而提高了生产成本。在黄羽肉鸡养殖生产时不仅要适时进行公母分群，同时要控制好饲养密度，并在饲养周期的前期适当地减弱光照强度，减少光照时间，在生产的中后期再通过调整光照程序促进鸡群的性成熟，可以有效地减少鸡群打斗、啄羽行为的发生。

5. 抗病力和适应性

行业内生产者往往认为黄羽肉鸡抗病力强，对疫病的易感度低于白羽肉鸡，进而常采用更为粗放的生产模式，对生物安全防控重视不够。对全国范围持续的监测信息统计发现，黄羽肉鸡的发病率和成活率并不优于白羽肉鸡，其发病率和死亡率多数情况下高于白羽肉鸡，只是同在发生重度疫病的情况下死亡率会低于白羽肉鸡。形成这种情况的原因，不仅有黄羽肉鸡生产者因意识误区而放松管理的因素，也与黄羽肉鸡本身的特点有关。我国的肉鸡规模化生产起步晚，但发展又极为迅速。过快的发展速度不仅造成国内家禽密度快速增加，养殖环境迅速恶化；同时造成生产者们对生物安全防控的认识大幅落后于产业规模化发展的进程。形成黄羽肉鸡种鸡生产过程中重免疫轻防控的情况，种用鸡群疫病净化程度偏低，常处于多种病原体的隐性感染状态。黄羽肉鸡初生雏鸡个体小，再加上疫病净化程度偏低，其前期抵抗力相对于白羽肉鸡而言较弱。特别是1周龄以内的雏鸡，很容易受到有害微生物的侵袭。因此，更需要做好生物安全防控，要确保环境的清洁卫生和疫病预防工作。如鸡舍严禁外人进出，环境和笼具的消毒，严格执行免疫程序等。

即使是黄羽肉鸡的培育品种，都多少含有国内地方品种血缘，因此依然还保留较强的地方鸡种的生活习性，含有地方鸡种血缘越多，保留的习性越多，表现越明显。比如喜登高、喜群居、爱模仿、敏锐胆小、好争斗、认巢抱窝等。因此，在黄羽肉鸡生产时，了解黄羽肉鸡的习性有助于更好地理解饲养管理方式的设定，选择适合的养殖模式，提高生产效率。

二、黄羽肉鸡行为特点与生产管理

1. 采食行为与饲喂管理

（1）依靠啄击来进食。鸡自身没有牙齿，无法咀嚼，靠圆锥形的角质喙啄食后直接吞咽。其喙能将大块的食物击碎后食入，靠肌胃的蠕动挤压粉碎食物。适合啄取坚硬细小颗粒状饲料，不喜采食粉状饲料。采食时的典型动作是对食物做急速的连续啄击，并时而交替甩擦喙的两侧，以清除附在喙上的饲料。黄羽肉鸡的啄食速度更快更急，在不断喙的情况下颗粒饲料经常被击碎成粉末状，同时饲料的抛溅现象非常严重。有的黄羽肉鸡生产者会对鸡只进行断喙处理。断喙可以有效地降低鸡啄食的速度，减少饲料的破碎和抛溅的发生，但会影响到消费者的购买和鸡只野外采食的能力，因此断喙处理多存在于快速型黄羽肉鸡的生产中。

（2）进食时易受到惊吓。鸡生性胆小，在户外采食时通常是先小心接近食物，边啄边观察，此时很容易受到惊吓而惊群。进食时如果听到突然的异响，鸡群会立即停止啄食，抬头张望，然后就地趴卧或快速往有遮挡物处躲藏；同时出现呼吸急促等生理性反应，需较长时间才能恢复正常的采食。对鸡的采食和消化都会产生较大的影响，尤其初生雏鸡的反应更为明显，影响也更严重。因此，饲养雏鸡时要尽量保持安静，避免异常响动；户外放养补饲时，动作不要过于剧烈，减少异常响动。

（3）采食行为有间隔性。每次采食到嗉囊和肌胃充满，会间隔一段时间，待食物进入肠道后再开始采食。与白羽肉鸡不同的是，黄羽肉鸡喜动，即使嗉囊和肌胃充满时，也爱四处啄击。在仍有饲料供应时，往往会出现啄击饲料而不进食的情况，这会加重饲料的破碎和抛溅，造成耗料的增加。对此，黄羽肉鸡饲养时要控制好每次饲料的添加量和加料间隔时间，减少鸡只在进食间隔期对饲料的啄击。

（4）采食具有昼夜节律。正常情况下，鸡的采食行为都是在白天进行的，晚上即使提供额外光照，其采食量和次数依旧很少。在自然光照条件下，成年鸡采食有两个高峰，一是日出后2～3 h，二是日落前2～3 h。白羽肉鸡由于长期选育的影响，已经形成了全天均衡进食的习性，并且其饲料转化效率高，进食次数较多，只要有光线，鸡群感到饥饿就会随时采食。1974年Mask等观察发现，采食同样数量饲料的时间肉鸡仅为蛋鸡的一半，采食的间隔也比蛋鸡短。

黄羽肉鸡保留的采食本性比蛋鸡还要显著，不仅采食间隔较长，夜间采食也较少，进食次数相较白羽肉鸡要少很多。在黄羽肉鸡生产性试验中已经发现，全天候光照并不能显著增加体重增长。鸡的采食规律也与蛋的形成过程有关。产蛋鸡在傍晚采食量较多，清晨采食量相对较少；而不产蛋母鸡清晨采食较多，傍晚次之。产蛋母鸡休产时，其日采食量会有所下降。在产蛋前2～3 h特别是临产前，急于寻窝、蹲伏，加之会出现吞咽困难，故而少有采食行为。而产蛋后又会补偿性增加采食量。因此在黄羽肉鸡生产中，对于商品肉鸡没必要采用全天候光照程序；对于产蛋母鸡傍晚时的补料十分必要，并在中午时也要进行适当的投喂；对于户外放养模式的慢速型黄羽肉鸡，清晨外放前和傍晚归舍时是比较重要的饲喂时间，而其他时间可以减少饲料供应。

（5）存在挑食行为。采食时鸡会用爪扒弄食物后挑选采食，尤其地方品种的挑食行为更为突出。挑食行为是鸡在进化过程中保留下来的，与鸡在野外的觅食行为有关，也是鸡通过调节采食对象来满足身体特殊需要的一种手段。如鸡开产后对钙的食欲会增强，一旦日粮中钙发生缺乏，就会相应地增加对钙采食。一般来说，鸡具有根据日粮代谢能（ME）水平调节采食量的能力，日粮代谢能改变，采食量也随之发生改变，随日粮代谢能升高，肉鸡总采食量下降。Cowlishaw和Eyles（1958）、Heywang和Vavich（1962）在放养鸡中，Hill（1956）在集约化生产中从代谢能水平上证实了这种关系。这种感知日粮营养平衡与否的固有能力是鸡体维护其长期健康的一种保护系统。白羽肉鸡的采食行为因长期遗传选育发生了很大改变，采食量大而味觉更差，根据能量浓度调节采食量的能力降低；高速生长的体重，让其挑食行为的表现减弱很多。而黄羽肉鸡在采食时仍表现出很强的挑食行为。不同生长速度的黄羽肉鸡，采食特点也存在区别，生长速度快的快速型黄羽肉鸡，采食特点较接近白羽肉鸡；而慢速型黄羽肉鸡则不同，更接近地方鸡种，具有较强的好奇心，味觉较敏感，更喜挑食，具有较强的根据能量浓度调节采食量的能力。在放养的环境下，白天采食饲料的行为较少，会优先从自然环境中觅食，对青草、嫩叶、昆虫、蚯蚓等有着天然的喜爱。傍晚时才会较多采食饲料。在使用料盘或料桶饲喂时，仍会习惯性地用爪将饲料扒开后再采食。因此在黄羽肉鸡生产中，如何降低饲料浪费一直是令人头痛的问题。所以对黄羽肉鸡来说，加料时要控制好每次的饲料投喂量，饲料距料槽上沿应有5～6 cm为宜。如果一次投入的饲料过多就会因鸡的挑食行为而出现饲料过多的抛洒，不仅浪费了饲料，也会因鸡只采食污染的饲料而增加感染有害微生物的机会。同时在黄羽肉鸡生产中，尤其是慢速型黄羽肉鸡和地方品种，日粮中的代谢能可以适当降低。放养时的补饲要在傍晚进行。

（6）同步化和序列进食。鸡在自然环境下是群居的，采食时往往是同步进行。彼此看不见的两个鸡群，仅通过扩音器传出啄食声，另一群在2 min内也会开始进食。鸡的同步化行为对新生雏鸡的开食和户外放养补饲非常有利。生产中育雏时的开食方法就是把浅平料盘放在光线明亮的地方，只要有几只雏鸡啄食，其他的雏鸡就会跟着开始采食。黄羽肉鸡雏鸡偏弱小，在长途运输后容易出现开食困难的情况，此时可以使用扩音器播放啄食声音，促进其进行采食。户外放养也可以在傍晚时进行集中补饲。鸡群同步采食时，如果出现料位缺乏的情况，个体接近食槽的前后次序，由其在群体中的优胜序列或啄斗顺序决定。处于劣势的个体，其采食量会受到影响。在频繁调换鸡只的群体中，优胜序列是紊乱、不稳定的，由于无法建立稳定的序列，会出现采食量减少或波动，进而影响增重和产蛋数。而序列稳定的鸡群，其采食量较为稳定，生产性能可以得到更好的发挥。黄羽肉鸡由于性成熟较早，争斗行为更加显著而激烈。过高的饲养密度、缺乏的进食槽位往往会造成竞争性采食，增加群体中的争斗次数，体质较弱的鸡因采食时间短、采食量少而出现生长困难。保证足够的进食槽位，能使劣势个体获得较多的采食机会和时间，减少生产中“残次鸡”的数量。

2. 饮水行为与给水管理

（1）间歇性少量饮水。鸡口腔中不具备软腭，硬腭中央有一条长而狭窄的腭中缝，饮水时不能连续吞吸，只能靠喙将水舀起并借助水的重力进入食道。这种生理特征决定了鸡饮水时需要抬头，低位饮水时要用喙蘸水后再抬头咽下，一次抬头的饮入量很少，每次饮水时都需要经过多次“低头—蘸水—抬头”的过程。鸡这种饮水行为特征就形成了每次饮水都是间歇性的少量饮水。由此，在鸡的饲养中饮水器通常安装在鸡需要抬起头才能够到的高度，并根据鸡的生长而不断升高，以减少“低头-蘸水-抬头”的过程。现代肉鸡生产中普遍使用的乳头式饮水装置，不仅保障了饮水卫生，也符合鸡的口腔结构和饮水习惯。安装高度要设置在比鸡头部略高的位置，鸡抬头就能饮到水。但黄羽肉鸡适应乳头饮水器所需的时间是杯状饮水器的2倍，地方品种所需的时间则要更长些，而有的地方品种如北京油鸡，头部有较为茂密的凤羽遮挡了视线，若不采取特殊措施，往往很难学会使用乳头饮水器。黄羽肉鸡保留着更多的自然习性，户外放养时如果有低位饮水的地方，往往会优先低位饮水，对乳头饮水器的适应将更难。因此，在进行黄羽肉鸡养殖时，应尽量早地开始训练其使用乳头饮水器，先进的生产者，往往在雏鸡入舍3天后就开始进行训练，2周后就会完全撤掉杯状饮水器。

（2）持续性频繁饮水。由于鸡每次饮入的水量较少，在整个白天饮水的次数会高达30～40次，高温天气时会更频繁。鸡的饮水行为往往伴随着采食行为而发生，并与采食量呈正比。22 ℃室温时饮水量一般是采食量的2～2.5倍，采食结束时饮水行为也随之结束。虽然鸡饮水的频次很高，但在一天当中的饮水量并不是均衡的，一般10：00—11：00和18：00—20：00饮水最多。夜间鸡群的饮水量会明显减少。鸡群如果受到热应激饮水量也会增加。地方鸡种在户外放养时要重点关注饮水，尤其在傍晚补饲后一定要供应充足的饮用水，缺水对鸡体健康会产生严重的生理影响。

3. 活动行为与休息

（1）活动行为与养殖模式选择。自然条件下，鸡一天中的活动规律为早出晚归，外出和归牧与太阳活动有密切关系。一般日出前0.5～1 h离开鸡舍，日落后0.5～1 h归舍，中午多有休息的习惯。通常会躲避强光，选择鸡舍附近或有树木遮盖的区域活动。李英等（2010）对柴鸡的活动规律进行的研究发现，在户外的饲养密度不同，鸡的活动半径也不同。随着饲养密度的增加，鸡的活动半径逐渐增加，但80%以上的鸡活动半径在100 m以内。低密度条件下，鸡群中少数体质健壮、抗病力强的鸡最大活动半径在500 m。但高密度饲养，最大活动半径可达1 000 m。

而白羽肉鸡则不同，这是经过高度专项选育高速生长的品系，其大量耗能行为的发生频率大大减少，其趴卧姿势时间比例高达70%～90%。一是其自然习性在长期高度选育中已经减弱，二是其过高的体重自然降低了行动的欲望。有研究表明，若通过限饲降低白羽肉鸡的增重速度，再额外提供户外活动场或舍内富集饲养环境（舍内增设巢、沙浴和栖木等装置），以及增强光照等方式可以提高白羽肉鸡行为活跃度，但其活跃度依旧要低于黄羽肉鸡。

当前对肉鸡活动行为的选择研究很少，尤其是在黄羽肉鸡中的相关研究更少。仅可推断出选择剩余采食量更低的个体，有日常活动行为减少的可能，但具体的影响程度仍需要育种专家进行更深入的研究。

姜旭明等（2009）研究了不同饲养方式对肉鸡行为的影响。与地面平养组和散养组相比较，网上饲养组的站立行为和攻击行为的次数显著增加。这与网上饲养的环境中缺少垫料或者沙粒来展现觅食行为有关，同时网床本身质地过硬也有可能降低了休息时的舒适度，提高了变换姿势的次数，进而增加了发生争斗的可能性。

赵芙蓉等（2011）的研究，设置栖木、垫料等富集笼具可增加肉鸡的采食频次和时间，趴卧时间和频次也相应减少。这与富集型笼具比传统笼具能让鸡更好地实现其习性需求有关。

黄羽肉鸡相对于白羽肉鸡来说，增重速度较慢，饲养时间长，尤其是中慢速型黄羽肉鸡，出栏时已经达到或接近性成熟。其生性更好动、更活跃，站立、啄击物品、修饰羽毛、走动或跑动等行为发生的频率都比白羽肉鸡高很多，如果饲养密度较大，而饲养环境又较为匮乏（缺少沙浴、栖木等物品）时，争斗行为发生的频次会大幅度增加。虽然黄羽肉鸡日常额外的活动行为会消耗大量的能量，但争斗行为消耗的能量更多，而且会造成更多的伤残。在黄羽肉鸡生产中，面临着如何调控其日常的活动行为，将其生长外的能量消耗和争斗行为的数量降低的难题。

采用笼养模式，通过限制其活动范围和减弱舍内光照强度，可以减少生长以外的能量消耗以促进体重增长，但会推迟性成熟的时间，并影响羽毛光鲜度和完整度。而若在后期采用高光照强度来促进性成熟，又会造成鸡的过度敏感而容易惊群，由于处于封闭的笼具内，惊群所造成的伤害将较为严重。

采用单纯舍内地面平养模式，鸡的活动行为有所增多，体重的增长相对减缓，同时羽毛光鲜度和完整度提高。但黄羽肉鸡活动行为的增多，增加了空气中粉尘的数量，加大了舍内环境控制的难度，生产中更容易发生呼吸道疾病。同样在养殖后期面临着要促进其性成熟度的问题。

采用半舍饲模式时，鸡的活动行为进一步增加，体重增长速度也再次减缓。虽然，鸡群在白天可以在户外活动，空气质量较好，减少了空气中粉尘对呼吸道的刺激；但也面临着生物安全防控难度加大、更易受到外界病原微生物侵袭、养殖风险加大等问题。

在生产中较为推荐的是，中慢速黄羽肉鸡采用提供一定户外活动场的半舍饲模式，快速型黄羽肉鸡可以采用富集环境鸡舍或笼具进行生产，对于出栏后屠宰上市而不用过多地考虑鸡体羽毛的完整度和光鲜度的情况下，可以采用笼养模式以获得更佳的生产效率。

（2）休息行为和夜间管理。自然环境下鸡的日常行为中，采食、饮水、争斗，以及性行为和其他啄击物品、修饰羽毛、走动等占比约为1/3，更多的时间处于休息状态。有文献表明，夜晚时整个鸡群几乎都在休息，白天也有60%以上的鸡处于休息中，而且更愿意在栖木上休息或睡觉。鸡在栖架上休息或睡觉时，头颈紧缩贴住体躯，紧紧抓住栖架。这种姿势可保持数小时之久。除在栖架上栖息睡觉外，大多数鸡在醒后仍会站在栖架上休息。当然这种情况在白羽肉鸡饲养中十分少见。

在黄羽肉鸡的饲养试验中发现，鸡对栖木和假栖木（不能栖息）的选择有显著差异，在低层栖木上更多地表现出站立、行走行为，而在高层栖木上更多地表现为卧、睡眠的行为。许斌等（2010）研究了栖木的倾斜角度对北京油鸡栖息行为的影响。结果表明，北京油鸡的栖息行为在观察时间段中（7：00—18：00）均有发生。倾斜角度为40°的栖架上鸡的栖息次数最多，20°栖架上鸡的栖息次数高于60°栖架。试验观察还发现，天黑前半小时高层栖木上的栖息次数显著增加，每只鸡都想要获得栖息的位置，此时若发生拥挤会引发争斗行为。

晚间停止光照后，位于栖木上的鸡活动很少，在整个夜间基本上处于趴窝状态。而未上栖木，处于地面的鸡只活动明显要更多，也有小范围走动的情况。这可能与鸡在高位栖木上能获得更多的安全感有关。

对于采用户外放养和半舍饲养殖模式的黄羽肉鸡而言，夜间提供可供其休息的栖木是非常必要的。白天已经有了大量户外活动，夜间保证足够的休息对黄羽肉鸡的生长有利。而且，栖木上的空气质量会优于地面，对于减少呼吸道刺激有好处。同时，饲养黄羽肉鸡，夜间应停止光照。黄羽肉鸡仍然保留着很多鸡在自然环境中的生活习性，其中就包括采食具有鲜明的昼夜节律，其在夜间的采食和饮水行为很少。而黄羽肉鸡在光照环境下的耗能行为比较多，其夜间采食的能量对增重的贡献有限。

第二节　黄羽肉鸡主要养殖模式

自中国加入世界贸易组织以来，各领域国际化进程加快，我国肉鸡养殖模式基本与国际接轨。在国外先进经验和技术的帮助下，以及随着机械化水平的迅猛提高，网上平养和笼养的一些技术瓶颈逐渐被打破。尤其自20世纪末，信息技术革命和计算机技术的迅猛发展，让肉鸡工业化养殖全面走向了标准化、规模化、信息化。21世纪物联网技术的兴起和发展，让肉鸡规模化生产迈向了智能化的道路。

一、养殖模式发展历史

我国的肉鸡生产由来已久，考古证据显示距今已有7 000多年的历史。殷商时期的甲骨文中也有鸡的象形文字。三国时就出现了鸡的阉割技术；晋代发明了栈鸡饲养技术，就是用笼具饲养鸡以减少鸡的运动，使鸡早熟而产蛋多；宋代时，就出现了人工孵化技术。到明代已经形成较具规模的专业化养鸡场，据《农政全书》记载，每一个大养鸡场，四面修墙，中间隔一道墙，把鸡分为两部分。“东西南北各置四个大鸡楼，每一旬泼粥于园之左地，覆以草，二日尽化为虫。园右亦然。俟左尽即驱之右，如此代易，则鸡自肥而生卵不绝。”清代时，大约在1662年出现了“看胎施温”等人工孵化技术，出现了专业化的孵化生产，设有“哺坊”进行鸡的孵化。日本大久保内务卿还曾到中国学习人工孵化技术。

古今中外肉鸡养殖模式最早都是放养或半舍饲。到20世纪初第一次世界大战后，美国东西部沿海的纽约、旧金山、洛杉矶、波士顿等大城市的近郊出现大批规模化专业养鸡场，专业化生产供于食用的鸡只。从最先的简易鸡舍到有窗鸡舍，从人工饲喂到半机械化饲喂逐步发展起来，生产模式也从最早的散养、放牧模式到集中饲养，肉鸡产业也逐渐成形。

进入集约化工业生产之后，现代肉鸡育种也得以快速发展，随着专用产肉型鸡品种培育成功，“肉鸡”这个按照用途分类的概念也开始普遍使用。而随着美国艾维茵国际家禽公司、以色列联合家禽育种公司、澳大利亚狄高公司等为代表的家禽育种公司的迅猛发展，肉鸡工业化生产也得以快速发展。机械化、自动化水平得到快速的发展，达到了一个全新的时期。从美国南部开始的肉用仔鸡饲养不断发展，如今已经成为人类饲养量最多的动物。

密闭式鸡舍技术的应用使肉鸡的饲养效率得到迅速提高。厚垫料平养、网上平养和笼养等养殖方式也逐渐形成并成为主要生产模式。进入21世纪后，随着部分国家呼吁动物福利追求肉品质，出现了以促进肉鸡运动、改善肉质和提高动物福利为目的的新型生态放养模式。

发达国家的现代化肉鸡生产起步早，国内白羽肉鸡的养殖模式主要从国外学习而来，而黄羽肉鸡生产有着其自身鲜明的特点，虽也能采用与白羽肉鸡类似的养殖模式，但在性能发挥和生产效率上仍有不尽如人意的地方。国内的生产者经过数十年摸索，形成了一些适合当前国情的养殖模式。

当前黄羽肉鸡的养殖模式一部分是参照白羽肉鸡生产模式建立起来的，另一部分是从传统畜牧业向现代畜牧业过渡产生的养殖方式。

国内肉鸡养殖在改革开放前多为农户庭院养殖，少数规模化场也是采用放养或半舍饲。20世纪80年代引进白羽肉鸡后，也引入了国外肉鸡饲养模式。刚开始时主要是厚垫料平养；但随着养殖量的快速增加，垫料供应不足，以及疫病防控管理实施难度大，细菌病和寄生虫病发生概率上升，成活率和饲料转化率较低等问题逐渐加剧。在20世纪80年代中后期，国内养殖企业和养殖户逐渐出现网上养殖模式，在20世纪90年代中叶成为主流模式之一。进入21世纪后，国外肉鸡笼养方式出现，我国的一些肉鸡养殖企业也开始引入肉鸡笼养。肉鸡笼养模式在土地使用率、人工效率、环境控制等方面有很大改善，肉鸡生产效率得到进一步提高，大幅降低了鸡肉生产成本。因此，受到越来越多的企业和养殖户的认可；估计目前国内的白羽肉鸡生产有超过70%是通过笼养模式进行养殖的。

黄羽肉鸡的养殖模式借鉴了白羽肉鸡的生产方式，又结合了国内独特的市场需求和经济环境逐渐发展起来。当前的黄羽肉鸡养殖模式多种多样，不仅有地面平养、网上养殖和笼养模式，也有传统的放养模式以及改良后的生态放养模式，还有两相结合的半舍饲模式。地面平养和网上养殖多为快速型和中速型黄羽肉鸡采用，笼养模式多为专用于屠宰后销售的生产者采用，而慢速型和地方品种，对鸡外观、毛色光泽、鸡冠颜色更加看重，绝大多数采用放养和半舍饲模式，注重生态环境的生产者也在推动生态放养模式的发展。

然而，随着我国经济的不断发展，城乡比例的转变，城市管理的进步，以及公共卫生的防控管理，活禽销售区域正在不断缩小，可交易地点也受到越来越严格的管理限制。同时，2000年后的新生代正逐渐成为消费主体，其消费观念已经发生很大的改变。肉鸡的外观特色将不再是消费者关注的重点，胴体外观和产品安全会得到更多的关注。黄羽肉鸡的养殖模式也将会不断发生改变。

二、养殖模式发展特点

我国肉鸡养殖模式的发展与科技、经济、消费等水平密切相关。

早期我国的经济、科技水平较为落后，物资缺乏，人力资源充足且成本低廉，肉鸡规模化养殖刚刚起步；养殖模式多采用成本低廉的地面平养模式，但垫料厚度低于国外对垫料厚度的要求。垫料的来源多为就地取材，样式繁多，有的黄羽肉鸡生产者甚至使用沙子、干土等作为垫料。使用的养殖设备极少，除了必备的料桶和饮水器外，大部分生产者只配备了升温设施设备，仅有少数较先进的生产场安装了通风设备。环境控制依靠人工进行调控，多采用自然通风，舍内环境受自然环境影响大。饲喂、饮水、清粪等日常工作全部采用人工进行。整体养殖效率很低，不仅生产规模较低，养殖效果也较差。

而进入21世纪后，我国的科技、经济迅猛发展，人民收入和消费水平快速提高。肉类生产已经基本满足民众需求，甚至出现短期的产能过剩。民众的消费需求也逐渐从满足供给数量向追求品质转变，对产品安全和肉质风味的要求提升。人民生活水平不断提高，养殖用工成本不断增加，务工人员反而越发紧缺。肉鸡生产转向对高效率、低成本、高品质的追求，生产者开始装配先进的养殖设备。我国肉鸡生产开始向现代化、机械化、集约化快速进步。开始时集约化生产所需的养殖设备依靠进口，国内仿制的质量不能支撑大规模生产的顺利进行。此时的肉鸡生产者开始在地面平养的基础上进行升级改造，刚开始是在地面平养上增添机械化设备，随后发展出网上平养，生产规模和养殖效果得到大幅改善。但受限于养殖设备的高额成本投入，笼养模式并没有被生产者认可。

随着国内制造业的发展进步，国产设备的可靠性和稳定性大幅度提升。拥有了不逊于进口产品的质量和稳定性，且设备价格远低于进口产品。同时，设备生产厂商也不再局限于简单地仿制，开始针对我国肉鸡生产现状研发适用设备，更符合我国国情，推动我国肉鸡产业机械化和自动化快速进步。这时，也正是我国肉鸡产业发展的瓶颈期，肉鸡的生产成本不断增加，而价格“天花板”却难以上升，肉鸡生产的利润空间开始显得狭小。肉鸡笼养模式的生产成本优势开始被生产者们重视起来。虽然笼养模式的设施设备投入较高，但其可以充分发挥肉鸡品种生产潜能，具有极好的生产性能表现，适合于大规模集约化生产，直接生产成本可以大幅度降低。因此在提高价格这个“天花板”受到限制，市场竞争加剧的情况下，生产者们转向求助于降低生产成本这个“地板”，以期获得更大的利润空间，肉鸡笼养模式得到了快速的发展。由此，我国肉鸡生产正式迈向现代化，生产规模和养殖效率接近或超越了国际上肉鸡生产大国的生产水平。

养殖模式的发展推动肉鸡规模化程度快速提高。2000年以前我国肉鸡生产主力是年出栏在2 000只以下的养殖户，约占总出栏的一半，而且其中一半以上出栏量是由规模在200只以下的生产者提供的。进入21世纪后年出栏规模在1万～5万只的生产者迅速增加，到2010年时成为国内肉鸡生产主力。此时，我国肉鸡产业规模化程度虽然仍在持续提升，不断涌现出一批具有国际先进水平的大规模肉鸡养殖场，但肉鸡养殖的主体仍然是分散在广大农村地区的肉鸡养殖场（户）。

在2010年之后，养殖设备的大量使用，推动了国内肉鸡养殖规模化新一轮的快速发展。农业部畜牧业司开始实施畜禽规模养殖标准化示范创建活动，国家肉鸡产业技术体系积极推动肉鸡产业技术的提升，使我国肉鸡产业的规划建设、技术能力和管理水平有了显著提高。肉鸡生产主体开始从农户向一体化企业转变，超大规模肉鸡生产成为产业发展主流。2007年以前，年出栏100万只以上规模占比很低，不到5%，且发展缓慢。之后开始加速，到2011年时其占比翻番，接近10%；2015年达到15%，2020年达到28%，2021年更是超过30%，生产了全国近1/3的肉鸡。同时年出栏5万只以下规模的养殖场（户）不断减少，其产量占比从2005年的83%下降到不足32%（表5-1、图5-1）。

表5-1　全国肉鸡饲养规模比例变化情况　　单位：%

年度	年出栏规模						
	1～1 999只	2 000～9 999只	10 000～49 999只	50 000～99 999只	100 000～499 999只	500 000～999 999只	100万只以上
2000	46.08	28.17	15.53	3.95	2.65	1.21	2.41
2001	44.45	28.01	16.84	3.84	3.02	1.37	2.47
2002	31.28	31.64	22.43	5.15	5.10	1.48	2.92
2003	32.87	28.01	24.47	5.29	4.67	1.57	3.12
2004	30.00	28.09	25.86	6.23	5.09	1.47	3.84
2005	28.00	28.01	26.98	6.18	5.16	1.91	3.77
2006	26.90	26.34	27.29	7.91	5.13	2.15	4.35
2007	19.88	25.07	33.08	9.18	5.99	1.85	4.94
2008	18.36	22.27	33.66	10.38	6.39	2.77	6.17
2009	15.39	20.45	35.32	10.88	7.76	2.68	7.52
2010	14.27	17.81	34.70	11.44	9.82	3.40	8.55
2011	13.91	16.81	32.73	12.01	10.49	4.44	9.60
2012	14.57	14.89	30.39	12.21	11.68	5.51	10.75
2013	14.41	13.74	29.56	12.61	12.13	5.59	11.97
2014	14.31	12.39	28.62	12.92	12.60	5.55	13.61
2015	13.59	11.65	29.35	12.09	11.77	5.82	15.77
2016	13.00	10.40	27.00	13.20	13.00	6.00	17.40
2017	11.90	9.40	22.40	13.10	15.10	7.10	21.00
2018	10.70	8.60	21.60	12.80	16.20	7.10	23.00
2019	10.10	7.40	20.90	12.00	17.30	7.70	24.60
2020	9.60	6.50	19.00	11.30	17.30	8.50	27.80
2021	9.10	5.20	17.80	10.20	17.60	8.10	32.00

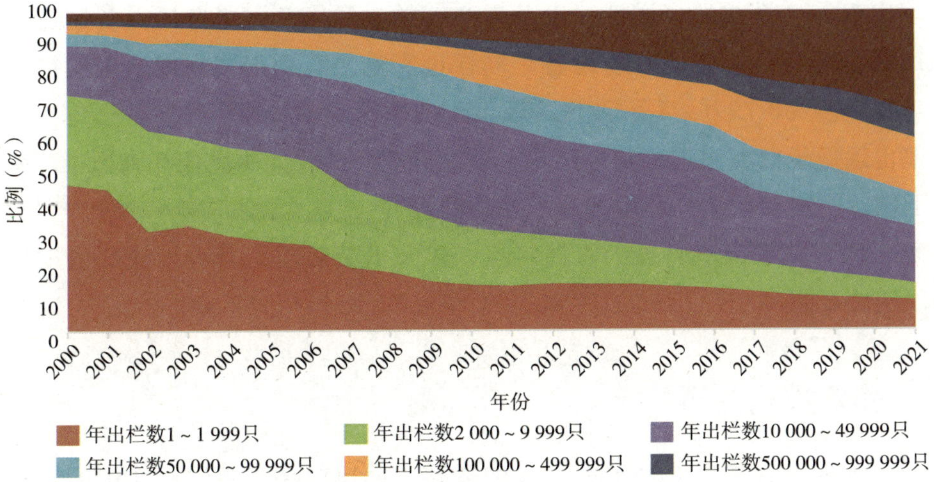

图5-1　我国肉鸡养殖规模比例变化

目前肉鸡生产的规模化要求和规模化程度是所有畜种中最高的。2000年以前，年出栏2 000只以上就被称为规模化生产；2000年后规模化场（户）的标准提高到年出栏1万只以上。2013国家肉鸡产业技术体系针对我国肉鸡养殖规模化发展状况组织了大规模调研活动，对我国肉鸡养殖规模结构分布、经营模式等进行详细调查与分析。结果显示，专业化个体养殖和中等规模养殖是当时我国肉鸡的主要生产形式，养殖规模越大，标准化、现代化的生产特征表现得更加明显。由此建议以年出栏5万只以上作为肉鸡规模化界定的起点边界。该建议已在多项评定规模化水平的工作中采用。然而，黄羽肉鸡与白羽肉鸡的饲养时间存在显著差别。白羽肉鸡年出栏批次可达5～6批，而黄羽肉鸡只能做到3～4批。因此实践中，界定肉鸡规模化养殖场的标准以“单批生产规模1万只以上”为规模化界定标准。

最新数据显示，2021年我国肉鸡生产规模化水平为67.9%，机械化程度超过70%。规模化养殖场基本全面实现了饲喂、饮水、清粪等日常工作的机械化，以及舍内环境控制的自动化，并正在向着智能化的方向发展。

我国肉鸡的养殖模式发展历程，主要是伴随着白羽肉鸡生产进步而变化的。但与经过高度选育的白羽肉鸡不同，黄羽肉鸡仍保留着鲜明的习性特点。为适应消费者的需求，国内生产者经过多年的养殖实践摸索，形成了特有的生产模式，即使是从白羽肉鸡养殖借鉴过来的生产模式也走出了一条“与众不同”的道路。比如笼养模式，白羽肉鸡生产者采用育雏育肥一体化，但是黄羽肉鸡生产者多采用育雏、育成分开饲养，不仅降低了育雏保暖的难度，减少能源支出；同时养殖模式更为灵活，可以育雏笼养，育成时用半舍饲或放养。又比如同样是地面平养，白羽肉鸡生产者多采用厚垫料饲养，而黄羽肉鸡生产者往往仅在育雏期铺设较厚的垫料，到育成期时再增加户外活动场，舍内架设栖木。

黄羽肉鸡养殖模式的多样性，以及生产者的灵活多变，也造成设备制造商鲜有针对黄羽肉鸡生产特点研发的养殖设备，同样也影响了黄羽肉鸡规模水平的提升。黄羽肉鸡养殖规模多为0.75万～1万只/栋，远低于白羽肉鸡的2.5万～3.5万只/栋。机械设备的普及率也远低于白羽肉鸡。到近几年，黄羽肉鸡一体化龙头企业在大力推广标准化生产，黄羽肉鸡的机械化生产程度才有了较快的提升。

总之，由于黄羽肉鸡自身的习性特点，以及消费需求，其养殖模式的发展还有着很长一段道路要走。

三、养殖模式介绍

黄羽肉鸡生产者采用的养殖模式多种多样，远比白羽肉鸡生产使用的模式多。主要可分为四种基本类型，为平养模式、笼养模式、半舍饲模式和放养模式。其他的养殖模式是在这四种类型上变化或组合而成。

我国地域辽阔，不同区域对鸡肉的消费习惯不同。北方地区口味偏重，对原料肉的品质和风味要求不高，以白羽肉鸡为主。而南方地区，尤其是华南区口味较为清淡，对肉质的要求很高。因此，黄羽肉鸡的消费主要在南方地区。对鸡肉品质的高要求，决定了黄羽肉鸡饲养周期要较长，并在养殖过程中要有较多的运动。而各地人民对黄羽肉鸡的消费习惯也迥然不同，两广喜食120～140 d小体型母鸡，而四川、重庆喜食80～90 d大体型公鸡；此外不同地区对黄羽肉鸡的毛色、胫色的偏爱也大相径庭。由此，黄羽肉鸡多以活禽方式上市，据不完全统计，2020年我国出栏黄羽肉鸡约44亿只，其中85%以上是以活禽交易的方式上市。因此，黄羽肉鸡养殖模式多为放养和半舍饲，以便获得较好的外貌和肉质。

我国黄羽肉鸡产业是在改革开放后才逐步形成发展起来的，整体状况仍处于从传统畜牧业向现代畜牧业过渡阶段，其养殖模式、生产技术和管理方式多借鉴于白羽肉鸡。传统养殖模式与现代模式并存并相结合，形成具有中国特色的黄羽肉鸡生产模式。

黄羽肉鸡产业发展的时间短，消费市场仍处于不断演变中，良种繁育体系、生产标准和养殖模式仍在发展变化中。随着人民文化、经济生活的提高，对黄羽肉鸡的消费力也越来越高。而随着经济文化的发展，国民年龄结构、消费习惯也在变化，对环保和卫生的要求也不断发展。2004年来不断暴发的禽流感疫情，活鸡销售开始受到限制，一定程度上抑制了黄羽肉鸡产业的发展。2020年的新冠肺炎疫情后，关停活禽交易的城市不断增加。从长远看，黄羽肉鸡屠宰和深加工将成为未来产业发展的必然方向。这对以活鸡上市为基础的黄羽肉鸡传统育种和生产提出了新的挑战，生产模式同样需要发展改变。

1. 平养模式

平养指鸡在一个平面上活动。平养设备投资少，操作简便，但劳动生产率较低。

平养在实际生产中又可分为地面平养、网上平养和混合平养等几种形式，混合平养多用于种鸡生产中，这里不做详细介绍。

（1）地面平养模式。地面平养也称为厚垫料平养，是直接在土地面或水泥地面上铺设厚垫料，鸡生活在垫料上面的一种养殖模式（图5-2）。它是国外白羽肉鸡生产至今仍较普遍使用的一种生产方式。由于简便易行、设备投资少、便于操作，在改革开放初期国内白羽肉鸡养殖户多采用这种模式。在黄羽肉鸡产业刚发展时，绝大多数养殖户采用该方式进行育雏，现在多为快速型黄羽肉鸡生产者所采用，但往往在后期育肥时也会配备少量户外运动场地，形成类似半舍饲的模式。

图5-2　地面平养中的黄羽肉鸡（郑麦青　供图）

方法是在鸡舍地面上铺设一层5～10 cm厚的垫料，再铺设饲喂设备。初期垫料不宜过厚，以免妨碍鸡的活动甚至雏鸡被垫料覆盖而发生意外。随着鸡日龄的增加，垫料被践踏，厚度降低，粪便增多，再不断地添加新垫料。一般在雏鸡2周龄或3周龄后，每隔3～5 d添加一次，通过补充垫料，保持舍内地面不过于潮湿，减少氨气的产生，保持舍内空气质量。随着饲养时间的延长，垫料厚度也在不断增加，到养殖结束时可达到10～20 cm。

由于黄羽肉鸡较白羽肉鸡产生的粪便较少，因此所需要的垫料也较少。但黄羽肉鸡活动更频繁，当垫料较为干燥时，空气中的粉尘含量很高，会严重刺激鸡的呼吸道。而趴卧时间较少，胸部囊肿的情况较容易得到控制。因此，黄羽肉鸡生产者普遍减少垫料的厚度，使之保持适当的潮湿，以降低空气中的粉尘含量。

垫料原料可以采用木屑、谷壳及铡成3～6 cm长的麦秸、稻草和玉米秸等比较松软、干燥、吸水性强的材料。使用前要对垫料进行彻底的消毒。欧美垫料多采用刨木花，病毒少，在制作和包装过程中已消毒；我国垫料多采用稻壳等，在晾晒和运输过程中容易被病毒和细菌污染，一旦消毒不彻底，饲养过程中很易感染疾病。

厚垫料平养方式的优点是简便易行，设备投资少，对鸡舍的要求较低，但其缺点也相当明显。首先，由于鸡群直接接触粪便，容易感染由粪便传播的各种疾病，如鸡白痢和球虫病。其次，舍内空气中的粉尘较多，不断刺激伤害着鸡的呼吸系统，各种呼吸道疾病也更容易感染而发病。再次，日常管理难度增加，在饲喂期间要不断补充新垫料，并不时翻动结块垫料以防止板结；同时要特别注意防止垫料过度潮湿而滋生病菌，要加强饮水器管理，防止漏水；在肉鸡出栏后，垫料的彻底清除、更换也需要大量的人力。

地面平养模式虽然投资少、实施简便；但在饲养期间不便于粪便的及时清理，增加了鸡群的日常管理和卫生防控的难度。在我国肉鸡产业发展的早期，国内家禽养殖总量不高，养殖总体环境较好，疫病种类和发生率都不高的情况下，还可以获得较好的养殖效果。但随着产业的快速发展，我国的家禽饲养量很快成为世界第一，而家禽业发达的东部更是承载了总量的80%，造成养殖环境迅速恶化，疫病种类和发生率大幅提高，采用地面平养模式就很难获得较佳的效果。现在的规模化黄羽肉鸡生产者采用这种模式进行生产的，正在逐渐减少。

（2）网上平养模式。网上平养模式是我国人民在地面平养的基础上，借鉴肉种鸡的养殖模式改进而成。一般在离地面约60 cm高处，用金属、竹木等材料搭建网架，铺设塑料或竹木制成的网栅片。鸡群可在网栅片上生活，鸡粪通过网眼或栅条间隙落到地面，实现养殖中鸡和鸡粪的分离。

网上平养的舍内布局有两种类型，一种是有过道设计（图5-3），另一种是无过道设计（图5-4）。前者降低了有效使用面积，饲养员操作管理较为方便。在饮水、喂料、清粪、鸡舍环境控制等实现自动化、机械化控制后，无过道设计应用较多。

网上平养使用与地面平养同样的供水、给料机械设备，并可在网床下安装机械清粪设备，可以实现整个饲养过程的全程机械化。由于实现了鸡和鸡粪的分离，鸡不再直接接触粪便，有利于疾病的控制，降低了球虫病、沙门氏菌病和大肠杆菌病的发病概率；同时有效减少了空气中粉尘含量，减轻对呼吸道的刺激，降低呼吸道疾病的发病率。鸡群生活平面抬高，有利于空气流通，单位饲养密度可以比地面平养模式提高10%～15%。

图5-3　有过道式网上平养鸡舍和即将出栏的快速型黄羽肉鸡，左侧是同期饲养的小型白羽肉鸡（王一东　供图）

图5-4　无过道式网上平养设备布置（郑麦青　供图）

网上平养在鸡舍设施投资上有所提高。而由于实现了鸡和鸡粪的分离，在养殖生产过程中可以做到鸡粪的及时清理，鸡舍内环境可以得到较好的控制。同时也降低了日常管理和卫生防控的难度。相对地面平养模式有效地提高了生产效率，改善了成活率，降低了发病率。在20世纪90年代末期至2010年前曾是国内肉鸡生产的主流养殖模式。曾被北方的黄羽肉鸡生产者广泛采用，现在也有部分规模化黄羽肉鸡生产场使用该养殖模式，通过加强日常管理可以获得较高生产水平。

该模式最大缺点是鸡舍冲洗难度大。每次清舍时都需要将架设的网栅片拆除才能彻底冲洗，在安装状态的冲洗很难将网栅片间的缝隙和底面冲洗干净。如果使用的是竹或木制的网栅片，由于材质本身的缝隙和吸水性，非常容易残留有害病原体，即使用火焰喷烤也非常难以彻底清除。而黄羽肉鸡具有一定的飞跃能力，如果有防护疏漏，往往造成鸡只跑到网下，不仅抓鸡困难也增加了疫病风险。

2. 笼养模式

笼养模式是最近几年兴起的商品肉鸡饲养方式，是将鸡饲养在用金属丝制作的笼子中。笼具的样式有多种，包括高床平置式笼、阶梯式笼（图5-5）、层叠式（也称为叠层式，图5-6）笼等形式。高床平置式笼是将一层鸡笼平铺在距离地面一定高度的床架上，下设积粪坑或传送带；在鸡笼的侧面安装料槽，里面安装饮水线。层叠式笼是多层鸡笼垂直重叠安置，每层笼下设有承粪板或传送带。阶梯式笼类似蛋鸡的育成或产蛋笼，呈阶梯状排布，在鸡笼外侧安装料槽和饮水线。国内白羽肉鸡养殖多采用的是层叠式笼具，而笼养的黄羽肉鸡多使用阶梯式笼具。

高床平置式笼国内很少使用，仅在笼养模式刚发展的早期有少量的生产者进行过尝试。这种方式可以说仅是平养模式的升级改进型，若使用半开放鸡舍、鸡粪坑的方式，对生产效率的提升并不明显；而若采用密闭式鸡舍、全机械化设备，以及配备智能环控系统，虽能获得理想的效果，但平均单鸡设备费用又太高，投入产出比低。因此，高床平置式笼并不具备大规模应用前景。

图5-5　阶梯式笼和育成期中的黄羽肉鸡（王一东　供图）

图5-6　层叠式育雏育成一体笼和育雏后期的黄羽肉鸡（王一东　供图）

使用阶梯式笼具的，也是采用半开放式鸡舍，生产者往往不会装备智能环控和机械清粪等设备，对肉鸡的生产效率提升不显著。同时笼具内空间较小，并不适合饲养大体型肉鸡，但适合饲养慢速型黄羽肉鸡进行肉蛋兼用的生产形式。

层叠式笼在笼养模式中应用最多。其优势在于：饲养密度大幅提升，是平养模式的3～5倍，有效提高土地和鸡舍的利用率。适合于大规模集约化生产，配备全面的机械化设备和智能环控系统，投入产出比高，大幅度提升了单人饲养量。能更好地做到鸡粪的分离和及时清理，减少鸡与鸡粪的接触。金属丝制作的笼具也能更容易进行清洗和消毒，大幅度减少笼具清洗的工作量和难度。而且通过笼具限制鸡只的活动范围，减少鸡的额外活动行为，可以提高饲料利用率。配合密闭式鸡舍，通过环控系统可以很好地控制鸡舍内部环境。空气中的粉尘含量、有害气体含量和温度与湿度在智能环控设备对通风、供暖、降温等设备的自动协调下，能得到较好的控制，几乎可以做到忽略外部环境对舍内环境的影响。因此，使用层叠式笼的笼养模式被国内追求低成本、高效率的生产者普遍采用。其生产效率通常都高于平养模式；成活率更好，饲料转化率更高，发病率更低。

层叠式笼养可以说是人类肉鸡生产机械化、自动化的集大成者。包括肉鸡饲养日常管理中的各个环节基本上都可以通过机械设备进行工作，无论是饲料投喂、供水管理、温度与湿度控制和通风管理，还是清粪和消毒都有专业化设备，甚至在鸡只出栏和鸡舍清洗也都已研发出专业设备和措施，对进入鸡舍的空气也能进行净化灭菌处理。最新研发的热能回收系统能够有效降低冬季的供暖成本，正压通风系统能进一步减少鸡群的发病率。这些设备和措施都可以通过电脑程序实现自动控制，不仅极大降低了饲养者的工作量，也减少人员必须进入鸡舍的次数。

层叠式笼养模式的精髓就在于充分使用了专业养殖和环控设备，最大的难点也就在于养殖设备的配置和布局。各个设备间的配置要合理，保证舍内环境基本上一致，各个管理措施都能得到完美实施；以使得在整个鸡舍内部，无论是各笼层、各笼架，以及各个位置之间没有死角存在，各处的鸡群生长环境基本能一致。

层叠式笼养在我国发展迅速，尤其是在白羽肉鸡生产中已经被绝大多数生产者所认可。但层叠式笼养密度很高，还缺乏成熟的通风理论支持。由于在鸡舍大小、笼具设计等方面还没有形成统一的形式，因此在舍内环境控制方面缺少更多深入研究。而对于高密度养殖，降温远比升温更难，因此在我国南方高温地区的应用并不广泛，这并不是简单的因为南北方饲养的品种不一样。

层叠式笼养模式的单鸡设备费用是通过提高单栋饲养量和增加饲养密度才得以降低，因此其单栋的养殖数量都很巨大，一般在2.5万只/栋以上，国内大部分在3.5万～4.5万只/栋，最高的甚至达到了恐怖的饲养50万/栋只肉鸡。这对生产安全提出了很高的要求，需要生产者具备比较高的防疫意识。虽然层叠式笼养发生疫病的概率远远低于其他模式，可一旦出现失误，付出的代价也极为高昂。

此外，对设备的高度利用，提高了电力供应保障的要求。在整个生产周期中必须确保电力的充足供应，一旦出现长时间中断，没有什么措施能够有效挽回损失。而且，采用层叠式笼养模式进行生产，鸡只的活动行为很少，趴卧时间更长，容易发生胸、腿部疾病而降低肉鸡生产的出成率。在饲养黄羽肉鸡时，特别是地方品种鸡，鸡群应激反应较为激烈，更容易惊群。要注意控制好光照强度，减少鸡舍内的异常动静。在进行可能产生应激反应的工作时，可以通过调弱光照强度来降低鸡群的应激反应。

虽然层叠式笼养模式目前在黄羽肉鸡上的应用不多，但从今后的发展趋势看，层叠式笼养模式依旧具有很好的应用前景。一是随着疫病防控越趋严格，活禽交易范围会不断缩小，冰鲜上市将成为黄羽肉鸡主要销售形式，出栏鸡的外观将不再是影响消费的主要因素。二是民众消费对安全品质的要求在不断提高，笼养模式可以很好地控制生产环境，有效预防和控制疾病的传播，减少药物使用量。三是人力成本越来越高的当下，生产者对养殖效率的追求也在提高，采用层叠式可以达到更好更高的生产水平。其他如养殖用地因素和环保要求等也是推动广泛应用层叠式笼养模式的重要影响因素。

3. 半舍饲模式

半舍饲模式是在平养模式的基础上，额外提供一块舍外活动场地，使鸡可以到舍外自由活动，是舍内饲养和户外放养模式的结合体，由此也被称为半放牧模式。整个育雏期（0～6周龄）基本上是在舍内进行，当鸡只所需要的环境温度与外界基本一致时，可以放到户外活动场地，增加其活动量，改善肉品质和羽毛光鲜度。此时，可以进行舍内的一些鸡群密度大时不方便进行的日常管理工作，如翻整垫料、修整设备和鸡粪清理，以减轻密度大、鸡粪多带来的防疫风险。

半舍饲模式的鸡舍建设及设备配置多数采用类似地面平养模式，在挨着活动场的一侧或两侧开有多个供鸡进出的入口。舍内的布置也可以采用网上平养模式，需要适当降低网床的高度，并在出入口处设置斜梯，方便鸡群的进出。

舍外活动场地多为在鸡舍向阳一侧圈出与鸡舍等长的一块场地作为鸡群的户外活动场。由于活动空间扩大，鸡本身的生活习性可以得到较好满足，活动量增加、肌肉结实、脂肪沉积均匀。充足的阳光照射和运动可以让鸡的羽毛较为丰满、色泽光亮。虽然生长速度会有所放缓，但促进了鸡肉风味物质的沉积，风味更浓厚。鸡只可以根据自身的需求在环境中主动摄取一些所需的营养物质，从土壤中寻觅补充自身所需的矿物质元素和一些未知的营养元素，可在一定程度上提高鸡体的自身抵抗力，增加抗病力。

鸡群活动行为的增多使增重减慢、饲料转化率降低、养殖时间延长，饲养成本增加。同时受到外界环境的影响，在外界环境不适合时不能放鸡群外出活动，如气温较低、下雨等时候。北方冬季温度不适合鸡群在外界活动，活动场地使用受到季节的影响。而且，鸡肉品质安全受到当地的土质影响，采用该模式时一定要检测土壤中有害物质的含量，谨防重金属超标影响鸡肉食用安全。鸡在户外活动时可能与飞禽接触，增加了感染疫病的风险，活动场地需要做好防鸟、防鼠措施。鸡自身不具备汗腺，散热主要依靠呼吸和扇动翅膀，需要做好遮阴防晒的措施，避免鸡群中暑。

半舍饲模式不适合增重过快的肉鸡，适合对鸡只外观和风味有一定要求的消费需求，并对外界环境和鸡的抗逆性也有一定的要求。因此，普遍为南方地区的黄羽肉鸡生产者所采用，是黄羽肉鸡生产的主要模式，各类型黄羽肉鸡都有采用该种模式进行养殖生产的。

该养殖模式在饲养管理上要考虑黄羽肉鸡的生活习性，降低夜间光照强度以减少鸡只的额外活动行为，舍内最好架设足够多的栖木，供鸡群夜间休息，减少与粪便的直接接触；黄羽肉鸡自身性成熟早，接受的日光又多，更有利于促进性成熟，会在很早的时候就出现争斗和性行为，一定要做好公母分群的工作，以降低鸡的伤残率。

4. 放养模式

放养模式也称为放牧模式、散养模式或生态养殖模式，是利用山地、林地、草场、果园、农田等场地进行户外散放饲养的一种肉鸡生产模式（图5-7）。它是在半舍饲模式的基础上进一步增强鸡群活动的养殖模式，是在鸡完成育雏阶段，完全脱温后，白天放出到户外活动，夜间回到鸡舍的一种养殖模式。与半舍饲模式的区别在于其户外活动场地更大，可以让整个鸡群在白天都到户外活动，进行觅食和游戏；而且活动场地的环境多样性高，可能会拥有植被、昆虫、地表水、多种矿物等。比半舍饲模式更符合黄羽肉鸡的生活习性，尤其是地方品种，能获得更漂亮的外观和浓厚的肉质风味，是我国南方饲养慢速型黄羽肉鸡和地方品种的生产者的首选模式。但在我国黄羽肉鸡生产中，有的放养场地是不具有植被、昆虫的荒山、荒地，仅属于扩大了的活动场，不具备对鸡群的补饲功能。这种类型的“放养”只是半舍饲模式的运动场加强版，只有“放”的作用而无“养”的功能，并不是笔者认可的放养模式，当然也更谈不上是生态养殖了。

图5-7 林地放养模式（刘华贵 供图）

在该模式中放养场地要足够大，让鸡只可以根据自身的需求在环境中主动寻觅喜爱的食物，采食昆虫和青草，并从土壤中寻觅补充自身所需的矿物质元素和一些未知的营养元素，比半舍饲模式养殖的鸡有更好的肉质风味、自身免疫力和抗病力。这也是该模式生产的肉鸡被众多消费者追捧的主要原因，但这个前提是要有足够大的放养场地，并且场地内环境丰富且不存在有害物质。有相关研究认为，要达到良好的生态放养，每只鸡至少需要12 m^2具有较为茂密植被的场地，并且还需要定期休牧以使场地内的植被和昆虫得到恢复。

放养，这种生产模式虽然是满足了当今人们对高品质产品消费需求的最佳生产模式。可是该模式生产的肉鸡成本也较高，而且由于户外环境多变，在实际生产中经常发生一些难以预料的问题，需要生产者加强饲养管理力度，根据实际情况灵活调整，管理好鸡群。对养殖的品种也较为挑剔，以适宜放牧、抗病力强的地方品种鸡为宜。此类品种饲养周期长，对增重速度和体重要求不高，对毛色外观和肉质风味要求较高，成年后的抗逆性好。地方品种的形成以及慢速型配套系的培育针对的是高度追求鸡肉品质的消费者。我国的地方品种，以及大多数培育的慢速型配套系都能符合这些要求，在生产中大部分也是采用这种生产模式。

但在如今“寸土寸金”的时代，要寻找足够大的场地进行肉鸡放养是一件并不容易的事情。并且放养模式在具体实施中的饲养管理易受到多种因素的影响而改变，生产者需要根据各自的需求和场地环境情况进行灵活调整。因此，经过广大生产者和学者的研究后，也形成了一些变通方式。如人工种质植物和养殖昆虫，用于饲养鸡群的补饲，以解决放养场地较小的缺陷；还有在北方采用夏季放养，冬季舍饲或半舍饲的方式，以减少寒冷天气对鸡群的影响并回避冬季无植被的问题。以及针对山地、林地和草场分别形成有一定区别的分支模式，饲养管理的技术要点也有些许差别，这里不再一一赘述。

采用放养模式，进行放养规划时重点要考虑鸡拥有的自然习性，如利用果园放养时，要考虑鸡喜爱啄击物体，有一定的飞行能力；在采食野草和昆虫的同时，也会啄击果实和树皮；如果在非休果期放牧，会影响果实的产出数量和外观，从而造成损失。

利用草场放牧时，要考虑鸡的群居性和喜欢抓扒地面的挑食行为；需要定期进行轮牧，使放养场地的植被有恢复的时间。

夜间管理，要考虑鸡有明显的昼夜习性和栖木休息习惯；夜间不需要补光，要提供足够数量的栖木等。

户外放养管理，要考虑鸡采食、饮水行为和觅食习性；需要在户外提供充足的饮水供应，掌握早晚补饲时间和饲喂量等。

放养模式是黄羽肉鸡生产中最有特色的养殖模式，同时黄羽肉鸡也是最适合实施生态养殖的品种。比如利用鸡的觅食习性，可对杂草起到一定的防除和抑制作用，据试验，每亩果园放养20只黄羽肉鸡，杂草只有不放养鸡果园的20%左右；鸡在果园内觅食，可把地面上和草中的绝大部分害虫吃掉，起到生物防护的作用；而鸡粪便又是很好的有机肥。能很好地体现生态养殖中对采用生物防护害虫、抑制杂草、使用有机肥料等要求。

5. 其他养殖模式

其他肉鸡养殖模式都是在上述4个基本模式上的局部变化，属于相关模式的变种。

（1）发酵床养殖模式。发酵床养殖模式是利用有益微生物对垫料进行发酵，在饲养过程不清粪便，垫料经发酵后重复利用（图5-8）。以达到节约垫料、提高鸡舍温度、免冲洗畜禽养殖舍，以及减少臭味、零排放的目的，可以满足环保、无公害养殖等要求。

图5-8 黄羽肉鸡阶梯笼和发酵床结合的养殖方式（郑麦青 供图）

该模式的核心是垫料发酵技术，其要点是对鸡舍内的垫料添加菌种，配比垫料，营造有利于微生物生长繁育的环境；使饲养过程中产生的鸡粪能够及时经有益微生物菌群进行发酵分解，形成了以有益菌（细菌、真菌、放线菌等）为强势菌的生物发酵垫料，使鸡粪中的有机物质得到充分地分解和转化，同时抑制鸡舍中病原菌的繁殖。据称鸡舍垫料一次投入，可连续使用5年，并且可直接生成合格的有机肥。

这种模式在发达国家主要是对地面平养模式的改良，以减少清舍、清粪和盘整垫料所需的人力和时间。国内也有企业尝试过这种方式生产，但效果并不理想，原因是生搬硬套、断章取义式地模仿别人的生产模式。若实行不换垫料养鸡必须做到以下方面。一是要有良好的加温和机械通风系统，空气的更换量必须确保满足肉鸡的呼吸量，严冬季节更要注意。二是饮水系统应该使用乳头式饮水系统，且保证不会滴漏，以控制垫料的水分含量，减少舍内氨气浓度。三是鸡场不能发生传染病。如果发生，必须及时更换垫料，同时对全场进行清洗消毒。现在国内对发酵床养殖模式的应用多是对阶梯笼养模式中积粪沟的改良，在实际生产中应用得并不普遍。

近年来，随着肉鸡饲养规模的不断扩大，肉鸡饲养量不断增加，给环境带来很大的压力。有的地区养殖用水紧张，肉鸡养殖用水有很大一部分是用于养殖舍冲刷；有的养殖场没有建设必要的粪污处理设施，而鸡粪和养殖污水如不能及时处理，容易对环境造成污染，不符合环保要求，同时还存在传播疫病的潜在威胁。对于这些特殊情况，使用发酵床养殖模式也不失为一种很好的解决方式。

（2）放养育成+舍内育肥组合模式。放养模式饲养出来的肉鸡能获得更好的肉质风味和羽毛光鲜度，并能提高鸡的自身免疫力减少防疫用药。但也因为饲养的肉鸡运动量大，造成饲料利用率降低，脂肪沉积量减少，肌肉紧实等情况。不仅提高了生产成本，也在一定程度上影响了鸡肉的口感，会让消费者觉得“老了”。对此，有生产者将放养的肉鸡在出栏前3～4周重新圈入舍内进行育肥。比较典型的是海南文昌鸡的养殖生产。当地对文昌鸡皮下脂肪有较高的要求，通过放养模式很难获得具有丰富皮下脂肪的文昌鸡。由此，当地的生产者有在出栏前3～4周将文昌鸡重新圈入舍内笼养或平养，进行育肥的习惯。事实也证明，经过二次育肥的文昌鸡拥有很好的皮下脂肪，鸡肉的香气也更加浓郁，鸡肉的口感也得到改善，显得更为鲜嫩。

（3）游牧放养模式。放养模式中对放牧区的植被有一定的要求。而鸡又具有群居性，并且活动范围有限，往往会造成鸡舍附近的植被严重受损，难以恢复。同时距离鸡舍较远处的区域利用程度又较低。对此，有国外的肉鸡生产者建设了可移动的鸡舍，通过定期将鸡舍移动数百米来调整放牧区域。鸡舍建筑采用轻型材料，并在底部安装类似雪橇板的装置。在需要移动的时候用拖拉机进行牵引。这种鸡舍多设置在平坦的草场上，生产者会定期移动鸡舍改变鸡群放牧的位置，鸡群的生活有点儿类似游牧民族，因此笔者称其为“游牧放养模式”（图5-9）。虽然鸡舍位置的改变仅是往复式平移，但因为能定期轮牧，整个放牧区的植被能一直保持较好的状态。

图5-9　被牵引移动中的鸡舍

（4）林地“别墅式”生态养殖模式。这种养殖模式是由北京市农林科学院畜牧兽医研究所创造的，针对北方林下放养模式的系统化技术层面改进（图5-10至图5-12）。该模式在林下放养区设置有固定鸡舍和可移动式小型鸡舍，利用林中空地种植菊苣和万寿菊等植物，利用麦麸和蔬菜下脚料人工养殖黄粉虫。夏季鸡群通过可移动式小型鸡舍，分布生活在整个林区，可以很好地控制放牧密度，保障牧区植被能及时恢复。冬季鸡群生活在固定鸡舍内，并在周边放牧。北方的冬季土地基本上没有鸡群可采食的植被了，此时利用风干贮存的菊苣、万寿菊和黄粉虫等添加到饲料中进行饲喂。实现了林、鸡、草、地四者的和谐相处和可持续发展，兼顾林下经济和生态保护。

图5-10　固定式小型保温鸡舍（刘华贵　供图）

图5-11　可移动的小型鸡舍（刘华贵　供图）

图5-12　林地“别墅式”生态养殖（刘华贵　供图）

（5）地下养殖模式。近年来随着畜牧业规模化和标准化密闭式鸡舍的不断发展，养殖用地需求越来越大，业界探索出了一种新的养殖模式——地下养鸡模式。顾名思义就是将密闭式鸡舍建设在地下或半地下。鸡的饲养多采用笼养，鸡舍内部布局和设备与笼养模式十分类似，采用全人工光照，并增加正压通风和物料升降机等设施设备。地下养殖模式最早出现已经不好考证了，2012—2013年，在河北、山东、辽宁等地都出现了利用人防工事或窑厂洼地等特殊建筑条件进行养鸡，多是饲养蛋鸡或者种鸡。

该模式的优势在于鸡舍位于地下所产生变化。一是不占用地面，可以在鸡舍上部地面进行种植，可以节约95%左右的土地资源；如果建设作物大棚，还可以利用地下鸡舍排出空气中较高的二氧化碳和氨气，不仅能够促进蔬菜生长，还减少了鸡舍气体排放污染，可谓种养结合，相辅相成。二是地下温度受外界的影响较小，容易维持恒定；无论是冬季还是夏季，可以大幅度降低维持鸡舍温度所需要的能量消耗。此外，地下鸡舍与其他鸟类之间形成了更严密的物理隔离，再使用正压通风并对入舍空气进行消毒处理，可以有效地隔离外界的各类病原体传播途径。因此，地下养殖模式往往能获得更好的养殖效果。有资料称，地下养殖蛋鸡，在正常产蛋周期中平均每只鸡能多提供5枚蛋，并且饲养周期延长至600 d仍能保持较高的产蛋率。

而同样由于将鸡舍建设在地下也存在不少劣势。首先是地下的建筑成本比在地面上建鸡舍成本要高得多，通风也需要额外的风管；并且如果要在屋顶上进行种植的话，需要考虑屋顶承载，建筑费用也会增加不少。其次是地下鸡舍的位置低，鸡舍排水较为麻烦；在高海拔和较为干燥的地区相对好办，但在海拔较低的地方或者降水量比较多的地方就要慎重考虑。此外，电能供应保障和物料输送等都需要额外注意。

6. 肉鸡养殖的组织模式

按照百度百科上经全国科学技术名词审定委员会审定的解释是：养殖模式指在某一特定条件下，使养殖生产达到一定产量而采用的经济与技术相结合的规范化养殖方式。那么“养殖模式”应该包含两个层面的内容：一是实际肉鸡饲养层面；二是肉鸡生产的组织形式层面，这个层面上又称为“肉鸡生产经营模式”。前面所述的平养、笼养、生态养殖等模式都是属于第一个层面上的。

目前我国的肉鸡生产经营模式大致有4种。第一种是“一条龙”模式，实际上就是覆盖产业链多个生产环节的集约化生产模式，是指把养殖业上下游多个生产环节集合到一起，通过系统的管理，来获得系统经济效益的一种生产模式。第二种是规模化生产模式，这种模式是指只从事单一生产环节，采用建设规模化养殖场的方式从事肉鸡养殖生产。第三种是专业户模式，顾名思义是指个人建设的规模化养殖场。第四种是散户养殖模式，是指养殖规模不大，以家庭成员为主要劳动力从事肉鸡生产的模式。

对于肉鸡行业来说，目前的肉鸡生产组织层面的养殖模式有：以饲养商品鸡为主的散户饲养模式；以饲养龙头企业发放的合同鸡为主的合同户饲养模式；“公司+农户”养殖公司模式；“公司+基地+农户”饲养模式。此外，还有一些派生出来的“四位一体”肉鸡代养模式和新型的“6+1”饲养模式等。“四位一体”肉鸡代养模式是指以“公司+农户+政府+银行”四位一体的肉鸡生产运作模式；“6+1”饲养模式主要是指以养殖农户为核心，政府、农户、养殖合作社、银行、担保机构、农业保险加龙头企业七位一体的肉鸡产业化运作模式。

另外，对于黄羽肉鸡来说，“北繁南养”产业化养殖模式值得一提，虽然这种养殖生产模式随着产业发展，密闭式鸡舍和环境控制技术、种鸡饲养技术的普及正在逐渐减少，但它在我国黄羽肉鸡快速发展的历史进程中发挥了重要作用。

所谓“北繁南养”，是用于经营黄羽肉鸡生产的一种产业化模式，充分利用南北气候生态环境、饲料、人力和饲养技术等资源差异，将父母代种鸡饲养于河南、山西和陕西等北方地区，商品代种蛋运回南方孵化饲养，提高了黄羽肉鸡的生产效益。即将黄羽肉鸡父母代种鸡养于气候适宜、饲料和人力成本低、养鸡水平相对较高的北方地区（即“北繁”），所生产的商品代种蛋运往南方沿海地区孵化，商品肉鸡就地饲养（即“南养”）和上市。黄羽肉鸡“北繁南养”产业化模式最早由中国农业科学院北京畜牧兽医研究所和广东省家禽科学研究所一批学者于1983年正式提出，并用石岐杂鸡首先在广州、北京等地付诸实施。实践表明，“北繁南养”产业化模式在当时拥有显著的经济优势，在北京地区饲养石岐杂种鸡产蛋量比广州高40%以上。饲养成本降低25%。黄羽肉鸡产业在随后这20年得到快速发展，“北繁南养”模式被广泛使用。“北繁”地区由北京、河南等地区，扩大到整个中原和华北地区；“南养”区域也不断扩大，由当时的广东、广西地区，扩大至现在整个南方沿海地区。在2015年前南方大多数家禽育种企业都在利用这种模式降低肉鸡制种成本，扩大良种市场占有率。可以说：“北繁南养”产业化模式的成功运行，推动了黄羽肉鸡产业近20年的迅猛发展。

四、不同养殖模式对生产的影响

1. 养殖模式对生产效率的影响

关于不同饲养方式对肉鸡饲养效果的影响，国外早期开展过研究。虽然研究对象主要是白羽肉鸡，但也可以给我们提供一些参考。近年来，国内也以黄羽肉鸡为对象进行了一些比较研究。

早期的研究认为，肉鸡网上饲养对饲料转化率、死亡率基本没有影响；体重与地面平养没有差异或高于地面饲养，而胸囊肿率、腿病率显著高于地面平养（Andrews 1973；1990）。而Madelin（1989）比较了网上平养和厚垫料地面平养鸡舍内的环境卫生状况，发现地面平养鸡舍内呼吸粉尘浓度和空气中悬浮微生物数量显著高于网上平养鸡舍，肺部疾病的发生率提高，并且剖检发现肺部有活微生物的鸡只数目也显著高于网上平养，由此认为网上饲养效果优于厚垫料平养。

近期的研究认为，厚垫料平养导致鸡舍空气中氨气浓度和可吸入颗粒物较高，而且鸡与粪便直接接触，球虫病、空肠弯曲杆菌病发生率高（Willis，2002）。饲养效果不如网上平养。

王生雨等（1997）研究认为笼养快大型肉鸡生长速度、饲料报酬明显高于地面平养和网上饲养，腿病发生率低于网上饲养模式，但与地面平养相近。刘宏达等（1999）认为5周龄前快大型肉鸡增重不受饲养方式影响，但5周后网上饲养增重比地面平养大。也有研究认为，0～4周采用育雏笼养，5周后采用阶梯笼养饲养效果好于地面平养（王德义等，1993）。

袁建敏（2006）试验表明，厚垫料地面平养会造成鸡舍空气中氨气浓度和可吸入颗粒物明显升高，肉鸡容易发生呼吸道疾病；因而药物用量增加，会影响鸡肉食品安全。笼养和地面平养对各阶段肉鸡平均日采食量和增重有显著影响。笼养北京油鸡采食量高于地面平养，有利于北京油鸡的生长。

张双玲等（2012）研究表明，在相同饲养管理和日粮水平下，笼养鸡在笼养过程中增重快，虽然运动空间不足，易引起腿病的发生，但饲料报酬、出栏率、体重等方面均优于平养模式。认为笼养和网上饲养与地面平养相比，能提高肉鸡增重和出栏率，降低料重比。

但也有研究表明，肉鸡饲料转化率、死亡率基本不受饲养模式的影响，而网上饲养或笼养的胸囊肿率、腿病率高于地面平养。

杨朝武等（2013）开展了笼养和林下放养两种养殖模式下大恒肉鸡饲养试验，对比分析不同养殖模式鸡群的生产效益。经济效益分析表明，在相同的生产周期内，采用笼养模式利润高于放养模式。

王东升等（2016）试验研究了笼养、网上平养和地面平养模式对商品肉鸡生产性能和效益的影响。结果表明，笼养模式的肉鸡出栏时间显著早于平养模式的肉鸡；与平养肉鸡相比，笼养肉鸡平均出栏重、料重比和药费有显著降低；其中，笼养肉鸡的平均料重比也显著低于网上平养肉鸡；与网上和地面平养肉鸡相比，笼养肉鸡只利润和欧洲效益指数均有提高。

综上所述，养殖模式对生产效率是存在一定影响的，虽然有可能通过加强饲养管理得到改善，但从整体来看，笼养优于平养模式，网上平养又优于地面平养模式。

从目前市场上来看，放养的黄羽肉鸡售价较高，饲养周期较长；而舍内平养的肉鸡售价略低，饲养周期缩短，饲料利用率也高；二者相比，在相同的生产周期内，平养模式经济效益优于放养模式。但这些研究也都存在一定的局限性，尤其是对经济效益的评价，并不能客观反映实际情况。而黄羽肉鸡的消费市场有多种多样，生产者对养殖模式的选择，其实是在选择消费群体；而不同的消费群体，也决定着肉鸡品种和产品价格。

2. 养殖模式对肉品质的影响

随着肉类产量的提高，越来越多的消费者关注肉品质。不少研究开始关注养殖模式对肉品质的影响。

日本学者研究表明，与笼养比较，平养肉仔鸡和土种肉鸡均有益于鸡肉的色泽、肌纤维的形成；笼养土种肉鸡，肉色的亮度降低；肉仔鸡的体重、腿肉量不受养殖方式的影响。国内有研究显示，肉鸡在自由散养时，肌肉的粗脂肪率显著降低，这可能是由于运动改变能量代谢和脂肪代谢所致。

陈应江等（2018）研究表明，散养肉鸡胸肌肉色和粗脂肪含量极显著高于发酵床养殖和网上平养（$P<0.01$），腿肌粗脂肪含量极显著高于发酵床养殖和网上平养（$P<0.01$）；认为散养模式下肉鸡的肉品质指标优于网上平养及发酵床养殖模式。

刘艳丰等（2017）研究了不同饲养模式对芦花鸡的血液生化指标和肌肉中氨基酸含量的影响。结果表明，笼养组翅膀率和腿肌率较高；散养组总蛋白、白蛋白、胆固醇和低密度脂蛋白胆固醇含量显著或极显著低于笼养组（$P<0.05$或$P<0.01$）。提示不同饲养模式对芦花鸡胸肌蛋白质和氨基酸含量有显著影响。总的来看，传统散养方式有利于氨基酸含量的提高，但会降低屠宰率、半净膛率和全净膛率。

卢庆萍等（2010）研究了3种不同饲养模式（网上平养、地面平养及半舍饲），对肉鸡生产性能、肉质性状及肌肉组织学特性的影响。结果表明，肉鸡平均日采食量在各处理间没有显著差异（$P>0.05$），但半舍饲肉鸡死亡率和料重比增加（$P<0.05$），平均日增重显著低于网上平养肉鸡（$P<0.05$）；半舍饲肉鸡腹脂率显著低于其他2个处理的肉鸡（$P<0.05$），胸肌剪切力显著高于其他2个处理的肉鸡（$P<0.05$），胸肌肌纤维直径在3种饲养方式的肉鸡中最大，其次为地面平养肉鸡、网上平养肉鸡（$P<0.05$），肌纤维密度则与此相反（$P<0.01$）；3种饲养模式对肉鸡胸肌pH值、滴水损失、肌内脂肪及肌苷酸含量没有显著影响（$P>0.05$）。在3种饲养模式中，半舍饲肉鸡生产性能较低，同时腹脂率减少，胸肌肌纤维较粗，肉质较坚韧。

肖小理等（2004）研究结果，地面平养肉鸡的屠宰性能好于笼养鸡。笼养鸡没有充足的阳光时间，鸡群整体精神偏萎靡；受鸡笼影响，羽毛凌乱，缺少光泽。地面平养肉鸡外观稍好。放养肉鸡羽毛紧密，色泽光亮，鸡冠自然红润，体格健壮，肌肉结实，行动敏捷。

总体看来，放养和半舍饲模式养殖的黄羽肉鸡，外观更好、羽毛紧密、色泽光亮、鸡冠自然红润、体格健壮、肌肉结实、剪切力增大、氨基酸含量提高、腹脂减少、肌内脂肪增加，有助于提高鸡肉风味。从这些已有的研究看，消费者对放养鸡的喜爱并不是没有道理的。尤其是笼养鸡，因为天性受到压制，精神状况偏萎靡，很难让人认可是否绝对安全。或许这就是国外消费者追求动物福利的一个缘由。

3. 养殖模式对鸡行为的影响

肉鸡生产者关心肉鸡的生产效率，消费者更关心肉品质，但也有部分爱心人士关注肉鸡的生长环境，甚至有人建议恢复肉鸡散养以满足其自然天性。虽然满足黄羽肉鸡的生长天性属于动物福利范畴，我国对于动物福利还没有提出具体要求；但是黄羽肉鸡包含有较多的地方鸡血缘，其生活习性还保留有野生鸡的行为习惯。了解不同的养殖模式对鸡生活习性的影响，有助于在黄羽肉鸡的育种中有针对性地进行选择。

李晓晓等（2010）研究了黄羽肉鸡在笼养和发酵床两种饲养模式下的行为。分析结果表明，两种饲养模式下黄羽肉鸡趴卧行为所占时间比例最高，采食行为次之。发酵床饲养黄羽肉鸡与笼养黄羽肉鸡相比采食、饮水和其他行为次数较少，啄击行为次数较多。

朱晓彤等（2014）采用行为学方法研究大棚地面平养条件下风扇降温和水帘降温以及舍饲、35日龄开放运动场、70日龄开放运动场对黄羽肉鸡采食、饮水、修饰、站立、运动、觅食、攻击、休息、沙浴、栖架10种行为的影响。结果表明，水帘降温组鸡群采食和修饰行为的百分比极显著高于风扇降温组（$P<0.01$）；而饮水、站立和觅食行为的百分比则极显著低于风扇降温组（$P<0.01$）；沙浴行为百分比也显著低于风扇降温组（$P<0.05$），其他的行为变化差异不显著（$P>0.05$）。放养措施可以极显著增加鸡群的采食、饮水、修饰、运动、觅食、休息以及沙浴等7种行为的百分比（$P<0.01$），极显著降低鸡群的栖架行为及站立行为的百分比（$P<0.01$）；其他的行为变化差异不显著（$P>0.05$）。表明不同降温措施和不同时间放养措施显著影响肉鸡采食、饮水、站立、修饰、觅食和沙浴行为百分比。

国内外在这方面的研究略有不同，主要是研究使用品种有很大区别。对鸡行为的研究也多集中于各种行为的次数、占比等，还没与鸡体的健康、营养需求等进行关联。笔者个人认为，鸡在采食和饮水以外的行为增多，有可能意味着其健康（包括生理和精神两个层面）程度的提高，这也许就是放养模式下的鸡群不容易发生疫病的一个缘由。

4. 养殖模式对胴体品质的影响

郑云峰等（2005）采用笼养、平养和放养3种饲养模式，饲养福建河田肉鸡，研究不同饲养方式对肉鸡胴体品质和脂肪代谢的影响。结果表明，不同饲养方式对公、母鸡的胴体性能都有明显的改善作用，放养组能显著提高公、母鸡的全净膛率、屠宰率和半净膛率，同时还能显著提高公鸡的腿肌率。

袁建敏等（2007）分别进行笼养和地面平养试验，比较不同饲养方式对北京油鸡胴体品质的影响。结果表明，笼养对屠宰率、全净膛率、翅率、腿率、胫长、腹脂率、胸肌粗脂肪和主要脂肪酸含量无影响，笼养导致肉鸡腿肌率增加，胸肌率减少。

杨朝武等（2013）开展了笼养和林下放养两种养殖模式下大恒肉鸡饲养试验，对比分析不同养殖模式鸡群生长发育、屠宰性能。结果显示，笼养组全期成活率较放养组高1.35%，饲料报酬高14.3%，同时生长速度、活体重、屠体重和腹脂率极显著高于放养组，半净膛率、全净膛率显著高于放养组。

养殖模式对胴体品质的研究不多，而且结果也并不一致。应该是所用的品种不一样，河田肉鸡和北京油鸡都属于慢速型黄羽肉鸡，而大恒肉鸡属于中速型黄羽肉鸡。笔者个人认为，生长性能较好的肉鸡在笼养模式下，增重快、饲料转化率好，而又运动少的情况下，内脏器官的负担较小，其重量会偏小些；而放养模式下，运动量的增加会增加内脏器官的负担，提高其重量。由此看，对于快速型黄羽肉鸡，笼养和平养模式下的半净膛率、全净膛率应该显著高于放养模式。

第三节　环境控制与饲养管理

肉鸡生产的整个饲养过程中的管理措施涉及品种习性、饲料品质、疫病防控、温度与湿度控制、通风和光照管理等许多方面，但大多数措施都是围绕着环境控制展开的。从某种角度看，可以说环境控制的好坏是肉鸡生产成功与否的决定性因素。黄羽肉鸡在纯舍饲情况下，养殖环境控制与常规白羽肉鸡生产十分接近，但在半舍饲和放养模式时不仅要控制好鸡舍内部的环境，也要考虑到外界自然环境的变化，做好户外环境管理。

一、养殖环境控制的发展

国际肉鸡养殖环境控制发展到现在，大体上经历了3个阶段。

第一阶段，在第一次世界大战前。此时的肉鸡生产还未专业化，仅仅作为农民的一项副业。各国养鸡生产大多处于自然环境中散养，光照、温度、湿度大多随天气与季节变化而变化，几乎没有专业化的人工饲养环境控制。

第二阶段，为第一次世界大战后到第二次世界大战期间。这一时期美国、英国等养鸡业从散养走向专业化，肉鸡养殖业兴盛起来。养殖环境控制得到重视并迅速朝专业化方向发展，光照、通风、温度、湿度、鸡舍有害气体成分及微生物等都可得到很好的人工控制。同时还出现了专业的养殖环境控制设备生产商，例如澳大利亚的OEC公司、美国的Coolair公司等。

第三阶段，在第二次世界大战后。欧美等发达国家的大型一体化养鸡场逐渐将环境控制技术与信息技术相结合，出现了自动控制处理系统，实现了养殖环境的智能化控制。

国外在养殖环境控制方面，经过近半个世纪的研究，逐渐形成了一套从养殖场所的环境控制、卫生消毒到粪污处理方法及排放标准，国际卫生组织还颁布了《国际动物卫生法典》。

1949年前受战乱影响中国家禽饲养量仅有2.5亿只。中华人民共和国成立后，养禽业受到政府的重视，很快得到恢复和发展，到1957年底全国家禽数量达到7.1亿只。1965年建设了我国第一个机械化养鸡场——上海红旗养鸡场。之后在党中央的鼓励和推动下，各地纷纷开始建设机械化养鸡场，但其中主要是从事蛋鸡生产。在20世纪80年代前，国内肉鸡生产仍以农户家庭散养为生产主体，规模化程度低，饲养粗放，肉鸡养殖环境控制意识薄弱。

随着改革开放和国外技术的引进，开始出现养鸡个体户和专业户，规模化程度逐渐提高。经过多年的发展，已经形成了适用于南北方不同区域和气候的多种肉鸡饲养工艺模式，以及配套的环境调控技术和设备。

随着养殖业规模化的发展，我国于1998年颁布《中华人民共和国动物防疫法》，1999年出台了农业行业标准《畜禽场环境质量标准》（NY/T 388—1999），对饲养规模大于5 000只以上的鸡场场内空气环境做了详细的规定，对肉鸡饮用水、生态环境提出了严格要求，同时也规定了饮用水中的重金属元素的含量、pH值及畜禽场空气中有害气体鸡可吸入颗粒、总悬浮颗粒物的含量。随后又颁布了《农产品安全质量 无公害畜禽肉产地环境要求》（GB/T 18407.3—2001）和《动物防疫条件审查办法》，对肉鸡场的场址环境和设施提出具体要求：养殖地要选择在生态环境良好、无或不直接接受工业“三废”及农业、城镇生活、医疗废弃物污染的区域，饲养和加工场地应设有与生产相适应的消毒设施、更衣室、兽医室等，并配备工作所需的仪器设备。之后陆续颁布的一系列关于肉鸡生产的标准从鸡场选址、鸡舍建设、饲养管理技术规范等行业标准中都有大量对环境控制的要求。

经过多年的发展和探索，我国肉鸡养殖环境控制技术取得了很大进步，主要从以下9个方面发生了变化。

1. 鸡舍建设

鸡舍建设技术经历了传统的放养、简易鸡舍、开放式鸡舍到封闭式鸡舍和简易节能鸡舍建设的过程。简易节能技术是具有我国特色的鸡舍建设技术，采用地窗的扫地风和檐口的亭檐效应，有效地保证了开放式鸡舍的夏季通风效果。这种经济节能型鸡舍的研究开发，加速了我国肉鸡产业的发展，使现代肉鸡生产技术快速推广到全国鸡场和农户。

2. 鸡舍场区环境控制

传统肉鸡养殖的养殖户院内，没有基本的养殖环境卫生要求设计，没有必要的消毒设施，更没有清洁区和污染区的区分，养殖人员缺乏起码的环境控制和疫病防范能力。而现代养殖模式下，场区布局要科学合理，净道、污道分开，排水、排污通畅，确保场区环境良好；鸡舍定期消毒，定期清理等。

3. 温度控制

早期的传统饲养模式条件下，控制温度一般采取燃煤炉灶进行升温，通过调节通风口大小以及盖、卷保温帘来调节室温。经过几十年的发展，鸡舍的保温性更好，采用热风炉、水暖炉等供暖设备，使用纵向风机和水帘等降温设备。炎热地区还会给鸡舍加装遮阳设施，而在寒冷季节时也会利用日光温室设施和热回收装置，能够有效地节约能源消耗。

4. 光照控制

传统的饲养模式条件下，光照一般采用开放式鸡舍以利用自然光照与人工控制的补光方式。而现在自动化光照控制已经非常普遍，并可以利用智能技术根据鸡只的生长状况，精确调控鸡舍内光照时间及光照强度。

5. 有害气体控制

传统的饲养模式条件下，一般根据饲养人的感觉来判断，通过调整通风换气的时间和频次来调控鸡舍的空气条件，通过加强粪便清理和洒水来减少有害气体和粉尘的产生。如今，大规模肉鸡养殖场安装的环境控制终端能自动监测空气中有害气体的含量，并智能调整鸡舍的通风量，以保证舍内的空气质量。还利用有益微生物制剂饲喂或喷洒，以减少臭气的产生。

6. 湿度控制

湿度控制方法没有发生根本改变，但是随着饲养设备的升级，湿度的控制也变得简单起来，控制范围也越来越精确。目前，国家动物营养学重点实验室已建成可进行温度、湿度、光照、风速、氨气、硫化氢、二氧化碳、甲烷等有效控制的环控仓。而现代鸡舍也可以通过喷雾和通风有效地调控舍内湿度。

7. 通风控制

传统的饲养模式条件下，养殖户一般通过调节通风口大小和通风时间来控制通风量，之后，随着人们对通风量的要求越来越严格，逐渐采用大风机及纵向通风技术。现代的大型鸡舍采用的通风系统更加全面而科学，不仅设置有纵向、横向和顶部等多维度风机，还对进风口也进行控制，不仅对调节进风口大小，还控制进入鸡舍后风的走向和温度。还有正压通风系统，能对进入鸡舍的空气进行消毒灭菌、调控温度与湿度。

8. 饮水控制

饮水技术经历了从人工供水、自动供水到乳头饮水器供水的发展过程。乳头饮水器的普遍应用，解决了规模化养鸡用水槽饮水所引起的交叉感染问题，减少了用水量与污水排放量，为保持舍内鸡粪干燥和维持舍内良好的空气质量环境起到了重要作用。而在供水前端安装水源净化和灭菌设备能保证鸡群饮用水的质量与安全。

9. 饲料给喂控制

饲料添加给喂方式从人工添加、链条式喂料系统、塞盘式喂料系统到目前流行的行车式喂料系统；饲料供应也在从传统的“袋装+人工上料”向“散装供应+料塔贮存+

自动上料”转变。不仅降低了饲喂工作需要的人力，也保障了饲料到场后的贮存安全。

二、肉鸡养殖的工艺和设备

1. 生产工艺流程

肉鸡场的生产工艺流程包括养殖模式和生产周转流程两部分。模式的选择和流程的设置与饲养品种有很强的关联。养殖模式在上一节已经介绍过了，这里介绍周转流程。周转流程可以分为一段式、两段式和三段式。

一段式，是指肉鸡的整个养殖过程都是在同一个鸡舍内进行。一般来说，饲养快大型肉鸡的鸡场，为了减少工作量和降低肉鸡的应激，都会选择一段式饲养流程，以提高工作效率。这种工艺流程可以减少饲养期间转群应激，更加方便生产和管理。60日龄以内出栏的快大型肉鸡，一般采用全舍饲方式管理，整个生产过程肉鸡都在鸡舍内生长。因此，采用封闭式鸡舍、自动化设备的较多，养殖模式多采用平养和笼养模式。有些生产者饲养采用一段式流程饲养快速型黄羽肉鸡，会在后期，临近出栏的2～3周将鸡放到户外活动场。这是半舍饲模式和一段式流程的结合。

两段式，是将肉鸡的生产工艺流程划分为两个阶段，即育雏期和育成期，俗称“套养”。一般情况下，育雏期采用层叠笼养，可以节约加温费用，并且提高育雏舍的利用率，减少供暖设施设备的投入。育成期采用半舍饲或放养模式。这种生产流程适用于出栏日龄较长的肉鸡品种，是为了最大限度地利用鸡舍和提高鸡肉品质及外观外貌。多为两广地区用于中、慢速型黄羽肉鸡的生产。

三段式，是在育成后期又将鸡群转入舍内进行集中育肥，即有育雏期、育成期和育肥期及产蛋三个阶段。这种方式前两个阶段与两段式流程相同，而最后的育肥期多会采用笼养模式。适用于对脂肪沉积有要求的慢速型黄羽肉鸡，比如海南文昌鸡；以及肉蛋兼用型的黄羽肉鸡，比如两湖地区的地方品种在放养育成后会将母鸡转入产蛋笼。

2. 设备的选型配套

（1）平养模式的主要设备。

环控系统：风机、湿帘、加温系统（风暖或水暖）、环控仪。

饲喂系统：料塔、链条式喂料线或盘式喂料线及控件系统，人工喂料只需要料桶和开食盘即可。

饮水系统：一般采用普拉松式饮水器或乳头式饮水器，两种饮水器各有利弊。乳头式饮水器卫生状况较普拉松式自动饮水器好，而且不用每天清洗，大型养殖场多采用乳头式饮水器。

地面平养的一大优势就是投入不多的固定资产就能实现机械化大规模养殖，只需要配备上述的基本设备就能进行生产。网上平养则需要在上述基本设备的基础上增加漏缝地板及支架，以及清粪系统（图5-13）。

图5-13　网上平养鸡舍设备布置（王一东　供图）

（2）笼养模式的主要设备。

承载笼具：层叠式笼具或阶梯式笼具。层叠式笼具适合采用密闭式鸡舍的大规模一段式流程进行生产，阶梯式笼具适合采用开放式鸡舍的中小规模多段式生产流程。

环控系统：风机、湿帘、加温系统（风暖或水暖）、环控仪，大体上与平养模式类似，但层叠式笼养使养殖密度大幅提高，配制设备的复杂度大幅提高。需要根据具体饲养量及鸡群体重，按照环境参数细致计算各种设备需要的数量以及安装位置。对饲养鸡群所需要的最大最小通风量、风速、通风阻力等进行仔细考量，还需要兼顾考虑进风位置、新进空气温度、通风死角的问题。配置的环控仪也要更加先进，不能采用常规的程控环控仪，最好是具备智能调控功能的程控仪。

饲喂系统：料塔、行车式喂料系统。对于规模化的笼养模式而言，人工喂料已经不适合了。早期有生产者采用过链式喂料系统，但在笼养模式的应用中，链式喂料系统表现出投入成本高，保养维护难，不易清洗消毒等缺点。

饮水系统：乳头式饮水器。

清粪系统：层叠式笼具采用输送带式清粪系统，阶梯式笼具可以采用积粪沟+刮板式清粪系统。

消毒系统：层叠式笼具需要安装喷雾消毒设备。

笼养模式是肉鸡养殖生产中设备应用最多也最为复杂的养殖方式，尤其是层叠式笼养。在上述的基本设备中对环控设备中的通风系统要重点关注，有条件的可以加装正压通风设备。层叠式笼养对能源的消耗比较大，对于北方地区可以加装热回收系统或阳光温室设施以降低冬季的采暖成本，而对于南方炎热地区需要采用更好隔温的建筑材料或加装遮阴设施。在肉鸡养殖中，降温比升温难度更大，能耗更高。

（3）半舍饲模式的主要设备。半舍饲模式的舍内饲养部分与平养模式基本相同，完全可以采用相同设备。需要注意的是：黄羽肉鸡的活动量大，还具有轻微的飞行能力，能轻松跃上一定的高度，并且喜爱在栖木上休息。舍内设备的配置上可以采用链式喂料线和普拉松式饮水系统，防止因鸡群的栖息出现设备的坍塌。或者在料线和水线上配置防栖线（低压电击线，可以防止鸡只在上面栖息），并安置数量足够的栖木以减少空气中粉尘含量。

半舍饲模式的舍外饲养，目的主要是增加鸡群的活动空间以改善肉品质和羽毛光鲜度。而且活动场一般比较小，可以不配置喂料和饮水设备，但需要安装遮阴设施。

（4）放养模式的主要设备。放养模式多采用两段式的饲养流程，育雏期在舍内进行。可以使用平养育雏，也可以使用笼养育雏，各有优缺点。从育雏舍的利用率和卫生防疫的角度出发，使用层叠笼具育雏的生产效率要好很多。若每批次的育雏量不大，可以省略很多设备的投入，比如通风等环控系统就可以放低要求，喂料和消毒也可以改为人工，当然这是基于饲养量较低和人力成本更低廉的前提。

放养模式的第二个阶段的重点是在舍外放牧区，但舍外所需要的设备并不多，只要考虑补饲点的喂料（可以采用料桶人工添加）和饮水设备（考虑到卫生防疫，还是建议使用乳头饮水系统），以及遮阴和沙浴设施即可。当然在采用游牧或者轮牧时还需要配备可移动的轻型鸡舍。舍内设备同样可以按照半舍饲模式进行配置。当然在采用游牧或者轮牧时配备可移动的轻型鸡舍内的设备就较为简洁了。

3. 饲养管理要点

关于黄羽肉鸡饲养管理技术的书籍众多，相关的行业标准也有不少，读者可以参看后面的参考文献。这里仅罗列些笔者认为必须重视的一些技术要点，其他的不再赘述。

（1）育雏期管理。不管采用何种养殖模式育雏期管理中的技术要求大体相同。主要包括：育雏舍准备、温度与湿度控制、通风管理、饮水与饲喂管理等方面。作为商品肉鸡生产，需要重点关注的是前三项。执行标准可以参看《黄羽肉鸡饲养管理技术规程》（NY/T 1871—2010）。

育雏舍准备：提前至少24 h完成育雏舍的准备工作。包括各种用品设备的准备、检修和布置，整舍内外消毒，以及升温。需要强调消毒必须对整个鸡舍内外都要进行彻底，且无死角消毒。这是一次良好饲养过程的重要开端，可以减少肉鸡生产过程中发生疫病的概率。有许多生产者在进行育雏舍准备时往往将关注点放在了升温上，而忽视了鸡舍内外的消毒工作。黄羽肉鸡初生雏鸡体重偏小，加上种鸡企业众多，在种鸡疫病净化上不如国际大型育种企业做的全面和深入，因此黄羽肉鸡初生雏鸡往往更容易感染病原体，是造成前期死亡率较高，以及中期生长缓慢的主要影响因素。

温度与湿度控制：同样是由于黄羽肉鸡初生雏鸡体重偏小，前期的舍内温度需要偏高一些，尤其是对于地方品种和慢速型黄羽肉鸡来说，舍温偏高1～2 ℃有助于前几天雏鸡对剩余卵黄的吸收。具体参照表5-2控制温度与湿度。

表5-2　育雏温度和湿度

周龄	温度（℃）	湿度（%）
进雏前	33～35	65～75
第1周	32～35	65～75
第2周	29～32	60～70
第3周	26～29	55～60
第4周	23～26	45～55
4周龄以后	每周下降2～3 ℃，直至常温（冬季温度不得低于18 ℃）	45～55

注：引自《黄羽肉鸡饲养管理技术规程》（NY/T 1871—2010）。

需要根据房舍面积、鸡只体重和鸡群数量的不同，设置通风窗的大小和风机的数量。常规情况下黄羽肉鸡每批的饲养规模不会大于1万只，采用纵向负压通风即可。国内大部分地区在夏季都需要配置湿帘以进行降温。鸡舍内通风量和风速要求参照表5-3。

表5-3　舍内通风量和风速要求

指标	日龄		
	0～30 d	31～56 d	≥57 d
通风量[m³/（只·h）]	2.5～3.0	6.0～8.0	8.0～10.0
风速（m/s）	0.2～0.3	0.4～0.6	0.7～0.9

注：引自《黄羽肉鸡饲养管理技术规程》（NY/T 1871—2010）。

饮水管理：雏鸡进入鸡舍后要能立刻喝上与室温一致或略高于室温1～2 ℃的温水，并且一定要注意水的清洁度。有的生产者容易忽视雏鸡饮用水的清洁度，这会影响到雏鸡早期的生长和抵抗力，最好能对前1～3 d的饮用水进行灭菌处理。在育雏期前3 d可以在饮水中添加维生素和矿物电解质。使用钟式饮水器时，每隔4～6 h就要更换饮水并清洗、消毒饮水器。要随时保持供水充足，切忌长时间断水。

饲喂管理：在所有入舍雏鸡充分饮水后再进行给饲，此时一般是供水后的2～3 h。刚开始时宜使用开食盘，也就是在笼内或地面安放较大面积平展的饲喂盘，让雏鸡可以直接站在饲喂盘上采食。大概1周可以撤掉开食盘改用外置料槽，慢速型黄羽肉鸡根据体型发育状况需要适当延长。育雏前10日龄内每日宜喂5～6次，以后逐步减少至每日喂3～4次。

饲养密度：黄羽肉鸡的饲养密度在早期可以比白羽肉鸡略高些，但在5周龄以后因其好动的习性，饲养密度一定不能过高，可以参考本章第一节和第二节的内容。具体的饲养密度请参考表5-4。

表5-4　黄羽肉鸡的饲养密度　　单位：只/m²

方式	类型	日龄				
		0～10 d	10～30 d	30～56 d	56～75 d	>75 d
地面平养	快速型	20～30	15～18	9～15	9～11	
	中速型		18～23	15～18	11～13	9～11
	慢速型			18～23	13～18	9～5
网上平养	快速型	30～35	18～23	13～15	10～13	
	中速型		22～27	15～20	12～17	10～13
	慢速型			20～25	13～18	10～15
层叠笼养	快速型	40～50	25～30	12～16	12～14	
	中速型		30～40	18～23	13～15	12～14
	慢速型			20～25	13～15	12～17

注：引自《黄羽肉鸡饲养管理技术规程》（NY/T 1871—2010）。

公母分群：性别混合的雏鸡，宜在5周龄前完成公母分群。公母分群的必要性请参看本章第一节。

（2）育成期管理。这是黄羽肉鸡有别于白羽肉鸡养殖的一个特殊的地方，白羽肉鸡通常都会在8周龄前出栏，而大部分黄羽肉鸡都会饲养到9周龄以后才出栏，即使是快速型黄羽肉鸡也会如此。饲养周期的延长并不仅是为了获得更大的体重，当然这也是一个重要方面，但另一个造成饲养周期延长的重要因素是为了获得更好的肉品质、羽毛鲜亮度和性成熟。而要获得这几方面的提升，在提高运动量和日光照射的基础上也需要有足够的饲养时间。因此，肉品质越好的黄羽肉鸡的饲养周期也越长，需要的运动场也要更大。这就决定了大部分黄羽肉鸡生产者会采用半舍饲或放养模式。

半舍饲模式只是在黄羽肉鸡完成育雏后，通过增加户外活动区域，以提高肉品质、羽毛鲜亮度，并加速性成熟使鸡冠更红更大。此模式只是育雏期的延续，在技术管理上与舍内饲养区别并不大。

而关于黄羽肉鸡的放养（也称为生态养殖）要求，农业农村部还没有推荐标准，但相关的地方标准已有不少。河北、河南、上海、江西、福建和贵州都已有相关的地方标准，业内的研究机构也提出了一些针对性的技术规程。其中对放养区的饲养密度、植被状况、分区轮牧和补饲等提出了相关要求。虽然有的参数并不相同，但大体观点类似。

舍内管理：鸡舍内应设置栖木，可以用木杆、竹竿或喷塑钢管搭建成“A”字形。每只鸡所占栖架的位置不低于17～20 cm。如果饲养期延续到鸡群开产后（肉蛋兼用的经营模式），还需要在舍内设置足够的产蛋箱。

场地养护：放养场地内的坡地倾斜度不宜大于30°。放养前要清除场地内的杂物，尤其是细小的金属物品，并对地面进行适当平整。放养地边缘、中间有河道、水沟时，要设置围栏或围网，防止鸡群进出。围栏/网的高度应在2 m以上。如果使用果园或牧草地时，应避开产果、开花、病虫害防治和施肥等时期。养殖期间切忌在场地内或附近喷洒农药、鼠药等有毒有害物质。根据场地植被的具体情况，如果较为稀疏，需要及时更换放牧地，松土并种植牧草。要选择分枝分蘖多，再生性强，适应性强，适口性好的牧草。适用草种有豆科的白三叶、红三叶、苜蓿，禾本科的鸭茅、无芒雀麦、黑麦草、早熟禾以及叶菜类牧草等。行间距较大的林地，可选种苜蓿、红三叶、白三叶、多年生黑麦草、菊苣等牧草；树冠较大，遮盖度（也称郁闭度）较高的林地和果园，可选择三叶草等耐阴牧草。对于遮盖度较低的场地（如草场），一定要架设遮阴设施，防止鸡群中暑（图5-14）。

图5-14　放养中的黄羽肉鸡（郑麦青　供图）

放养密度：对于放养密度推荐，各地标准和技术管理规程存在较大差别，范围在每只鸡2～30 m^2。范围这么宽泛，主要与各地的植被状况和轮牧要求不同有关，而大多数的建议集中在每只鸡8～16 m^2，也就是每亩地可以放养40～80只鸡，这也与法国红标鸡要求每只鸡要拥有12～16 m^2的牧场相吻合。

轮牧与休牧：要达到生态养殖，做到既放且养的作用，无论是林地、山地、草地和果园都需要严格执行轮牧或休牧制度，以保障放养场地内的植被能有时间恢复，并避免鸡群对树木造成严重伤害。可以将整个放养区划分成多个单元，鸡群在每个单元之间定期交替放牧。放牧单元休牧期间要积极进行松土、浇水等牧草养护工作（图5-15）。

图5-15　划区轮牧，每10～20 d轮换1次，保证牧草的再生和草地的持续利用（刘华贵　供图）

分群：鸡群放养前要按照性别、个体大小、体质强弱进行分群，让所有个体都能获得较为充足的饲料和空间，保障整个鸡群生长发育的整齐度较为一致。

补饲与诱虫：即使放养区植被覆盖率高且茂密，也一定不要忽略补饲。补饲一般每天进行2次，分早晚进行，早上补饲量为晚上的一半。鸡群刚到放养区时，不会马上适应自我觅食，补饲料量要多些，接近鸡群舍饲时的耗料量。随着鸡群对放养场地的熟悉，补饲料量逐渐减少，但晚上归舍前的补饲要足够充足。补饲用料虽然并不特别强调要用全价饲料，但也切忌使用单一品种的谷物饲料，可以使用玉米、大麦、小麦及籼稻谷等混合谷物，并定期通过饮水补充些维生素和矿物元素。即使生产者“不差钱”，也建议在补饲点或鸡舍进出口附近安装诱虫设备。给鸡群食用昆虫，不仅可以节约饲喂成本，还能进一步提高鸡肉品质。有灯光诱虫和激素诱虫两种方式。灯光诱虫是将黑光灯或高压灭蛾灯悬挂于离地3 m高的位置，每天在傍晚后开灯2～3 h。激素诱虫多用于果园和农田，或与之邻近的放养场；每公顷放置15～30个激素诱虫盒或昆虫性外激素诱芯片，每30～40 d更换一次。

供水：放养场地内要放置足够数量的饮水器，保证充足供水。而场地内若有其他水源或积水，需要做好隔离或进行清理。

调教训练：鸡群转入放养场地后的前几天，要进行补饲和上栖架的调教和训练。补饲训练要在固定的时间和地点，先吹响口哨或者敲击食盆后再进行饲料投放。夜间需要调教上栖架，有些个别鸡只需要人工辅助上架。刚开始时可以适当增加夜间光照，待鸡群全部上架后再关灯。一般训练3～5 d，鸡群就能适应饲喂的节律，夜间也能主动上栖架休息。

场区消毒：放养的黄羽肉鸡通常会具有更好的自身免疫力，紫外线也能灭杀部分地表微生物，但仍然不能忽视整个养殖区域的消毒工作。人员进入放养区域需要更换专用的工作服和工作鞋，并全身消毒后再进入。在放养单元轮换后，对休牧中的单元区域要及时清理和消毒。

防兽害和防鸟：鸡群户外放养时，要做好防止野兽野猫的危害，大的老鼠、黄鼠狼和野猫一旦进入鸡舍，造成的损失往往很大。鸡群夜间休栖的鸡舍四周要用铁丝网或尼龙丝网进行防护。在白天要注意防止其他鸟类与鸡争食，不是为了节约饲料，重要的是防止其他鸟类带来的传染性疫病。

在很多人的认知中，存在着黄羽肉鸡比白羽肉鸡好养的概念。而从上述介绍中大家可以了解到，中后期的黄羽肉鸡确实比白羽肉鸡的抗病力和抗逆性要好很多，但整个饲养过程却要比白羽肉鸡更复杂，尤其是采用放养模式时，需要考虑的各个方面，不是简单套用白羽肉鸡饲养方式就能做到的。

参考文献

陈应江，时凯，刘兴华，等，2018. 笼养蛋鸡发酵床垫料对水稻生长与产量的效应[J]. 大麦与谷类科学，35（2）：31-35.

国家肉鸡产业技术体系，2016. 中国现代农业产业可持续发展战略研究（肉鸡分册）[M]. 北京：中国农业出版社.

何俊，2015. 果园山地散养土鸡实用技术[M]. 长沙：湖南科学技术出版社.

胡刚安，周中华，卢桂强，2003. 优质肉鸡北繁南养产业化模式的经济优势与发展[J]. 中国禽业导刊（15）：14.

黄炎坤，2014. 现代实用养鸡全书[M]. 郑州：河南科学技术出版社.

姜旭明，齐智利，齐德生，等，2009. 不同饲养方式对肉仔鸡健康状况和行为的影响[J]. 动物营养学报，21（2）：160-164.

李慧芳，章双杰，2014. 黄鸡饲养关键技术[M]. 北京：中国农业出版社.

李英，谷子林，2010. 生态放养柴鸡关键技术问答[M]. 北京：金盾出版社.

刘艳丰，王晶，於建国，等，2017. 不同饲养方式对芦花鸡屠宰性能和肉品质的影响[J]. 中国家禽，39（6）：53-55.
卢庆萍，张宏福，姜旭明，等，2010. 不同饲养方式对肉鸡生产性能、肉质性状及肌肉组织学特性的影响[J]. 动物营养学报，22（5）：1237-1242.
罗平涛，2014. 我国商品肉鸡饲养模式的比较分析[J]. 现代畜牧兽医（9）：22-25.
全国畜牧总站，2015. 畜牧统计人员应知应会手册[M]. 北京：中国农业出版社.
单修春，1981. 鸡的换羽在生产实践中的意义[J]. 家禽（1）：24-25.
孙桂荣，康相涛，李国喜，等，2006. 不同饲养方式对固始鸡生产性能的影响[J]. 华北农学报（4）：118-122.
王东升，张露露，2016. 不同饲养模式对肉鸡生产性能和养殖效益的影响[J]. 饲料广角（4）：47-48.
王生雨，张秀美，黄宝华，等，1997. 肉仔鸡不同饲养工艺的对比试验[J]. 农业工程学报（S1）：103-105.
许斌，耿爱莲，李保明，2010. 不同栖木对北京油鸡栖息行为的影响[J]. 中国家禽，32（11）：11-14.
杨朝武，杜华锐，蒋小松，等，2013. 不同养殖模式优质肉鸡生产效益比较分析[C]// 中国畜牧兽医学会家禽学分会第九次代表会议暨第十六次全国家禽学术讨论会论文集：410-412.
杨朝武，杜华锐，蒋小松，等，2013. 笼养和放养条件下优质肉鸡屠宰性能及肉质性状比较分析[J]. 中国家禽，35（19）：8-11.
杨宁，2002. 家禽生产学[M]. 北京：中国农业出版社.
袁建敏，呙于明，李庆云，等，2006. 笼养和地面平养对肉鸡生产性能的影响[J]. 中国畜牧杂志（15）：50-53.
袁建敏，张开臣，胡骁飞，2007. 环境因素影响肉鸡生长的研究进展[J]. 家畜生态学报（6）：135-138.
张鹤平，2015. 鸡的行为与精细饲养管理技术指南[M]. 北京：化学工业出版社.
张志新，陈宗刚，2015. 三黄鸡高效益养殖与繁殖技术[M]. 北京：科学技术文献出版社.
赵芙蓉，陈永辉，祁艳霞，2011. 富集型笼具对肉仔鸡行为与福利的影响[J]. 中国家禽，33（12）：11-14.
赵桂苹，2017. 肉鸡养殖轻简化技术图册[M]. 北京：金盾出版社.
赵桂苹，黎寿丰，2009. 养鸡致富综合配套新技术[M]. 北京：中国农业出版社.
郑云峰，高玉鹏，闵育娜，2005. 不同饲养方式对肉鸡胴体品质、脂肪代谢的影响[J]. 黑龙江畜牧兽医（11）：30-31.

中国畜牧业协会，2015. 专家与成功养殖者共谈现代高效肉鸡养殖实战方案[M]. 北京：金盾出版社.

中华人民共和国农业部，2010. 黄羽肉鸡饲养管理技术规程：NY/T 1871—2010[S]. 北京：中国标准出版社.

朱晓彤，刘连燕，王丽娜，等，2014. 不同降温措施和不同日龄放养模式对黄羽肉鸡行为的影响[J]. 家畜生态学报，35（6）：31-37.

COWLISHAW S J ，EYLES D E，1958. The use of dried clover in the ciet of laying hens[J]. Poultry Science，37（4）：960-966.

HEYWANG B W ，VAVICH M G，1962. Energy level of a sixteen percent protein diet for layers in a semiarid，subtropical climate 1[J]. Poultry Science，41（5）：1389-1393.

HILL F W，1956. Studies of the energy requirements of chickens 4. Evidence for a linear relationship between dietary productive energy level and the efficiency of egg production[J]. Poultry Science，35（1）：59-63.

第六章

黄羽肉鸡营养需要与饲料配制

第一节 黄羽肉鸡的营养需要

一、黄羽肉鸡的营养需要特点

肉鸡的营养需要受到遗传、生理状况、管理及环境因素的影响，所需的营养物质主要包括水、能量、蛋白质和氨基酸、维生素、矿物质等。

（一）水

水是鸡生长和维持生命活动所必需的重要营养成分，它参与机体生理活动的全过程，如体内营养物质的分解、运输和吸收，废物和毒素的排除、体温的调节等都需要水。肉鸡需水量决定于环境温度、相对湿度、饲料组成、生长速度等。雏鸡体内含水量约为75%，成年鸡为50%～60%。若鸡饮水不足，导致对饲料的消化吸收不良，血液浓稠，体温升高，生长就会受到影响。肉鸡脱水10%则会生理失常，脱水20%则会导致死亡，因此，满足肉鸡对清洁饮水的需要是十分重要的。

（二）能量

能量是动物营养需要和精准供给的第一要素，饲料能量摄入量直接影响黄羽肉鸡采食、健康、生长发育、饲料转化效率及胴体品质。近年来，国内对地方品种或典型配套系黄羽肉鸡能量需要量的研究报道越来越多。黄羽肉鸡代谢能需要量（饲料浓度）基本上同一品种随日龄逐渐提高，这与肉鸡前期主要以蛋白沉积为主，后期以脂肪沉积为主的规律一致；同一品种相同饲养阶段公鸡的代谢能需要量一般高于母鸡，这与公鸡的生长速度一般快于母鸡的规律相吻合。

我国黄羽肉鸡品种资源丰富，种类繁多，不同品种、配套系黄羽肉鸡的能量需要量相差较大。目前关于黄羽肉鸡AME（表观代谢能）需要量预测模型研究报道较少。在1～28日龄慢速型黄羽肉公鸡上研究建立的代谢能需要析因模型为MEr（kJ/d）=0.138 7 $BW^{0.75}$(g)+5.156 2 ADG(g)，其中$BW^{0.75}$为代谢体重（kg），ADG为平均日增重（g）。同品种黄羽肉鸡29～56日龄获得最低腹脂沉积的代谢能需要量为2 920 kcal/kg，而获得最佳增重和料重比的需要量分别为3 292 kcal/kg和3 213kcal/kg；57～105日龄阶段饲料代谢能水平为3 236 kcal/kg促进增重，改善采食量和料重比。朱中胜等（2017）在63～105日龄皖南三黄鸡上建立了代谢能需要析因模型ME（kJ/d）=357.50 $BW^{0.75}$+64.40 ADG。田亚东等（2002）研究提出固始鸡0～4周龄、5～8周龄、9～12周龄3个阶段的代谢能需要量模型公鸡的分别为ME（kJ/d）=370.34 $BW^{0.75}$+9.58 ADG、ME（kJ/d）=452.82 $BW^{0.75}$+11.74 ADG和ME（kJ/d）=486.57 $BW^{0.75}$+13.48 ADG；母鸡的分别为ME（kJ/d）=355.15 $BW^{0.75}$+11.08 ADG、ME（kJ/d）=410.30 $BW^{0.75}$+13.30 ADG和ME（kJ/d）=439.71 $BW^{0.75}$+17.48 ADG，广东省农业科学院动物科学研究所黄羽肉鸡营养团队根据国内外文献数据进行聚类分析，建立生长性能与饲料氮校正代谢能MEn的回归模型，发现不同类型黄羽肉鸡代谢能需要量与平均日增重呈正相关，由此通过回归模型得到最佳生长性能时的饲料氮校正代谢能MEn，并在制定的国家农业行业标准《黄羽肉鸡营养需要量》（NY/T 3645—2020）中公布了快速、中速和慢速型三种类型黄羽肉鸡的能量需要量预测模型，见表6-1。

表6-1　不同生长速度类型黄羽肉鸡的氮校正代谢能每日需要量预测模型

品种类型	饲养期（日龄）	氮校正代谢能需要预测模型
快速型	1～63	MEni（kJ/d）=830.85 × BW（kg）$^{0.75}$ ÷ 1.038+1.85 × ADG（g/d）$^{1.65}$
中速型	1～90	MEni（kJ/d）=489.41 × BW（kg）$^{0.75}$ ÷ 1.038+4.07 × ADG（g/d）$^{1.44}$
慢速型	1～120	MEni（kJ/d）=535.42 × BW（kg）$^{0.75}$ ÷ 1.038+7.70 × ADG（g/d）$^{1.27}$

以生长性能为评价指标，建立黄羽肉鸡能量需要模型，动态调控营养需要来满足不同类型、不同性别、不同日龄阶段黄羽肉鸡的生长需要，最大限度地发挥其生产潜能，对实现精准营养供给和饲料精准配制具有重要意义。但典型的“为能而食”这一反应在黄羽肉鸡上并不明显，在快大型岭南黄鸡和湘黄肉鸡上结果显示饲料代谢能水平提高并未影响采食量。可见，黄羽肉鸡随饲料能量水平变化调节采食量的能力较弱，而往往出现后期过肥和腹脂增多甚至脂肪肝、腹水综合征等问题，造成饲料浪费和产品品质下降。这些问题在生产实际中应该引起重视，因此，在黄羽肉鸡饲养后期饲料能量水平应作适度控制。

（三）蛋白质和氨基酸

蛋白质是肉鸡羽毛、皮肤、肌肉、血液、器官、酶、激素和抗体等的重要组成成分，是其他营养物质所不能代替的。一方面，如果饲料中缺乏蛋白质，将会造成雏鸡生长缓慢，机体抵抗力下降，继发各种疾病。另一方面，如果饲料中蛋白质水平过高，超过机体吸收利用能力，多余的蛋白质用于氧化供能或者直接被排出体外，造成环境污染，从而造成浪费，增加生产成本。因此，蛋白质水平对黄羽肉鸡的精准饲料配制至关重要。

黄羽肉鸡粗蛋白质需要量与生长性能密切相关。饲喂低蛋白质饲料显著降低黄羽肉鸡生长性能和胴体品质，其原因可能是饲料氨基酸不平衡或非必需氨基酸不足造成的。研究发现，饲料蛋白质水平未影响黄羽肉鸡体增重，但随饲料蛋白质水平提高，料重比显著降低，胴体半净膛率提高，说明适宜的饲料蛋白质摄入有利于促进养分沉积，改善饲料转化率和胴体品质。大量研究显示，随粗蛋白质水平提高，不同饲养阶段黄羽肉鸡的平均日增重呈线性或二次曲线升高。粗蛋白质需要量可以通过析因法建立预测模型进行估测。朱中胜等（2017）在63～105日龄皖南三黄鸡母鸡上建立了粗蛋白质需要量析因模型CP（g/d）=1.61 $BW^{0.75}$+1.20 ADG，田亚东等（2002）研究提出固始鸡0～4周龄、5～8周龄、9～12周龄三个阶段的粗蛋白质需要量模型分别为CP（g/d）=8.21 $BW^{0.75}$+0.57、CP（g/d）=13.16 $BW^{0.75}$−2.52和CP（g/d）=10.06 $BW^{0.75}$−1.57。黄羽肉鸡饲料能量和粗蛋白质存在平衡关系，因此粗蛋白质需要量还可以通过饲料蛋能比关系得到。蒋守群等（2013）研究得到，43～63日龄阶段快大型岭南黄羽肉鸡饲料适宜蛋能比为13.10 g/MJ。固始鸡0～4周龄、5～8周龄、9～12周龄3个阶段饲料蛋能比分别为16.25 g/MJ、14.34 g/MJ和12.59 g/MJ（田亚东等，2002）。63～105日龄皖南三黄鸡母鸡饲料蛋能比为14.55 g/MJ。蒋守群等（2020）根据不同类型黄羽肉鸡研究结果，计算得到黄羽肉鸡饲料适宜的蛋能比值（CP/MEn，g/MJ），乘以《黄羽肉鸡营养需要量》（NY/T 3645—2020）确定的饲料MEn水平，可以得到快速型、中速型和慢速型3种品种类型黄羽肉鸡饲料适宜的粗蛋白质水平，见表6-2。

表6-2　黄羽肉鸡饲料适宜粗蛋白质水平

品种类型	饲养期（日龄）	粗蛋白质/氮校正代谢能比（g/MJ）	粗蛋白质需要量（%）
快速型	1～21	18.18	21.67
	22～42	16.14	19.69
	43～63	14.51	18.21
中速型	1～22/1～30	17.61	20.99
	23～45/31～60	14.57	17.67
	46～68/61～90	13.99	15.78

（续表）

品种类型	饲养期（日龄）	粗蛋白质/氮校正代谢能比（g/MJ）	粗蛋白质需要量（%）
慢速型	1～28	17.63	21.01
	29～56	14.45	17.53
	57～84	12.56	15.23
	85～105	11.83	14.59

氨基酸是蛋白质的基本组成单元，蛋白质的品质由氨基酸的种类和数量决定。目前已知饲料中氨基酸的种类有22种。有些氨基酸在肉鸡体内能合成，或需要量很少，不需要由饲料供给也能保持正常生长，称为非必需氨基酸；另一些氨基酸在体内不能合成或合成速度及数量不能满足鸡正常生长需要，必须由饲料中供给，称为必需氨基酸。鸡的必需氨基酸有11种，包括赖氨酸、蛋氨酸、色氨酸、组氨酸、苏氨酸、精氨酸（尤其是在雏鸡中合成能力非常有限）、异亮氨酸、亮氨酸、苯丙氨酸、缬氨酸、酪氨酸。质量好的蛋白质不仅含有各种必需氨基酸而且氨基酸的组成比例也很恰当。动物性蛋白质的氨基酸组成比较恰当，尤其是赖氨酸和蛋氨酸含量较高，而植物性蛋白质所含的必需氨基酸种类较少。为了有效地利用蛋白质饲料，在配合肉鸡饲料时，可采用多种饲料搭配的方法，将动物性蛋白和植物性蛋白合理搭配使用，尽量使配合饲料中氨基酸达平衡，以提高饲料的利用效率。

在黄羽肉鸡上，氨基酸营养还对肉品质风味具有重要影响。氨基酸本身就具有滋味，如苏氨酸、丙氨酸、甘氨酸、丝氨酸、赖氨酸、脯氨酸、羟脯氨酸是形成鸡肉甜味的主要呈味物质，天门冬氨酸、丝氨酸、谷氨酸、甘氨酸、丙氨酸是形成鸡肉鲜味的主要呈味物质。这些氨基酸对鸡肉的整体风味都起着一定的作用。中速型黄羽肉鸡（麻黄鸡）胸肌总氨基酸、鲜味氨基酸和必需氨基酸含量显著高于快速型（岭南黄鸡）和慢速型（胡须鸡），其中对鲜味氨基酸含量贡献最大的为谷氨酸和甘氨酸，其含量显著高于快速型和慢速型。对比隐性白羽肉鸡、安卡鸡、北京油鸡和文昌鸡，清远麻鸡的鲜味氨基酸和甜味氨基酸含量均最高，从风味氨基酸水平上看，清远麻鸡风味最好。鸡肉中风味氨基酸含量差异可能是造成不同鸡肉风味不同的原因之一。因此，氨基酸（包括非必需氨基酸）营养对黄羽肉鸡风味品质至关重要。

黄羽肉鸡氨基酸需要量研究报道较多。快大型黄羽肉鸡1～21日龄、22～42日龄和43～63日龄饲料赖氨酸适宜水平分别为1.13%、1.00%和0.85%。以此为基础，计算得到快速型、中速型、慢速型黄羽肉鸡不同日龄阶段赖能比（Lys/MEn），再乘以《黄羽肉鸡营养需要量》（NY/T 3645—2020）已确定的各阶段饲料MEn浓度，即得到快速型、中速型和慢速型3种品种类型黄羽肉鸡各阶段饲料适宜的赖氨酸需要量，见表6-3。

表6-3 不同类型黄羽肉鸡饲料赖氨酸需要量（公母平均）

品种类型	饲养期（日龄）	赖能比（g/MJ）	赖氨酸需要量（%）
快速型	1～21	1.08	1.29
	22～42	0.93	1.15
	43～63	0.77	0.96
中速型	1～22	0.92	1.10
	23～45	0.80	0.97
	46～68	0.68	0.85
慢速型	1～35/1～28	0.90	1.07
	35～70/29～56	0.77	0.93
	61～90/57～84	0.67	0.81
	71～105/85～105	0.63	0.78

注：不同类型黄羽肉鸡其他氨基酸的需要量均可以赖氨酸需要量为基础，参照Wu等（2014）提出的肉鸡氨基酸平衡模式计算得到。

（四）维生素

维生素的重要功能是调节新陈代谢，它和动物体内酶的活性密切相关，有些维生素本身就是作为酶的辅助因子发挥作用。因此，维生素对维持机体生命机能、生长发育等有重要作用。肉鸡所需的维生素有14种，根据其特性，可分为脂溶性和水溶性两大类。脂溶性维生素有维生素A、维生素D、维生素E、维生素K；水溶性维生素有维生素C、B族维生素包括维生素B_1、维生素B_2、维生素B_6（吡哆醇）和维生素B_{12}、泛酸、烟酸、胆碱、生物素、叶酸等。肉鸡饲料中可不必单独提供维生素C，因为肉鸡体内能自行合成维生素C。目前饲料原料中所含维生素均不能满足肉鸡的生长需要，因此，常见的规模化肉鸡养殖配制的配合饲料，都必须单独添加复合维生素，基本忽略掉大宗原料中所提供的多种维生素含量。

1. 脂溶性维生素

维生素A：能保持黏膜的正常功能，促进鸡的生长发育、保持眼黏膜和视力健康，增加对疾病的抵抗力，提高产蛋率、孵化率。如缺乏维生素A，鸡生长发育停滞，抗病力下降，并会诱发眼部疾病。维生素A存在于动物性饲料中，鱼油中维生素A含量很高，常用作维生素A的补充剂。快速型岭南黄鸡1～21日龄、22～42日龄和43～63日龄维生素A的推荐水平分别为12 000 IU/kg、9 000 IU/kg和6 000 IU/kg。

维生素D：与鸡体内的钙、磷代谢有关，能帮助钙、磷的吸收转运，促进骨骼的形成和生长。如果维生素D缺乏，骨组织形成受阻，雏鸡生长发育不良，两腿无力，嘴、脚等骨质变软，导致佝偻病；维生素D有维生素D_2和维生素D_3两种，维生素D_3的效价是维生素D_2的40倍左右。快速型岭南黄鸡1～21日龄、22～42日龄和43～63日龄维生素D_3的需要量分别为464 IU/kg、539 IU/kg和500 IU/kg。

维生素E：维生素E是一种有效的抗氧化剂，对肉鸡的肠道健康具有重要的保护作用。雏鸡缺乏维生素E时，生长缓慢，肌肉萎缩。维生素E在籽实的胚芽中含量较为丰富。黄羽肉鸡饲粮中维生素E的推荐量为20～40 mg/kg。

维生素K：是肉鸡维持正常凝血所必需的。缺乏维生素K时，鸡凝血时间延长，严重时会导致出血不止，引起贫血症。维生素K有4种：维生素K_1在大豆和动物肝脏中含量丰富，维生素K_2可在鸡肠道内合成，维生素K_3和维生素K_4是由人工合成的，常作为补充维生素添加使用。

2. 水溶性维生素

维生素B_1：又称为硫胺素，是鸡体内碳水化合物代谢所必需的物质。维生素B_1缺乏时，鸡的神经机能受到影响，食欲减退，羽毛松乱无光泽，体重减轻；严重时，腿、翅、颈会发生痉挛，头向背后极度弯曲，甚至瘫痪倒地不起。维生素B_1在糠麸、胚芽、豆类、发酵饲料和酵母粉中含量丰富。研究表明，快速型岭南黄鸡1～21日龄、22～42日龄、43～63日龄饲料维生素B_1推荐水平分别为3.2 mg/kg、2.4 mg/kg、1.8 mg/kg。

维生素B_2：又称核黄素，对鸡体内氧化还原反应、调节细胞呼吸起重要作用。鸡没有合成维生素B_2的能力，如果饲料中缺乏维生素B_2，雏鸡生长缓慢，腿部瘫痪，行走困难，皮肤干且粗糙；植物性饲料中豆科饲料及其草粉、大麦、麸皮、米糠和酵母粉中维生素B_2较多。动物性饲料中则以鱼粉和血粉中含量较多。黄羽肉鸡生长性能、抗氧化力、免疫器官指数等指标均对饲料维生素B_2添加水平反应较敏感；不同品种，不同阶段雏鸡维生素B_2需要量不同。快速型岭南黄鸡1～21日龄、22～42日龄和43～63日龄维生素B_2推荐水平分别为5 mg/kg、4 mg/kg和4 mg/kg。

维生素B_6：维生素B_6与鸡体内蛋白质代谢有关。缺乏时，雏鸡生长停滞，皮肤发炎，羽毛粗糙，糠麸、酵母中维生素B_6含量丰富。

维生素B_{12}：维生素B_{12}参与核酸、甲基合成、碳水化合物代谢，维持血液中谷胱甘肽酶含量，有助于提高造血机能，提高饲料蛋白质的利用率，对鸡的生长有显著的促进作用。维生素B_{12}缺乏时，雏鸡生长迟缓，呈贫血状态，饲料利用率降低。维生素B_{12}在肉骨粉、鱼粉、血粉、羽毛粉等动物性饲料中含量丰富。

泛酸：是辅酶A的组成部分，参与机体碳水化合物、脂肪和蛋白质代谢。雏鸡缺乏泛酸时生长缓慢，羽毛粗糙，发生皮炎，嘴角及眼睑周围结痂；泛酸在酵母、糠麸、花生饼、小麦中含量丰富，但玉米中含量很低。

烟酸：烟酸对鸡机体内碳水化合物、脂肪和蛋白质代谢起重要作用，并有助于体内合成色氨酸。缺乏时，肉鸡食欲减退，羽毛松乱，缺乏光泽，并伴发有发生下痢疾病。烟酸一般在谷物饲料和动物副产品中含量较多。岭南黄羽肉公鸡不同阶段对于烟酸的需要量小鸡阶段>中鸡阶段>大鸡阶段，各阶段烟酸需要量分别为42 mg/kg、35 mg/kg和20 mg/kg饲料。

胆碱：为蛋氨酸等合成甲基的来源，并有调节脂肪代谢的作用。雏鸡缺乏胆碱时生长缓慢，易形成脂肪肝。米糠、麸皮、小麦等含胆碱较多，鱼粉、饲用酵母和豆饼粕等中也较丰富。

叶酸：对羽毛生长有促进作用，与维生素B_{12}共同参与核酸代谢和核蛋白的形成。缺乏时，雏鸡生长缓慢，羽毛生长不良，贫血、骨短粗。叶酸在动、植物性饲料中含量都较为丰富。

生物素：参与机体脂肪和蛋白质的代谢。缺乏时，鸡易患皮肤炎，骨骼畸形。一般饲料中生物素的含量都比较丰富。

维生素C：与细胞间质、骨胶原的形成和保持有关。鸡体内具有合成维生素C的能力，一般情况下不会缺乏。但当鸡处于应激状态时，饲料中添加适量维生素C，有助于增强其抗应激能力。

（五）矿物质元素

矿物质是指肉鸡正常生长发育等生命活动不可缺少的一些金属和非金属元素，包括常量添加的钙、磷、钠、氯和微量添加的铁、铜、锰、锌、碘、硒等。钙、磷、钠、钾、氯、硫、镁等常量元素占鸡体重的0.01%以上，而铁、铜、锰、锌、碘、硒、钴等微量元素占鸡体重的0.01%以下。矿物质有调节渗透压、维持酸碱平衡和激活酶系统等作用，又是肉鸡骨骼、血红蛋白、甲状腺激素等的重要组成成分。

钠、氯：是维持动物机体正常代谢必需的元素，也是体细胞外液的组成成分。其中钠是细胞外液的主要阳离子（Na^+），氯是与钠结合的阴离子（Cl^-），它们都是维持细胞外液渗透压的主要电解质。当这两种电解质的浓度发生改变时，细胞内外液的渗透压也要随之发生改变，从而引起机体内水分的分布及酸碱平衡的失调。因此钠和氯及其协同者钾（K）在调节体液和酸碱平衡上都起着重要作用。此外，氯还参与胃酸的形成，保证胃蛋白酶作用所必需的pH值。钠和钾互相作用参与神经组织冲动的传递过程。研究表明，饲料钠、氯水平显著影响肉鸡平均日采食量、日增重、日饮水量、排泄物含水率和血清渗透压；补充适宜水平钠、氯降低了肉鸡料重比、死亡率和血清尿酸、葡萄糖、总胆固醇以及甘油三酯含量；极低水平钠、氯供给严重抑制试验鸡采食和正常生长发育，经回归分析得到1～21日龄、22～42日龄、43～63日龄的快大型黄羽肉鸡最佳饲料钠、氯水平分别为0.14%、0.10%和0.09%。

饲料缺少钠，鸡会表现出生长发育迟缓，骨骼变软，角膜角质化，细胞功能下降，蛋白质和能量的吸收利用受阻；啄肛、啄羽，并伴有脱毛出现。在单纯缺氯的情况下，肉鸡会出现一过性神经障碍，在受到惊吓后突然倒地，两腿伸向后方，1～2 min后才能恢复正常。如果低氯时间较长，血液会变得浓稠，死亡率增高。谷类、籽实类和饼粕类含钠极少，0.01%左右。生产上，通常以添加食盐的方式供给。但肉鸡饲料中补充食盐时，要考虑原料中特别是鱼粉和贝壳粉中的含盐量，含盐量过多易造成黄鸡饮水增多，影响养分吸收利用和导致垫料潮湿，不利于肉鸡福利生产，超量摄入食盐也会引起中毒。一般食盐配比不超过饲料的0.5%。

钙：是肉鸡骨骼的主要成分。它可促进血液凝固，与钠、钾一起对保持体内酸碱平衡和维持正常的心脏机能有重要作用，钙还有调节神经和肌肉功能的作用。雏鸡缺钙易患软骨病；反过来，当钙摄入过量时，也会影响雏鸡的生长和对锰、锌的吸收。钙在一般谷物、糠麸中含量很少，需要额外补充。常见的钙补充物有碳酸钙、磷酸钙、石粉和贝壳粉等。

磷：能促进骨骼形成，在碳水化合物和脂肪代谢中起重要作用，并参与细胞重要成分的组成和维持机体酸碱平衡。肉鸡缺磷时，食欲减退，生长缓慢，严重时关节硬化。谷物、饼粕类和糠麸中含磷较多，但这些植物性饲料原料中的磷主要以植酸磷形式存在，肉鸡不能直接利用，需要在配合饲料中添加植酸酶降解之后才能吸收利用（图6-1至图6-3）。常见的磷补充物有磷酸氢钙、磷酸氢二钠等。研究报道，快速型黄羽肉鸡公鸡1～21日龄、22～42日龄、43～63日龄获得最佳胫骨性能指标时的非植酸磷（NPP）需要量分别为0.51%、0.48%和0.37%。

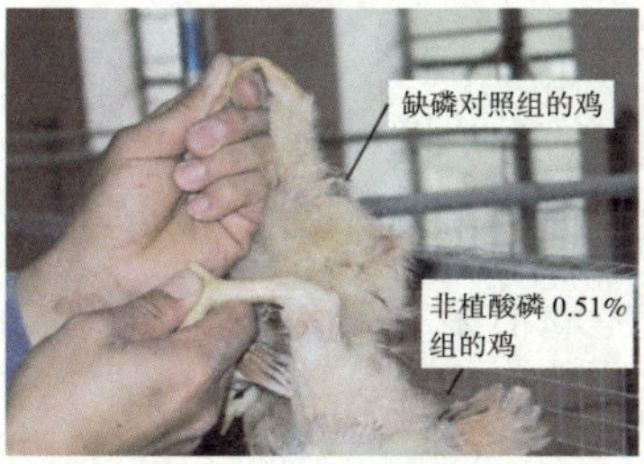

图6-1　缺磷对照组的（非植酸磷水平0.11%）与非植酸磷0.51%组鸡的胫骨比较

图6-2　缺磷对照组的鸡（非植酸磷水平0.11%）

图6-3　非植酸磷0.51%组的鸡

肉鸡钙与磷营养密切相关，二者必须有适当比例才能被吸收利用。所以，在满足钙、磷需要的同时，还需要注意钙、磷的比例，一般肉鸡以（1.2～1.5）：1为宜。

不同类型黄羽肉鸡上的研究结果显示，不同品种间钙、磷需要量差异较大；同一品种，随日龄增加，钙、磷需要量逐渐降低，而以胫骨性能指标评定得到需要量高于以生长性能得到的结果。蒋守群等（2020）依据研究结果，总结分析提出了不同类型黄羽肉鸡各饲养阶段钙磷需要量（表6-4）。

表6-4　不同类型黄羽肉鸡饲料钙、磷需要量

品种类型	饲养期（日龄）	钙需要量（%）	总磷（%）	非植酸磷（%）	钙非植酸磷比
快速型	1～21	0.97	0.70	0.44	2.20
	22～42	0.90	0.64	0.39	2.32
	43～63	0.83	0.59	0.35	2.42
中速型	1～30	0.92	0.67	0.41	2.24
	31～60	0.76	0.55	0.29	2.62
	61～90	0.70	0.49	0.25	2.80
慢速型	1～30	0.93	0.64	0.39	2.36
	31～60	0.69	0.48	0.26	2.64
	61～90	0.62	0.44	0.23	2.77
	90～120	0.55	0.38	0.18	3.13

铁：参与血红蛋白的形成，是各种氧化酶的组成物质，参与血液中氧的运输和血红细胞生物氧化过程。铁缺乏时，肉鸡易发生营养性贫血；铁过量时，鸡采食量可能会减少，体重下降，干扰磷的吸收。铁主要来源于谷类、豆类、血粉、含铁化合物。常见的铁补充物有硫酸亚铁、柠檬酸铁、富马酸亚铁和乳酸亚铁等。快大型黄羽肉鸡1～21日龄和22～42日龄阶段饲喂玉米豆粕型饲料无需额外添加铁，43～63日龄阶段适量添加铁能改善肉品质，饲料铁推荐量为89～108 mg/kg。

铜：也是酶的组成成分，参与多种酶活动，它能促进铁的吸收和血红蛋白的形成。铜缺乏时，易引起贫血、骨质疏松和生长不良；铜过量时，也会造成肉鸡发育不良，出现溶血症。铜主要来源于铜化合物，一般饲料中铜含量不多，常见的铜补充物为硫酸铜和有机铜等。研究表明，饲料铜水平影响黄羽肉鸡生长性能、免疫器官发育和抗氧化性能，1～21日龄、22～42日龄阶段快大型黄羽肉鸡饲料铜适宜添加水平为9.60 mg/kg和10.85 mg/kg。乌骨鸡上铜可用于黑色素沉积，比其他品种黄羽肉鸡铜需要量高很多，玉米-豆粕型饲料适宜铜水平为50～72 mg/kg。

锰：是肉鸡生长和防止脱腱症所必需的微量元素。饲料中缺锰，易造成腿骨粗短，易产生脱腱症，最终因采食不足而生长受阻或死亡。米糠、豆类、胚芽中含有锰，但饲料中都需要额外添加锰。常见的锰补充物有硫酸锰、氯化锰和氧化锰等。综合考虑生长性能、胫骨指标、免疫功能和肉品质指标，快速型黄羽肉鸡1～21日龄、22～42日

龄和43～63日龄饲料锰推荐水平分别为52 mg/kg、60 mg/kg和68 mg/kg。

锌：有助于锰、铜的吸收，参与机体多种酶系统的作用，与骨骼、羽毛的生长发育有关。锌缺乏时，雏鸡采食量减少、生长迟缓、羽毛生长不良等。锌主要来源于锌化合物、动物性饲料、饼粕及糠麸类。常见的锌补充物有硫酸锌、氧化锌和蛋氨酸锌。研究表明，快速型黄羽肉鸡1～21日龄、22～42日龄和43～63日龄饲料锌需要量分别为85 mg/kg、80 mg/kg和78 mg/kg。

碘：碘也是酶的活性元素，能维持甲状腺的正常功能。缺碘时，甲状腺肿大，体重下降。碘主要来源于海产品和含碘化合物。常见的碘补充物有碘化钾和碘酸钾。

硒：硒与维生素E相互协同，是谷胱甘肽过氧化酶的组成成分，同时还是蛋氨酸转化为半胱氨酸所必需的元素，并有防止肌肉萎缩的作用。硒缺乏时，肉鸡体内细胞抗氧化酶活性降低，细胞被氧化物破坏，出现水肿、出血等症状。常见的硒补充物有亚硒酸钠和有机硒等。

钴：是维生素B_{12}的重要原料。饲料中钴缺乏时，不仅会影响肉鸡体内肠道微生物对维生素B_{12}的合成，而且会引起肉鸡生长迟缓和恶性贫血、易发生骨短粗症。常见的钴补充物有硫酸钴和氯化钴。

二、黄羽肉鸡的消化吸收特点

肉鸡的消化系统包括消化管和消化腺，如喙、口腔、咽、食管、嗉囊、腺胃、肌胃、小肠、大肠、泄殖腔、肝脏、胆囊、胰腺等。

1. 口腔中没有牙齿，无咀嚼能力

肉鸡只有呈锥形的角质喙，用于啄食细碎饲料并能撕碎较大的食物和幼嫩的青饲料；口腔中无牙齿、软腭和颊，因此无咀嚼功能，饮水需仰头才能流入食管，食物在口腔内停留时间短；舌黏膜上的味蕾数量少，味觉能力差，寻找食物主要靠视觉和嗅觉；口腔中唾液腺不发达，能分泌含少量淀粉酶的酸性黏液，消化作用不大，只能起润滑饲料便于吞咽的作用。

2. 食管上连有发达的嗉囊，可贮存、软化饲料

鸡的食管宽大且富有弹性，在胸腔连接膨大的嗉囊，末端与腺胃相通。嗉囊黏膜分泌液中不含有消化酶，因此嗉囊的功能只是贮存、湿润和软化饲料，并根据目的需要有节奏地把食物送进胃内。饲料在嗉囊内停留3～4 h。

3. 胃分腺胃和肌胃两部分，且功能不同

腺胃容积小但壁厚，黏膜层的腺体能分泌含有蛋白酶和盐酸的胃液，对饲料主要起浸润软化作用。由于饲料在腺胃内停留时间短，因而饲料在腺胃内基本上不消化便进入肌胃。肌胃是禽类特有的消化器官，由坚厚的平滑肌束与腱膜相连组成，收缩力很强，

其内壁表面有一层坚韧的黄色角质膜，并有粗糙的摩擦面，加上肌胃收缩时的压力及肌胃内存留的沙砾作用，能磨碎饲料，起着口腔的咀嚼作用。此时，来自腺胃的蛋白酶对食物中的蛋白质进行分解。肌胃中存留的沙砾是磨碎食物的重要介质，可以提高饲料的消化率。因此，养鸡必须提供足够的沙砾。

4. 肠道分为小肠和大肠，小肠接收肝脏、胰腺分泌的消化液

鸡的小肠长约180cm，由十二指肠、空肠和回肠组成，胰腺和胆囊的输出管都开口于十二指肠。小肠分泌淀粉酶、蛋白酶；胰腺分泌淀粉酶、蛋白酶、脂肪酶，由胰腺输出管进入小肠；肝脏分泌的胆汁先存于胆管中，然后由胆管进入小肠，起到中和酸性食糜和乳化脂肪作用。小肠中的食糜在这些消化液的共同作用下，将其中的蛋白质分解成氨基酸，将脂肪分解成甘油和脂肪酸，将淀粉分解成单糖，经肠壁吸收后由血液运至肝脏。经肝脏的贮存、养分的转化、过滤血液以及解毒等作用，再把养分运送至心脏，通过血液循环分配到全身组织和器官。研究发现，空肠和回肠中淀粉酶、脂肪酶、胰蛋白酶和糜蛋白酶的活性高于十二指肠；黄羽肉鸡小肠脂肪酶、淀粉酶和腺胃胃蛋白酶活性高于白羽肉鸡，小肠胰蛋白酶和糜蛋白酶活性低于白羽肉鸡。说明黄羽肉鸡对于淀粉类和脂肪类的饲料原料消化能力比白羽肉鸡更强，而白羽肉鸡对于蛋白质类的饲料原料消化能力比黄羽肉鸡强。因此，在配制饲料中，应根据黄羽肉鸡肠道消化酶活性特点补充适宜的酶制剂或者调配饲料成分从而提高饲料的利用率。

鸡的大肠由两条发达的盲肠和一条很短的直肠组成。盲肠主要将食糜中少量的粗纤维进行微生物发酵分解。但小肠内容物只有少量通过盲肠，微生物分解的能力也很有限。直肠能吸收水分和无机盐等，其末端和泄殖腔相通。

5. 具有结构独特的泄殖腔

泄殖腔是直肠末端的连续部分，是盲肠、输尿管、输卵管（或输精管）共同开口的空腔。因此，在鸡粪表面常见有一层白色的尿酸盐。

研究发现，不同生长速度的肉鸡其消化器官生长发育有一定的差异。林厦菁等（2017）观察到，黄羽肉鸡和白羽肉鸡罗斯鸡各段消化道腺胃、肌胃、十二指肠、空肠、回肠的pH值无显著差异；黄羽肉鸡的腺胃、肌胃的相对重量和十二指肠、空肠、回肠相对长度均高于白羽肉鸡罗斯鸡；黄羽肉鸡食糜排空速率（排空时间4～24 h）比白羽肉鸡罗斯鸡快，表明罗斯鸡具有更长的养分吸收时间；随禁食时间的延长黄羽肉鸡和白羽肉鸡罗斯鸡消化道内容物减少，食糜排空规律基本一致。

三、黄羽肉鸡的营养需要标准

我国2004年发布的《鸡饲养标准》（NY/T 33—2004）已制订了白羽肉鸡和黄羽肉鸡营养需要标准参数，肉鸡养殖和饲料生产企业可参考该标准进行饲料的科学配制。黄

羽肉鸡较白羽肉鸡体型小、采食量低、生长速度慢、饲养周期长，上市鸡的胴体、外观、肉质等有较高的要求，因此其营养需要与快大型白羽肉鸡相比有一定差异。国家农业行业标准《黄羽肉鸡营养需要量》（NY/T 3645—2020）中快速型、中速型和慢速型黄羽肉鸡商品鸡营养需要量参数具体如表6-5至表6-7所示。

表6-5 快速型黄羽肉鸡饲料营养需要量（自由采食，以88%干物质为计算基础）

项目	1～21日龄		22～42日龄		≥43日龄	
	公	母	公	母	公	母
氮校正代谢能[a]（MEn），MJ/kg（kcal/kg）	11.92（2 850）	11.92（2 850）	12.34（2 950）	12.34（2 950）	12.55（3 000）	12.55（3 000）
代谢能[a]（ME），MJ/kg（kcal/kg）	12.38（2 960）	12.38（2 960）	12.81（3 063）	12.81（3 063）	13.20（3 155）	13.20（3 155）
净能[a]（NE），MJ/kg（kcal/kg）	9.41（2 249）	9.41（2 249）	9.74（2 351）	9.74（2 351）	10.03（2 391）	10.03（2 391）
粗蛋白质（CP），%	21.5	21.5	19.5	19.5	18.0	18.0
粗蛋白质氮校正代谢能比（CP/MEn），g/MJ（g/Mcal）	17.9（75）	17.9（75）	15.8（66）	15.8（66）	14.3（60）	14.3（60）
总氨基酸						
赖氨酸氮校正代谢能比（Lys/MEn），g/MJ（g/Mcal）	1.08（4.51）	1.08（4.51）	0.93（3.89）	0.93（3.89）	0.77（3.21）	0.77（3.21）
赖氨酸（Lys），%	1.29	1.29	1.15	1.15	0.96	0.96
蛋氨酸（Met），%	0.52	0.52	0.48	0.48	0.40	0.40
蛋氨酸+半胱氨酸（Met+Cys），%	0.93	0.93	0.85	0.85	0.71	0.71
苏氨酸（Thr），%	0.86	0.86	0.81	0.81	0.67	0.67
色氨酸（Trp），%	0.21	0.21	0.20	0.20	0.16	0.16
精氨酸（Arg），%	1.35	1.35	1.24	1.24	1.04	1.04
亮氨酸（Leu），%	1.41	1.41	1.25	1.25	1.05	1.05
异亮氨酸（Ile），%	0.86	0.86	0.79	0.79	0.66	0.66
苯丙氨酸（Phe），%	0.77	0.77	0.69	0.69	0.58	0.58
苯丙氨酸+酪氨酸（Phe+Tyr），%	1.35	1.35	1.21	1.21	1.01	1.01
组氨酸（His），%	0.45	0.45	0.40	0.40	0.34	0.34
脯氨酸（Pro），%	2.37	2.37	2.12	2.12	1.77	1.77

（续表）

项目	1～21日龄		22～42日龄		≥43日龄	
	公	母	公	母	公	母
缬氨酸（Val），%	0.99	0.99	0.92	0.92	0.77	0.77
甘氨酸+丝氨酸（Gly+Ser），%	3.16	3.16	2.82	2.82	2.35	2.35
真可利用氨基酸						
赖氨酸氮校正代谢能比（TA Lys/MEn），g/MJ（g/Mcal）	0.98（4.10）	0.98（4.10）	0.85（3.56）	0.85（3.56）	0.71（2.93）	0.71（2.93）
赖氨酸净能比（TA Lys/NE），g/MJ（g/Mcal）	1.24（5.20）	1.24（5.20）	1.06（4.47）	1.06（4.47）	0.90（3.68）	0.90（3.68）
赖氨酸（Lys），%	1.17	1.17	1.04	1.04	0.88	0.88
蛋氨酸（Met），%	0.47	0.47	0.44	0.44	0.37	0.37
蛋氨酸+半胱氨酸（Met+Cys），%	0.84	0.84	0.77	0.77	0.65	0.65
苏氨酸（Thr），%	0.78	0.78	0.73	0.73	0.62	0.62
色氨酸（Trp），%	0.19	0.19	0.18	0.18	0.15	0.15
精氨酸（Arg），%	1.23	1.23	1.12	1.12	0.95	0.95
亮氨酸（Leu），%	1.28	1.28	1.13	1.13	0.96	0.96
异亮氨酸（Ile），%	0.78	0.78	0.72	0.72	0.61	0.61
苯丙氨酸（Phe），%	0.70	0.70	0.62	0.62	0.53	0.53
苯丙氨酸+酪氨酸（Phe+Tyr），%	1.23	1.23	1.09	1.09	0.92	0.92
组氨酸（His），%	0.41	0.41	0.36	0.36	0.31	0.31
脯氨酸（Pro），%	2.15	2.15	1.91	1.91	1.62	1.62
缬氨酸（Val），%	0.90	0.90	0.83	0.83	0.70	0.70
甘氨酸+丝氨酸（Gly+Ser），%	2.87	2.87	2.55	2.55	2.16	2.16
矿物质元素[b]						
总钙（Total Ca），%	1.00	1.00	0.92	0.92	0.84	0.84
总磷（Total P），%	0.74	0.74	0.67	0.67	0.62	0.62
非植酸磷（NPP），%	0.47	0.47	0.41	0.41	0.36	0.36
钠（Na），%	0.22	0.22	0.16	0.16	0.14	0.14
氯（Cl），%	0.22	0.22	0.16	0.16	0.14	0.14

（续表）

项目	1～21日龄		22～42日龄		≥43日龄	
	公	母	公	母	公	母
钾（K），%	0.50	0.50	0.46	0.46	0.40	0.40
镁（Mg），%	0.06	0.06	0.06	0.06	0.06	0.06
铁（Fe），mg/kg	80	80	80	80	80	80
铜（Cu），mg/kg	7	7	7	7	7	7
锰（Mn），mg/kg	80	80	60	60	55	55
锌（Zn），mg/kg	85	85	80	80	75	75
碘（I），mg/kg	0.70	0.70	0.60	0.60	0.50	0.50
硒（Se），mg/kg	0.15	0.15	0.15	0.15	0.15	0.15
维生素[c]和脂肪酸						
维生素A（Vitamin A），IU/kg	12 000	12 000	9 000	9 000	6 000	6 000
维生素D_3（Vitamin D_3），IU/kg	600	600	500	500	500	500
维生素E（Vitamin E），IU/kg	45	45	35	35	25	25
维生素K（Vitamin K），mg/kg	2.5	2.5	2.2	2.2	1.7	1.7
硫胺素（Thiamin），mg/kg	2.4	2.4	2.3	2.3	1.0	1.0
核黄素（Riboflavin），mg/kg	5.0	5.0	5.0	5.0	4.0	4.0
烟酸（Niacin），mg/kg	42	42	35	35	20	20
泛酸（Pantothenic acid），mg/kg	12	12	10	10	8	8
吡哆醇（Pyridoxine），mg/kg	2.8	2.8	2.4	2.4	0.6	0.6
生物素（Biotin），mg/kg	0.12	0.12	0.10	0.10	0.02	0.02
叶酸（Folic acid），mg/kg	1.0	1.0	0.7	0.7	0.3	0.3
维生素B_{12}（Vitamin B_{12}），μg/kg	16	16	15	15	8	8
胆碱（Choline），mg/kg	1 300	1 300	1 000	1 000	750	750
亚油酸[d]（Linoleic acid），%	1	1	1	1	1	1

注：氮校正代谢能值换算成代谢能值、净能的转化系数分别为1.038和0.797。

[a]给出的饲料能量水平是生产中的中等水平。最佳饲料能量水平可能随着饲料原料的不同而变化，但应保持饲料营养素含量与能量水平的比值不变。[b]矿物质元素需要量包括饲料原料中提供的矿物质元素量。[c]维生素需要量包括饲料原料中提供的维生素量。[d]亚油酸需要量包括饲料原料中提供的亚油酸量。

表6-6 中速型黄羽肉鸡饲料营养需要量（自由采食，以88%干物质为计算基础）

项目	1～30日龄		31～60日龄		≥61日龄	
	公	母	公	母	公	母
氮校正代谢能[a]（MEn），MJ/kg（kcal/kg）	11.92（2 850）	11.92（2 850）	12.13（2 900）	12.13（2 900）	12.34（2 950）	12.34（2 950）
代谢能[a]（ME），MJ/kg（kcal/kg）	12.38（2 960）	12.38（2 960）	12.60（3 011）	12.60（3 011）	12.82（3 063）	12.82（3 063）
净能[a]（NE），MJ/kg（kcal/kg）	9.44（2 257）	9.44（2 257）	9.61（2 297）	9.61（2 297）	9.77（2 336）	9.77（2 336）
粗蛋白质（CP），%	21.0	21.0	17.5	17.5	16.0	16.0
粗蛋白质氮校正代谢能比（CP/MEn），g/MJ（g/Mcal）	17.62（74）	17.62（74）	14.43（60）	14.43（60）	13.00（54）	13.00（54）
总氨基酸						
赖氨酸氮校正代谢能比（Lys/MEn），g/MJ（g/Mcal）	0.92（3.86）	0.92（3.86）	0.80（3.34）	0.80（3.34）	0.67（2.81）	0.67（2.81）
赖氨酸（Lys），%	1.10	1.10	0.97	0.97	0.83	0.83
蛋氨酸（Met），%	0.44	0.44	0.41	0.41	0.35	0.35
蛋氨酸+半胱氨酸（Met+Cys），%	0.79	0.79	0.72	0.72	0.61	0.61
苏氨酸（Thr），%	0.74	0.74	0.68	0.68	0.58	0.58
色氨酸（Trp），%	0.18	0.18	0.16	0.16	0.14	0.14
精氨酸（Arg），%	1.16	1.16	1.05	1.05	0.90	0.90
亮氨酸（Leu），%	1.20	1.20	1.06	1.06	0.90	0.90
异亮氨酸（Ile），%	0.74	0.74	0.67	0.67	0.57	0.57
苯丙氨酸（Phe），%	0.66	0.66	0.58	0.58	0.50	0.50
苯丙氨酸+酪氨酸（Phe+Tyr），%	1.16	1.16	1.02	1.02	0.87	0.87
组氨酸（His），%	0.39	0.39	0.34	0.34	0.29	0.29
脯氨酸（Pro），%	2.02	2.02	1.78	1.78	1.53	1.53
缬氨酸（Val），%	0.85	0.85	0.78	0.78	0.66	0.66
甘氨酸+丝氨酸（Gly+Ser），%	2.70	2.70	2.38	2.38	2.03	2.03

（续表）

项目	1～30日龄		31～60日龄		≥61日龄	
	公	母	公	母	公	母
真可利用氨基酸						
赖氨酸氮校正代谢能比（TA Lys/MEn），g/MJ（g/Mcal）	0.84（3.44）	0.84（3.44）	0.76（2.90）	0.76（2.90）	0.62（2.58）	0.62（2.58）
赖氨酸净能比（TA Lys/NE），g/MJ（g/Mcal）	1.06（4.34）	1.06（4.34）	0.96（3.66）	0.96（3.66）	0.78（3.25）	0.78（3.25）
赖氨酸（Lys），%	0.98	0.98	0.84	0.84	0.76	0.76
蛋氨酸（Met），%	0.39	0.39	0.35	0.35	0.32	0.32
蛋氨酸+半胱氨酸（Met+Cys），%	0.71	0.71	0.62	0.62	0.56	0.56
苏氨酸（Thr），%	0.66	0.66	0.59	0.59	0.53	0.53
色氨酸（Trp），%	0.16	0.16	0.14	0.14	0.13	0.13
精氨酸（Arg），%	1.03	1.03	0.91	0.91	0.82	0.82
亮氨酸（Leu），%	1.07	1.07	0.92	0.92	0.83	0.83
异亮氨酸（Ile），%	0.66	0.66	0.58	0.58	0.52	0.52
苯丙氨酸（Phe），%	0.59	0.59	0.50	0.50	0.46	0.46
苯丙氨酸+酪氨酸（Phe+Tyr），%	1.03	1.03	0.88	0.88	0.80	0.80
组氨酸（His），%	0.34	0.34	0.29	0.29	0.27	0.27
脯氨酸（Pro），%	1.80	1.80	1.55	1.55	1.40	1.40
缬氨酸（Val），%	0.75	0.75	0.67	0.67	0.61	0.61
甘氨酸+丝氨酸（Gly+Ser），%	2.40	2.40	2.06	2.06	1.86	1.86
矿物质元素[b]						
总钙（Total Ca），%	0.92	0.92	0.76	0.76	0.70	0.70
总磷（Total P），%	0.67	0.67	0.55	0.55	0.49	0.49
非植酸磷（NPP），%	0.41	0.41	0.29	0.29	0.25	0.25
钠（Na），%	0.22	0.22	0.16	0.16	0.14	0.14
氯（Cl），%	0.22	0.22	0.16	0.16	0.14	0.14
钾（K），%	0.50	0.50	0.46	0.46	0.40	0.40

（续表）

项目	1～30日龄		31～60日龄		≥61日龄	
	公	母	公	母	公	母
镁（Mg），%	0.06	0.06	0.06	0.06	0.06	0.06
铁（Fe），mg/kg	80	80	80	80	80	80
铜（Cu），mg/kg	7	7	7	7	7	7
锰（Mn），mg/kg	80	80	60	60	55	55
锌（Zn），mg/kg	85	85	80	80	75	75
碘（I），mg/kg	0.70	0.70	0.60	0.60	0.50	0.50
硒（Se），mg/kg	0.15	0.15	0.15	0.15	0.15	0.15
维生素[c]和脂肪酸						
维生素A（Vitamin A），IU/kg	12 000	12 000	9 000	9 000	6 000	6 000
维生素D_3（Vitamin D_3），IU/kg	600	600	500	500	500	500
维生素E（Vitamin E），IU/kg	45	45	35	35	25	25
维生素K（Vitamin K），mg/kg	2.5	2.5	2.2	2.2	1.7	1.7
硫胺素（Thiamin），mg/kg	2.4	2.4	2.3	2.3	1.0	1.0
核黄素（Riboflavin），mg/kg	5.0	5.0	5.0	5.0	4.0	4.0
烟酸（Niacin），mg/kg	42	42	35	35	20	20
泛酸（Pantothenic acid），mg/kg	12	12	10	10	8	8
吡哆醇（Pyridoxine），mg/kg	2.8	2.8	2.4	2.4	0.6	0.6
生物素（Biotin），mg/kg	0.12	0.12	0.10	0.10	0.02	0.02
叶酸（Folic acid），mg/kg	1.0	1.0	0.7	0.7	0.3	0.3
维生素B_{12}（Vitamin B_{12}），μg/kg	16	16	15	15	8	8
胆碱（Choline），mg/kg	1 300	1 300	1 000	1 000	750	750
亚油酸[d]（Linoleic acid），%	1	1	1	1	1	1

注：氮校正代谢能值换算成代谢能值、净能的转化系数分别为1.038和0.792。

[a]给出的饲料能量水平是生产中的中等水平。最佳饲料能量水平可能随着饲料原料的不同而变化，但应保持饲料营养素含量与能量水平的比值不变。[b]矿物质元素需要量包括饲料原料中提供的矿物质元素量。[c]维生素需要量包括饲料原料中提供的维生素量。[d]亚油酸需要量包括饲料原料中提供的亚油酸量。

表6-7　慢速型黄羽肉鸡饲料营养需要量（自由采食，以88%干物质为计算基础）

项目	1～30日龄		31～60日龄		61～90日龄		≥91日龄	
	公	母	公	母	公	母	公	母
氮校正代谢能[a]（MEn），MJ/kg（kcal/kg）	11.92（2 850）	11.92（2 850）	12.13（2 900）	12.13（2 900）	12.13（2 900）	12.13（2 900）	12.34（2 950）	12.34（2 950）
代谢能[a]（ME），MJ/kg（kcal/kg）	12.38（2 960）	12.38（2 960）	12.60（3 011）	12.60（3 011）	12.60（3 011）	12.60（3 011）	12.82（3 063）	12.82（3 063）
净能[a]（NE），MJ/kg（kcal/kg）	9.42（2 252）	9.42（2 252）	9.59（2 291）	9.59（2 291）	9.59（2 291）	9.59（2 291）	9.75（2 331）	9.75（2 331）
粗蛋白质（CP），%	21.0	21.0	17.5	17.5	15.0	15.0	14.5	14.5
粗蛋白质氮校正代谢能比（CP/MEn），g/MJ（g/Mcal）	17.61（74）	17.61（74）	14.42（60）	14.42（60）	12.36（52）	12.36（52）	11.75（49）	11.75（49）
总氨基酸								
赖氨酸氮校正代谢能比（Lys/MEn），g/MJ（g/Mcal）	0.90（3.75）	0.90（3.75）	0.77（3.21）	0.77（3.21）	0.67（2.79）	0.67（2.79）	0.63（2.64）	0.63（2.64）
赖氨酸（Lys），%	1.07	1.07	0.93	0.93	0.81	0.81	0.78	0.78
蛋氨酸（Met），%	0.43	0.43	0.39	0.39	0.34	0.34	0.33	0.33
蛋氨酸+半胱氨酸（Met+Cys），%	0.77	0.77	0.69	0.69	0.60	0.60	0.58	0.58
苏氨酸（Thr），%	0.72	0.72	0.65	0.65	0.57	0.57	0.55	0.55
色氨酸（Trp），%	0.17	0.17	0.16	0.16	0.14	0.14	0.13	0.13
精氨酸（Arg），%	1.12	1.12	1.00	1.00	0.87	0.87	0.84	0.84
亮氨酸（Leu），%	1.17	1.17	1.01	1.01	0.88	0.88	0.85	0.85
异亮氨酸（Ile），%	0.72	0.72	0.64	0.64	0.56	0.56	0.54	0.54
苯丙氨酸（Phe），%	0.64	0.64	0.56	0.56	0.49	0.49	0.47	0.47
苯丙氨酸+酪氨酸（Phe+Tyr），%	1.12	1.12	0.98	0.98	0.85	0.85	0.82	0.82
组氨酸（His），%	0.37	0.37	0.33	0.33	0.28	0.28	0.27	0.27
脯氨酸（Pro），%	1.97	1.97	1.71	1.71	1.49	1.49	1.44	1.44
缬氨酸（Val），%	0.82	0.82	0.74	0.74	0.65	0.65	0.62	0.62
甘氨酸+丝氨酸（Gly+Ser），%	2.62	2.62	2.28	2.28	1.98	1.98	1.91	1.91

（续表）

项目	1～30日龄		31～60日龄		61～90日龄		≥91日龄	
	公	母	公	母	公	母	公	母
真可利用氨基酸								
赖氨酸氮校正代谢能比（TA Lys/MEn），g/MJ（g/Mcal）	0.80（3.33）	0.80（3.33）	0.68（2.83）	0.68（2.83）	0.60（2.52）	0.60（2.52）	0.57（2.37）	0.57（2.37）
赖氨酸净能比（TA Lys/NE），g/MJ（g/Mcal）	1.01（4.22）	1.01（4.22）	0.86（3.58）	0.86（3.58）	0.76（3.19）	0.76（3.19）	0.72（3.00）	0.72（3.00）
赖氨酸（Lys），%	0.95	0.95	0.82	0.82	0.73	0.73	0.70	0.70
蛋氨酸（Met），%	0.38	0.38	0.34	0.34	0.31	0.31	0.29	0.29
蛋氨酸+半胱氨酸（Met+Cys），%	0.68	0.68	0.61	0.61	0.54	0.54	0.52	0.52
苏氨酸（Thr），%	0.64	0.64	0.57	0.57	0.51	0.51	0.49	0.49
色氨酸（Trp），%	0.15	0.15	0.14	0.14	0.12	0.12	0.12	0.12
精氨酸（Arg），%	1.00	1.00	0.89	0.89	0.79	0.79	0.76	0.76
亮氨酸（Leu），%	1.04	1.04	0.89	0.89	0.80	0.80	0.76	0.76
异亮氨酸（Ile），%	0.64	0.64	0.57	0.57	0.50	0.50	0.48	0.48
苯丙氨酸（Phe），%	0.57	0.57	0.49	0.49	0.44	0.44	0.42	0.42
苯丙氨酸+酪氨酸（Phe+Tyr），%	1.00	1.00	0.86	0.86	0.77	0.77	0.74	0.74
组氨酸（His），%	0.33	0.33	0.29	0.29	0.26	0.26	0.25	0.25
脯氨酸（Pro），%	1.75	1.75	1.51	1.51	1.34	1.34	1.29	1.29
缬氨酸（Val），%	0.73	0.73	0.66	0.66	0.58	0.58	0.56	0.56
甘氨酸+丝氨酸（Gly+Ser），%	2.33	2.33	2.01	2.01	1.79	1.79	1.72	1.72
矿物质元素[b]								
总钙（Total Ca），%	0.85	0.85	0.72	0.72	0.69	0.69	0.64	0.64
总磷（Total P），%	0.65	0.65	0.50	0.50	0.46	0.46	0.41	0.41
非植酸磷（NPP），%	0.40	0.40	0.26	0.26	0.22	0.22	0.17	0.17
钠（Na），%	0.22	0.22	0.16	0.16	0.14	0.14	0.14	0.14
氯（Cl），%	0.22	0.22	0.16	0.16	0.14	0.14	0.14	0.14
钾（K），%	0.50	0.50	0.46	0.46	0.40	0.40	0.40	0.40
镁（Mg），%	0.06	0.06	0.06	0.06	0.06	0.06	0.06	0.06

（续表）

项目	1～30日龄		31～60日龄		61～90日龄		≥91日龄	
	公	母	公	母	公	母	公	母
铁（Fe），mg/kg	80	80	80	80	80	80	80	80
铜（Cu），mg/kg	7	7	7	7	7	7	7	7
锰（Mn），mg/kg	80	80	60	60	55	55	55	55
锌（Zn），mg/kg	85	85	80	80	75	75	75	75
碘（I），mg/kg	0.70	0.70	0.60	0.60	0.50	0.50	0.50	0.50
硒（Se），mg/kg	0.15	0.15	0.15	0.15	0.15	0.15	0.15	0.15
维生素[c]和脂肪酸								
维生素A（Vitamin A），IU/kg	12 000	12 000	9 000	9 000	6 000	6 000	6 000	6 000
维生素D_3（Vitamin D_3），IU/kg	600	600	500	500	500	500	500	500
维生素E（Vitamin E），IU/kg	45	45	35	35	25	25	25	25
维生素K（Vitamin K），mg/kg	2.5	2.5	2.2	2.2	1.7	1.7	1.7	1.7
硫胺素（Thiamin），mg/kg	2.4	2.4	2.3	2.3	1.0	1.0	1.0	1.0
核黄素（Riboflavin），mg/kg	5.0	5.0	5.0	5.0	4.0	4.0	4.0	4.0
烟酸（Niacin），mg/kg	42	42	35	35	20	20	20	20
泛酸（Pantothenic acid），mg/kg	12	12	10	10	8	8	8	8
吡哆醇（Pyridoxine），mg/kg	2.8	2.8	2.4	2.4	0.6	0.6	0.6	0.6
生物素（Biotin），mg/kg	0.12	0.12	0.10	0.10	0.02	0.02	0.02	0.02
叶酸（Folic acid），mg/kg	1.0	1.0	0.7	0.7	0.3	0.3	0.3	0.3
维生素B_{12}（Vitamin B_{12}），μg/kg	16	16	15	15	8	8	8	8
胆碱（Choline），mg/kg	1 300	1 300	1 000	1 000	750	750	750	750
亚油酸[d]（Linoleic acid），%	1	1	1	1	1	1	1	1

注：氮校正代谢能值换算成代谢能值、净能的转化系数分别为1.038和0.790。

[a]给出的饲料能量水平是生产中的中等水平。最佳饲料能量水平可能随着饲料原料的不同而变化，但应保持饲料营养素含量与能量水平的比值不变。[b]矿物质元素需要量包括饲料原料中提供的矿物质元素量。[c]维生素需要量包括饲料原料中提供的维生素量。[d]亚油酸需要量包括饲料原料中提供的亚油酸量。

第二节 饲料原料与营养成分

黄羽肉鸡以“三黄”（黄脚、黄羽、黄喙）为突出特征，为了提高黄羽肉鸡的皮肤、羽毛等的美观性，在黄羽肉鸡饲料原料的选择上，通常与普通肉鸡饲料原料选择略有不同，应在适当添加着色剂的同时，充分利用天然的叶黄素含量丰富的饲料原料，如黄玉米、苜蓿粉、红辣椒粉等。

一、能量饲料

谷实类和糠麸类饲料的淀粉含量多，纤维素含量少，能量高，易消化，是养鸡的主要能量饲料。但由于谷实类饲料营养不够全面，蛋白质含量少，品质较差；磷、钾含量虽然丰富但含钙很少；B族维生素含量较多，但要同含胡萝卜素的饲料配合使用。

（一）玉米

玉米是黄羽肉鸡的基础饲料，号称“饲料之王”，玉米的颜色有黄白之分，黄玉米含有大量胡萝卜素和叶黄素，有助于脚和皮肤的着色，故黄羽肉鸡多用黄玉米作能量饲料，含能值14.09 MJ/kg，根据肉鸡不同阶段能量需要量不同，其用量也不同。1～30日龄的肉鸡日粮中，玉米常用量为45%～50%，可提供与23%CP相平衡的12.96 MJ/kg能量。随后，当日粮CP降为20%时，玉米用量可增加到50%～55%，提供的能量为13.38 MJ/kg。以上两阶段，由于“热效应”，特别是在炎热的夏季，过量供食会导致采食量下降，玉米用量均不能超过推荐值。赖氨酸含量低是造成玉米蛋白生物学价值低的原因之一，玉米中赖氨酸不足主要是由于玉米醇溶蛋白（来自玉米胚乳）赖氨酸含量不足。尽管现在有高赖氨酸玉米品种，但在含低赖氨酸玉米日粮中添加合成赖氨酸还是比在日粮中添加高赖氨酸玉米更经济。玉米中钙磷比例不平衡（1：5）也是一个缺点，需在日粮中添加矿物质来纠正。玉米在较好条件下即使存放4年，其能值和蛋白质品质也不受影响。日粮中添加陈玉米采食量可能会下降，但由于陈玉米水分低，养分浓度高，因此养分的摄入量并不受影响，如新玉米含15%水分，CP为8.5%，但水分降至12%时，CP为8.8%。然而，玉米贮藏不当时，其脂肪会部分被氧化，维生素E遭破坏，从而导致严重的健康问题，如仔鸡癫狂病。同时，玉米也会遭霉变，造成诸如曲霉中毒等一些疾病。玉米贮存前添加抗氧化剂和（或）丙酸是必要的，此外还要注意防止水分和热量在仓库内的聚集。

（二）小麦及其加工副产物

鸡喜食小麦，其适口性好，营养全面且价值高，营养等值或略高于玉米。小麦粗蛋白质含量通常高于玉米，其范围波动很大，在9.0%～17.5%，并依气候、品种和土壤肥力而异。高戊聚糖和其他非淀粉多糖造成小麦的黏性，日粮中用量过高会造成食糜黏性增加，延迟食糜通过消化道的时间，妨碍消化酶的扩散，导致肉鸡体重和饲料效率降低。小麦用量过高也会造成排泄增加，给鸡舍管理和疾病控制带来困难。生产上常观察到高小麦日粮会使粪粘在鸡喙上，造成舌的坏死，这种情形常见于6周龄前饲喂粉碎得很细的高比例小麦日粮的肉鸡。虽然加酶处理有助于缓解黏性问题，在实际条件下出于经济效益的考虑也会限制这一做法。

小麦全量取代玉米用于鸡饲料中，效果不如玉米，仅及玉米的90%左右，主要与小麦中所含的非淀粉多糖有关，随着饲料用酶制剂的技术的成熟，如果在日粮中添加木聚糖等复合酶，小鸡阶段可以取代玉米的30%～50%，中大鸡阶段可以取代玉米的50%～100%。在快大型黄羽肉鸡43～63日龄阶段对比了玉米和小麦的饲喂效果，发现小麦用量20%的日粮未影响增重和采食量，且料重比有降低趋势，对胴体胸肌、腿肌和腹脂率均无显著性影响。用小麦全部替代玉米（小鸡、中鸡和大鸡阶段用量分别为70%、76%和82%），小麦组鸡的采食量显著提高，日增重、存活率和增重成本与玉米组无显著差异，小麦饲料中添加木聚糖酶能显著提高饲料效率，降低料重比。提高了胸肌率，并有提高胫骨骨密度的趋势。整体上，当小麦价格低于玉米时，用小麦全部替代玉米并添加木聚糖复合酶能显著降低肉鸡的增重成本。在胡须鸡上研究表明，73～90日龄和91～126日龄阶段均用39.8%的小麦替代玉米，试验鸡日增重、采食量、料重比、存活率和胴体品质、肉品质均无显著影响。可见，在慢速型黄羽肉鸡上应用小麦部分替代玉米也完全可行。

但在使用小麦替代玉米配制饲料时应注意：如果作粉料，不宜粉碎太细，否则会引起粘嘴现象，造成适口性降低，采食量降低，如果作颗粒饲料，则不会有影响。如果用10%～20%整粒小麦，促进肉鸡肌胃发育。同时要关注对黄羽肉鸡鸡体着色影响。为配制优质饲料，还应关注真菌毒素的污染情况，对小麦应做准确分析。

小麦的副产物小麦麸粗纤维含量较高，因而能量价值较低，但小麦麸蛋白质含量较高，并含有较多的赖氨酸，B族维生素含量也较高。缺点是钙的含量太少，钙磷极不平衡，用作饲料时要特别注意补充钙。早期研究报道，小麦麸用量提高能促进消化道（肌胃、小肠和盲肠）发育，但过高的用量对养分钾、钠、钙、镁及磷的利用率不利。因此，小麦麸在鸡日粮配方中用量受到限制。研究表明，在1～28日龄日粮配方中用6%小麦麸，二郎山山地鸡体增重、存活率均达到正常水平。在1～55日龄、56～89日龄和90～115日龄阶段日粮中分别应用6%、15%和10%小麦麸，古典型岑溪三黄鸡表现较好的增重、胴体品质。

次粉也是黄羽肉鸡常用的饲料原料。肉仔鸡次粉日粮加入戊聚糖酶后表观代谢能值大幅提高，并改善了生产性能，1～21日龄和22～42日龄阶段次粉用量均为30%。

（三）皮大麦

皮大麦中粗蛋白质含量为11.7%～14.2%，在谷类籽实中是比较高的，略高于玉米，与小麦和燕麦相似，低于豌豆。除亮氨酸（0.87%）和蛋氨酸（0.14%）外，大麦中其他成分均较玉米含量高，赖氨酸含量（0.44%）接近玉米的2倍，但利用率低于玉米。皮大麦的能量值稍低于玉米和小麦，原因是其纤维（中性洗涤纤维、酸性洗涤纤维）含量较高。皮大麦中淀粉含量通常为52%～60%，分直链淀粉和支链淀粉两种主要类别。普通大麦品种含有约27%的直链淀粉和73%的支链淀粉，而“糯大麦”品种具有较低含量的直链淀粉（2%～10%）和较高含量的支链淀粉（90%～98%）。皮大麦中脂类含量相当低，仅为2%～3%，其中绝大部分是甘油三酯，其脂肪酸部分主要为软脂酸和不饱和脂肪酸。皮大麦中抗营养因子如非淀粉多糖、单宁和植酸限制了其在鸡饲料中的应用。

黄羽肉鸡雏鸡阶段消化吸收较差，日粮配制应限制皮大麦使用量在20%以下，使用酶制剂时，限量值可提高，黄羽肉鸡中、后期用量可加倍。

（四）木薯干和发酵木薯渣

木薯干中含有的亚麻苦苷，水解生成氢氰酸能抑制细胞内酶的活性，其氰化物的含量是影响用量的因素之一，饲料卫生标准也对其含量进行了100 mg/kg的限定。此外，其低蛋白、也在一定程度上限制了其使用量。木薯粉可以替代家禽饲料中的部分或全部谷物原料。但木薯干不仅蛋白质含量较低，且含有氢氰酸有毒物质，其作为动物饲料原料的应用受限。研究表明，在不影响生长性能的情况下，肉鸡日粮中高达66.7%的玉米可以被木薯粉替代。肉鸡1～21日龄阶段日粮中用50%木薯粉完全替代玉米同时补充100 mg/kg复合酶（含500 IU/g木聚糖酶、6 000 IU/g蛋白酶、800 IU/g淀粉酶和10 000 IU/g植酸酶）可以改善肉鸡的饲料效率，提高淀粉表观消化率，对肉鸡组织器官相对重量无负面影响。

发酵木薯渣作为饲料原料应用于黄羽肉鸡养殖是可行的，可以提高黄羽肉鸡前期采食量和日增重，添加比例5%～20%未对黄羽肉鸡生长发育和健康造成显著影响，但饲喂成本降低；建议可在耐粗饲的地方品种鸡日粮中添加20%发酵木薯渣，但在肉鸡生长后期，适当考虑减小发酵料体积、提高饲料单位体积干物质量和能量值，以满足鸡只生长需求。在广西玉林三黄鸡28～120日龄阶段日粮中添加10%和20%微生物发酵木薯渣饲料，提高肉鸡日均增重、采食量，降低死亡率、发病率、料肉比，其中以添加10%

微生物发酵木薯渣的效果最佳。可见，发酵木薯渣粉作为新的饲料资源在肉鸡日粮中应用，从增重效果角度看是可行的，从经济价值看，更是有不可估量的潜力。

（五）高粱

高粱作为一种非典型的饲料原料，其受品种、产区以及环境等因素影响，会导致其营养价值产生较大的变异。高粱成分中有3个固有的抗营养因子，能对氨基酸的可利用性构成影响，分别是单宁、醇溶蛋白以及植酸盐。其中高粱中的单宁主要为凝缩类单宁，其抗营养特性表现在凝缩类单宁能与蛋白质结合形成不溶、不易酶解的复合物，从而降低蛋白的利用率。醇溶蛋白是一类具有疏水特性、但溶于乙醇的蛋白质。由于赖氨酸在醇溶蛋白中的含量较少，其营养价值也较低，同时在高粱胚乳中，以醇溶蛋白为主要成分的蛋白体与蛋白质基质不仅对淀粉颗粒具有包裹性，而且在热量与水分条件下会大量产生二硫键交联，从而限制了淀粉的可消化性。植酸磷是高粱中磷元素的主要体现形式，植酸与植酸盐具有结合蛋白质的能力，而由此形成的植酸蛋白盐具有一定的抗消化性。醇溶蛋白是决定高粱谷粒物理特性的因素之一。一般而言，高粱的蛋白含量越高，其谷粒的硬度越高，谷粒的粒径与质量也越小。高粱的胚乳分为角质胚乳与粉质胚乳，相对于粉质胚乳，醇溶蛋白在角质胚乳中的含量更高。在高粱的胚乳结构中，淀粉颗粒被蛋白体与蛋白质基质紧密包裹，这种致密的包裹效应不仅能影响淀粉的糊化，而且会降低淀粉的水解效率。对于软高粱，适宜的粉碎粒径为500 μm；而如果是硬高粱，粉碎粒径在300 μm时具有最佳的利用效率。相对于玉米和小麦，高粱的糊化起始温度更高，因此在实际生产中，对于高粱日粮需要采取更高的调质温度。

膨化高粱是个不错的处理方案，膨化过程所产生的摩擦力和剪切力，可以破坏蛋白质基质和蛋白体对淀粉颗粒的包裹性作用，从而改善淀粉与消化酶的接触，提升其水解效率。然而值得注意的是如果采取湿法膨化，可能会加剧高粱中的蛋白质产生二硫键交联，因此干法膨化是更为有利的选择。蛋白酶在高粱日粮中的应用具有较大的潜力和前景，不仅可以促进高粱蛋白的利用率，而且有利于降解蛋白质基质和蛋白体对淀粉颗粒的包裹作用，从而改善淀粉的消化利用率。

（六）稻谷及其加工副产物的营养价值

从营养价值方面来说，稻谷的营养低于玉米，玉米的可消化蛋白比稻谷高44%，而且稻谷中的粗纤维含量极高，砻糠中的硅酸大大降低了稻谷粉的消化率和营养价值。

稻谷（糙米）作能量饲料可替代部分玉米饲养肉鸡。依据中国饲料数据库提供稻谷和糙米的主要成分与营养价值分析，除稻谷含有“稻壳”或“砻糠”，其粗纤维比玉米高6.1个百分点，其饲用价值比玉米偏低外，其他营养成分及糙米的饲用价值则与国标二级玉米相当，且在有些成分上，如粗蛋白质、微量元素含量还优于玉米。而且据有关资料报道，糙米的蛋白质80%为谷蛋白，可消化蛋白多，生物学效价为禾谷类之首。

稻壳是碾米过程中产生的数量最多的副产物，也称为砻糠。稻壳的营养价值较低，含粗蛋白质2.5%～3.1%，粗脂肪0.7%～1.0%，粗纤维30%～40%，无氮浸出物20%～27%，粗灰分17%～19%。稻壳的主要成分是纤维素和木质素和硅化合物，因纤维素和木质素不易被动物吸收，所以稻壳不易直接饲喂。为了将产量丰富的稻壳转变成优质饲料应用于养殖业，国内外研究采用各种物理或化学方法对稻壳进行了处理。

碎米与食用大米的营养成分基本相同，其中水分含量为12%～14%，粗蛋白质含量为5%～11%，粗纤维含量在0.2%～2.7%，无氮浸出物在61%～82%，矿物质含量在2.3%左右，可见碎米的营养成分含量不稳定，所以用碎米作饲料时，要以其养分实测值为依据。粗纤维含量低而无氮浸出物含量高的碎米，其营养价值可与玉米相媲美。碎米中的氨基酸含量变异较大，但即使含量较高的碎米，其中所含的氨基酸亦不能满足肉鸡的需要，需补充蛋白质饲料。

由于碎米的主要成分与大米相似，所以目前碎米主要应用于食品行业，在饲料行业中主要用于雏禽的饲养。刚出壳的雏禽因消化系统没有发育完全，消化功能较差，所以需要饲喂一些柔软易消化的食物。一般于雏鸡出壳后12～24 h将碎米煮成米饭饲喂。4～5 d随着雏禽的消化功能增强，可以把生米加开水浸泡2～3 h，捞起喂用。

米糠是糙米精加工过程中被碾下的皮层及米胚和碎米的混合物。新鲜米糠呈黄色，有一股米香味，营养价值较高。米糠中含12%～18%的粗蛋白质，高于玉米，赖氨酸含量也高于玉米；脂肪含量高达24%，且大多为不饱和脂肪酸，油酸和亚油酸含量占79.2%；碳水化合物含量为33%～53%，水分为7%～14%，热量为1.38 kJ/100 g。米糠的营养特性：一是钙少磷多。米糠中的钙磷比例是1：20，且磷主要是利用率不高的植酸磷，而动物钙磷的最佳比例应该是（1.3～1.5）：1，因此，利用米糠饲料时应注意添加植酸酶分解植酸磷，提高有效磷的含量，同时注意补充钙源；二是微量元素中，铁和锰含量丰富而铜偏低；B族维生素含量丰富，而维生素E、维生素D、维生素C缺乏。由于新鲜米糠极不稳定，所以目前应用于饲料的多为稳定化米糠和榨油后得到的脱脂米糠（即米糠粕）。虽然稳定化米糠和脱脂米糠的加工过程能够钝化米糠中的脂肪酶，抑制酸价的迅速上升，从而增加米糠的稳定性，便于贮存和运输，但是由于米糠本身还含有胰蛋白酶抑制因子、血凝素、植酸、非淀粉多糖等多种抗营养因子和游离脂肪酸，降低了米糠的适口性和饲料养分利用率，且游离脂肪酸氧化产生的脂质过氧化物对畜禽和人类健康都会产生负面影响，目前研究多集中于向米糠饲料中添加酶制剂和抗氧化剂。

试验表明，使用20%米糠替代玉米，黄羽肉鸡饲料中玉米用量降低13.5个百分点，新鲜米糠对黄羽肉鸡的平均日增重、平均日采食量和料重比无显著影响，而使用同水平的氧化米糠会对肉鸡产生负面影响。

（七）油脂

油脂是肉鸡的重要能量来源，一般黄羽肉鸡日粮中添加油脂所提供的代谢能占总代谢能的20%～30%，生产上不同阶段黄羽肉鸡饲料中油脂的最佳配比为：前期为0.5%～3%、中期为2%～4%、后期为5%～8%。油脂根据来源可分为植物油和动物油脂。前者主要有豆油、棕榈油、菜籽油等，其中的不饱和脂肪酸含量大于饱和脂肪酸的含量，容易被鸡消化吸收；后者主要是猪油、牛油等，饱和脂肪酸的含量较高，不易被鸡消化吸收。因此在添加油脂时应注意两者的搭配，或从经济的角度考虑单用植物油。研究报道显示，黄羽肉鸡饲料中猪油与大豆油的比例以3：1效果最佳。

黄羽肉鸡肌肉和机体脂肪酸组成易受饲料油脂组成的影响，肉鸡肌肉组织脂肪酸的组成充分反映了饲料油脂的脂肪酸组成，通过饲料中添加不同脂肪酸组成的油脂可生产富含特定PUFA的鸡肉。

1. 饲料添加油脂的作用

油脂的最主要作用是提供能量，除此之外具有以下作用。

（1）额外能量效应。主要是指添加油脂后，饲料的利用率提高。其原因可能是油脂延长了食糜在消化道中的停留时间，提高了营养物质的消化率。脂肪酸可以直接在体内沉积，减少了利用日粮粗蛋白质和碳水化合物沉积油脂的能量消耗。

（2）提供必需脂肪酸。必需脂肪酸指亚油酸、亚麻酸，花生四烯酸可以由亚油酸合成。必需脂肪酸的作用主要是参与磷脂代谢，构成膜结构的组成成分，从而影响膜的通透性。必需脂肪酸的缺乏引起皮肤的角质鳞片，血管脆裂，生长发育受阻。

（3）促进脂溶性维生素的吸收。脂溶性维生素必须溶于油脂中才能被肠道吸收，日粮油脂不足，会影响脂溶性维生素的吸收效果。

（4）提高机体的抗热应激能力。主要原因是油脂的热增耗比蛋白质和碳水化合物低，可减少不必要的散热负担。热应激会使家禽生产性能下降，添加油脂有助于减轻热应激对家禽生产性能的损害。

（5）提高日粮的适口性，降低饲料的粉尘。

2. 应用油脂时应注意的事项

（1）加热处理。使用油脂前进行加热处理，可以改善油脂与其他饲料的混合均匀度。

（2）清除设备中残留油脂。制粒过程中，喷涂油脂的设备要经常清洗，防止酸败油脂的残留，它会加速产品中的油脂酸败。

（3）抗氧化剂的使用。在添加油脂的日粮中应加入一定量的抗氧化剂，可以延长饲料的保存时间，防止油脂酸败，产生特殊气味和有害的氧化产物。常用的油脂抗氧化剂主要是BHT（二丁基羟基甲苯）和BHA（丁基羟基茴香醚。BHT适宜长期保存含饱和脂肪酸较高的饲料，每吨全价饲料添加150 g，添加时需先进行预稀释。另外，应注意的是对于已变质的油脂添加抗氧化剂并不能改善其品质，也不能消除变质油脂对机体的损害。

（4）粗蛋白质水平的调整。在日粮中加入油脂时，若保持代谢能不变，其他日粮营养成分也可保持不变。若日粮的能量水平高于一般标准，需调整粗蛋白质的水平（通常按油脂添加量的0.5%加入）。这是因为油脂在促进营养物质吸收的同时，也为营养物质的利用提供了足够的能量。因此，为了充分利用能量，必须提供足够的蛋白质底物，以用于体蛋白的沉积。

（5）脂溶性维生素的调整。油脂能促进这些维生素的吸收，提高维生素A、维生素D_3、维生素E、维生素K等维生素的利用率。

（6）添加维生素E和硒。日粮中含有较多不饱和脂肪酸的植物油时，机体的不饱和脂肪酸含量增加，抗氧化能力受到一定的影响。因此，增加日粮中维生素E和硒含量可以增强机体的抗氧化能力。

（7）增加日粮纤维素含量。饲料中添加油脂时，日粮纤维素含量应比通常标准高2%，这样能促进胃肠道的运动和胆汁的排出，因而不会因增加油脂而使肝脏负担过重。

二、蛋白质饲料

黄羽肉鸡饲料蛋白来源以豆粕、玉米蛋白粉为主，在保证生长性能不受影响的前提下，适量添加杂粕可以降低饲料成本。

（一）豆粕

豆粕是我国主要的植物性蛋白质饲料来源，粗蛋白质含量为43%～46%，去皮豆粕粗蛋白质含量为48%，发酵豆粕和酶解豆粕粗蛋白质含量在55%左右。豆粕蛋白质品质较好，含赖氨酸约为2.5%，低于鱼粉但高于其他饼粕类饲料，蛋氨酸含量相对较低，约为0.46%。氨基酸利用率较其他饼粕类饲料高。钙磷含量较谷物类饲料高，但其中50%～70%的磷为植酸磷，利用率较低。在黄羽肉鸡生产上，豆粕可作为主要的蛋白质饲料来源，其用量一般不受限制，但需注意补充蛋氨酸、钙、磷和维生素B_{12}。

（二）玉米蛋白粉

玉米蛋白粉是玉米脱胚芽、粉碎、水选制取淀粉后的脱水副产品，属有效能值较高的蛋白质饲料，其氨基酸利用率可以与豆粕相媲美。但由于玉米蛋白粉颗粒较大、口感粗糙、水溶性差、生物价值低，因此在合理饲料利用时需要特别注意配比。玉米蛋白粉粗蛋白质含量为40%～65%，含有的蛋白质主要为：玉米醇溶蛋白（68%）、谷蛋白（22%）、球蛋白（1.2%）和少量白蛋白。玉米蛋白粉代谢能与玉米相当或高于玉米。氨基酸组成不佳，异亮氨酸、亮氨酸、缬氨酸、脯氨酸和酪氨酸等含量高，而赖氨酸和色氨酸严重不足。玉米蛋白粉胡萝卜素含量较高（100～300 mg/kg），富含黄色素。玉米蛋白粉粗纤维含量低，铁含量较多。

使用玉米蛋白粉注意的问题如下：

（1）玉米蛋白粉中的纤维成分由非淀粉多糖（NSP）和木质素组成。NSP影响日粮的消化吸收，也影响氮的利用和排泄。

（2）在使用玉米蛋白粉的过程中，应注意对霉菌（尤其是曲霉毒素）含量的检测。

（3）玉米蛋白粉中叶黄素的着色效果比加丽素红、加丽素黄等化工合成着色剂稍差。

（4）玉米蛋白粉的氨基酸总和高于豆粕和鱼粉，含硫氨基酸和亮氨酸含量比豆粕和鱼粉高，使用时要注意与豆粕和鱼粉等蛋白源相互补充。

（5）玉米蛋白粉用作鸡饲料可节省蛋氨酸，并且着色效果明显，在黄羽肉鸡生产上应用较普遍，一般黄羽肉鸡饲料中玉米蛋白粉的用量为：前期为2%～3%、中期为3%～5%、后期为5%～6%。

（三）棉粕

棉粕是棉籽经脱壳、去绒，再经过榨油后得到的副产品。棉粕的蛋白质含量因脱壳程度、棉籽质量和品种以及加工方式的不同而存在一定差异。棉粕粗蛋白质含量高，仅次于豆粕，是优质的饲料蛋白质资源之一。棉粕的粗纤维含量为10%～14%，粗脂肪含量为3.5%～6.5%，粗灰分含量为5%～8%，还含有多种维生素和矿物质元素（如钙、磷、钾、镁等）。棉粕含有丰富的氨基酸，但氨基酸组成不平衡，其中作为棉粕第一限制性氨基酸的赖氨酸含量仅为1.3%～1.5%，蛋氨酸含量仅为0.4%，分别与豆粕和菜粕相比，都仅为它们的50%。因此，在动物生产中若是将棉粕作为饲料蛋白源，为了保证氨基酸平衡和提高棉粕的利用率，通常需要再补充添加一定量的赖氨酸和蛋氨酸；但是精氨酸的含量却高达3.6%～3.8%，远高于豆粕和菜粕中精氨酸的含量。

此外，棉粕含有许多抗营养因子，如棉酚、单宁、植酸、环丙烯脂肪酸等，其中，棉酚对动物的危害最大。棉酚主要因其含有的活性醛基和羟基易与其他物质发生各种化学反应而引起毒性，生成其他不易被消化吸收的物质，这些物质在体内排泄缓慢，容易蓄积在体内组织器官中，从而导致生长迟缓、食欲下降、体重减轻、繁殖率下降、中毒及死亡等。其作用机制有如下3个方面：一是可损伤心、肝、脾等实质性细胞；二是改变毛细血管的通透性，引起血液循环障碍，亦能损害中枢神经系统导致机体调节机能紊乱；三是游离棉酚在动物体内易与蛋白质、铁等结合，导致酶失活，使血红蛋白合成受阻，引起缺铁性贫血，降低蛋白质利用效率；其活性醛基也可与棉粕中赖氨酸的氨基结合，发生美拉德反应，使赖氨酸利用率降低。

环丙烯类脂肪酸的毒害作用主要是影响鸡的脂肪代谢和脂肪酸组成，从而引起一系列的病理反应，如肝细胞的坏死、糖原的不正常沉积、胆管的增生及纤维化等。

单宁的抗营养作用主要是通过与消化道中的蛋白质和消化酶结合，发生沉淀反应，降低消化酶活性，降低饲料中养分的消化率；还能与肠道表层细胞发生反应，使肠壁的渗透性降低，导致养分难以通过而影响蛋白质等多种营养物质的消化吸收和利用；单宁可以在口腔中与唾液蛋白、糖蛋白相互作用产生苦涩味，影响饲料的适口性和采食量。

植酸也是棉粕中主要的抗营养因子之一，它是一种强螯合剂，在低pH值环境下，能与带正电的金属离子和蛋白质分子牢固地黏合在一起，形成难溶的螯合物，阻碍多种矿物质元素的吸收利用，使动物产生厌食、生长受阻，抑制消化酶活性，如胰酶、淀粉酶、胃蛋白酶等；另外，还能阻碍有效磷的利用。

研究表明，经微生物发酵和膨化处理均能有效降低棉粕中游离棉酚含量[从431.43 mg/kg降低至123.46 mg/kg（膨化）、12.21 mg/kg（发酵）]。不同棉粕水平及棉粕处理对快大型黄羽肉鸡1～21日龄、22～42日龄和43～63日龄阶段日增重和料重比均无显著影响。棉粕最高添加水平（17.5%）组显著提高63日龄试验鸡胸肉剪切力。不同棉粕水平和棉粕处理对胸肉24 h滴水损失、45 min和96 h肉色均无显著影响。组织切片观测显示，随着棉粕量增加，试验鸡肝脏脂肪变性明显增加，淋巴细胞浸润及纤维组织增加；肾小球出现萎缩，上皮细胞脱落及纤维组织增加以及肾间质充血，但未形成钙化灶；棉粕发酵处理对肝脏、肾脏病变稍有明显缓解作用。因此，使用低酚棉粕替代豆粕，黄羽肉鸡小鸡、中鸡和大鸡3个饲养阶段棉粕用量为分别2.5%、6.0%和10.5%，豆粕用量分别降低2.5个、6.9个和10.3个百分点，发酵棉粕可进一步提高用量。

（四）脱酚棉籽蛋白

脱酚棉籽蛋白作为一种棉籽蛋白质饲料的新类型，具有游离棉酚含量低（≤400 mg/kg）、安全性高、粗蛋白质含量高（>50%）及氨基酸品质优良的优势。在保证饲料代谢能、粗蛋白质和蛋氨酸水平一致，赖氨酸和苏氨酸含量相当的情况下，用脱酚棉籽蛋白替代豆粕可以取得黄羽肉鸡在玉米-豆粕型常规饲料条件下的饲养效果，且高水平添加脱酚棉籽蛋白对肉鸡屠宰性能、肉质风味和饲料养分利用率均没有不良影响，1～21日龄和22～49日龄阶段脱酚棉籽蛋白用量分别为29.5%和27.2%。

（五）菜籽饼、粕

菜籽饼、粕是以油菜籽为原料经过取油后的副产物，呈淡灰褐色。压榨取油后的称菜籽饼，浸提或预榨浸提取油后的称菜籽粕。菜籽饼、粕的粗蛋白质含量在34%～38%，氨基酸组成的特点是蛋氨酸含量高（仅次于芝麻饼、粕），赖氨酸含量亦高，特别是可消化含硫氨基酸消化率也较高，而精氨酸含量低。菜籽饼、粕的有效能值偏低（淀粉含量低加之菜籽壳难以消化利用）。矿物质中钙和磷的含量均高，硒和锰的含量亦高，特别是硒的含量是常用植物饲料中最高的。然而，菜籽饼、粕中含有硫葡萄糖苷、芥酸、单宁、植酸等抗营养成分，尤其是硫葡萄糖苷妨碍了其在肉鸡饲料中的应用。

固始鸡在2～4周龄时，日粮中菜籽粕的添加量不宜超过9%，在5～7周龄时则不宜超过12%。快大型黄羽肉鸡1～21日龄、22～42日龄和43～63日龄阶段分别添加2.5%、3%和7%的双低菜籽粕（硫代葡萄糖苷含量为7.01 μmol/g）未影响黄羽肉鸡的生长、甲状腺激素分泌、机体抗氧化功能及肉品质，若同时补充抗氧化活性添加剂，三个饲养阶段菜粕用量为分别可提高至7.5%、9%和14%，豆粕用量分别降低6.0个、7.0个和10.8个百分点。

（六）花生粕

花生粕是花生仁经压榨提炼油料后的副产品，通常花生粕分一次粕和二次粕。一次粕是经过初次压榨剩余的花生渣，二次粕即压榨过两次的花生渣。花生粕其口感较好，是一种较理想的植物蛋白原料。花生粕的营养组成因不同的品种、产地和加工工艺而有所差异。花生粕的粗蛋白质平均值为45.6%，精氨酸含量很高，是优质的精氨酸来源。但与豆粕相比，其赖氨酸和蛋氨酸含量均较低。苏氨酸是花生粕的严重限制性氨基酸，常用来配制苏氨酸缺乏型日粮。虽然低含量的赖氨酸、蛋氨酸和苏氨酸影响了花生粕蛋白的内在质量，但只要通过与几种蛋白原料合理搭配使用（如与蛋氨酸含量最高的芝麻粕）和外源添加合成氨基酸，花生粕是一种非常有竞争力的植物蛋白原料。

饲养试验结果显示，1～21日龄阶段、22～42日龄饲料中20%花生粕部分替代豆粕不会影响黄羽肉鸡生长，一定程度上提高了饲料效率。在1～21日龄、22～42日龄和43～63日龄三个阶段氨基酸平衡日粮中分别使用了20.6%、18.01%和13.44%花生粕部分替代豆粕，快速型黄羽肉鸡生长性能表现良好。有报道，三黄鸡18～36日龄、36～46日龄阶段日粮中花生粕用量分别以8%和6%为宜。

（七）干酒糟及其可溶物（DDGS）

DDG/DDGS是利用玉米、谷物、甘薯等生产酒精的副产物，有干酒糟（DDG）和干酒糟及其可溶物（DDGS）等。DDGS以其高蛋白、高有效磷、价格低廉的特性在饲料界备受关注，其粗蛋白质含量高（>26%），是玉米的3倍多，但其氨基酸含量不平衡。DDGS富含B族维生素和维生素E，但粗纤维含量高达12.5%。

不同来源的DDGS，在养分含量上具有较高的变异性，尤其是脂肪、赖氨酸、方式蛋氨酸和矿物质含量。产品的外观和气味差异也很大。营养成分变异的原因除了加工不同外，玉米的品种可能也是其中之一，使用前应对不同批次的DDGS进行检测，才能做好饲料品质控制。

DDGS应用的限制因素主要有以下5个方面。

①DDGS中缺乏赖氨酸和色氨酸，变异也大。赖氨酸含量在0.61%～1.06%，平均为0.89%。

②DDGS水分含量较高，谷物已破损、易滋生霉菌，常因霉菌毒素含量高，导致动物免疫功能低下和患病率升高，生产性能下降。

③DDGS中不饱和脂肪酸的比例高，容易发生氧化，能值下降，对动物健康不利，影响生产性能。

④DDGS中的纤维含量高，单胃动物利用率低。使用复合酶制剂可提高动物对DDGS中营养物质的消化利用率。

⑤玉米DDGS使用不当会影响饲料的适口性。

DDGS是可消化磷的良好来源，饲料配制时可适当降低磷酸氢钙的用量；DDGS开始使用时应低水平添加，然后逐渐增加用量，直到最高用量；霉变玉米生产的DDGS含有较多的霉菌毒素，发酵可使霉菌毒素的浓度提高3倍。如酒精加工厂购进的玉米含1 mg/kg赤霉烯酮，生产的DDGS中玉米赤霉烯酮将高达3 mg/kg。因此，DDGS在黄羽肉鸡饲料中的应用应谨慎。

在快速型黄羽肉鸡1～21日龄、22～42日龄和43～63日龄3个阶段日粮中玉米DDGS用量分别为6%、12%和18%未对肉鸡生长性能、抗氧化能力和肉品质产生负面影响，而且改善了机体免疫功能。在快大型黄羽肉鸡小鸡、中鸡和大鸡阶段饲料中添加维生素E和木聚糖酶，玉米DDGS用量分别达到10%、20%和30%均未影响生长和机体抗氧化功能。

（八）棕榈仁粕

棕榈仁粕是棕榈仁果榨油后的副产品，颜色呈棕褐色，有巧克力气味。目前棕榈仁粕主要采用压榨和浸提 2 种加工工艺方式生产，其中压榨法具有加工设备简单、生产成本低等优势，是棕榈仁粕主要的加工方式。压榨法生产的棕榈仁粕的粗脂肪残留率较高，粗脂肪含量为6.5%～9.1%，而浸提法生产的棕榈仁粕的粗脂肪含量仅为

1.6%～2.5%。棕榈仁粕含有较多外壳，纤维类成分含量较高，一定程度上限制其在家禽饲料中的应用。参考国外数据库，棕榈仁粕的粗纤维含量为16.1%～20.4%，中性洗涤纤维含量为54.2%～65.8%，非淀粉多糖含量为62.1%～65.8%。由于棕榈仁粕代谢能、粗蛋白质和氨基酸消化率低，配制饲料时应增加一定油脂保证饲料能值，添加晶体氨基酸以平衡饲料氨基酸。另外，对于幼龄阶段的家禽要合理控制棕榈仁粕用量，可以考虑补充酶制剂改善应用效果。

大多数研究结果认为，肉鸡中棕榈仁粕用量在10%～20%对增重无负面影响。在生长前期，肉鸡采食含28%棕榈粕的饲料导致饲料转化率显著下降，而生长后期棕榈粕用量达35%对生长性能无负面影响。在含有30%棕榈仁粕的饲料中添加甘露聚糖酶饲喂肉鸡后料重比有显著改善。

（九）葵花籽粕

葵花籽粕也称为葵花粕，是指葵花籽经预压榨或直接浸出法榨取油脂后的物质。目前，葵花籽粕作为重要的蛋白饲用原料得到广泛使用。优质的葵花籽粕呈松散的浅灰白色或浅褐黄色粉状、碎片状，色泽一致，无发酵、霉变、结块及异味，具有葵花籽特有的香味。其营养价值主要取决于脱壳程度，完全脱壳的葵花籽粕营养价值很高，但市面上比较少见。

由于脱壳不净，葵花籽粕的粗纤维含量有时高达20%，应属于粗饲料，因此可利用能值低，代谢能只有5.94～6.94 MJ/kg。脱壳良好的向日葵仁粕粗纤维含量在12%左右，可利用能值高，其代谢能水平可达10.04 MJ/kg。葵花籽粕的粗脂肪含量随榨油方式的不同变化较大（2%～7%），其中脂肪酸约有50%为亚油酸。

葵花籽粕中胡萝卜素含量低，但B族维生素含量丰富，高于大豆饼粕。其中烟酸在所有饼粕类饲料中最高（200 mg/kg以上），是大豆饼粕的5倍多。硫胺素（10 mg/kg以上）和胆碱（约2 800 mg/kg）含量也很高。常量元素钙、磷含量较一般饼粕类饲料高，微量元素中锌、铁、铜含量丰富。

葵花籽粕中含有少量的酚类化合物，主要是绿原酸，含量为0.7%～0.82%，经氧化后会变黑，是饼粕色泽灰暗的原因。绿原酸对胰蛋白酶、淀粉酶和脂肪酶活性有抑制作用。由于蛋氨酸和氯化胆碱能够部分抵消绿原酸的负面影响，一般对动物生产性能影响不大。

葵花籽粕粗蛋白质含量不高（28%～32%），赖氨酸含量不足（1.1%～1.2%），低于棉仁饼粕和花生饼粕，更低于大豆饼粕。如果脱油过程中加热过度，则赖氨酸损失更大，其营养价值显著降低。蛋氨酸含量相对较高（0.6%～0.7%），高于大豆饼粕、棉仁饼粕和花生饼粕。赖氨酸和蛋氨酸的消化率高达90%，与大豆饼粕相当。

葵花籽粕作为家禽的蛋白质饲料原料，氨基酸利用率与豆粕相当，高于棉籽粕、菜籽粕等杂粕，B族维生素和维生素E含量丰富。其营养缺陷是赖氨酸含量低、粗纤维含量高，氨基酸比例不平衡。葵花籽粕加工温度和时间影响赖氨酸、精氨酸和色氨酸等氨基酸的利用率，维生素也会不同程度地失去活性，进而影响饲料的转化利用率。

研究建议，肉鸡饲料中葵花籽粕的最大添加量为10%～15%。但在实际使用中，如果葵花籽粕中粗纤维水平低，并添加了适宜有效的纤维酶和非淀粉多糖酶，可以酌情提高葵花籽粕的用量。

葵花籽粕中的抗营养成分，特别是纤维状复合物如果胶和阿拉伯木聚糖，是导致葵花籽粕蛋白质生物学价值和消化率比其他原料（如豆粕）低的主要原因。由于葵花籽粕中含有大量的这类复合物，使肉鸡体内的消化酶更难以消化它们。大量添加葵花籽粕会降低生产性能，并带来健康和产品质量问题，如腹泻和脚垫炎症。

葵花籽粕中赖氨酸含量比豆粕低，其他必需氨基酸含量也低，因此，肉鸡日粮中葵花籽粕超过5%时即需补充氨基酸，以防止其失衡和不足，并缓解由于葵花籽粕中高绿原酸含量（1.2%左右干物质）所带来的负面影响，绿原酸能抑制水解酶的活性。

酶处理可提高葵花籽粕的营养价值，含阿拉伯聚糖酶、果胶酶和木聚糖酶的商业酶目前有干微粒化和液态两种饲用型产品，这就使得在不影响生产性能的情况下葵花籽粕可贡献比豆粕更高比例的蛋白源，用肉鸡所做的研究表明，日粮中酶处理的葵花籽粕最高能取代豆粕的43%而不影响增重和饲料效率。

在肥育期和肥育后期日粮用13%和13.5%葵花仁粕对肉鸡生长性能无负面影响，添加非淀粉多糖酶可以进一步改善肉鸡体增重。

（十）葡萄籽粕

葡萄籽粕是葡萄籽经压榨葡萄籽油后的副产品，富含多酚类物质、亚油酸、低聚原花青素和多种维生素。其中低聚原花青素（二聚体四聚体），是天然的消除活性氧自由基的抗氧化类功能因子，是一种高效的新型抗氧化剂，是目前为止所发现的最强效的自由基清除剂。葡萄籽粕中的氨基酸相对均衡，其中谷氨酸含量高达2.04%，天门冬氨酸、甘氨酸和亮氨酸含量也较高，分别达到0.71%、0.76%和0.61%，总氨基酸含量达到10.87%。另外，其粗蛋白质13%～15%、粗脂肪1.6%～2.5%、粗纤维22%～45%、粗灰分3.38%、钙0.8%、磷0.28%等营养成分均较高。

（十一）米糠粕

我国米糠资源丰富，同时米糠粕营养价值较高，如果应用于饲料生产，不但可缓和饲料资源紧缺的局面，而且还可降低饲料成本。米糠粕作为饲料原料的优势：一是淀粉含量高（20%～30%），代谢能值较高，可代替部分玉米；二是灰分低，吸收率高，富含多种维生素；三是水分低，存放期长；四是米糠粕是经高温、浸油后的产品，粗纤维软化、淀粉糊化，更有利于吸收。米糠粕中粗脂肪含量为1%～2%；粗蛋白质含量在15%以上；粗纤维9%；矿物质（钙、磷、锌、钾等）含量12%左右；维生素B_1、维生素B_2、维生素E、植酸钙和肌醇的含量占维生素总量的20%～30%。在黄羽肉鸡日粮中，可代替10%～20%的玉米。

（十二）辣椒粕

辣椒粕是辣椒提取天然色素及辣椒精后的剩余物。在提取色素过程中未经高温处理，没有有害物质的污染，辣椒经过提取得到辣椒红色素和辣椒精，其重量只占辣椒总重量的7%～10%，残余物辣椒粕占重量的90%～93%。经过辣椒红色素和辣椒精提取后的辣椒粕还含有淀粉、蛋白质、果胶、食纤维、氨基酸、多糖及其他功能性物质。辣椒粕的粗蛋白质含量14%～17%，比玉米高2～3倍，粗脂肪含量4.82%，粗灰分含量8.8%；由于辣椒粕是辣椒提取辣椒素后的剩余产物，故含有辣椒相应的特性。辣椒粕还有健胃、助消化、抗寒、杀菌、提高抗病能力及改善肉质的功效。

（十三）沙棘粕

沙棘粕又可称为沙棘果渣，是沙棘果剔除果核后榨取沙棘汁的残渣，或沙棘果核提取沙棘油后的残渣。呈红棕色，具独特的清香味。沙棘粕富含蛋白质、氨基酸、维生素尤以（维生素C、类胡萝卜素含量高）、微量元素、油脂、磷脂、黄酮类及其他多种生物活性物质。其粗蛋白质含量为17.45%、钙含量为0.47%、磷含量为0.45%，蛋白质中氨基酸种类齐全，必需氨基酸含量占总氨基酸含量35.1%，其中含硫氨基酸蛋氨酸、胱氨酸比例较低，分别为0.028%、0.087%，亮氨酸和缬氨酸的比例较高，分别为0.96%、0.83%，在使用过程中应注意用量。

（十四）豌豆

豌豆含17.35%～25.30%的粗蛋白质，赖氨酸含量1.35%～1.50%，蛋氨酸含量约0.22%，木质素含量很低，仅为0.85%，中性洗涤纤维含量为16.65%，酸性洗涤纤维含量为8.19%，和油菜籽的纤维含量相差不大，但脂肪含量较油菜籽低很多，醚浸出物仅为1.38%。而且豌豆中淀粉含量高达46.8%，所以豌豆不但是一种很好的植物蛋白饲料，也是一种高能量饲料。根据豌豆的营养成分，可以用来替代日粮中部分日益昂贵的豆粕、鱼粉，但由于豌豆中含有胰蛋白酶抑制剂、植物凝集素、皂苷、脲酶等抗营养因子，因此，在配制日粮时应考虑到其适口性和抗营养成分，应限量添加才能既不影响动物的生长性能，又能降低饲养成本。在胡须鸡上研究表明，73～90日龄和91～126日龄阶段分别用25%和23.8%的豌豆替代玉米，试验鸡日增重、采食量、料重比、存活率和胴体品质、肉品质均无显著影响。

（十五）鱼粉

鱼粉是由经济价值较低的全鱼或鱼加工副产品制成。鱼粉的种类很多，各类鱼粉因原料和加工条件不同造成营养成分含量差异很大。我国广泛使用的鱼粉包括进口鱼粉和国产鱼粉，是指以全鱼为原料制成的不掺杂异物的纯鱼粉。国产鱼粉蛋白质含量大多在30%～55%，进口鱼粉一般在60%以上，日本北洋鱼粉和美国阿拉斯加鱼粉粗蛋白质含量70%左右。鱼粉也是高能饲料。鱼粉中没有纤维素和木质素等难消化和不消化物质。鱼粉的脂肪含量一般在13%～15.5%，灰分为14.5%～45.0%，钙为0.8%～10.7%，磷为1.20%～3.35%。鱼粉中富含B族维生素，尤其是钴胺素、核黄素、烟酸以及维生素A、维生素D；另外，还含有未知生长因子（UGF），这种物质目前还没有提纯，但已肯定可以促进动物生长。鱼粉的加工方法有土法、干法和湿法等。土法生产是指渔民用晒干粉碎的方法生产，由于此种加工方法受天气制约鱼粉质量较差。干法生产是将原料进行蒸煮和干燥，除去水分，然后压榨或萃取鱼油，最后经粉碎、筛分即得。用此法生产的鱼粉残留油脂较多，呈深褐色，品质较差。湿法生产是将原料进行蒸煮后压榨，除去鱼油和大部分水分，再轧碎，压榨液经离心去油后浓缩混合于轧碎的榨饼中，一并干燥而得鱼粉，湿法生产较干法生产耗能低，除臭彻底，鱼粉得率高，质量好。鱼粉价格昂贵，在使用中要严把质量关，以防鱼粉掺杂造假。鱼粉中的食盐也易导致肉鸡中毒，一般优质鱼粉含盐量为2%左右，而劣质鱼粉盐分含量变化不定，有的甚至高达30%，这样即使使用量较小，也易导致食盐中毒。鱼粉在贮存过程中应注意通风干燥，防止鱼粉霉变、虫蛀及氧化。肉鸡饲料中鱼粉的添加量应根据鱼粉质量而调整，但不应超过10%，否则肉品中可能会有鱼腥味。

（十六）肉粉和肉骨粉

此类畜禽饲料是各种废弃物或畜禽尸体经高温、高压脱脂干燥而成的产品。含骨量大于10%的称为肉骨粉，其蛋白质含量随骨的比例提高而降低。肉骨粉、肉粉的品质与生产原料有很大关系，营养成分含量变异较大。一般含粗蛋白质为25%～60%，水分为5%～10%，粗脂肪为3%～10%，钙为7%～20%，磷为3.6%～9.5%。蛋白质中赖氨酸较高，蛋氨酸及色氨酸含量偏低，钴胺素含量较高，烟酸等B族维生素含量丰富，但缺乏维生素A和维生素D。由于我国肉骨粉与肉粉原料不足，生产的肉骨粉、肉粉与进口产品相比蛋白质含量低，而钙、磷含量高。肉骨粉作为畜禽饲料的组分可替代部分或全部鱼粉。但在操作时应注意为补充因移去鱼粉后所缺乏的那部分养分，肉骨粉用量可略高于鱼粉并添加适量调味剂，以防畜禽出现厌食现象。另外，肉骨粉、肉粉在贮存时应防止脂肪氧化，防止沙门氏菌和大肠杆菌的污染。因其营养成分变化大，使用之前最好测定其各项指标，劣质品不宜使用。

（十七）血粉

血粉由各种动物的血液经消毒、干燥和粉碎或喷雾干燥而成，一般为红褐色至深褐色，粗蛋白质含量达75%～85%，水分8.0%～11.5%，粗脂肪0.4%～2.0%，粗纤维0.5%～2.0%，粗灰分2%～6%，钙0.1%～1.5%，磷0.1%～0.4%。血粉中氨基酸的组成不平衡，赖氨酸含量很高，而蛋氨酸、色氨酸和异亮氨酸相对不足，使用时应引起重视。血粉加工过程中的高温使蛋白质变性，因此血粉的消化率很低。

（十八）水解羽毛粉

水解羽毛粉由羽毛经高压水解烘干和磨碎而成，粗蛋白质含量高达75%～85%，粗脂肪、粗纤维、粗灰分含量均在1%～3%，蛋白质中的氨基酸含量不平衡，利用率较低，氨基酸中以含硫氨基酸含量最高，含硫氨基酸含量居所有天然饲料之首，以胱氨酸为主，高达4%，异亮氨酸含量较多，可达5.3%，宜与异亮氨酸缺乏的血粉配合使用。但蛋氨酸、赖氨酸、色氨酸、组氨酸等含量均很低，用于饲料中易造成氨基酸不平衡。水解羽毛粉的营养价值取决于原料的质量、处理方式、酶解和水解程度等。但总体上，水解羽毛粉饲用价值比较高，主要用于补充含硫氨基酸需要量，对防止啄羽有功效，黄羽肉鸡饲料中用量一般在3%以内。

（十九）乙醇梭菌蛋白

乙醇梭菌蛋白是一类新开发的原料，以乙醇梭菌（Clostridium autoethanogenum CICC 11088s）为发酵菌种，以工业尾气中的CO、CO_2为主要原料，采用液体发酵，生产乙醇的剩余物，经分离、喷雾干燥等工艺制得。乙醇梭菌蛋白产品粗蛋白质含量≥80%；氨基酸蛋白比89%以上；氨基酸组成接近鱼粉，赖氨酸≥7.5%；适口性良好；易于消化吸收。根据饲养试验结果，快速型黄羽肉鸡饲养前期、中期和后期日粮中乙醇梭菌蛋白适宜水平分别为3.2%、4.0%和4.0%。

三、木本植物饲料资源

（一）辣木叶粉

辣木叶粉具有蛋白质含量高，营养丰富等特点，在动物饲料中可以替代一定数量的蛋白质饲料。辣木叶粉中粗蛋白质含量为31%，干物质含量95.14%，粗脂肪含量为7.34%，粗灰分含量为9.45%，钙含量为2.8%以及总磷的含量为0.35%。在文昌鸡上研究表明，辣木叶粉干物质表观利用率为45.75%，真利用率为49.18%，粗蛋白质表观利用率73.36%，真利用率为80.28%，粗脂肪的表观利用率为49.18%，真利用为57.15%。在日粮中添加1%~5%辣木叶粉对文昌鸡生长性能、屠宰性能、消化酶、机体免疫和抗氧化功能均无显著影响。综合分析生产性能、屠宰性状、消化机能、抗氧化等指标可知，辣木叶粉可以作为蛋白质饲料添加到饲料中，最佳比例为5%。

（二）桑叶粉

我国拥有世界最多的桑叶资源，桑叶具有丰富的营养价值和很好的适口性。桑叶干物质中粗纤维含量仅为22.6%，这为其作为消化纤维能力低的单胃动物饲料提供了可能。在桑叶总脂类物质中，不饱和脂肪酸几乎占到总脂肪酸的一半，其中以亚麻酸（22.99%）、亚油酸（13.40%）、油酸（3.177%）、棕榈油酸（3.05%）、花生四烯酸（1.26%）为主。桑叶含有多种生物活性物质，对提高动物免疫力和生产性能、降低饲养成本具有显著的效果。桑叶干物质中粗蛋白质含量19.4%，这使桑叶成为一种良好的蛋白质饲料。桑叶蛋白氨基酸种类丰富，至少含有17种氨基酸，必需氨基酸占总氨基酸的34.7%左右，第一限制氨基酸为异亮氨酸。通过氨基酸比值系数法评价，桑叶蛋白的氨基酸比值系数为69.71%，是一种营养价值较高的蛋白质。在中速型黄羽肉鸡母鸡上进行饲养试验42 d发现，饲料中使用9%发酵桑叶或3%桑叶干粉显著提高了黄羽肉鸡平均日采食量和料重比；发酵桑叶和桑叶干粉均有提高胸肌中鲜味氨基酸和甜味氨基酸以及多不饱和脂肪酸和不饱和脂肪酸含量的效果，且桑叶干粉的作用效果较发酵桑叶更为明显。在淮南麻鸡饲料中使用3%~7%桑叶粉对生长性能无不利影响，并可改善肉色，提高鸡肉中氨基酸沉积。研究报道，在胡须鸡生长后期日粮中桑叶粉可添加至10%，发酵桑叶粉可添加至20%。

（三）黄梁木叶

黄梁木是茜草科团花属常绿大乔木，又称团花树。黄梁木叶含有丰富的生物活性成分，如黄酮类、酚类、生物碱、萜类、皂苷、多糖及单宁等，具有抗菌消炎、抗腹泻、抗氧化等功效。在30日龄麻黄鸡上的试验表明，饲料添加5%黄梁木叶对麻黄鸡具有降血糖和降血脂的作用，并在一定程度上能够促进小肠的形态发育，其中5%接种乳酸菌青贮黄梁木叶有助于提高麻黄鸡的屠宰性能，接种乳酸菌青贮黄梁木叶的饲喂效果优于青贮黄梁木叶和黄梁木叶干粉。

四、昆虫类饲料资源

目前开发应用于黄羽肉鸡上的昆虫类饲料原料主要有黑水虻、大麦虫、黄粉虫、蝇蛆粉、蚕蛹、蚕沙和蚯蚓等。

五、矿物质饲料

动植物性饲料中虽含有一定量的动物必需矿物质，但舍饲条件下的高产家禽对矿物质的需要量很高，常规动植物性饲料常不能满足其生长、发育和繁殖等生命活动对矿物质的需要，因此，应补以所需的矿物饲料。

提供钠、氯的矿物质饲料主要有食盐和碳酸氢钠。食盐含钠60%、氯39%，黄羽肉鸡日粮中食盐的添加量一般为0.2%～0.4%。

含钙的饲料主要有石粉、蛋壳粉和贝壳粉。

含钙与磷的饲料主要有骨粉、磷酸盐（磷酸氢钙含钙24%，含磷18%；磷酸二氢钙含钙17%，含磷26%；磷酸三钙含钙29%，含磷15%）。其他矿物质饲料主要有沸石、麦饭石、膨润土、海泡石和稀土等。

第三节　黄羽肉鸡饲料添加剂

饲料添加剂的作用是在配合饲料中特别加入的各种少量或微量成分，其主要作用是改善饲料的营养，提高饲料的利用效率，促进肉鸡生长，预防疾病，减少饲料在贮存过程中的损失，改进产品的品质。饲料添加剂是配合饲料中不可缺少的成分，虽然只占配合饲料的4%左右，但却占配合饲料总成本的30%以上。

饲料添加剂的种类很多，一般分为两大类，一类是给肉鸡提供营养成分的物质，称为营养性添加剂，包括氨基酸、微量矿物元素和维生素添加剂；另一类是促进生长、保健及保护饲料营养成分的物质，称为非营养性添加剂。

一、营养性添加剂

营养性添加剂主要用于补充饲料中某些营养成分的不足或强化日粮营养。常用的有氨基酸、维生素和微量元素添加剂。

（一）氨基酸添加剂

在天然的饲料中氨基酸的平衡效果较差，都需要使用氨基酸添加剂来补足鸡的需求量。目前使用的主要有赖氨酸、蛋氨酸和苏氨酸，其添加量是根据配合料中缺少的量而定的。此外，用作饲料添加剂的还有精氨酸、色氨酸等，由于产量少，价格较高，故应用不广泛。

（二）维生素添加剂

黄羽肉鸡生产上常用多种维生素预混剂，也称多维素、复合维生素。其中，含有各种脂溶性维生素和B族维生素。

维生素添加剂还有各种单项或双项剂型，如维生素AD_3粉、亚硒酸钠维生素E、维生素K、核黄素（维生素B_2）等用于单项补充。

饲料本身所含的维生素会因品种、收获期、干燥方式、贮存条件和时间等因素的不同而产生很大的差异。因此，在使用维生素添加剂时一般不再考虑饲料原料自身所含的维生素。当鸡群有应激反应、慢性病（如慢性呼吸道疾病）、炎热的夏季、鸡群发生某种维生素缺乏症时就要适当地添加维生素。

（三）微量元素添加剂

生产上常用的多种微量元素预混剂，主要含铁、锰、铜、锌、硒、碘和钴等无机盐。复合微量元素添加剂目前的市售品有浓缩型和扩散型2种，前者载体含量少，在配合饲料中的用量为0.1%～2%；后者载体含量大，在配合饲料中用量为1%以上。一般来讲，浓缩型微量元素添加剂使用比较安全、方便；扩散型微量元素添加剂的载体多为石粉，按比例添加后有可能在雏鸡和育成鸡中出现微量元素含量不足，也可能出现含钙量过高的情况。

有的鸡场自己购买原料配制适用于不同类型鸡的微量元素添加剂，其效果也很好。使用的原料应是饲料级的，一般化工厂的产品中杂质（包括有毒成分）含量偏高。微量元素添加剂的用量应该严格控制，用量少会引起缺乏症，过量会出现中毒。

二、非营养性添加剂

非营养性添加剂不是饲料中的固有营养成分，主要作用是促进机体新陈代谢、养分消化吸收、提高免疫力和抗应激能力，改善肠道健康、肉品质等，提高生产性能。

（一）酶制剂

酶制剂常用的为复合酶制剂，其中包含纤维素酶、淀粉酶、脂肪酶和蛋白酶等，也有单一的酶制剂。另外还有植酸酶，它通常不包含于复合酶制剂中。酶制剂对各类型的鸡都有提高饲料利用率的效果，对雏鸡效果更明显。饲料原料组成不同则酶的使用效果有很大差异。

黄羽肉鸡消化道较短，肠道微生物菌群少，加之肠道食糜黏度较高，因此营养物质的消化吸收不彻底，有必要在日粮中添加酶制剂。

黄羽肉鸡典型常规日粮是玉米–豆粕型。研究报道，在玉米–豆粕型日粮中添加复合酶制剂，日粮总代谢率提高3%～7%，粗蛋白质代谢率提高16%～22%，体增重提高5.7%～13.5%，饲料转化率改善2.4%～8.6%。复合非淀粉多糖酶制剂（木聚糖酶、甘露聚糖酶/葡聚糖酶、淀粉酶）添加到黄羽肉鸡日粮中可显著提高生产性能。

国内外大多在高黏度日粮（以大麦、小麦、高粱等为基础日粮）中，添加酶制剂降低肠道食糜黏度、提高营养物质利用率、改善肉鸡生产性能。如在肉鸡的麦类和非常规日粮中添加以木聚糖酶、β-葡聚糖酶为主的复合酶制剂，可提高肉鸡生产性能和养分利用率，降低死亡率，减少肠道食糜黏度，减少环境污染。

在以大麦为基础日粮的肉鸡饲料中添加酶制剂，试验组增重明显提高，血糖、尿酸、血液胆固醇和甘油三酯明显下降，这表明酶制剂对肉用仔鸡的生长及代谢有明显影响。研究表明，在无抗日粮条件下，真菌源脂肪酶能一定程度改善黄羽肉仔鸡生产性能，表现在15～21日龄饲料转化效率提高，死亡率降低。

不同水平复合酶对黄羽肉鸡不同阶段生长性能的试验表明：杂粕型日粮添加复合酶制剂可有效降低黄羽肉鸡1～28日龄阶段采食量和料重比，提高黄羽肉鸡29～56日龄阶段的日增重和饲料转化率，还可提高黄羽肉鸡血清中总蛋白和血糖含量，降低血清尿素氮含量，添加150～200 g/t复合酶可显著降低鸡盲肠大肠杆菌、沙门氏菌及总需氧菌的数量。

（二）益生素

益生素也称生菌剂、促生素，由一些有益细菌如乳酸菌、蜡样芽孢杆菌和双歧杆菌等经过培养后制成的，含有这些细菌及其代谢产物。当喂饲益生素后有益菌在肠内大量繁殖，抑制病原微生物的生长和繁殖，而且其代谢产物可中和肠道内毒素，从而达到保健、促生产的目的。

在黄羽肉鸡上常用的益生菌制剂包括枯草芽孢杆菌、复合乳酸菌制剂、复合芽孢杆菌、活性酵母和酵母细胞壁多糖等。研究报道，饲料中添加活性酵母能够提高黄羽肉鸡肠道绒毛高度和食糜中酵母菌数量，改善肠道黏膜及菌群结构。酵母细胞壁在饲料中替代恩拉霉素，对肉鸡生长性能无负面影响，同时可增强肉鸡免疫水平。酵母细胞壁多糖可通过提高免疫功能及抗氧化能力来提高黄羽肉鸡生长性能。在饲料中用100 g/t酵母精华替代阿美拉霉素，发现对黄羽肉鸡生长性能无负面影响，提高新城疫抗体水平，增强免疫。添加枯草芽孢杆菌和果寡糖显著改善雪山草鸡生长性能，提高空肠消化酶活性和盲肠挥发性脂肪酸含量，降低食糜黏度。对5日龄雌性黄羽肉鸡的研究发现，日粮添加益生菌与酶制剂获得了最高全期平均日增重，有降低料重比的趋势。益生菌与酶制剂联用在提高黄羽肉鸡生长性能、养分利用率方面具有良好协同效应。

（三）酸化剂

酸化剂作为一种高效、无残留、无抗药性、无毒害、促生长和抑制病原微生物繁殖的环保型饲料添加剂，已被广泛应用于畜禽饲料。

1. 酸化剂的概念及种类

酸化剂是指能够提高其他物质酸性的一类物质总称，包括天然酸化剂和人工合成酸化剂两种。目前应用的酸化剂可分单一酸化剂（有机和无机）和复合酸化剂两大类。

（1）有机酸化剂。有机酸化剂具有良好风味，能改善饲料适口性、参与机体营养物质代谢，但成本较高，主要有柠檬酸、延胡索酸、乳酸、丙酸、苹果酸、琥珀酸、山梨酸、甲酸（蚁酸）、乙酸（醋酸）等及其盐类。不同有机酸各有其特点，使用较广泛的是柠檬酸、乳酸、延胡索酸等。

（2）无机酸化剂。无机酸化剂酸性强。包括强酸，如盐酸、硫酸，也有弱酸，如磷酸，磷酸具有双重作用，可作为日粮酸化剂和日粮磷来源，无机酸有较强酸性，且添加成本较低。

（3）复合酸化剂。利用几种特定有机酸和无机酸按一定比例复合而成，复合酸化剂能迅速降低pH值，保持良好缓冲值、生物性能及最佳成本。早期复合酸化剂产品主要由乳酸、磷酸、柠檬酸、延胡索酸等组成。

（4）全酸复合酸化剂。指以某一种酸作为主要成分，再配合一种或几种酸来达到协同作用的复合型酸化剂，具有广泛的抑菌和调菌区系，添加量较少且作用效果显著。尽管全酸复合酸化剂在加工技术和作用性能方面要比单一型酸化剂提高很多，但这种酸化剂在许多方面不能满足行业需求，因为主要以酸形式存在，产品缓冲能力低，易造成胃肠道酸度不稳定，难以持续保持理想的消化环境。

（5）酸盐复合酸化剂。由有机酸及有机酸盐经合理科学配比复配而成的一种酸化剂。此类复合酸化剂在配方技术上更趋科学合理，有较高缓冲能力，可把部分有机酸暂时转化为有机酸盐，从而避免酸化剂刚进入胃肠道因浓度过高导致胃肠道pH值下降幅度过大；另外，当动物通过一段时间消化后，胃肠道pH值回升时，有机酸盐通过水解方式又可转化成有机酸，使胃肠内长时间保持稳定的酸性消化环境。

2. 酸化剂在黄羽肉鸡生产中的应用

（1）促进生长，提高饲料转化率。饲料添加酸化剂可促进生长，应用较多的是延胡索酸和柠檬酸。黄羽肉鸡饲料添加2%柠檬酸，可使6周肉鸡体重提高6.8%，有机物利用率提高5.2%。饲料中添加包被复合酸化剂（主要为富马酸、甲酸钙、丙酸钙和苯甲酸等）可改善黄羽肉鸡生长性能，减少排泄物中大肠杆菌和产气荚膜梭菌数量，降低死淘率。在对黄羽肉鸡品种矮脚黄羽公鸡的研究中发现无抗日粮添加复合酸化剂（主要为柠檬酸35%、富马酸5%、甲酸钙5%）显著改善了日均增重，对日均采食量也有一定的作用，同时能改善肉鸡肠道健康状况。日粮中添加0.05%的丁酸钠能显著提高彭县黄羽肉鸡105~152日龄增重、日增重和活重，显著降低腺胃重和腺胃率。在黄羽肉鸡上对比三种酸化剂的作用效果，发现日粮中添加苯甲酸显著降低肉鸡平均日增重和采食量、腹脂率；添加山梨酸显著提高肉鸡饲料转化效率，而二甲酸钾对生长性能无显著性影响，3种有机酸均具有降低胸肌和腿肌pH值的趋势，显著提高肌肉的系水力。

（2）对消化道微生物区系的改善作用。水溶性乳酸加到母鸡饲料中可抑制条件性微生物区系的发育。0.125%的富马酸可使肉鸡空肠和盲肠中大肠杆菌数量分别降低19.3%和1.25%，乳酸杆菌数量增加0.88%和0.9%。饲料中添加1.25%丙酸混合物能降低肉鸡肠道中细菌定植，减少感染肠炎和引发死亡综合征的家禽肠道病原菌的定植。饲料添加2 000 mg/kg苯甲酸提高了黄羽肉鸡抗氧化能力、养分消化，改善肠道菌群组成。添加丁酸钠一定程度提高了彭县黄鸡肠道双歧杆菌数量、降低致病菌沙门氏菌数。

（3）促进组织器官发育，抑制病原菌增殖。近年发现饲料经生物酸化剂发酵可产生更多的酸、酶、抑菌物质等。酸化剂可有效防止沙门氏菌对鸡的肝、心、肺、脾、肾等的损伤，有效防止肠道内出现炎症变化。黄羽肉鸡日粮添加复合酸化剂能提高十二指肠、空肠、回肠的相对长度，降低胰腺和后期肝脏相对质量，对黄羽肉鸡小肠和脾脏的发育有促进作用。研究表明：黄羽肉鸡日粮添加包被酸化剂0.3%~0.5%能改善肉鸡生产性能（体增重、采食量）；适量包被酸化剂能降低黄羽肉鸡肠道pH值和粪便中氮含量，提高消化酶活性（十二指肠胰蛋白酶、淀粉酶）与机体免疫力，改善肠道组织结构（十二指肠绒毛高度、隐窝深度），和微生物菌群（乳酸菌、大肠杆菌）及血清生化指标（过氧化氢酶活性、总抗氧化能力等显著高于对照组，丙二醛含量显著低于对照组）。日粮中添加0.5%乙酸可以改善鸡小肠黏膜形态，促进小肠绒毛生长发育，提高生长性能。乳酸还可用于鸡肉保鲜，在0.55 mol/L乳酸溶液中浸泡5 min能显著抑制冷藏鸡腿上单核李氏杆菌的生长，贮藏7 d后细菌计数下降为贮藏前的1.8%，保持鸡肉的感官特征。

（四）植物提取物

关于植物活性提取物的应用研究方面有大量报道。研究表明，日粮添加苦玄参提取物可在一定程度上提高鸡平均日采食量，提高其生长性能和21日龄法氏囊指数。桉叶多酚具有提高鸡肌肉抗氧化性能、改善肉质品质的作用。诸如此类，关于植物提取物的研究很多，在此重点介绍植物多糖、植物精油、大豆异黄酮及中草药等的研究应用。

1. 植物多糖

多糖由10个以上单糖通过糖苷键连接而成的多聚物，在植物、动物、微生物和藻类中广泛存在，它不仅是生物体重要的营养物质，也在生命活动中发挥重要的作用，与蛋白质、脂质、核苷酸并称为最重要的4种生物大分子物质。按来源大致可分5类：植物多糖、昆虫多糖、藻类地衣多糖、真菌类多糖、细菌类多糖。研究表明，多糖具有免疫调节、抗氧化、抗病毒等活性，特别是植物多糖因来源广泛、毒副作用小、疗效持久而备受关注。

植物多糖普遍存在于自然界植物中，具有广泛药理作用，参与机体各种生理代谢，有调节机体免疫功能、促生长、抗病毒、抗氧化等生物活性。但目前植物多糖在肉鸡中的研究应用相对较少。大多研究探讨植物提取物或多糖对肉鸡抗氧化应激的调控和改善肉品质方面。

2. 植物精油

精油（Essential Oils，EO）是挥发性芳香化合物的有机混合物，属萜类化合物，通式为（C_5H_8）$_n$，通常来源于植物，是植物体内的次生代谢物质，一般以植物的花、叶、树胶、全草和果实等为原料，通过蒸馏、压榨、溶剂萃取等方法提炼出来的具有挥发性油样的芳香特性油状液体物质，因其大多具有挥发性，故又称为挥发油或香精油，植物精油的化学组成十分复杂，且受收获时节、采摘部位、地域、品种等因素影响，同一种精油的化学组成差异较大，且化学组成和浓度是可变的。美国食品香料与萃取物制造协会认定，天然植物精油为安全无害物质。现已知的植物精油有3 000多种，其中约300多种含有重要的生物活性物质，除用作香料外，植物精油主要功能是天然抗菌、抗炎、抗氧化、抗癌、调节免疫力、促消化等。近年植物精油作为替抗产品在动物生产及健康方面发挥越来越重要的作用。

（1）植物精油的来源分布及提取方法。广泛来源于自然界植物，松柏科、木兰科、樟科、芸香科、伞形科、唇形科、姜科、菊科、禾本科、蔷薇科、胡椒科、瑞香科、杜鹃科、木樨科、毛茛科等都是富含精油的植物，以游离态形式存在于植物的花、茎、叶、枝、果、根、种子、皮、树胶或树干中，不同部位含量不同，有的植物全株都含有精油，有的在花、果、叶、根等部分含有精油。植物种类繁多，而精油成分复杂功效不同，但均安全环保。精油提取方法是决定其功效的关键步骤，与精油品质密切相关，常用提取方法包括：水蒸气蒸馏法、超声提取法、微波提取法、超临界二氧化碳提取法、酶解法及各种提取方法联用等。

（2）植物精油在黄羽肉鸡生产中的应用。植物精油的主要活性成分能较强地抑制有害菌繁殖，对革兰氏阳性菌及阴性菌都有一定的杀菌活性，可提高鸡的抗病力、免疫力和生产性能。许多精油可刺激肉鸡肠道有益菌生长，抑制致病菌。日粮添加精油可提高黄羽肉鸡生长性能，改善免疫功能。低剂量精油和丁酸钠对控制肉鸡中沙门氏菌具有明确的功效。肉鸡日粮添加月桂、牛至油、橘和茴香精油或精油混合物可显著改善饲料转化率。有研究报道添加姜黄素可提高肉鸡血清抗氧化水平及免疫状态。在肉鸡日粮添加罗勒、香菜、月桂、柠檬、牛至、鼠尾草、茶和百里香酚精油混合物可改善增重，对料重比也有积极影响。百里香酚、丁香酚、香芹酚复合而成的植物精油添加到肉仔鸡日粮，可提高肉仔鸡采食量、日增重，降低料重比，且随精油剂量增加呈现先增加后降低的趋势，还可提高胸肌和腿肌产量和42日龄肉仔鸡脾脏和法氏囊指数，极显著提高血清免疫球蛋白IgG含量，表明植物精油可提高肉仔鸡的免疫机能。研究发现植物精油可有效替代维吉尼亚霉素，有降低黄羽肉鸡料肉比，提高EPI（欧洲效益指数）的趋势，当植物精油部分替代维吉尼亚霉素时料肉比最佳。饲料添加150～300 mg/kg牛至油对生长性能具有改善趋势，有效缓解了肠道氧化应激，促进天然抗体产生，改善肠道菌群稳定性。

3. 异黄酮类化合物

大豆异黄酮（Soy Isoflavone）是一种植物多酚类化学物，属黄酮类化合物，主要来源于豆科植物的荚豆类，是大豆等豆科植物生长过程中形成的一类次生代谢物，是一种混合物，大豆中含量较高，为0.1%～0.5%。与雌激素有着相似结构，因此常把大豆异黄酮称为植物雌激素。大量研究表明，添加大豆异黄酮能改善黄羽肉鸡生产性能，提高抗氧化和免疫力。

（1）大豆异黄酮对黄羽肉鸡生产性能的影响。在42～63日龄岭南黄羽肉鸡公鸡上的研究也显示，添加10 mg/kg大豆异黄酮显著提高平均日增重、采食量和饲料转化率。添加20 mg/kg大豆异黄酮对鸡的生长具有促进作用。

（2）大豆异黄酮对黄羽肉鸡抗氧化功能的影响。大豆异黄酮结构中的多个酚羟基可以成为自由基的供氢体，并与有害金属离子螯合，增强其与自由基结合的能力，从而清除自由基。此外，大豆异黄酮的代谢产物雌马酚，也可作为氢或电子的受体，能与自由基结合后随机体排出体外，起到抗氧化作用。用量不超过100 μmol/L时，大豆异黄酮对鸡骨骼肌细胞的增殖和抗氧化活性具有积极作用，并抑制细胞脂质过氧化。在含过氧化鱼油的饲料添加20 mg/kg大豆异黄酮能改善黄羽肉鸡宰后鸡肉品质，反映指标包括肌肉嫩度、系水力和抗氧化指标。在43～63日龄阶段黄羽肉鸡上研究发现，中添加40 mg/kg大豆异黄酮抑制宰后胸肌脂质氧化，改善肉品质，延长了肌肉贮藏稳定性和货架期。

（3）大豆异黄酮对黄羽肉鸡肠道健康的影响。大豆异黄酮改善生产性能还与其改善肠道健康有关。一方面大豆异黄酮通过上调过氧化氢酶、谷胱甘肽还原酶和超氧化物歧化酶等抗氧化酶的活性，减少肠道上皮细胞的氧化应激；另一方面大豆异黄酮可通过抑制肠道炎症反应关键信号通路：Janus激酶（JAK）/信号传导及转录激活蛋白

（STAT）和Toll样受体4（TLR4）/NF-κB中的特定过程，减轻肠道炎症反应。染料木素是大豆异黄酮中生理活性最高的异黄酮，研究表明染料木素可改善细胞的活力和细胞通透性，通过抑制TLR4/NF-κB信号通路减少肠道炎性反应。葛根素是一种天然异黄酮化合物，具有清除自由基、抑制促炎细胞因子、降低炎症基因、上调抗氧化酶、调节转录因子、增强核因子-E2相关因子2（Nrf2）信号通路作用。添加750 mg/kg葛根素提高了中速型黄羽肉鸡母鸡的小肠黏膜紧密连接蛋白基因表达，改善由氧化大豆油造成氧化损伤条件下肠道黏膜形态结构，提高抗氧化酶活性而增强其抗氧化能力。

（4）大豆异黄酮对黄羽肉鸡免疫力及抗病能力的影响。大豆异黄酮对病原体有直接抑制作用，同时可提高机体免疫力。研究表明，添加大豆异黄酮可升高机体抗体分泌。大豆异黄酮提高动物生产性能与其抗氧化、维持肠道健康、提高抗病力的功效密不可分。在传染性法氏囊病毒感染黄羽肉鸡日粮中添加20～40 mg/kg大豆异黄酮提高了外周血T淋巴细胞增殖率和T淋巴细胞亚群比例以及血清抗体滴度，增强机体免疫力和对传染性疫病的抵抗力。

大豆异黄酮作为天然绿色的饲料添加剂，不存在药残、耐药问题，具有替代抗生素的巨大潜力。现阶段常通过酸解、酶解、物理辅助提取等方式以提高大豆总异黄酮中糖苷向苷元转化的效率，但仍存在生产效率低、反应条件苛刻等问题，不利于大规模应用。目前对大豆异黄酮的研究多集中在大豆异黄酮混合物，混合物的运用效果可能好于[illegible]权物，也有研究指出大豆异黄酮与维生素、微量元素、蛋白质、抗氧化剂等多种物质存在协同作用。

（五）中草药

我国中草药资源丰富、价格较低、加工方便，中草药中含有多种氨基酸、维生素、微量元素及生物活性物质，能调节机体免疫功能，增进新陈代谢，促进蛋白质和酶的合成，从而提高动物机体抗病力，促进生长发育，提高生产性能和繁殖能力，提高饲料报酬及改善动物产品质量等。中草药均为天然物质，饲用后其药物成分从DNA、RNA、能量代谢等各环节来干扰和破坏病原微生物的代谢，发挥非特异性抗菌作用，产生较强抑杀病原体的作用，不易产生耐药性和残留。中药作为绿色添加剂不仅可解决长期困扰畜牧业发展的抗生素残留问题，还可缓解抗生素耐药性及滥用导致饲料成本加大等问题。因此，中草药作为天然、绿色添加剂替代抗生素具有重要意义。

1. 中草药的主要作用功效

具有清热解毒作用（金银花、连翘、蒲公英、大青叶、鱼腥草、石膏、穿心莲、黄连、板蓝根）、益气养胃健脾（山楂、神曲、陈皮、白术、山药）、养血生津（麦冬、生地、石斛）、消炎抗病毒（贯众、板蓝根、金银花、银翘、蒲公英、鱼腥草）、清毒素排废物（黄连、白术、当归、海松子、藿香）、镇静安神抗应激（五味子、刺五加、柴胡、黄芩）、调节免疫力（黄芪、党参、刺五加、白术、何首乌、白芍、枸杞子）、保肝护肾（灵芝、紫草、黄芪、山药、女贞子、茯苓、虫草）、扶正祛邪（黄芪、党参、甘草、八角、茴香）、活血化瘀补血（当归、益母草、赤芍、丹参、石见穿、丹皮）等，另外，中草药可清除自由基、抑制炎症趋化因子、抑制超敏反应、强化干扰素与β防御素产生、强化疫苗效果等作用。

2. 中草药的应用现状

中草药根据用途分为多种类型，疾病防治保健剂、免疫调节增强剂、饲料报酬增效剂、营养平衡剂、促生长剂、抗应激剂、增加食欲、产品质量改善等。

（1）作为免疫增强剂。中草药中的有效活性成分，如多糖类、有机酸类、生物碱类、苷类、挥发油类等有调节和增强免疫功能的作用。一些中草药可加快机体新陈代谢速度，刺激机体造血机能，提高机体的免疫力，如黄芪。对苦参素的成分苦参碱和氧化苦参碱进行研究发现，苦参碱和氧化苦参碱在体内相互转化，且具有抗炎、抗病毒，阻断肝细胞凋亡，稳定细胞膜，激活细胞等功能。

（2）作为生长促进剂，提高饲料转化率。中草药中除含蛋白质、糖、脂肪、淀粉外，还富含多种必需氨基酸、维生素和矿物元素等物质，可弥补饲料中养分不足，在一定程度可提高生产性能，增加营养物质体内沉积。中草药中的有机酸能调节胃肠内的pH值，防止有害菌繁殖和提高消化酶的活性，从而提高营养物质的利用率，促进生产性能发挥。

（3）作为抗热应激剂。一些中草药具有清热解毒、抗菌消炎等功效，加入饲料中可增强鸡对高温的适应性，缓解热应激反应，减少产热及提高鸡的抗应激能力，如板蓝根、藿香、金银花、龙胆、苍术等组成的中草药可增强鸡的抗热应激能力。有报道含大青叶、延胡索、薄荷、黄芪等组方和含延大青叶、胡索酸、生石膏等的组方均能显著缓解热应激对鸡的不利影响，提高饲料转化率及生产性能。目前常用抗热应激中草药分：清热解毒、降火燥湿凉血类。如荷叶、板蓝根、蒲公英、金银花、连翘、穿心莲、野菊花、生地、苦参、大蒜、黄柏、丹皮、白头翁、地榆、仙鹤草等；安神、镇静催眠、抗惊厥类，如松针、柏仁、酸枣仁、朱砂、钩藤、葛蒲、僵蚕、地龙、远志等；理气活血、补益固涩类，如人参、黄芪、何首乌、淫羊藿等。

（4）疾病保健剂。大量研究证明，多种中草药能直接作用于病原微生物，抑制病原微生物的生长繁殖或直接杀灭而达到防治传染病目的。

抗球虫：多种中草药被证实对球虫有一定作用。如常山含常山碱，苦参含苦参素，大蒜含大蒜素，野菊花花蕾含菊花内酯、野菊花素和苦味质等。常山、苦参、野菊花、丁香叶、蛹虫草、地墨、白头翁、大蒜、青蒿等均具有抗球虫作用，可单独或作为复方剂主药使用，所含生物碱是抗球虫的主要成分。仙鹤草、白茅根、槐花等有止血作用，可作为抗球虫辅药使用，而多糖提取物可改善鸡盲肠中微生物的活性和组成，提高抗球虫指数。有报道将苦参、仙鹤草、地榆粉碎后按比例混入饲料防治鸡球虫病，临床效果较好。

抗细菌：多种中草药被证实具抗菌消炎、清热解毒作用，清热解毒类中药通过抗菌作用而增强机体抗病力，多种添加剂可搭配数味抗菌解毒中药使用。常用的有：板蓝根、金银花、连翘、柴胡、苍术、野菊花、黄连、黄柏、黄芩、大黄等。每千克日粮加入5 g复合鱼腥草添加剂可显著减少鸡盲肠内容物中需氧菌的含量，降低死亡率。

抗病毒：板蓝根、藿香、羌活、荆芥等煎煮液和金银花挥发油等，对禽流感病毒均有抑制作用。而黄芪超微粉可增强免疫、抑制病毒。用中药方剂（蟾蜍、罗锅底）制成含生药1 g/mL的口服液，用于体外抗鸡新城疫病毒的研究，结果显示能明显抑制鸡新城疫病毒的增殖，降低鸡胚死亡率。

（5）其他作用功效。

改善适口性：中草药本身有芳香气味，既能矫正饲料味道，又能改善饲料适口性。将具有香甜味的中药加工后加到饲料中可作为开胃剂，提高采食量。

着色：叶黄素是最好的着色剂，一般添加10～20 mg/kg。松针粉、金盏花粉、红辣椒粉、紫菜等都可达到着色目的，添加2%紫菜或0.25%红辣椒饲喂10 d即可见效。

改善产品品质和净化空气：添加中药可提高文昌鸡胸肌中花生四烯酸、多不饱和脂肪酸对饱和脂肪酸的比例，提高游离脂肪酸、肌苷酸比例。用黄连、黄芩、陈皮、桉叶、青蒿等饲喂肉鸡，能改善鸡舍空气质量，空气中细菌、氨气含量明显减少。

3. 中草药在黄羽肉鸡生产中的应用

中草药制剂可防病治病、提高鸡成活率，增加产肉量。如黄芪含有氨基酸、微量元素、胆碱等，可促进机体蛋白质代谢，肉鸡日粮添加0.5%～1.0%黄芪粉可加快肉鸡增重，提高饲料利用率，增强免疫力。大蒜富含蛋白质、糖类、磷质及维生素A等，其中大蒜素有健胃杀虫、止痢止咳等多种功能，饲料中添加3%～5%的大蒜粉可提高雏鸡成活率。艾叶粉含蛋白质、脂肪、多种必需氨基酸、矿物质及丰富的叶绿素等，能促进生长，提高饲料利用率，增强机体抵抗力，肉鸡料中添加2%艾叶粉可提高增重；松针粉含丰富的营养成分，含17种氨基酸、多种维生素、微量元素、促生长激素、植物杀菌素等，日粮加5%松针粉可减少50%维生素的使用，肉鸡成活率可提高7%。蒲公英有清热解毒、消肿散结、利尿通淋等功能，对革兰氏阳性菌、金葡萄球菌有抑制作用，添加2%～3%蒲公英干粉，有健胃增食欲、促生长等功效，并可预防消化道、呼吸道疾病，提高雏鸡成活率。陈皮含挥发油、橙皮苷、胡萝卜素及维生素B_1、维生素C和锌、钴、铁等元素，有理气健脾化痰等功效，还可抑制葡萄球菌、溶血性嗜血杆菌生长，日粮加

2%～3%陈皮干粉可增强食欲和消化能力，促生长，增强鸡体抗病力。麦芽含淀粉酶、转化糖酶、卵磷脂等，性味甘温，能提高饲料适口性，促进家禽唾液、胃液和肠液分泌，作为消食健胃剂日粮可添加2%～5%的麦芽粉。

近些年，中草药提取物、制剂和组方等在黄羽肉鸡上的应用研究报道较多，众多报道也显示中草药类产品能有效改善黄羽肉鸡生长性能，提高免疫功能和抗氧化能力，一部分产品还对肠道菌群、肠黏膜屏障功能以及肉品质具有改善作用。

4. 使用中草药时应注意的问题

（1）注意鸡的生理特点。鸡属阳性之体，体温高，代谢率高，宜选用一些平补消导类的药物，而不宜用大温大寒药物。

（2）根据鸡的育龄和生长状态恰当用药。雏鸡应结合补饲消食健胃类，健康不佳的鸡应加入清热解毒药物。

（3）根据时令和中药性能合理用药。春季慎用燥性药物，夏季适量加入化湿健脾的药物，冬季应用温里滋补的药物，春夏温暖添加量应相应减少，秋冬寒冷添加量相应增加。

（六）着色剂

黄羽肉鸡的“三黄”特征是由类胡萝卜素在皮肤、脂肪等不同组织沉积形成，肉鸡自身不能合成类胡萝卜素，因此，必须由饲料源提供。2017年农业部制定的《饲料添加剂安全使用规范》允许在家禽饲料中使用的着色剂，包括β-胡萝卜素、辣椒红、β-阿朴-8′-胡萝卜素醛、β-阿朴-8′-胡萝卜素酸乙酯、β，β-胡萝卜素-4，4二酮（斑蝥黄）、天然叶黄素（源自万寿菊）。多种着色剂同时使用时，在配合饲料中的总量不得超过80 mg/kg。在实际使用中应根据用途选择着色剂品种，不得超量添加。

研究表明，添加外源性叶黄素提高了良凤花鸡活鸡和胴体皮肤与腹脂黄度b^*值。添加叶黄素显著提高黄羽肉鸡跗跖与喙的黄度b^*值，饲料中添加常规和高玉米黄质叶黄素对高温条件下黄羽肉鸡着色效果有促进作用，其中高玉米黄质叶黄素效果更佳。相较于单独添加斑蝥黄质，阿朴酯或天然叶黄素与斑蝥黄复配提高皮肤红度a^*与黄度b^*值，促进着色，且二者作用效果相近，并推荐200 mg/kg叶黄素可以替代阿朴酯用于皮肤着色。

饲用色素对黄羽肉鸡的着色效果受到多种因素的影响。肉鸡遗传基础决定了其对叶黄素吸收利用及色素沉积关键基因表达的差异，因此，不同品种、品系肉鸡皮肤着色能力和对饲用色素的吸收率也不同。饲料提供适宜含量与品质的油脂、维生素A、维生素E和抗氧化剂、乳化剂有利于提高肉鸡着色度。饲料中霉菌毒素污染和高钙水平不利于着色。此外，环境因素如光照、温度和湿度等对肉鸡皮肤着色具有显著影响，高温高湿和光照不良等饲养环境不利于肉鸡色素沉积。

第四节　黄羽肉鸡饲料配合技术

肉鸡饲养要想获得较高的生长性能和较好的经济效益，必须有好的饲料配方。一个好的饲料配方必须具有营养全面、充足、平衡，饲料原料选择搭配合理、没有毒害和成本低等特点。

一、肉鸡饲料配方原则

饲料配方的实质是一个资源最优配置的运筹学问题，它可以用适当的线性或非线性决策模型来定量的描述，对这些模型的求解可实现资源的最优配置，即得到配方的最低成本或配方的最大收益。一种配合饲料由多种原料组成，而每种原料中含有各种营养成分。饲料中各种原料所占比例与该原料中某种营养成分含量的乘积之和要与饲养标准中该种营养成分所占比例相符合才能满足动物的维持、生长或生产需要，同时也要求每种原料所占比例与该种原料的价格乘积的和为最小值。用数学的方法表述，即假设饲料中有n种原料，每种原料所占比例用a_1，a_2，a_3，…，a_n表示，每种原料中某一营养成分含量用b_1，b_2，b_3，…，b_n表示，原料的价格用m_1，m_2，m_3，…，m_n表示，该种营养成分的饲养标准为k，那么有：$a_1b_1+a_2b_2+a_3b_3+\cdots+a_nb_n \geqslant k$，其他的营养成分满足条件与之相同。最后要求$a_1m_1+a_2m_2+a_3m_3+\cdots+a_nm_n$值最小，即饲料的成本为最低，这就是设计饲料配方的基本原理。

饲料配方的经济学原理是我们最为关注的，主要涉及以下方面：通过设计优化的饲料配方，缩短动物的饲养周期、提高饲料的转化率；根据市面上饲料原料的价格和价值差异，合理利用低价格原料；综合考虑养殖成本投入，决定合理的饲料方案。随着动物养殖给环保带来的巨大压力，饲料配方的环保学原理也不容忽视。

制作饲料配方的配方软件只是一个计算工具，无论何种软件其基本的原理相同，其配方制作程序也基本相同。首先，建立原料数据库；其次，建立配方营养标准；再次，从原料数据库中选择合适的原料，最后，利用配方软件配制出肉鸡最低成本饲料。而所有这些都是以各饲料原料间的营养值具有可加性为基础的。

除此之外，肉鸡配合饲料要求原料选择多样化，注意饲料的适口性和有毒物质含量；控制粗纤维含量，注意饲料容积。

二、饲料配合步骤

1. 配合出价廉、效益高的饲料，应遵循以下步骤

（1）查找出对所配饲料的肉鸡营养需要参数值。

（2）确定可以使用的饲料，并在饲料成分表中查出其营养成分和营养价值。

（3）确定主要考虑采用的饲料组成成本。

（4）考虑所用饲料原料的局限性和限量。

（5）计算出最经济的肉鸡饲料配方。

必须按饲养标准满足肉鸡对营养的需要，必须满足能量、蛋白质、钙、磷、食盐等主要营养素的需要，对3种限制性氨基酸（蛋氨酸、赖氨酸和色氨酸）应尽量满足。对于肉鸡品种、日龄阶段等的不同，对饲料中能量与蛋白质的比例、钙磷比例要求也不同。钙磷比例既要满足营养需要，又要保持比例平衡。

2. 具体的饲料配制过程如下

（1）确定要在配方中使用的饲料原料种类，并查询出原料的营养成分。

（2）按营养学、饲料学的知识，初步确定配合比例。比例总和等于100%。

（3）根据原料成分计算营养指标，并累计出各营养指标的总和。

（4）判定是否满足需要，若不满足需要，则重新调整比例，重复（3）（4）步骤，调整比例没有一般性的规律，主要靠经验。直到符合要求，配合饲料配方计算才结束。

这个计算过程可以先建立原料的营养成分Excel表，再将添加量计算成各原料的各营养成分供给量，最后计算所有原料的所有营养成分供给的总和，与肉鸡的营养需要标准对比，反复调整各原料的添加量，整个过程借助Excel辅助计算，运算速度较快，配方调整也较灵活。

三、黄羽肉鸡饲料配方的新技术与发展趋势

线性规划（LP）是常用的一种优化规划方式，它是以最低成本为目标，获得的配方是满足约束条件的最低成本配方，但它不能处理养分的变异性。目标规划是一种较为灵活的优化方式，当配方模型中一些约束条件相互矛盾，目标规划将依据权重值决定各约束条件值优先满足程度。也就是说，线性规划只能解决不变的问题，其约束条件是硬性的。在一定条件下（最优解存在时），它能求出满足所有约束条件的最低成本配方，但调整不方便。目标规划是在线性规划基础上发展起来的，它的约束为软约束，其设计的配方必须经过多次调整才能得到满意的结果。

非线性随机配方模型（SF）的特点类似于线性规划，SF也是试图优化不同原料的

添加比例来达到在成本尽可能低的前提下满足配方的养分需要。在非线性随机配方模型中，原料矩阵包括平均成分值和每种养分标准差。SF方法采用线性规划程序的同时，引用安全裕量的概念来补偿原料变异。SF方法将饲料原料变异的影响带入线性规划的配方模型中，使得最终配方达成的效果比规定的饲料配方模型要准确和科学，但是每种原料的变异系数的获得还需各饲料生产企业的严格监控。

四、饲料配方设计注意事项

1. 配方营养水平要适宜

重点考虑营养的平衡、全价、有效。黄羽肉鸡饲料配方要注意适当的能量蛋白比，钙、磷比例协调以及矿物元素和多种维生素的全面、适量添加。

2. 注意营养物质满足的优先次序

随着饲料标准和饲料原料营养成分指标的不断完善，要求饲料配方设计中几十种营养成分同时达到标准往往不大可能。肉鸡配合饲料各营养素满足先后次序分别为：能量→蛋白质（氨基酸平衡）→常量矿物质元素→维生素→微量矿物质元素→纤维素→非营养性添加剂等。因此，在设计配方时必须注意优先次序。

3. 掌握饲料原料的营养成分

饲料原料所含营养成分高低、营养价值好坏，直接决定配方饲料的优劣。不同的产地、加工方法都影响原料营养成分的含量。在设计配方时，应参照《中国饲料成分及营养价值表》，结合原料抽样实测指标（干物质、粗蛋白质、钙、磷、赖氨酸等）来调整有关营养成分。

4. 注意饲料的适口性和消化率

尽量选用适口性好、易于消化吸收、生物学效价高的饲料原料作配方，如玉米、豆粕、膨化豆粕、鱼粉等；少用适口性差、难以消化吸收的饲料原料，如棕榈饼（粕）、羽毛粉和皮革蛋白粉等。

5. 注意某些饲料原料的限用量

原料的限用量主要考虑两个方面：一是原料中含有有毒有害成分，如棉籽饼（粕）中含有游离棉酚，除对动物有毒，棉酚还能与饲料中赖氨酸结合，影响蛋白质的营养价值，发酵脱毒处理后可提高用量，但也不能超量使用；菜籽饼（粕）中含有硫苷和芥酸。因此，在肉鸡中添加也要考虑限量；二是为了使用合理、平衡营养而限量，如糠麸料、优质鱼粉等，这类原料使用过多也会有不良影响。总之，要根据肉鸡品种、生长阶段来决定蛋白饲料与能量饲料，以及各种添加剂的用量，否则，都会因使用不当，消化吸收率降低而造成饲料浪费。

6. 控制粗纤维含量和饲料容积

粗纤维吸水性很好，进入胃肠道后，体积膨胀，可起到填充作用，使动物有饱感，同时又能促进胃肠道蠕动，促进消化液分泌和粪便的排出。但是，黄羽肉鸡尤其是慢速型黄羽肉鸡消化道容积小，纤维素含量过高则会降低肉鸡饲料的营养浓度，并影响营养物质的消化吸收，阻碍肉鸡生长性能的正常发挥。黄羽肉鸡饲料粗纤维含量应为10%以下。

7. 原料中水溶性氯化物含量

食盐（氯化钠）是肉鸡饲料中必需的营养物质，具有维持渗透压、调节酸碱平衡等重要作用。饲料中食盐含量过高或过低都会对肉鸡生长造成不良影响。由于饲料配方设计时只考虑了加入的食盐和鱼粉盐分的含量，而没有考虑其他原料的水溶性氯化物的含量，易造成配合饲料中盐分超标。

五、配合浓缩饲料配方设计及生产技术

由于现代生产的分工越来越细，使得饲料行业的分工也越来越细，配合、浓缩饲料成为饲料行业的主导，占饲料销售量的90%以上。配合、浓缩饲料的配方设计及生产技术方面需要注意的事项如下。

1. 确定使用的饲料标准

设计饲料配方首先要确定好使用的饲料标准，只有产品标准确定了，设计饲料配方才有依据，多数饲料厂采用的是国家标准，还有的采用育种公司的标准或国外的饲料标准（如NRC标准），这些饲料标准都有一定的局限性，为此许多较大的饲料厂制定了适合自己情况的企业标准。

（1）国家标准。我国肉用仔鸡配合饲料实行的都是推荐性标准《产蛋鸡和肉鸡配合饲料》（GB/T 5916—2020），对肉用仔鸡浓缩饲料实行的是强制性标准（GB 8833—1988），新的《饲料标签》（GB 10648—2013）标准的颁布实施，也对饲料标准提出了更高的要求，对产品的分析保证值要求配合饲料除常规成分外，要标示氨基酸含量，浓缩饲料要标示氨基酸、主要微量元素和维生素含量。农业农村部已发布了农业行业标准《黄羽肉鸡营养需要量》（NY/T 3645—2020），为不同类型（快速型、中速型和慢速型）黄羽肉鸡饲料配制提供了重要参考依据。

（2）黄羽肉鸡育种公司的标准。每个育种公司每推出一个畜禽新品种，就会有一整套的标准相应推出，一般讲，育种公司为其自身利益考虑，制订的饲料标准相对而言往往较高。

（3）企业标准。由于国家标准的局限性，在实际生产中的不可操作性，许多企业制定了适合自身发展的企业标准，企业标准的制定必须以国家标准为指导，指标不得低

于国家标准。企业不得自己制定《饲料卫生标准》，它属于强制性标准，必须遵照《国家饲料卫生标准》（GB 13078—2017）。

2. 作好市场调查，满足市场需求

由于一个地区的饲养品种，饲养方式不同，所以设计饲料配方时，首先要作好市场调查，明确黄羽肉鸡种类，尽量依据相应品种建议量设计配方，如黄羽肉鸡养殖较多的品种多为岭南黄鸡、黄麻鸡、青脚麻鸡、清远麻鸡、胡须鸡、文昌鸡等，就应尽量依据育种公司提供的标准设计配方。对于零散市场，要找主体，对那些用户多、品种杂的，要进行分类。

3. 选定原料品种，确定原料营养指标

（1）选择当地常用的原料品种，作好常规指标化验分析，对于原料的氨基酸和微量元素数值，参考国家发布的中国饲料数据库《饲料成分及营养价值表》。对于原料的能量值，由于实测较难，一般不作测定，利用能量估计公式估测。但要考虑到原料的水分、粗灰分、粗脂肪、粗蛋白质、粗纤维的变化要影响到能量值的变化。

（2）原料价格变化，应及时调整配方，确定原料价格时，要明确是原料的库存价格，还是市场价格，或是预测价格，或是平均价格，因为一个配方是该原料价格下的配方，原料价格的变化，必然会引起配方的变化，及时调整配方是降低配方成本的一个因素。

（3）控制粗纤维的含量，由于黄羽肉鸡利用粗纤维有限，过多粗纤维对生产力的有害影响，有必要控制粗纤维在饲料中的含量。一般鸡饲料中粗纤维含量控制在10%以下。

（4）原料应选择新鲜的，不要发霉、变质的。

（5）控制饲料中的有害有毒原料，很多饲料原料中含有一些天然的有毒有害物质，在植物性饲料中含有多种次生代谢产物，如生物碱、硫代葡萄糖苷、棉酚、蛋白酶抑制剂等，动物性原料中含有组胺、肌胃糜烂素（劣质鱼粉）等，所以在雏鸡饲料不用或尽量少用菜籽粕、棉籽粕等，配合饲料中不能有沙门氏菌（致病菌），重金属含量也不宜超过规定含量；超量添加铜、铁、锌、砷以迎合部分市场的做法也是不可取的。

（6）配方设计要有延缓性，要考虑到原料变化对饲料的颜色、气味等指标对动物的应激、适口性、市场的接受程度等因素的影响。

（7）饲料组成体积应与消化道大小相适应，饲料组成的体积过大，可造成消化道负担过重，影响饲料的消化和吸收；体积过小，即使营养物质已满足需要，但仍感饥饿，而处于不安状态，不利于正常生长、生产，各种类型黄羽肉鸡的每日饲喂量，由于其品种、年龄、体重、生产情况的不同差异很大，应分别掌握。

4. 饲料配方计算

以往的饲料配方计算是采用简单的试差法、十字法、对角线法等方法，现在饲料厂都采用计算机设计饲料配方，不仅计算效率大大提高，还可以全面考虑营养与成本的关系，资源利用率提高，饲料成本下降，现在有许多配方软件非常实用，如资源公司和美国Boil公司的配方软件，都有许多公司在使用，还有许多饲料厂自己设计了适合本厂的配方软件。

5. 浓缩饲料配制的注意事项

配合饲料中有60%～80%为能量饲料，将用户容易采购到的能量原料，如玉米在饲料中剔除出来，让用户自己添加，就会减少运输成本，充分利用当地原料，降低养殖成本。通常饲料厂设计20%～40%的浓缩料；配比太低，用户需配合的饲料种类增加，成本显得过高，饲料厂不容易控制最终产品；比例太高，就会失去浓缩的意义。通常雏鸡设计30%～35%的浓缩料，肉鸡30%～40%。配方计算方法通常有两种方法，一是由配合料推算；二是由设定比例推算，再围绕此比例配制。对于浓缩料的应用，用户应按照饲料厂规定配比使用，这样容易进行质量控制，用户因原料变化，应重新进行配比计算，照顾主要指标。配方设计人员应进行走访、指导，收集用户建议、信息、协助用户原料采购。

6. 配方设计中的原则

设计的饲料配方第一要适应市场需求，在同类产品其他厂家中有市场竞争力，第二要有科学先进性，在配方中运用动物营养领域的新知识、新成果，第三要有经济性，在保证满足营养需要的前提下，饲料配方成本最低，第四要有可操作性，满足市场需求的前提下，根据企业自身条件，充分运用多种原料种类，保证饲料质量稳定，第五要求配方要有合法性，国家明确不准添加的原料和添加剂，如盐酸克伦特罗（瘦肉精）、己烯雌酚坚决不在饲料中添加，以免危害消费者健康。

7. 饲料生产的注意事项

一个好的饲料配方必须配套相应的生产条件，才会取得好的饲养效益。由于动物的品种和生长阶段的不同，动物对饲料的加工要求是不同的，如幼龄动物要求原料的粉碎粒度小，设备的性能如配料秤的精度，粉碎机的粉碎粒度，生产颗粒饲料时所需的制粒温度、气压，冷却器的冷却效果，混合机的饲料混合均匀度等，都要达到相应的要求。只有配套了相应的饲料生产品控体系，科学的饲料配方才会在畜牧生产中得以体现。

六、黄羽肉鸡配合饲料标准

针对我国饲料资源长期短缺，特别是蛋白饲料原料的进口依存度高达80%，严重制约了我国饲料工业和养殖业发展，农业农村部中国饲料工业协会联合多家科研院所和肉鸡养殖、饲料生产企业起草制定了《蛋鸡、肉鸡配合饲料》（中国饲料工业协会团体标准，T/CFIAS 002—2018），其中新增加了我国特色养殖品种黄羽肉鸡配合饲料标准，相关指标如表6-8所示。

表6-8　黄羽肉鸡[a]配合饲料主要营养成分指标

单位：%

项目	快速型黄羽肉鸡			中速型黄羽肉鸡			慢速型黄羽肉鸡			
	0～21日龄	21<～42日龄	>42日龄	0～30日龄	30<～60日龄	>60日龄	0～30日龄	30<～60日龄	60<～90日龄	>91日龄
粗蛋白质	20.0～22.0	18.0～20.0	16.0～18.0	19.0～21.0	17.0～19.0	15.0～17.0	18.0～20.5	15.0～18.0	14.0～17.0	13.0～16.0
赖氨酸≥	1.00	0.90	0.80	0.95	0.85	0.75	0.90	0.75	0.70	0.65
蛋氨酸[b]≥	0.40	0.35	0.30	0.36	0.32	0.28	0.32	0.30	0.28	0.26
苏氨酸≥	0.65	0.60	0.55	0.60	0.50	0.45	0.50	0.45	0.40	0.35
粗纤维≤	6.0	7.0	7.0	6.0	7.0	7.0	6.0	7.0	7.0	7.0
粗灰分≤	8.0	8.0	8.0	8.0	8.0	8.0	8.0	8.0	8.0	8.0
钙	0.8～1.2	0.7～1.2	0.6～1.2	0.8～1.1	0.7～1.1	0.6～1.0	0.8～1.1	0.6～1.1	0.5～1.0	0.5～1.0
总磷	0.45～0.75	0.40～0.70	0.40～0.70	0.45～0.75	0.40～0.70	0.40～0.70	0.45～0.75	0.40～0.70	0.40～0.70	0.30～0.60
氯化钠	0.2～0.8	0.2～0.8	0.2～0.8	0.2～0.8	0.2～0.8	0.2～0.8	0.2～0.8	0.2～0.8	0.2～0.8	0.2～0.8

注：总磷含量已经考虑了植酸酶的使用。

[a]黄羽肉鸡按生长速度分为快速型黄羽肉鸡、中速型黄羽肉鸡和慢速型黄羽肉鸡三类。

[b]表中蛋氨酸的含量为蛋氨酸或蛋氨酸+蛋氨酸羟基类似物及其盐折算为蛋氨酸的含量；如使用蛋氨酸羟基类似物及其盐，应在产品标签中标注折算蛋氨酸系数。

七、饲料配方实例

常见的黄羽肉鸡饲料配方见表6-9至表6-13。

表6-9　常见黄羽肉鸡饲料参考配方一　　单位：%

饲料原料组成	1～21日龄	22～42日龄	43～63日龄
玉米	61.62	64.76	68.36
豆粕	26.70	23.00	13.31
双低菜粕	2.50	3.00	7.00
鱼粉	1.60	0.00	0.00
玉米蛋白粉	2.54	3.00	4.00
大豆油	1.20	2.50	3.85
赖氨酸盐酸盐	0.18	0.19	0.28
DL-蛋氨酸	0.12	0.10	0.06
苏氨酸盐酸盐	0.02	0.02	0.02
石粉	0.95	0.85	0.70
磷酸氢钙	1.27	1.28	1.12
食盐	0.30	0.30	0.30
预混料	1.00	1.00	1.00
合计	100.00	100.00	100.00

注：此配方适用于快大型黄羽肉鸡。

表6-10　常见黄羽肉鸡饲料参考配方二　　单位：%

饲料原料组成	1～3周龄	4～6周龄	7～8周龄	8周龄以上
玉米	60.00	66.40	70.00	70.60
次粉	1.00	2.00	2.00	2.00
豆粕	30.80	24.00	19.00	16.50
鱼粉	2.00	—	—	—
豆油	0.50	1.00	2.00	3.70
玉米蛋白粉	2.00	3.00	3.50	4.00
磷酸氢钙	1.60	1.40	1.50	1.10
石粉	1.10	1.20	1.00	1.10
预混料	1.00	1.00	1.00	1.00
合计	100.00	100.00	100.00	100.00

注：此配方适用于快大型黄羽肉鸡。

表6-11　常见黄羽肉鸡饲料参考配方三　　单位：%

饲料原料组成	1～21日龄	22～42日龄	43～63日龄
玉米	56.84	57.68	61.10
大豆粕	24.19	17.65	6.20
棉籽粕	2.50	3.00	4.00
双低菜粕	2.50	3.00	4.00
进口DDGS	4.00	8.00	12.00
进口鱼粉	1.60	—	—
玉米蛋白粉	2.54	3.00	4.00
大豆油	2.05	3.85	5.04
赖氨酸盐酸盐	0.18	0.25	0.38
DL-蛋氨酸	0.11	0.08	0.04
苏氨酸	0.03	0.04	0.07
石粉	1.01	0.90	0.82
磷酸氢钙	1.15	1.25	1.05
食盐	0.30	0.30	0.30
预混料	1.00	1.00	1.00
合计	100.00	100.00	100.00

注：此配方适用于快大型黄羽肉鸡。

表6-12　常见黄羽肉鸡饲料参考配方四　　单位：%

饲料原料组成	1～28日龄	29～56日龄	57～84日龄
玉米	65.00	67.00	67.5
次粉	2.00	0.00	2.00
麸皮	0.00	4.53	1.57
鱼粉	2.00	0.00	0.00
豆粕	25.30	23.00	21.00
玉米蛋白粉	1.00	1.05	1.80
豆油	0.00	1.50	2.00
赖氨酸	0.00	0.13	0.19

（续表）

饲料原料组成	1～28日龄	29～56日龄	57～84日龄
蛋氨酸	0.21	0.00	0.90
苏氨酸	0.20	0.13	0.15
石粉	1.16	0.28	0.39
磷酸氢钙	1.53	0.04	0.07
食盐	0.21	0.95	1.10
沸石粉	0.39	0.39	0.33
预混料	1.00	1.00	1.00
合计	100.00	95.47	98.43

注：配方适用于中速型黄羽肉鸡。

表6-13　常见黄羽肉鸡饲料参考配方五　　单位：%

饲料原料组成	1～28日龄	29～56日龄	57～84日龄	85～120日龄
玉米	54.00	63.00	64.00	66.40
麸皮	8.14	8.24	8.00	9.50
豆粕	27.10	17.80	16.10	9.00
玉米蛋白粉	2.00	3.00	3.00	4.00
大豆油	3.00	3.00	4.50	6.00
赖氨酸	0.21	0.34	0.15	0.38
蛋氨酸	0.24	0.14	0.17	0.24
苏氨酸	0.07	0.12	0.05	0.16
石粉	1.02	1.17	1.23	1.12
磷酸氢钙	2.25	1.71	1.44	1.48
食盐	0.26	0.25	0.25	0.25
沸石粉	0.71	0.23	0.11	0.47
预混料	1.00	1.00	1.00	1.00
合计	100.00	100.00	100.00	100.00

注：此配方适用于慢速型黄羽肉鸡。

八、黄羽肉鸡饲料生产的成本控制措施

肉鸡生产中，饲料成本的高低直接影响到生产效益。造成肉鸡饲料成本高的原因主要有饲料的浪费、饲料质量不佳、肠道疾病造成饲料转化率低等方面。

1. 饲料原料的选择

首先要选择营养全面、均衡的配合饲料。避免蛋白、能量及其他维生素和微量元素的缺乏。购进的原料要保质保量。肉鸡饲料最好选择颗粒料。

2. 饲料的贮存

饲料贮存应放在低温干燥的环境中，避免高温暴晒，高温会使蛋白质变性，维生素被破坏，造成蛋白能量比例失调或营养水平降低，造成耗料增多。同时要防止潮湿霉变，影响肉鸡健康，最终导致饲料效率降低，饲料成本增加。

3. 低蛋白饲料技术

随着合成氨基酸生产工艺的不断改进，氨基酸的生产成本将会逐步降低，在肉鸡饲料中可采用低蛋白饲料配方技术，补充添加合成氨基酸，一方面能缓解蛋白饲料资源短缺的困境，另一方面还能降低饲料成本和降低氮排放。

4. 非常规饲料资源（非粮饲料）的开发利用

当玉米、豆粕等常规饲料资源价格比较高时，可在肉鸡饲料中添加小麦、高粱、DDGS、棉粕、菜粕等非常规资源，降低饲料成本。

5. 科学使用饲料添加剂，充分发挥饲料的营养潜力

除了添加营养性添加剂（氨基酸、维生素、微量元素等）外，有必要添加一些酶制剂（如木聚糖复合酶、植酸酶等）、益生菌、酵母产品等，提高饲料养分的利用效率、促进肉鸡肠道健康和提高生产效率，降低了饲料成本。

第五节　黄羽肉鸡环保饲料配制技术

据统计，目前我国黄羽肉鸡年出栏量已超过40亿只，每年产生排泄物量剧增。针对养殖环境污染问题，我国已于2003年1月1日开始执行《畜禽养殖业污染物排放标准》。但要控制肉鸡养殖业的环境污染，应该从饲料源头上抓起。配制环保饲料是解决养殖环境污染问题的重要途径之一。

一、环保型饲料配制的原则

配制环保型饲料不仅要考虑肉鸡的营养需要、安全卫生，以及鸡肉产品质量对消

费者的健康影响，同时还要考虑环境生态问题。饲料配方的目标要结合经济效益、社会效益与生态效益，充分考虑饲料配制效果的各种影响因素，合理利用各种饲料资源，提高产品质量，降低饲养成本和环境危害。配制环保型饲料要遵循以下原则。

（一）科学性

科学性是饲料配制的第一要求。环保型饲料的配制首先是要针对黄羽肉鸡不同品种类型、不同生理阶段、不同性别、不同季节和不同饲养模式的特殊生理需要确定相应的营养标准。比如在炎热的夏季，黄羽肉鸡采食量较低，应增加饲料营养浓度，特别是提高油脂、氨基酸、维生素和微量元素的含量，降低饲料单位体积，并适量补充电解质，以保证养分的充足供给。其次在配制饲料时一定要科学确定能量与蛋白质、钙与磷、各种氨基酸、微量元素、维生素等营养和非营养成分的适宜配比，不要盲目配合使用。如根据“理想蛋白模式”来确定各种氨基酸比例，由于某种重要氨基酸的变更，必须同时调整或补足其他限制性氨基酸，应根据积累的饲养效果经验或试验结果及时修订饲料配方。再次是饲料要有良好的适口性和适应黄羽肉鸡消化生理特点的饲料体积。饲料的适口性和体积是决定健康肉鸡采食量多少的主因。饲料的适口性差，肉鸡采食量不足，再好的饲料也不能发挥作用。体积过大则会造成消化道负担过重，影响饲料的消化和吸收；体积过小，即便营养物质已满足需要，但仍感饥饿而处于不安状况，不利于肉鸡福利生产。尤其是在选用低成本的饲料原料进行替代时，应注意不同营养物质的适宜比例与消化率等因素，不能只顾营养物质含量而进行替代，忽视了替代物的体积与消化率。环保饲料配制在考虑饲料营养价值、消化率、价格因素的基础上，应尽量选用适口性好和体积适中的饲料原料，以保证所配饲料能保证肉鸡足量采食及良好的消化，减少饲料的浪费和对环境的污染。

（二）安全性

饲料安全是实现畜禽养殖生态环保的重要环节。配制饲料选用的各种原料，包括饲料添加剂，必须严格注意安全，保证质量，对其品质、等级必须经过检测。优质的肉鸡环保型饲料要从实现鸡肉产品安全和环境安全出发，严格遵循国家的有关法律法规，如《饲料和饲料添加剂管理条例》《中华人民共和国兽药管理条例》《饲料卫生标准》《农产品安全质量无公害畜禽肉产品安全要求》和《饲料标签》等，保证所配制饲料产品的质量安全。绝不违法违规使用药物添加剂、不超量使用微量元素和不使用有毒有害原料，更不能为了牺牲环保而使用对动物和人有危害及副作用不明的添加剂。全面按照国家无公害畜产品标准规定的要求研发生产既符合食品安全和环保要求，又能发挥肉鸡最大生产潜能与获得最佳免疫力的环保型饲料，使配制的饲料不会造成畜产品公害并能最大限度减轻废弃物对环境的污染。

（三）实用性和经济性

环保型饲料配制最终也要考虑经济效益。在确定符合肉鸡营养需要以及注意原料品质、适口性等方面要求的基础上，综合考虑产品生产的废弃物对生态环境不良影响的基础上，应用计算机配方软件，找出最佳组合原料，实现多种饲料原料的互补作用，达到饲料成本最小化、收益最大化和环境最优化的目标。借助成熟软件技术，优化饲料配方，达到营养平衡，降低饲料配方成本，有利促进环保型饲料的推广，提高企业经济和社会效益。

二、环保型饲料配方设计特点

（一）选择合格的饲料原料并科学评估其营养价值

配制环保型饲料的关键是饲料原料的质量，饲料原料质量高，配方合理先进，配制加工生产技术科学，所配制的饲料产品就好。在配制环保饲料选用饲料原料时既要注意选购消化率高、营养变异小、适口性好、体积适中的原料，又要注意选择安全性高、抗营养因子少或抗营养因子易消除的原料。科学准确评估饲料原料的营养价值是精准配制黄羽肉鸡环保型饲料的前提。即使是同一种饲料原料，由于产地、品种、采收季节、气候条件、加工方法和质量等级等不同，其营养成分含量也有差异。因此，配制饲料时一定注意原料营养价值的变异对配方质量稳定的影响，不可盲目套用营养价值表中的数值来设计配方，应实测原料的有效成分含量，或利用回归公式，根据实际情况监测的指标估计原料的有效含量，否则就会出现偏差。黄羽肉鸡饲料生产企业建议对所用原料中抗营养因子、有毒有害成分和卫生指标等应实时监测，建立专用数据库并随时更新，这样才能为环保型饲料配制提供保证。

（二）合理划分黄羽肉鸡生理阶段并确定精准营养需要

根据肉鸡的生理特点和产品质量要求，将黄羽肉鸡饲养期分为若干阶段，使用不同营养水平的日粮和管理方法，提高饲养效果，使饲养规程更为合理，并能提高饲料转化率，降低粪尿排放，减少环境污染。目前，黄羽肉鸡的饲养标准有三段制和四段制，快速型、中速型黄羽肉鸡的饲养标准按0～3周龄、4～6周龄、7周龄以上分为三阶段。慢速型黄羽肉鸡的饲养标准按0～4周龄、5～8周龄、9～12周龄、13周龄以上分为四阶段。我国黄羽肉鸡品种类型繁多，不同区域消费者市场需求也存在差异，要确定特定黄羽肉鸡的精准营养需要，应根据不同类鸡的生长发育状态，明确划分阶段，确定精准营养需要，配制针对性的饲料，有利于提高其生长性能。因此，在饲料配方设计时不能生搬硬套饲养标准，应根据不同的饲喂对象，结合最新动物营养和饲料科学研究动态，科学灵活应用饲养标准，确保配制饲料营养水平与肉鸡生理需要基本一致。

三、环保型饲料配制技术

肉鸡环保型饲料的配制应注重改善饲料及其原料的利用率，科学降低营养物质的投入，减少废弃物排放和环境污染，同时严禁促生长类药物饲料添加剂在饲料中使用，保障鸡肉产品安全性。环保型饲料配制技术主要包括：降低氮、磷、微量元素及重金属、抗生素排放和降低有害气体排放技术。

（一）降低氮排放的饲料配制技术

肉鸡排泄物中氮来源于饲料中未利用的蛋白质和蛋白质代谢的产物，虽然高水平的蛋白质可以使肉鸡获得最佳生长速度，但是氮的排泄量也相应上升，对环境产生不利影响，还增加了生产成本。按照“理想蛋白质模式”，以可消化氨基酸为基础添加合成必需氨基酸，配制符合肉鸡氨基酸平衡的低氮日粮，降低饲料粗蛋白质水平，提高日粮中氮的利用率，在不降低生长性能的条件下减少粪尿中氮的排泄量。这样既节约蛋白质饲料资源，又减轻集约化肉鸡生产对环境的氮污染问题。研究认为在日粮氨基酸平衡性较好的条件下，每降低粗蛋白质1%，可降低氨排放量10%，降低日粮2%粗蛋白质可降低16%的氮排泄。但添加合成氨基酸对日粮粗蛋白质水平的降低并不是无限的，过度降低日粮粗蛋白质含量，肉鸡的生长性能会因氨基酸的需要得不到满足而受到影响。因而，只有提高氨基酸的利用率，在满足氨基酸需要的情况下降低日粮粗蛋白质才有助于降低氮的排泄。黄羽肉鸡低氮排放饲料配方见表6-14。

表6-14　快大型黄羽肉鸡低氮排放推荐饲料配方　　单位：%

饲料组成	1～3周龄	4～6周龄	7周龄以上
玉米	61.50	67.00	73.51
豆粕	30.84	24.08	14.82
玉米蛋白粉	1.50	2.50	3.30
豆油	1.50	2.00	4.00
赖氨酸	0.08	0.10	0.19
蛋氨酸	0.16	0.12	0.10
苏氨酸	0.02	0.11	0.17
色氨酸	—	—	0.03
异亮氨酸	—	—	0.08

（续表）

饲料组成	1～3周龄	4～6周龄	7周龄以上
石粉	0.92	1.21	1.15
磷酸氢钙	2.18	1.58	1.35
食盐	0.30	0.30	0.30
预混料	1.00	1.00	1.00
合计	100.00	100.00	100.00

（二）降低磷排放的饲料配制技术

肉鸡生产上，通常使用无机磷源（如磷酸氢钙）来满足对磷的营养需要。在降低磷排放的饲料配制技术方面，主要的贡献来源于植酸酶。众所周知，植物性饲料中大部分磷（约75%）是以植酸磷形式存在（常见饲料原料中植酸磷含量见表6-15）。因为肉鸡消化道中缺乏植酸酶，故不能利用植酸态的有机磷，大部分从粪尿中排出，会造成土壤和水源磷浓度超过卫生标准，引起严重环境污染。同时，植酸磷还具有与钙、镁、铁、铜、锌等金属离子较强的络合性，它能与这些金属离子生成稳定的络合物——植酸盐，直接影响肉鸡对这些矿物质元素的吸收利用，造成矿物质元素随粪排泄而污染环境。植酸酶能将植酸分解成肌醇磷酸酯，再进一步分解为肌醇和磷酸，从而释放出磷和其他营养元素，提高养分利用率、降低磷排放。在饲料配制中添加植酸酶不仅可以取代一部分磷酸氢钙，还能够降解被植酸络合的蛋白质和氨基酸等，并缓解植酸对其他消化酶的抑制作用，从而促进养分的消化与吸收。在肉鸡日粮中添加500 FTU植酸酶即可相当于6.5 g磷酸氢钙，而磷的利用率可提高14.4%，900 FTU的植酸酶大约相当于1 g非植酸磷，可见添加植酸酶对于降低磷的排放效果非常可观。因此，在配制环保型饲料时，通过科学估测饲料原料真可消化磷的营养参数，准确评价肉鸡磷的营养需要量，并通过添加植酸酶降低磷酸氢钙的添加，可以达到降低磷及其他重金属排放的目标。

表6-15　常用饲料原料中总磷与植酸磷含量　　单位：%

饲料名称	总磷	植酸磷	植酸磷占总磷比例
玉米	0.27	0.23	85.19
玉米次粉	0.46	0.35	76.09
玉米DDGS	0.71	0.29	40.85
玉米蛋白粉	0.44	0.27	61.36

（续表）

饲料名称	总磷	植酸磷	植酸磷占总磷比例
皮大麦	0.33	0.25	75.76
软质小麦	0.26	0.17	65.38
次粉	0.36	0.29	80.56
小麦麸	0.79	0.20	25.32
高粱	0.28	0.20	71.43
稻谷	0.36	0.16	44.44
碎米	0.21	0.12	57.14
米糠	1.43	1.22	85.31
糙米	0.36	0.20	55.56
米糠粕	1.82	1.58	86.81
木薯干	0.09	0.02	22.22
全脂大豆	0.40	0.15	37.50
大豆粕	0.62	0.44	70.97
花生仁粕	0.56	0.23	41.07
双低菜籽粕	1.14	0.68	59.65
棉籽粕	1.04	0.68	65.38
向日葵仁粕	1.13	0.96	84.96
棕榈仁饼	0.56	0.36	64.29
豌豆	0.40	0.18	45.00

注：数据来源于《黄羽肉鸡营养需要量》（NY/T 3645—2020）。

（三）降低重金属排放的饲料配制技术

为了降低微量元素的排放，必须准确评估肉鸡微量元素需要量，防止微量元素的过量添加，同时选择有机微量元素产品。有机微量元素特别是氨基酸螯合盐形式，不仅完全可以替代无机微量元素，而且其生物利用率更高（表6-16）。在饲料配制过程中，以低剂量（50%～75%）的有机微量元素，替代常规剂量的无机微量元素，可以有效降低肉鸡粪中铜、铁、锌、锰及重金属铅、砷、铬、镉等的排放量，同时不影响肉鸡生长性能。

表6-16　无机与有机来源的微量元素和生物学利用率　单位：%

微量元素	微量元素来源	相对生物学利用率
铁	硫酸亚铁	100
	氯化亚铁	106
	氯化铁	78
	氨基酸螯合铁	125 ~ 185
锌	硫酸锌	100
	氧化锌	61
	蛋氨酸锌	206
	蛋白质螯合锌	215 ~ 250
铜	五水硫酸铜	100
	无水硫酸铜	100
	碱式氯化铜	103
锰	硫酸锰	100
	氧化锰	60 ~ 80
	二氧化锰	30 ~ 40
	碳酸锰	25
	氨基酸锰	205
硒	亚硒酸钠	100
	蛋氨酸硒	245
	酵母硒	290

（四）降低抗生素排放的饲料配制技术

配制环保型饲料，可以应用微生态制剂、酸化剂、寡糖、植物单宁等取代抗生素，有效降低抗生素排放。

微生态制剂能够通过多种机制来抑制消化道中的病菌，改善肠道健康和免疫机能，解决使用抗生素等药物所产生的药物残留问题。另外，微生态制剂中微生物可分泌多种酶类，可以分解饲料中肉鸡本身难以消化利用的营养物质，从而提高饲料养分的利用率，减少饲料浪费，降低排泄物污染。常应用于黄羽肉鸡饲料的主要微生物有枯草芽孢杆菌、丁酸梭菌、乳酸菌、酵母菌和屎肠球菌等，在生产上通常是两种或者几种益生菌联合使用，在肉鸡环保型饲料中添加适宜剂量为$10^7 \sim 10^9$ CFU/kg。

低聚糖或寡糖类，是由2～10个单糖通过糖苷键连接起来形成的聚合体。目前使用较多的主要有果寡糖和甘露寡糖，另外还有异麦芽寡糖、半乳寡糖、壳寡糖及木寡糖等。大部分寡糖不能被内源性消化碳水化合物的酶所分解，但到达肠道后部（小肠后段、盲肠和直肠）可被有益微生物（如双歧杆菌和乳酸杆菌等）分解利用，而大肠杆菌和沙门氏菌等致病菌却不能利用，从而维持了肠道菌群的平衡，促进了肉鸡的健康。此外，有些寡糖如甘露寡糖可竞争性地与病原菌结合以防止病原菌在肠道上皮细胞的结合与定植；同时还可使已结合到上皮细胞上的有害菌脱落下来随粪便排出体外。寡糖具有无毒副作用、无残留等特点，通过增强肉鸡对肠道内有害微生物群落的抑制作用以及增强非特异免疫功能来预防疾病，对预防细菌性腹泻、促进肉鸡生长以及提高饲料转化率等具有较好的效果。不同的低聚糖，其在肉鸡环保型饲料中添加的恰当比例是不同的，寡糖在肉鸡日粮中适宜添加的比例以0.2%～0.5%为宜。

酸化剂可以提高胃液的酸性，促进乳酸菌等耐酸性有益菌的大量繁殖，使之在胃中保持优势菌地位，而大肠杆菌等有害菌则不能适应酸性环境，并受到乳酸菌等的“排挤”而不能定植存活，因此可以降低肉鸡病理性腹泻的发生率；可以促进胃蛋白酶等消化酶的激活，调节胃排空速度，具有保持肉鸡消化道内环境平衡、预防应激等作用。大多数研究表明，日粮中添加有机酸可提高肉鸡对矿物质、能量和蛋白质的消化和吸收，提高氮的存留率。酸化剂还有助于机体调整免疫系统反应，增强抗病力，减少肠道微生物产生氨气等有害气体，改善肠道内环境。常用的酸化剂有柠檬酸、延胡索酸、乳酸、甲酸、丙酸、苯甲酸等有机酸和盐酸、磷酸等无机酸，在日粮中的添加量以1%～2%为宜。酸化剂作为高效、无污染、无残留的促生长和抑制病原微生物生长繁殖的饲料添加剂，可以取代抗生素作为生长促进剂。

水解单宁是单宁酸中的一种常用生物活性多酚，对动物的营养与健康起着积极的作用，可以降低动物肠道的蠕动能力，使蛋白质等营养物质缓慢移动，从而使肠道能充分吸收营养物质，还可以解决肉鸡腹泻等问题。单宁酸还具有抑菌、抗病毒、抗氧化以及促生长的作用。欧洲已将单宁酸作为安全的新型饲料添加剂应用于动物饲料中。在黄羽肉鸡日粮中添加水解单宁酸有利于改善黄羽肉鸡生产性能的作用，并具有防止下痢，消化不良的作用。吴涛等（2022）报道，饲料中添加单宁酸、抗菌肽和酵母培养物能显著提高芦花鸡的屠宰性能，降低腹泻率和死亡率，而且单宁酸对芦花鸡屠宰性能的促进作用优于抗菌肽和酵母培养物。

（五）降低有害气体与臭味排放技术

肉鸡排泄物产生具有强烈臭气味的有害气体主要有氨气、硫化氢、粪臭素（甲基吲哚）、脂肪类的醛类、硫醇和胺类等。目前已有的除臭技术包括降低粪尿氮排泄、增加饲料中可发酵碳水化合物的含量及调控肠道微生物等措施。研究显示，饲料中添加酸化剂、EM菌（为一种混合菌，包括光合菌、酵母菌、乳酸菌等有益菌类）、乳酸菌、植物提取物（如丝兰提取物）和吸附剂（如蒙脱石）等有一定的减排效果。丝兰提取物是一种来源于名为Smilacis Rhvzoma的丝兰属植物，其有效成分丝兰皂角苷能阻断尿素酶活性减少氨的产生，促进乳酸菌增殖；另一种是来源于Yucca Schidigera的植物，其应用可与氨气、硫化氢、吲哚等有毒有害气体结合，控制恶臭，同时能与肠道微生物协同，共同促进营养物质的吸收，抑制尿素分解，使尿中氨含量降低40%～60%，有效降低鸡舍中的有害气体与臭味。刘文斐（2015）在岭南黄鸡上的研究表明，日粮中添加丝兰提取物100 mg/kg、柠檬酸2 500 mg/kg和改性硅酸盐2 000 mg/kg均可调节肠道微生物区系，显著降低盲肠总需氧菌数及盲肠pH值，改善其生长性能，有效降低了排泄物氨逸失。三者相比，以丝兰提取物的作用效果最佳。

参考文献

曹楠，杨舒展，胡春燕，等，2022. 白术多糖对岭南黄鸡生长性能、屠宰性能及免疫器官发育的影响[J]. 动物营养学报，34（1）：205-214.

曹蓉，侯德兴，宋泽和，等，2019. 厚朴总酚对黄羽肉鸡生长性能、肉品质和抗氧化功能的影响[J]. 动物营养学报，31（12）：5696-5706.

柴毛毛，郭玉光，李阳源，等，2020. 博落回提取物替代抗生素对肉鸡生长性能、盲肠微生物及盲肠紧密连接的影响[J]. 微生物学报，60（8）：1718-1728.

陈杰，王红玉，黄金玉，等，2019. 缓释包被酸化剂对黄羽肉鸡生长性能、微生物菌群数量和屠宰性能的影响[J]. 饲料博览（1）：34-39.

樊祥宇，张富群，黄泰来，等，2021. 姜黄素对中速型黄羽肉鸡生长性能、腹脂沉积、抗氧化能力、肝脏脂肪代谢相关酶活性及基因表达的影响[J]. 动物营养学报，33（10）：5581-5590.

范秋丽，陈志龙，林泽铃，等，2022. 五倍子提取物对1～42日龄黄羽肉鸡生长性能、肠道形态、免疫功能、抗氧化能力及肠道菌群的影响[J]. 动物营养学报，34（3）：1547-1558.

范秋丽，李龙，苟钟勇，等，2021. 相同营养条件下不同生长速度黄羽肉鸡肉品质的比较研究[J]. 动物营养学报，33（11）：6147-6160.
苟钟勇，周桂莲，蒋宗勇，等，2014. 1～21日龄快大型黄羽肉鸡饲料粗蛋白质需要量[J]. 动物营养学报（9）：2513-2522.
户陆女，王松波，朱晓彤，等，2009. 二甲酸钾、苯甲酸和山梨酸对黄羽肉鸡生长性能与胴体品质的影响[J]. 华南农业大学学报，30（3）：72-75.
蒋海生，王佳丽，冯金宝，等，2021. 日粮中添加乙酸对大骨鸡消化器官、小肠黏膜形态和血清激素的影响[J]. 现代畜牧兽医（3）：18-21.
蒋守群，蒋宗勇，郑春田，等，2013. 饲料代谢能和粗蛋白水平对黄羽肉鸡生产性能和肉品质的影响[J]. 中国农业科学，46（24）：5205-5216.
蒋守群，王薇薇，阮栋，等，2019. 1～28日龄慢速型黄羽肉公鸡饲料代谢能需要量研究[J]. 动物营养学报，31（3）：1103-1110.
靳二辉，熊宪献，孙雨，等，2019. 中草药复方制剂对青脚麻鸡法氏囊免疫功能、抗氧化性及增殖凋亡基因表达的影响[J]. 东北农业大学学报，50（3）：66-77.
李姣清，余史婷，况伟，等，2021. 饲料中添加复方中草药制剂对三黄鸡生长性能和肠道健康的影响[J]. 中国饲料（11）：55-59.
李娟，雷春龙，邱时秀，等，2019. 丁酸钠对彭县黄鸡生产性能、屠宰性能和肠道微生物菌的影响研究[J]. 畜牧与兽医，51（5）：34-38.
李娟，雷春龙，张龙，等，2019. 丁酸钠和芽孢杆菌制剂联用对彭县黄鸡屠宰性能、脂肪酸及肠道菌群的影响[J]. 中国饲料（17）：64-68.
李龙，蒋守群，苟钟勇，等，2018. 模型估测黄羽肉鸡能量需要[C]// 中国畜牧兽医学会. 中国畜牧兽医学会2018年学术年会禽病学分会第十九次学术研讨会论文集：1.
李翔，2020. 英山云雾绿茶多糖对崇仁麻鸡肌肉品质、免疫功能以及肠道菌群的影响[D]. 西昌：江西农业大学.
李修宇，沈水宝，韦晓芳，等，2021. 添加丁酸梭菌和复合益生菌对1～35日龄黎村黄鸡肠道形态和菌群的影响[J]. 饲料研究（23）：35-40.
林厦菁，蒋守群，洪平，等，2017. 黄羽肉鸡与白羽肉鸡胃肠道消化酶活性比较研究[J]. 中国家禽，39（13）：26-30.
林厦菁，周桂莲，蒋守群，等，2014. 22～63日龄快大型黄羽肉鸡粗蛋白质营养需要量[J]. 动物营养学报，26（6）：1453-1466.
刘欢欢，刘珍珠，娄恺，等，2020. 不同益生菌对柳州麻鸡体增重、肠道酶活和免疫指标的影响[J]. 西南农业学报，33（1）：198-205.
刘石，刘静，陈庄，等，2022. 饮水中添加复合益生菌对岭南黄羽肉鸡生长性能和肠道微生物菌群结构的影响[J]. 中国畜牧兽医，49（1）：98-108.

刘松柏，谭会泽，温志芬，等，2020. 无抗日粮添加酸化剂对黄羽肉鸡生长性能与肠道健康状况的影响[J]. 粮食与饲料工业（5）：36-38.

刘松柏，谭会泽，温志芬，等，2020. 无抗日粮中添加灭活乳酸菌对黄羽肉鸡生长和屠宰性能的影响[J]. 粮食与饲料工业（3）：30-33.

刘文斐，占秀安，2015. 3种饲用除臭剂对肉鸡生长性能和肠道菌群及排泄物氨逸失的影响[J]. 中国畜牧杂志，51（17）：49-53.

吕武兴，贺建华，王建辉，等，2005. 杜仲提取物对三黄鸡生产性能和胴体品质的影响[J]. 湖南农业大学学报（自然科学版），31（6）：640-643.

梅凤艳，顾娇娇，张曦，等，2016. 7～12周龄武定鸡赖氨酸需要量的研究[J]. 饲料研究（7）：27-31.

宁淑芳，2007. 银香麻鸡赖氨酸、蛋氨酸及苏氨酸适宜需要量的研究[D]. 南宁：广西大学.

农斯伟，沈水宝，韦晓芳，等，2021. 丁酸梭菌和枯草芽孢杆菌对广西黎村黄鸡生长性能、肠道形态及盲肠微生物区系的影响[J]. 饲料工业，42（3）：19-24.

欧淑琦，刘祝英，郭丹，等，2019. 血根碱和牛膝多糖对黄羽肉鸡生长性能及免疫性能的影响[J]. 动物营养学报，31（1）：360-368.

田亚东，2002. 固始鸡能量和蛋白质营养需要量的研究[D]. 郑州：河南农业大学.

王聪，万咏梅，冯轩彪，等，2020. 马齿苋对三黄鸡血脂及大肠杆菌和乳酸杆菌的影响[J]. 江西科技师范大学学报（6）：61-64.

王茜，2021. 嗜酸乳杆菌对黄羽肉鸡生长性能、肠道微生物及经济效益的影响[J]. 中国饲料（2）：41-44.

王一冰，蒋守群，周桂莲，等，2019. 1～63日龄黄羽肉鸡饲料赖氨酸需求量研究[J]. 动物营养学报，31（7）：3074-3085.

吴涛，江小帆，魏玉明，等，2022. 单宁酸、抗菌肽及酵母培养物对芦花鸡生长性能、屠宰性能、器官指数的影响[J]. 饲料工业，43（7）：28-34.

谢童，董涛，王伟唯，等，2022. 复合乳酸菌制剂对黄羽肉鸡生长性能、胃肠道pH、肠道形态和盲肠微生物的影响[J]. 动物营养学报，34（1）：254-263.

徐鑫，吴东，钱坤，等，2014. 小麦和发酵芝麻粕对肉鸡生长性能、肉品质及血清生化指标的影响[J]. 中国畜牧兽医，41（4）：107-112.

杨翠，廖玉英，胡庭俊，等，2021. “连藤”中草药添加剂对广西三黄鸡血液生化、免疫及抗氧化性能的影响[J]. 饲料研究（2）：41-45.

叶金玲，范秋丽，林厦菁，等，2021. 牛樟芝多糖对脂多糖应激黄羽肉鸡生长性能和空肠黏膜完整性的影响[J]. 动物营养学报，33（10）：5601-5616.

余应梅，施璇，欧阳经鑫，等，2021. 葛根素对饲喂氧化大豆油肉鸡小肠黏膜屏障功能及抗氧化能力的影响[J]. 畜牧兽医学报，52（12）：3512-3523.

朱中胜，孙建武，李吕木，等，2017. 63～105日龄雌性皖南三黄鸡代谢能和粗蛋白质需要量的研究[J]. 西北农林科技大学学报（自然科学版），45（4）：11-16.

JIANG S Q，JIANG Z Y，LIN Y C，et al.，2007. Effects of soy isoflavone on performance，meat quality and antioxidative property of male broilers fed oxidized fish oil[J]. Journal of Animal Science，20（8）：1252-1257.

JIANG S Q，JIANG Z Y，CHEN J L，et al.，2018. The effects of dietary soybean isoflavone on immunity in Chinese yellow-feathered broilers challenged with infectious bursal disease virus[J]. Journal of Agricultural Science，156（6）：832-838.

JIANG S Q，JIANG Z Y，WU T X，et al.，2007. Protective effects of a synthetic soybean isoflavone against oxidative damage in chick skeletal muscle cells[J]. Food Chemistry，105：1086-1090.

JIANG S Q，JIANG Z Y，ZHOU G L，et al.，2014. Effects of dietary isoflavone supplementation on meat quality and oxidative stability during storage in Lingnan yellow broilers[J]. Journal of Integrative Agriculture，13（2）：387-393.

JIANG Z Y，JIANG S Q，LIN Y C，et al.，2007. Effect of soy isoflavone on performance，meat quality and antioxidation in male broilers[J]. Poultry Science，86：1356-1362.

RUAN D，FAN Q L，FOUAD A M，et al.，2021. Effects of dietary oregano essential oil supplementation on growth performance，intestinal antioxidative capacity，immunity，and intestinal microbiota in yellow-feathered chickens[J]. Journal of Animal Science，99（2）：1-11.

WANG J，ZHANG M Y，GOU Z Y，et al.，2020. The effect of camellia oleifera cake polysaccharides on growth performance，carcass traits，meat quality，blood profile，and caecum microorganisms in yellow broilers[J]. Animals，10：266.

WANG Y B，WANG Y，LIN X J，et al.，2020. Potential effects of acidifier and amylase as substitutes for antibiotic on the growth performance，nutrient digestion and gut microbiota in yellow-feathered broilers[J]. Animals，10：1858.

WANG Y Y，WANG Y B，XU H，et al.，2018. Direct-fed glucose oxidase and its combination with B. amyloliquefaciens SC06 on growth performance，meat quality，intestinal barrier，antioxidative status，and immunity of yellow-feathered broilers[J]. Poultry Science，97（10）：3540-3549.

WANG Y Y, HENG C N, ZHOU X H, et al., 2021. Supplemental Bacillus subtilis DSM 29784 and enzymes, alone or in combination, as alternatives for antibiotics to improve growth performance, digestive enzyme activity, anti-oxidative status, immune response and the intestinal barrier of broiler chickens[J]. British Journal of Nutrition, 125: 494-507.

WU G Y, 2014. Dietary requirements of synthesizable amino acids by animal: a paradigm shift in protein nutrition[J]. Journal of Animal Science and Biotechnology, 5 (1): 34-46.

XI P B, YI G F, LIN Y C, et al., 2007. Effect of methionine source and dietary crude protein level on growth performance, carcass traits and nutrient retention in Chinese color-feathered chicks[J]. Asian-Australasian Journal of Animal Science, 20 (6): 962-970.

第七章

黄羽肉鸡产品加工

第一节　黄羽肉鸡屠宰初加工

我国黄羽肉鸡品种较多，目前基本适应国内市场的需求；其逐步由小规模养殖转向集约化养殖，具有生长速度快、饲料转化率高、肉质鲜美的特点。过去黄羽肉鸡销售在我国主要是活禽交易市场，但随着近几年国内“禽流感”的暴发，各地活禽市场逐渐关闭。进一步规范黄羽肉鸡活禽运输是未来一个新的转折点，产品销售也逐渐转变成以冰鲜和冷冻为主。

在黄羽肉鸡的屠宰初加工过程中，应采取降低应激的措施，减少鸡的紧张和恐惧，保证其屠宰福利。屠宰企业应建立福利屠宰管理体系，采用体系文件形式，对设备设施、操作方法和人员要求作出规定，并记录其实施过程。体系文件应包括卫生标准操作程序、设备操作方法、维护清理方式、紧急情况应急预案和不同员工的职责。应明确影响肉品质量的福利屠宰技术要求并反馈到养殖、运输、宰前管理及宰杀环节；制定处理紧急情况的应急预案，包括对逃跑肉鸡、死鸡、病鸡的处置，设备事故、停电、火灾及气体泄漏等发生时的应对方案。方案中应明确紧急情况发生时的负责人。参与的员工应掌握该体系文件中相应的要求。

为了适应机械化屠宰，又保留胴体外观以及烹饪口感，应自行设计针对黄羽肉鸡全自动的屠宰流水线。

一、宰前管理

宰前管理包括禁食、禁水、运输、装卸和宰前静养等环节。宰前管理对减缓应激，满足动物福利要求，提高屠宰产率，改善加工性能，提高产品安全品质，降低PSE

肉发生率等具有重要作用。发达国家对肉鸡的管理及福利十分重视，然而目前国内企业缺少规范的肉鸡宰前管理程序，影响了黄羽肉鸡的安全品质。

（一）禁食

肉鸡屠宰前禁食是指在宰杀前一段时间里对肉鸡暂停所有的日粮和营养补充。

1. 禁食优点

（1）节约饲草饲料。饲料从进入胃内到消化吸收需要一段时间，因此，宰前做好停食管理，可以节约大量的饲草饲料，避免浪费。

（2）有利于屠宰加工。宰前停饲，可使胃肠内容物减少甚至空虚，这样有利于解体操作，避免划破胃肠，减少胃肠内容物污染胴体的机会和减少鸡胴体与人禽共患病原，如李氏杆菌、沙门氏菌等的接触。

（3）有利于肉的成熟。轻度饥饿可促使肝糖原分解为葡萄糖和乳糖，并通过血液循环分布全身，使肌肉中的含糖量增加，有利于肉的成熟。

（4）降低鸡体内物质代谢引起的体温升高。鸡的短期禁食可以减少热应激对鸡的危害，有利于提高黄羽肉鸡的存活率。

2. 禁食时间

禁食的效果通常和禁食的时间长短有着很大关系。过度禁食会使黄羽肉鸡长期挨饿，体内部分酶的活力增大，大量消耗糖原、脂肪、蛋白质和碳水化合物。然而，糖原的快速分解和乳酸的大量积累，pH值降低，严重影响了蛋白质溶解度。此外，长期禁食会增加肉鸡的胸部和腿部肌肉的剪切力，引起胸肌烹饪损失，同时降低胸肌的pH值阈值，会导致鸡肉嫩度和口感下降。因此黄羽肉鸡禁食时间应控制在6～8 h。

（二）禁水

禁水是指在屠宰前一段时间内中断肉鸡的所有饮水供应。研究普遍认为肉鸡屠宰前一定时间的禁水有助于减少屠宰时一些内脏器官的破损和屠宰过程中微生物的交叉感染，确保食品安全；但也有企业认为，一方面宰前禁水不利于屠宰，因为宰前饮水可以稀释血液，有利于放血，避免放血不足导致鸡胴体出现红斑，另一方面宰前饮水有助于鸡体内的热量通过尿液和消化道排出，降低肉鸡体温，降低鸡体因高温应激中暑甚至死亡的风险。因此在黄羽肉鸡屠宰前1 h禁水。

（三）运输

运输是肉鸡出栏前的重要环节，此环节易发生鸡群患病和应激反应。鸡在运输中可能会受到很多应激因素的影响，比如运输微环境的热量因素、人为因素及禁食、禁水等。而这些因素往往会联合发生作用造成鸡的应激反应且无法完全避免。因此，运输车辆在运输过程中需保持清洁、平稳，尽量减少在运输过程中因路况造成的颠簸。

1. 运输损伤

黄羽肉鸡的运输损伤，主要是指在运输中发生的物理损伤（擦伤、断骨等）以及鸡体患病甚至死亡。国外有关报道指出，肉鸡的运输死亡率在0.05%～0.57%，损伤率有时更高达25%。运输中，鸡体产生的强烈应激反应引起了诸多伤害。此时动物机体会产生本能的适应性和防御性反应，最终影响动物的生产性能、免疫水平及宰后产品品质。

2. 影响运输应激的因素

在运输过程中造成应激的影响因素很多，大致分为以下4种：以温度、湿度、通风性为主的环境因素；以中暑、痢疾为主的疾病因素；以运输密度、运输时间、运输距离、路况为主的运输因素；以搬运条件、起停频率、车速为主的人为因素。不同因素对黄羽肉鸡造成的应激程度不同，其中以环境温度、运输时间和运输密度三个为最主要的因素。

（1）环境温度。温度作为一个环境因素，在运输中一直都对黄羽肉鸡品质有影响。作为恒温动物，鸡维持正常体温的环境温度范围是10～32 ℃，鸡最佳生存温度是21～26 ℃。因此必须严格控制鸡体体温，过冷或过热都会引起严重的应激反应。高温条件比低温对鸡体产生的危害更大。温度为21～32 ℃时，肉鸡体温每升高1 ℃，新陈代谢则增加20%～30%，若此时湿度较高，极易造成鸡心脏衰竭，导致死亡。另外，过高的温度还会对黄羽肉鸡屠宰后的肉质产生不利影响。宰前高温会引起肌肉pH值降低且肉色变差；而夏季运输后的鸡胸肉失水率明显高于其他季节。

肉鸡在运输中需避免受恶劣天气影响，将温度严格控制在20～21 ℃。目前，一些发达国家采用了控温运输车运输活禽，而我国大多企业还处于常规货车运输阶段，因此建议有能力的企业使用控温运输车并注意适当通风。普通货车需要注重运输过程中的寒冷降温情况：冬季温度下降，应适当增加每舍中的鸡只数量，并用一层厚篷布盖在鸡笼外以保暖避风；夏季温度升高，应适量减少笼养鸡数，装卸运输前和到屠宰场后均要洒水降温。

（2）运输时间。通常认为，运输时间与应激水平呈正相关，因为随着运输时间的延长，鸡体受到的环境应激、运输应激和人为应激会同步增加。但也有人认为短时运输更容易诱发应激反应，由于鸡体经受过短期装卸，应激强度更大。相比之下，长期运输在一定程度上缓解了黄羽肉鸡在装载过程中的应激，因为长期运输相对稳定，但目前尚无证据证实这一问题。因此要尽可能保证肉鸡的运输时间不超过3 h。

（3）运输密度。运输密度是运输过程中每单位笼面积的肉鸡重量，单位为kg/m^2。

鸡群活动空间随运输密度的增大而减小，从而不利于肉鸡的正常生命活动和鸡群的通风散热。目前我国大部分企业原料鸡重量在1.5～3 kg，使用的鸡笼规格基本相同，所以运输密度也基本相同。根据季节差异，严格控制运输过程中鸡笼的鸡只密度不超过40 kg/m^2，应防止上层鸡笼中的鸡粪等排泄物落到下层鸡笼中。另外，各企业在运输过程中会根据温度调整运输密度，即高温时适当降低，低温时反之。

（四）装卸

黄羽肉鸡在装卸时应保持安静。装卸操作必须平缓，使黄羽肉鸡保持直立。如需要将搬运箱或鸡笼叠放，应保证其摆放位置的稳定性，把其垂直放在另一个的顶部。当装鸡的搬运箱或鸡笼被清空后，应对其进行清洗和消毒。如发现箱盖或笼盖缺失、有漏洞，或任何有可能伤到鸡的破损处，应在下次使用前对其进行修复或更换。

（五）宰前静养

宰前静养是一种宰前管理措施，让运输至屠宰场后的黄羽肉鸡在相对安静舒适的环境中自由休息一定时间。通常把运输至屠宰场到开始屠宰的这段时间称为宰前静养时间，在此期间内通常禁食但不完全禁水。适当的静养可有效缓解禽体应激反应，减轻禽体因过度紧张而导致的疲劳，显著降低血液中的皮质酮和促肾上腺皮质激素含量，进而提高肉的品质。

静养时间需要考虑的因素主要可分为四个方面。首先，静养的时间应足以使黄羽肉鸡从运输应激中得以恢复。运输0.5 h静养不超过2 h；运输3 h静养2 h左右；运输5 h静养1 h左右。其次，休息后的黄羽肉鸡胃内残留食物可以被充分消化，同时能使体内的污物残留有效减少，从而保证肉质。再次，如果静养时间过长，重组后的个体会因互不相识，极易发生争斗，而争斗必然会产生新的应激反应，甚至会导致黄羽肉鸡身体部位的损伤，影响胴体品质。最后，因长时间禁食会造成鸡体重下降、体质虚弱甚至死亡，同时也不利于宰后鸡肉品质的保持。因此静养时间最好不超过2 h。

但静养环境的影响更为重要。通常认为温度、湿度和通风情况这三方面是影响休息效果的环境因素。在8 h运输后，黄羽肉鸡的宰前死亡率与静养时间和静养环境关系显著。静养室的温度应不超过22 ℃，如果鸡在搬运箱中，搬运箱的温度不能高于26 ℃。在控制和检测静养室中的温度时，要对搬运箱中的鸡群进行观察，当出现热应激症状时，应立即将其致昏，并进行宰杀。

通常情况下，标准的宰前静养需要一个干燥、通风、温度调节措施完善、卫生条件良好的静养室，黄羽肉鸡在室内的密度不超过40 kg/m^2。运至屠宰场时，应将鸡笼轻轻卸下，把肉鸡放在预先打扫好的静养室内，让它们得到足够的休息，以减轻运输应激。因为黄羽肉鸡的体型较小，缓解应激的时间相对较短，静养的时间一般不要超过2 h，否则容易造成鸡体因长时间禁食而产生的体重下降、鸡体虚弱甚至死亡；同时过长的静养时间也不利于宰后鸡肉品质的保持。但如果运输时间较长，则静养时间也应相应增加。

二、屠宰工艺

黄羽肉鸡的屠宰工艺大致如下。

抓捕与拴挂→致昏→放血→浸烫→脱毛→切爪、去头→掏膛→去内脏→检验检疫→清洗→冷却。

（一）抓捕与拴挂

黄羽肉鸡在抓捕与拴挂过程中应激不可避免地会发生，程度相对严重，涉及的福利问题也较多。以肉鸡为例，目前国内普遍存在粗暴地抓鸡与挂鸡现象。为保证福利，肉鸡屠宰场除了要求员工科学合理地抓捕之外，新的抓捕技术也亟待研发和应用，比如适用于中小型肉鸡企业规模化屠宰的捕禽器。

研究发现，挂鸡过程会使其很不舒服、腿部疼痛，进而使黄羽肉鸡处于高度紧张状态。因此，为尽量使鸡的不舒适感降到最低，挂鸡到致昏的时间应控制在12～60 s。

此外，黄羽肉鸡拴挂生产线的设计，需要兼顾生产效率和肉鸡福利。挂鸡通道应保持顺畅，无任何妨碍黄羽肉鸡输送的设施；应安装胸部抚摸板，抚摸板应在挂鸡之前安装并一直延伸到电击致昏，使鸡在拴挂过程中得到依靠和摩擦并保持安静；应保持环境黑暗，减少肉鸡应激；挂钩要与鸡群相匹配，挂鸡数量要均匀，黄羽肉鸡的双腿应被稳稳地固定在挂钩上，但不能太紧，挂钩在轨道上运行要保持水平平衡，不允许出现鸡单腿悬挂的情况。在挂鸡车间只允许必要人员接近生产线。

（二）致昏

在工业化屠宰加工中，根据动物福利规定，黄羽肉鸡宰杀前需要致昏。致昏是为了让肉鸡在被刺杀、放血直到死亡过程中保持昏迷状态，避免疼痛；同时也保证肉鸡不挣扎，尽量避免折断翅膀或爪子等残损现象发生，从而提高产品的正品率。黄羽肉鸡福利指数相对较高的致昏方式需要满足以下条件：首先，致昏法应使黄羽肉鸡以最快的速度失去知觉及最大限度地减小痛苦；其次，昏厥状态应该至少延续到刺杀放血后的死亡；最后，黄羽肉鸡未被致昏或出现苏醒的概率应该尽最大可能地接近于零。目前工业化生产中，普遍采用的致昏方法可分为电致昏法和气体致昏法。

1. 电致昏法

水浴电致昏是目前黄羽肉鸡屠宰行业中应用最广泛的致昏方式，其中最常见的致昏部位为头部和胸部。致昏的根本目的是使后期的刺杀放血过程更加方便，且保证肉禽不会在此过程中苏醒过来，黄羽肉鸡不苏醒即表明达到了福利要求。

目前电致昏还存在以下问题：一是致昏前的卸载和拴挂过程会产生很大的应激，其与电致昏有效性的相关性尚不清楚；二是黄羽肉鸡个体大小不均一，电阻会有差距，且个别黄羽肉鸡的拍翅、仰头等活动可能会导致电致昏的失败；三是水浴电致昏中，黄羽肉鸡头部有可能会在进入水槽之前，先受到了电击，造成痛苦。

2. 气体致昏法

气体致昏法是指黄羽肉鸡宰前休息后立即置于装有混合气体（二氧化碳、氮气和氩气）的密闭容器中进行致昏的方法，有效地减少了因宰前挂禽或电致昏引起的胴体损伤。但肉鸡吸入高浓度二氧化碳时，会引起恶心，呼吸困难，刺激鼻黏膜引起疼痛等症状，直至丧失知觉，此过程不合要求。黄羽肉鸡对小于30%的二氧化碳浓度并不产生厌恶，且在氩气和氮气环境中致昏感受不到痛苦。二氧化碳的加入比单纯用氮气致昏提高了黄羽肉鸡昏迷和死亡的速度。另外，运用低压空气（30%的二氧化碳、60%的氩气和空气混合）能够使黄羽肉鸡以最快的速度昏迷，可保证99.9%的致昏率，取得了较好的致昏效果。但是气体致昏设备昂贵，在肉鸡行业中并没有得到普及。

（三）放血

致昏后，用钩环传输机转移黄羽肉鸡到切割机上放血。未经致昏的鸡不应刺杀。切割机用旋转刀片将两侧的颈动脉和颈静脉切断。致昏后的黄羽肉鸡必须在10 s内完成刺杀，25 s内完成放血。上岗前需对操作人员进行专门的技术培训，要求操作熟练且迅速，保证切割部位准确。黄羽肉鸡放血不足也会导致一些质量问题，比如产品分割后出现的红翅尖等。

（四）浸烫

浸烫可以使羽毛所固定部位的蛋白质变性，使羽毛松动易被拔出。浸烫的水必须采用流动水保持清洁和卫生，在能自动控温的水池中进行浸烫，水温控制在58.8 ~ 60.8 ℃。一般浸烫时间为1 min，达到胸肉不烫熟即可。若浸烫时间过长，会影响鸡肉品质；若时间过短，会影响后续脱毛；在实际生产中从实际出发随时调整浸烫温度和时间。

（五）脱毛

使用由成排旋转橡胶棒齿（类似手指）构成的脱毛器进行脱毛，其中，棒齿的快速旋转可以摩擦胴体上的羽毛，使已经比较松散的羽毛容易脱落。脱毛器与胴体的接触松紧程度在一定程度上决定着这些旋转的棒齿能否彻底接触到胴体的每个部位并对其脱毛，若过紧会使翅膀、腿部和肋骨等部位断裂；如果过松可能会导致脱毛不完全。由于胴体表面与采摘机之间会相互接触，该工序也是胴体细菌发生交叉污染的重要步骤。因此鸡体脱毛后用清水洗干净，体表不得有粪便污染。鸡体羽毛必须清除干净，不得有皮肤撕裂，断翅折骨等现象。然后去除体表残留毛发，长杆毛遗留控制在5%，毛根遗留控制在2%，腿绒毛遗留控制在25%。

（六）切爪、去头

将爪挂好，调整好位置，从跗关节处切爪。未切除的鸡爪在后续中人工切除，切好的鸡爪输送到副产品加工间等待加工。从第一颈椎骨处割头或者由拉头机去掉。有的鸡架不要求去头则带头。

（七）掏膛

掏膛是从胴体上去除内脏。首先开大膛，在肛门周围伸入环形刀或者斜剪在右腿下方剪切成半圆形，大约5 cm。切肛部位要正确，不能切断肠子，以免受损的肠子污染内脏。在左腿下方，沿着大膛的开口处，用剪刀剪切大约5 cm长，完全打开内膛，方便下一步去内脏。掏膛会导致肠道破裂泄露内容物或直肠破裂泄露粪便污染胴体，因此要严格控制掏膛后的胴体表面粪便污染。

（八）去内脏

用特制的抓钩掏出内脏，尽量抓住鸡胗，防止内脏破损严重，尤其是肝脏，尽量将内脏全部掏出。

（九）检验检疫

同步检验按照《畜禽屠宰卫生检疫规范》（NY 467—2001）要求执行；同步检疫按照《禽类屠宰检疫技术规范》（DB13/T 1210—2010）要求执行。

（十）清洗

胴体入预冷池冷却前时应冲洗干净。

（十一）冷却

合格的胴体应在掏膛后迅速冷却。胴体冷却是为了减缓微生物生长，最大限度地保证食品安全以及延长货架期。冷却需要在屠宰后的1～2 h内完成。胴体的快速冷却对增加肌肉的紧实性和骨骼肌的僵硬程度十分有利，从而便于分割肉和去骨。目前，鸡肉冷却多数以水冷却与空气冷却为主。这两种方法对于胴体产量和质量影响不同，空气冷却比水冷却质量损失高；这两种方法均能有效降低胴体温度，但对微生物状况的影响不同。

三、包装

目前在超市中常用最简单的保鲜膜或托盘对黄羽肉鸡进行包装，因此为保障生活品质和市场安全，十分有必要建立一个更符合食品安全、卫生、贩售标准的鸡肉包装。

随着科技发展，多种贮藏及包装技术应用于生鲜黄羽肉鸡的保鲜与贮藏，其与包装技术相辅相成。

（一）冷鲜包装

为了防止肉品因微生物的生长繁殖而腐败变质，一般采用冷鲜包装，可以降低环境温度，低于微生物生长繁殖的最适宜温度范围。冷鲜包装是将目前超市销售平台的分割包装操作移至食品物流（配送）中心或专业肉品屠宰加工厂统一生产包装，保证零售包装产品的高品质和卫生安全，超市的销售平台只做冷藏、陈列展示和销售，这可减少原料中无商品价值部分的损耗，增加超市冷藏库供货上架的弹性，减少因供货不及时造成的销售损失。为保证生鲜黄羽肉鸡品质，宜将肉冷却到0～3 ℃，并在此温度下流通销售。目前，屠宰后的冷鲜黄羽肉鸡通过冷链进入超市销售平台，需要配备良好的运送贮藏条件和包装，但即使是最能符合标准的超市，其销售平台的冷鲜黄羽肉鸡分切包装室加工出来的鸡肉仍难达到国家认证的标准，且国内大多超市销售平台配备和温度控制简单，超市人员流动和环境空气污染严重，更难保证冷鲜黄羽肉鸡的卫生安全和新鲜品质。

（二）气调包装

气调包装是一种能达到长期保存和保鲜目的的包装方式，通过将包装容器内的空气换成适合食品保鲜的保护气体，进而抑制细菌繁殖。

气调包装的保鲜机理是在包装内充入一定的气体，破坏或改变微生物的生存和繁殖的条件，能够减缓包装食品的生化变质，达到保鲜防腐的目的。使用的气体通常是CO_2、O_2和N_2或是它们的不同组合，而每种气体对黄羽肉鸡的保鲜作用不同。

1. 气调包装的保鲜机理

CO_2作为细菌抑制剂在气调包装中广泛应用。CO_2的抑菌作用，一是CO_2取代了包装袋内的O_2，高浓度CO_2会抑制大量好气性微生物（如假单胞菌）的生长；二是CO_2溶于水后形成碳酸，降低pH值，抑制不耐酸微生物生存；三是通过细胞渗透，在相同的温度和压力下，CO_2在水中的溶解度是O_2的6倍，渗入细胞的速率是O_2的30倍，由于大量CO_2渗入，细胞膜结构受到影响，膜对离子的渗透力增加，膜内外代谢作用的平衡被打破，进而干扰细胞正常代谢，使细菌生产受到抑制。CO_2还会刺激线粒体ATP酶的活性，加速氧化磷酸化，减少ATP，降低机体代谢生长所需能量。

在气调包装中，包装袋内必须有O_2。氧分子与肌肉中肌红蛋白结合后，成为氧合肌红蛋白，维持肉的鲜红色。天然空气中含约20.9%的O_2，因此刚切好的肉在暴露于空气时表面变成浅红色。研究表明，O_2必须在5%以上才能减少高铁肌红蛋白的形成，在10%以上才能保持鲜红，在40%以上能维持良好色泽9 d。鲜红色氧合肌红蛋白的形成还与肉表面是否潮湿有关，若表面潮湿，溶氧量大，容易形成鲜红色。

N_2是一种惰性气体，通常对被包装物不产生作用，也不会被食品吸收。在塑料包装材料中N_2的透气率很低，因此在包装中可用作缓冲或平衡的气体，并能防止包装因充入CO_2而压塌。

2. 气调包装中各种气体的比例

有研究显示，采用5%O_2+40%CO_2+55%N_2、10%O_2+40%CO_2+50%N_2、40%CO_2+60%N_2 3种不同组分气体进行气调包装，以托盘包装为对照组，通过测定黄羽肉鸡贮藏过程中包装内的O_2含量、CO_2含量、样品的挥发性盐基氮含量、红度值、菌落总数、pH值、硫代巴比妥酸反应物值等指标的变化，通过分析其对贮藏鸡肉品质的影响，得出采用5%O_2+40%CO_2+55%N_2保鲜效果最好。

3. 包装材料的选择

气调包装应使用阻隔性良好的包装材料，以防止包装内气体逸出和大气中氧气的渗入，一般选用PP、PET、PVDC、PA等作为基材的复合包装薄膜。常以透气系数来衡量塑料薄膜对气体的阻隔性：透气系数越小，阻隔性越好。此外，所有的包装材料必须有足够的机械强度和一定挺度，这样包装袋能承受抽真空过程中的压力变化且自动张开充气。

4. 充气和封口质量的保证

充气和封口质量的控制取决于充气包装机械是否先进，操作质量是否良好。连续式真空/充气包装机可在一台机器上自动连续抽真空、充气、封口，十分高效可靠，同时减少污染，提高保鲜效果。

（三）真空包装

真空包装是由不透气的材料制成，抽出包装内的空气，降低氧含量，可阻止鲜肉表面脱水，延长货架期。

（四）活性包装技术

活性包装技术是通过在冷冻肉包装袋中添加一定的气体吸收剂和释放剂，例如乳酸、乳酸链球菌素、香料提取物、生育酚、壳聚糖等，可以有效除湿，吸收或去除O_2，控制CO_2产生，清除异味，增强风味，抑制微生物生长，使包装袋内的气体保持稳定高效。

四、贮藏与物流

近年来，随着禽流感的不断暴发，冷鲜鸡肉与新鲜鸡肉相比更加安全卫生，营养价值更高，因而逐渐取代热鲜鸡成为鸡肉消费的主要趋势。然而，目前冷鲜黄羽肉鸡在很多过程中都容易受到微生物污染，鸡肉非常易腐。腐败变质的主要原因有以下3点。

首先，肉类腐败变质的最主要原因是腐败菌的大量繁殖。虽然在各环节中冷鲜肉始终处于低温环境，但一些耐冷性微生物依然可以生长繁殖，分解蛋白质等营养物质，使肉体表面发黏，产生异味，短时间内腐败变质。其中在有氧的条件下以假单胞菌为主，在真空条件下以厌氧和兼性厌氧的乳酸菌群和肠杆菌群等为主。

其次，在自身和多种腐败菌产生的蛋白酶和脂肪酶作用下，肉类中蛋白质和脂肪会被分解氧化，生成许多挥发性物质，在积累到一定量时，肉会散发出刺激的臭味。

最后，贮藏温度、pH值、氧含量等理化因素通过影响黄羽肉鸡表面微生物，造成冷鲜肉的腐败。微生物生长繁殖速度随温度或pH值升高而加快；在有氧条件下，假单胞菌、芽孢杆菌等好氧菌生长良好，乳酸杆菌的生长则受到抑制。这些因素共同决定了腐败微生物的生长和繁殖速度。

（一）贮藏保鲜技术

1. 防腐保鲜技术

保鲜剂种类丰富，按来源可分为化学和天然保鲜剂两大类。

（1）化学保鲜剂。冷鲜黄羽肉鸡的保鲜方法有很多，常用的就是化学保鲜法。化学保鲜剂主要有丙酸及其盐类、乳酸及其盐类、山梨酸及其钾盐类、抗坏血酸、柠檬酸、混合磷酸盐类等。许多试验表明，单独或组合使用这些化学保鲜剂对冷鲜鸡有一定影响。有机酸抑菌作用就是利用酸分子可以穿透细胞膜，进入细胞内部而解离的原理，从而改变细胞内的电荷分布，导致细胞代谢紊乱或死亡，特别是低分子量有机酸，在低于6 ℃时对革兰氏阳性和阴性菌都有效。

（2）天然保鲜剂。目前，天然保鲜剂主要有来自金银花、牛至、胡椒、大蒜、丁香、桂皮等一些香辛料及中药提取物（具有杀菌和抑菌作用的物质如精油）、壳聚糖、乳酸链球菌素（Nisin）、溶菌酶等，在发挥调味增香、抗氧除臭的作用外也具有抗菌防腐作用，可以抑制传染性微生物生长。它们具有毒性低、来源丰富和价格低廉的特点，还赋予冷鲜鸡特殊的感官风味和生理保健功能，且十分符合当下消费者回归自然的心理，也更安全卫生。但是天然植物提取液的保鲜也有缺点，如气味强烈，影响食品口感，提取液好坏直接影响使用效果等。目前一种新型保鲜技术是利用乳酸菌及其抗菌物质等，常用的有乳酸链球菌素和溶菌酶，它们是由乳酸菌分泌的。乳酸链球菌素由乳酸链球菌在培养基中生长产生，通过提取获得产物。乳酸链球菌素的抑菌机理是破坏细菌的细胞膜，并影响细菌胞壁质的合成，导致三磷酸腺苷的外渗，从而引起细胞的溶解。大量研究证明，如金黄色葡萄球菌、溶血性链球菌、肉毒梭菌、明串球菌等致病菌都对乳酸链球菌素十分敏感，当乳酸链球菌素质量浓度为10 mg/kg时可以杀死绝大多数革兰氏阳性菌。

2. 涂膜保鲜技术

黄羽肉鸡及其制品因其富含水分、蛋白质和脂类等营养素，并且具有适宜的pH值条件，是微生物生长的“天然培养基”，所以极易腐败变质，甚至产生有毒有害物质。产品变质及被微生物污染一般由表面开始，因此可通过处理表面和采取包装等方式，在一定程度上保护黄羽肉鸡，保障鸡肉的质量和安全。近年来，随着人们健康意识的提高，现有的保鲜贮藏手段越来越不能满足当代肉品消费者的需求。

可食性膜是以多糖（如壳聚糖）、蛋白质和脂类等天然高分子物质或其复合物为主要成膜基质，通过特定的加工工艺加入可食用交联剂或增塑剂等，促使分子间相互作用形成网络结构，以浸渍、喷洒、包裹、涂布等形式覆盖于食物表面，用来阻隔氧气、水分和微生物等干扰和破坏，从而起保护作用的薄膜或涂层。研究发现，添加有抗菌、抗氧化等活性成分的功能性可食膜可显著延长食物的货架期，甚至可以提高食物的营养价值。可食性膜并不是完全取代传统包装，但通过初级可食膜包装结合二次不可食包装，在一定程度上降低了肉品外包装对环境的不利影响，且黄羽肉鸡保鲜效果得到了显著提高。

可食性复合膜的加工应用方式主要有两种：湿法和干法。湿法比较常用，是将高分子成膜材料溶解于水、酒精或两者的混溶剂或其他混合溶剂中，再在其中添加增塑剂、抗菌剂、色素、调味料等，通过调整pH值和/或加热等方式使溶质分散形成特定的聚合物溶液，然后通过浸渍、喷洒、涂刷等方式应用于食品表面预成型，最后在一定温度和湿度条件下使膜溶液烘干。而干法是依赖于高分子成膜材料固有的热塑性特点，主要通过压缩、模塑、挤压等方式制成膜片，直接用于肉品包装。

目前常使用一些含有羟基、氨基等基团的小分子化合物作为增塑剂，对膜的性能加以改善，这些增塑剂能与蛋白质和多糖间的羟基相互作用形成氢键，削减相邻的聚合物链分子间的作用力，从而降低膜的内聚力，增加聚合物链的灵活性和抗折能力，有利于保持膜结构的完整性。增塑剂的使用还需考虑增塑剂与分子间的相容性。常用的增塑剂有多元醇（甘油、山梨醇和聚乙二醇）、糖类（葡萄糖和蔗糖）和脂类（单甘酯、磷脂和表面活性剂）等，其中甘油应用得最普遍。

3. 超高压保鲜技术

超高压技术是一种新型的非热加工技术，能够破坏微生物细胞壁、细胞膜及细胞间隙的结构，使蛋白质等成分发生变性和酶活性降低，达到杀菌保鲜的目的。在600 MPa压力下处理6 min可以较好地抑制酵母菌的生长，预防由乳酸菌导致的食品腐败变质，减少李氏杆菌和沙门氏菌对食品的污染。

然而，不同压力水平的超高压处理能改变鲜肉的颜色、质地等质量参数，其中肉色改变最为明显，因此超高压在鲜肉保鲜领域的应用受到了极大限制。此外，不同的压力水平和处理时间可能会导致脂质氧化。

4. 冰温保鲜技术

冰温贮藏保鲜技术是继冷藏、冷冻后新兴的第三代保鲜技术，又称冰鲜技术，它是一种将屠宰冷却后的生鲜黄羽肉鸡肉放置于0 ℃以下，冰点温度以上的冷藏方式。与主要为分割产品的白羽肉鸡不同，冰鲜鸡是黄羽肉鸡屠宰加工产品的最重要的形式，冰鲜鸡的品质直接影响到消费者对屠宰鸡产品的接受程度。

不同冰鲜技术对黄羽肉鸡肉品保鲜的影响不同。在4 ℃普通冷鲜技术下，黄羽肉鸡剪切力、pH值、挥发性盐基氮、菌落总数值随着贮藏时间的延长迅速上升，大肠菌群变化较快，硬度值迅速下降，黄羽肉鸡腐败变质速率较快。在冰温保鲜技术下，随着贮藏时间的延长，剪切力、pH值、挥发性盐基氮、菌落总数值的上升速率缓慢，大肠菌群变化缓慢，硬度值缓慢下降，黄羽肉鸡腐败变质速率较慢。4 ℃普通冷鲜技术的黄羽肉鸡货架期为6 d左右，冰温保鲜技术的货架期为16 d左右。通过冰温保鲜技术，黄羽肉鸡品质能得到一定保持，货架期得以延长。

除温度控制外，冰鲜鸡常采用多栅栏因子综合保鲜技术，进一步有效抑制微生物生长，延缓其腐败变质，如表7-1所示。

表7-1　冰鲜鸡栅栏综合保鲜技术相关研究

栅栏技术	浓度比例	货架期（d）
articoat-DLP、超高压、气调包装	articoat-DLP按1：4稀释浸蘸10 s、300 MPa、30%CO_2+70%N_2	28
金银花提取物、气调包装	0.25 g/L金银花提取物、30%CO_2+70%N_2	8
Nisin-EDTA、气调包装	500 IU/g Nisin-50 mM EDTA、65%CO_2+30%N_2+5%O_2	13 ~ 14
壳聚糖涂膜、牛至精油	1 g/100 mL、1%	14

注：“articoat-DLP”表示一种商业抗菌涂料。

（二）冷链物流

1. 概况

我国冷链产业发展趋势火热，但不少业内专家认为，我国的冷链物流建设仍在起步阶段，还有很大提升空间。

（1）要形成独立、完整的冷链物流体系。冷链物流对设备、车辆、仓储、信息化技术和从业人员以及售后服务的要求都比较高，是一个十分复杂的体系。由此看来，目前国内的冷链物流体系尚未形成，一定程度上影响了产业的发展。

（2）要加快冷链物流市场化建设，吸引更多第三方企业的介入。目前，冷链物流的成本相对较高、利润较低，很多企业不是特别感兴趣。但随着冷链物流市场的进一步发展，多家实力雄厚的第三方物流公司开始介入冷藏连锁物流领域。

（3）要加强冷链物流的软硬件建设。应积极寻求政府的大力支持，如扶持与保护具有自主知识产权的冷链物流商标和品牌，引进、消化发达国家冷链物流IT技术，加大IT技术的投入。最后，冷链物流想要广泛发展，必须有物联网的支持，但作为一项新技术新产业，需要更多的开拓者先试先行，挖掘新技术的效益，建立新的商业模式，让产业链各方受益，推动冷链物流产业持续发展。

（4）完善冷链物流供应链。加强产品的供应链相关的规划与协调，防止出现失衡现象。相关政府部门应该进一步加强有关冷链规则的执行力。

生鲜农产品的冷链物流过程包括运输、装卸、贮存、流通加工、配送等环节，每个环节都面临着技术保证和管理优化的问题，以最大限度地保持生鲜农产品的色泽、风味、营养和新鲜度。

2. 冷链物流优势

（1）净化市场环境。传统活禽交易市场中没有消毒设施和设备，通常都是商家就地杀鸡，出售，或直接售卖活鸡，该过程中产生的各种废物不能得到及时处理，长时间堆放在市场中，污染市场环境，对食品安全和人民健康有较大影响。而黄羽肉鸡采取集中屠宰，冷链配送的方式，使黄羽肉鸡集中在屠宰点定点屠宰，集中处理，保证0～4 ℃的温度下加工、运输和销售，减少了现杀黄羽肉鸡造成的市场污染，有效净化市场环境，保证食品安全和人民健康。

（2）减少活禽流动，有效防控禽流感。禽流感是由禽流感病毒引起的一种急性传染病，能感染人，死亡率高，不仅影响养鸡业经济效益，还会危害人类健康、威胁人类生命安全。近年来，我国出现了多起人感染禽流感的病例，且禽流感病毒可以通过禽传染给人，人和家禽之间的密切接触是患禽流感的主要原因。因此，要想避免禽流感的发生和流行，减少与活禽的接触是有效的措施。黄羽肉鸡经过集中屠宰及冷链配送，屠宰过程都在屠宰场内完成，减少销售方、消费者与活禽接触的环节，大大减少人感染禽流感的机会。此外集中屠宰和冷链配送也避免了不同养禽场及黄羽肉鸡之间在频繁运输过程中出现疾病的交叉感染。

（3）检疫更高效。传统活禽交易，家禽饲养时间过长，不同年龄、不同批次的家禽混合售卖，活禽交易行为没有明确规范，也无法做到100%检疫到位，容易出现不明来源，健康情况不清晰的家禽混入市场。黄羽肉鸡集中屠宰，冷链配送能保证大部分上市的鸡产品均接受检疫，能查到产地和来源，在屠宰过程中筛选出健康肉鸡进行加工销售，防止病死肉鸡及其产品在市场流通而带来安全隐患。另外，《家禽屠宰检疫规程》中规定家禽在屠宰前6 h需要进行申报检疫，检疫人员查验“动物检疫合格证明”合格后，才准予入场屠宰，做好相应记录，保存“动物检疫合格证明”，使所有流入市场的产品都能追踪溯源。

（4）黄羽肉鸡肉制品口感更佳。黄羽肉鸡在屠宰后需要放入预冷库中，使温度在短时间内降低至0～4 ℃，然后加工、包装、运输、保存等整个流程都在低温环境下进行，良好的温度控制能使黄羽肉鸡肉质处于柔软状态。不同于冷冻黄羽肉鸡，在冷冻过程中肉制品中的水分遇冷凝结成冰晶，致使细胞体积变大，组织结构损坏，解冻过程中，水分从肉制品中析出，使肉质粗糙干燥，脂肪氧化，口感变差。而冷链配送的冰鲜黄羽肉鸡，温度始终处于冰点临界点，不会破坏肉制品中的蛋白质、矿物质、维生素等营养物质，而且无需解冻，肉中的水分和营养成分不会流失，保证口感，此外，肉鸡在被宰杀后处于0～4 ℃会有一个排酸过程，消费者购买后的肉制品已完成排酸，口感更好，与现宰活鸡无异。

（5）减少微生物滋生。肉制品长时间暴露在常温或高温环境中会变质，并滋生大量细菌，不仅会使经营者的利益受损，还会影响消费者的健康。0～4 ℃的加工和运输环境，能抑制微生物生长，大大降低了细菌数量，保证肉制品品质，减少病原体的传播扩散，有效预防各类家禽疾病的发生。

3. 冷链物流品控管理面临的主要问题及策略

（1）断链现象。从原产地屠宰黄羽肉鸡后，必须保证其始终处于适宜的温度，从加工、贮藏、运输、配送、零售到消费者手里的全过程，冷链物流需要重点关注品质的保证及产品的质量安全。与发达国家相比，我国生鲜农产品在物流环节的损耗率较高。生鲜农产品由于缺乏冷藏库及入库等待时间长，在贮藏、运输和销售等环节都容易出现断链现象。加强硬件基础设施建设，让供应链上下游真正认识到断链的本质，从源头上解决冷链物流协同运作问题，避免断链的发生。

（2）产品加工库存管理。生鲜农产品种类繁多，随着季节变动其市场需求也有所不同，旺季和淡季的需求差异很大。运营企业不能准确预测市场，无法及时对库存短缺、库存过剩现象做出反应，导致供需失衡。市场预测准确率低，影响生鲜业务活动的正常开展，供应商难以顺利执行供应计划。

面对各种库存管理问题，广泛考虑不同影响因素，制定合理的库存管理策略，加强对生鲜农产品不同品类的检查和监控，切实保障生鲜农产品的质量要求，改进和规范生鲜农产品的加工库存管理，降低运营成本。

（3）相关技术人员操作。我国现代化物流刚刚起步，还存在很多技术条件不成熟的问题，在生鲜农产品的冷链物流方面还缺乏专业技能培训，当物流信息系统出现问题时得不到及时地诊断和处理，相关技术人员的操作专业化水平有待提高。

冷链物流的技术人员要具备基本的能力素质，合理的知识结构和较高的实际操作能力，不仅要了解物流管理技术，还要结合科技手段改进物流工作水平。我国现代物流在设备、资金、技术等方面不及发达国家，同时在理念和专业知识方面上也有一定的差距，应加大现代物流理念的宣传，加快建设物流学科，解决生鲜农产品冷链物流的理论和实际问题。在掌握扎实的理论基础知识的基础上，重视技术人员实战能力的培养。

4. 冷链物流品控管理的途径

（1）采购管理。黄羽肉鸡收货，首先必须要收集从送货单位随货而来的所有证件（车辆消毒证明、出入境检疫证明、非疫区证明、屠宰日期、规格等级等），肉品呈红色有光泽，血色均匀，脂肪洁白，无出血点和伤斑，表面微干或微湿，不黏手，按压后凹陷立即恢复，无异味，具有正常的味道。

（2）贮存管理。在贮存时，所有仓库和加工间须有一个陈列图。商品的分类陈列有助于顾客辨别购买。陈列图粘贴在门口的固定位置上，一旦更换，必须及时更改。须按陈列图规划存放所有库房、加工间的物品。所有物品须密封，不直接摆在地上，注意生熟分开。必须有明确标记的损坏和可退货商品的指定区域，需要销毁的货物应及时处理，不宜在仓库中存放时间过长。仓库必须保持干燥并达到规定的温度，货架要时刻保持清洁。

（3）配送管理。在配送环节，禽类规定合适的加工、运输冷藏温度，确定质量检验标准，保障产品的质量。由于产品的特殊性，与一般常温物流配送的管理相比要求高很多，业务更复杂，因此，为改善连锁超市生鲜经营运作环境，有必要建立有效的生鲜加工配送服务体系和完善的全程质量控制体系，进而连接生鲜供应链上下游。

5. 冷链物流品质鉴别技术

在黄羽肉鸡的流通过程中，冷链物流是保证品质的重要环节，冷鲜鸡的品质直接影响到消费者对屠宰鸡产品的接受程度。因此，采用何种技术鉴别冷链物流中的黄羽肉鸡品质十分重要。鉴别技术主要包括感官检测法、电子鼻检测法、红外光谱检测法、离子迁移谱检测法和计算机视觉检测法等。

第二节　黄羽肉鸡精深加工

一、加工共性技术

（一）腌制

肉的腌制是指用食盐或以食盐为主，并添加硝酸钠（或钾）、亚硝酸钠、蔗糖和香辛料等腌制辅料对原料肉进行腌渍的过程。腌制可以抑制腐败菌生长，防止腐败变质，改善风味和色泽，提升肉品品质。因此，腌制已成为肉制品加工过程中的一个重要环节。

1. 腌制材料组成及其作用

（1）食盐。作为肉腌制中最基本的成分，食盐必不可少。食盐作用主要有以下4点。

①产生鲜味。当配合一定浓度的咸味时，肉中丰富的蛋白质、脂肪等物质表现出鲜味。

②溶解盐溶蛋白。盐溶性的肌球蛋白在肌肉组织中含量最多，肌球蛋白溶出对肉制品的结构、保水性、保油性和嫩度具有重要意义。

③防腐作用。盐在肉腌制中能促进脱水，调节渗透压，进而对微生物生长繁殖起到抑制作用，肉制品保存期延长。

④食盐可促使硝酸盐、亚硝酸盐和糖向肌肉深层渗透。

食盐能抑制微生物的生长繁殖，并不能杀菌，有些嗜盐性微生物仍能生存和繁殖引起肉品腐败。因此，肉的腌制过程宜在较低温度下进行。腌制室温度一般保持在2～4 ℃，同时腌制用的食盐、水和容器必须保持卫生状态，严防污染。

（2）硝酸盐和亚硝酸盐。在几千年前硝酸盐就已经在腌制中广泛使用，而硝酸盐通过还原性细菌或还原性物质生成的亚硝酸盐也可以用于腌肉生产。亚硝酸盐主要作用如下。

①抑菌作用。它主要是对肉毒梭状杆菌产生芽孢起到抑制作用，同时也能抑制金黄色葡萄球菌等其他腐败菌生长。

②呈色作用。若肉加热前未经亚硝酸盐腌制，肌红蛋白会很快被氧化成高铁血色原，呈红褐色。而添加了亚硝酸盐后，肉中的氧合肌红蛋白中的O_2被NO所取代，生成性质稳定的亚硝基肌红蛋白。

③抗氧化作用。亚硝酸盐也具有抗氧化作用，可以抑制脂肪氧化，减少因脂肪氧化而产生的氧化味及以后加热形成的过度蒸煮味，呈现出独特的风味。

④增加风味作用。亚硝酸盐可以增加腌肉的风味，通过促进盐分渗透，加快肉制品形成成熟风味。

2. 腌肉的风味

腌肉中形成的风味物质包括羰基化合物、挥发性脂肪酸、含硫化合物、游离氨基酸等物质，在加热腌肉时就得以释放，形成独特风味。风味的产生在腌制10 ~ 14 d后出现，40 ~ 50 d达到最大程度。

腌肉制品的成熟过程不仅是蛋白质和脂肪分解形成特有风味的过程，也是腌制剂（如食盐、硝酸盐、亚硝酸盐、异抗坏血酸盐及糖等）在肉中均匀扩散，和肉成分进一步反应形成风味物质的过程。

3. 腌制方法

在众多的肉制品腌制方法中，以干腌、湿腌和混合腌制法为主。产品不同，腌制方法要求也不同。

（1）干腌法。干腌法是利用干盐或混合盐，先在肉的表面涂擦，而后层堆在腌制架上或腌制容器内，依靠外渗汁液形成盐液进行腌制的方法。干腌后经过长时间的成熟，成品具有独特风味和品质，一般适合大块原料肉。干腌法的缺点是腌制时间长，易变质，产品腌制不均，盐分多，失重大，色泽较差。

（2）湿腌法。一般采用老卤（主要含有食盐和硝酸盐）腌制，先调整好浓度，再用于腌制新鲜肉，食盐和硝酸盐向肉中扩散，减少营养和风味的损失，同时赋予腌肉老卤特有风味。湿腌法的缺点是其色泽和风味与干腌制品相比不足，腌制时间较长，蛋白质流失多，含水分多，不易保藏。卤水易变质，难保存。

（3）混合腌制法。利用干腌和湿腌互补性的一种腌制方法。肉类腌制时可先干腌后盐水湿腌。两者结合避免了湿腌造成的盐水浓度降低，还可以预防肉品表面脱水。

目前，关于黄羽肉鸡腌制的研究主要集中在不同的前处理工艺与腌制方法对鸡肉品质的影响。王艳芳等（2014）研究了不同的腌制时间和盐水浓度对三黄鸡品质的影响。结果表明，随腌制时间的延长，鸡胸肉和鸡腿肉的亮度值（L^*）先增大后减小，红度值（a^*）增大；鸡胸肉的黄度值（b^*）减小，而鸡腿肉的黄度值（b^*）增大（表7-2）。

表7-2　腌制时间对鸡胸肉和鸡腿肉色泽的影响

腌制时间（h）	鸡胸肉			鸡腿肉		
	L^*	a^*	b^*	L^*	a^*	b^*
6	62.64 ± 0.21^a	6.81 ± 0.20^a	8.78 ± 0.20^a	62.34 ± 0.27^a	15.12 ± 0.15^a	7.56 ± 0.04^a
8	64.09 ± 0.42^b	7.36 ± 0.18^b	4.59 ± 0.08^b	65.96 ± 0.33^b	11.82 ± 0.20^b	8.47 ± 0.32^b

（续表）

腌制时间（h）	鸡胸肉			鸡腿肉		
	L^*	a^*	b^*	L^*	a^*	b^*
10	65.50 ± 0.14[c]	11.50 ± 0.03[c]	4.66 ± 0.20[bc]	62.74 ± 0.20[a]	16.40 ± 0.12[c]	9.48 ± 0.32[c]
12	55.50 ± 0.14[d]	14.94 ± 0.01[d]	4.97 ± 0.13[d]	59.96 ± 0.08[c]	17.34 ± 0.11[d]	11.92 ± 0.16[d]

注：表中值为平均值 ± 标准差，同列字母相同者差异不显著（$P>0.05$），不同者差异显著（$P<0.05$）。

此外，盐水处理过的鸡胸肉和鸡腿肉，其硬度和咀嚼性显著减小，弹性和内聚性显著增加（$P<0.05$），回复性变化不显著（$P>0.05$）（表7-3）。程榆茗等（2014）研究了高压腌制、真空腌制和常压腌制3种方法对鸡胸肉品质指标的影响。结果表明，3个肉样的硬度之间存在显著性差异（$P<0.05$），且真空腌制组的硬度最低；常压腌制组的弹性和咀嚼性分别显著低于和显著高于高压腌制组及真空腌制组（$P<0.05$）（表7-4）。

表7-3　盐水浓度对鸡胸肉质构性质的影响

盐水浓度（%）	硬度	弹性	内聚性	咀嚼性	回复性
0	3 952.36 ± 236.22[a]	0.681 ± 0.018[a]	0.560 ± 0.014[a]	1 846.81 ± 139.52[a]	0.346 ± 0.004[a]
4	3 237.44 ± 181.64[b]	0.712 ± 0.013[b]	0.675 ± 0.013[b]	1 604.16 ± 51.52[b]	0.312 ± 0.008[a]
6	3 126.78 ± 379.04[b]	0.739 ± 0.017[bc]	0.695 ± 0.015[cb]	1 578.69 ± 111.44[b]	0.324 ± 0.018[a]
8	2 279.49 ± 174.41[c]	0.769 ± 0.028[c]	0.739 ± 0.022[c]	1 415.37 ± 180.36[bc]	0.309 ± 0.023[ab]
10	2 175.64 ± 227.89[c]	0.708 ± 0.002[d]	0.649 ± 0.014[b]	1 229.69 ± 55.36[c]	0.270 ± 0.005[b]

注：表中值为平均值 ± 标准差，同列字母相同者差异不显著（$P>0.05$），不同者差异显著（$P<0.05$）。

表7-4　常压组、高压组、真空组鸡胸肉的TPA

质地剖面分析（TPA）	常压组腌制（0.1 MPa）	高压组腌制（150 MPa）	真空组腌制（-86 MPa）
硬度（g）	11 567.60 ± 551.24[a]	9 905.20 ± 20.43[b]	9 734.12 ± 155.49[c]
弹性（mm）	0.57 ± 0.02[b]	0.71 ± 0.03[a]	0.74 ± 0.02[a]
咀嚼性（g）	4 306.96 ± 137.36[a]	3 423.08 ± 287.19[b]	3 588.76 ± 66.57[b]

注：结果表示为平均值 ± 标准差，表中同行数据不同字母表示存在显著差异性（$P<0.05$）。

（二）煮制

1. 煮制目的

煮制是指肉品的热加工过程。煮制能抑制或杀死制品中的微生物、寄生虫等，有利于提高制品的耐保存性；煮制能促进蛋白质发生变性，有利于消化吸收；通过煮制，肉的硬度、黏着性、弹力、齿感发生物理变化，制品形态固定，有利于制品切片；煮制还可以稳定色泽和改善风味。

2. 煮制火候

火候主要是指火力大小和时间长短两方面，一般分类为旺火和文火。肉制品加工通常采用先旺火再小火的方式，先将汤汁煮沸，撇去浮沫、加入调味料后再改用文火煨炖入味。肉质较嫩、肉块较小，短时间即可炖熟入味；肉质较老、肉块较大，则需延长煨炖时间。

张立彦等（2012）研究发现，与生肉相比，55 ℃下加热的三黄鸡胸肉的剪切力值显著增加（$P<0.05$），之后随温度上升又显著下降，在65 ℃时降到最小，在65～85 ℃又显著增大（$P<0.05$），85 ℃以上剪切力值增加不显著（$P>0.05$）（图7-1）。

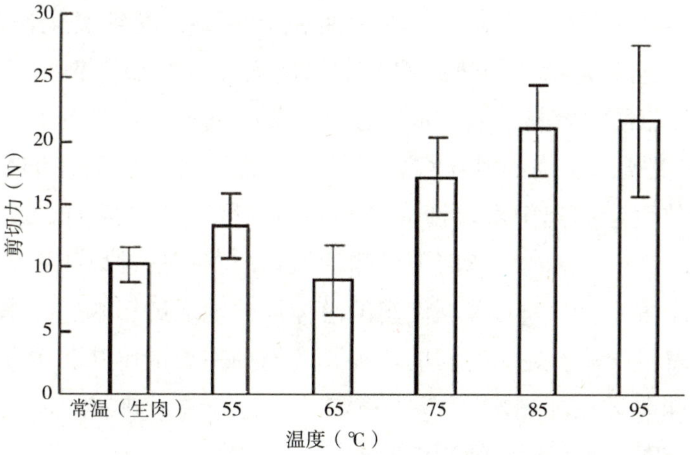

图7-1　加热温度对三黄鸡胸肉剪切力值的影响

3. 肉在煮制过程中的变化

（1）重量减轻。肉类在煮制过程中水分下降明显、重量减轻，其程度可用出品率表示。为了提高出品率，将营养物质的损失降低，在热加工前可将原料放入沸水中预煮较短时间，促使产品表面蛋白质凝固成保护层，保护营养成分不过分流失。

（2）肌肉蛋白质的热变性。在煮制中，肌肉蛋白质因热变性凝固，易于消化吸收。同时引起肉汁分离，体积缩小变硬等变化。加热温度不同，蛋白质变性程度不同。

戚军（2018）研究了炖制时间对黄羽肉鸡品质的影响。结果表明，炖制时间的增加改善了鸡腿肉的嫩度但导致鸡胴体的蒸煮损失增加。炖制3 h后，蛋白质消化率从

90.5%降至80.3%，纤维直径降低了8.63 μm。随着炖制时间延长，鸡胸肉硬度和弹性降低。胸肉的剪切力值从炖制1 h时的32.34 N下降到炖制2 h时的10.29 N，随后在炖制3 h时增加到39.98 N（表7–5）。

表7–5　不同炖制时间对鸡胸肉质构指标的影响

指标	生肉	1 h	2 h	3 h
硬度（g）	2 292.59 ± 191.77^{b}	2 979.13 ± 573.20^{a}	2 123.87 ± 143.09^{b}	1 225.61 ± 116.54^{c}
弹性	0.60 ± 0.04^{a}	0.53 ± 0.05^{ab}	0.41 ± 0.03^{c}	0.45 ± 0.10^{c}
剪切力（N）	11.27 ± 0.49^{c}	32.34 ± 0.98^{b}	10.29 ± 1.96^{c}	39.98 ± 7.84^{a}
纤维直径（μm）	33.21 ± 0.26^{a}	28.31 ± 0.64^{b}	25.86 ± 0.52^{c}	24.58 ± 0.31^{d}

注：结果表示为平均值±标准差，表中同行数据不同字母表示存在显著差异性（$P<0.05$）。

（3）脂肪的变化。加热时脂肪熔化，包围脂肪滴的结缔组织被加热并收缩，导致脂肪细胞承受更大的压力，细胞膜破裂，脂肪熔化流出。脂肪熔化时，会释放出与脂肪有关的挥发性物质，增添肉和汤的香气。

在加热过程中，一些脂肪水解形成甘油和脂肪酸，发生氧化作用的同时酸价升高，形成氧化物和过氧化物。加热煮沸时如果肉太多或剧烈沸腾，很容易发生脂肪乳化，使肉汤浑浊。脂肪很容易被氧化成二羧基酸类，这使肉汤带有不良气味。

（4）风味的变化。生肉的风味很弱，但加热后的熟肉往往具有明显的风味，这通常被认为是由加热引起的肉中水溶性成分和脂肪的变化所造成的。戚军（2018）研究了炖制时间（1 h、2 h、3 h）对鸡肉中滋味活性物质和挥发性风味物质的影响，结合感官评估和电子鼻评估炖制时间对黄羽肉鸡的总体风味轮廓的影响，为揭示鸡汤风味形成提供基础。结果表明，随着炖制时间的增加，鸡肉中主要的鲜味相关化合物含量显著降低。鸡肉总体风味差异在炖制2 h后趋于稳定。总的来说，炖制可以改善鸡肉香味，但会降低鸡肉滋味强度，尤其是在炖制前2 h内。

（三）油炸

油炸是通过多量食油旺火加热而使食品熟制和干制。油炸既是一种常用的家庭菜烹调方法，也是一种重要的食品工业化生产加工技术。以油炸为热处理工艺的炸鸡类肉制品风味独特，营养均衡，食用方便快捷，受到广大消费者的青睐。

1. 炸制原理

（1）油炸的作用。油炸是将食品物料浸没在温度高于水沸点的油脂中，以油作为热传递介质，使食品中的水分快速蒸发，食品从表面到内部热脱水和熟制相结合的过程。随着油炸时间的延长，炸用油主要发生着氧化、水解、聚合等反应，食物发生了淀粉糊化、蛋白质变性、焦糖化反应等，使得食品的品质发生显著变化，形成具有油炸食品特征的金黄色酥脆外壳，呈现特色鲜美的口感以及浓郁宜人的风味。

（2）炸制用油。炸制用油一般是新鲜植物油，要求过氧化值低、熔点低、不饱和脂肪酸含量低。当前主要使用豆油、菜籽油和葵花籽油。

（3）油炸温度和时间的控制。油炸技术的关键是控制油温和油炸时间。油炸过程可分为四个阶段：初始加热过程、表面沸腾阶段、沉降阶段和气泡停止阶段，各个阶段油温的掌握十分重要。油炸时间要根据具体原材料的性质来确定。为了延长炸制用油的使用寿命，除了掌握适当的油炸条件和向油中添加抗氧化剂外，油脂更换率（15%～20%）和及时过滤残渣也很重要。

2. 油炸技术

目前，依据油炸压力大小可以将油炸技术分类为常压油炸、高压油炸和真空油炸3类。其中常压油炸可分为传统油炸（纯油油炸）和水油混合式油炸。

（1）传统油炸技术。在我国，食品加工厂长期以来对肉制品的油炸大多采用燃煤或油的锅灶，少数采用钢板焊接的自制平底油炸锅。这些油炸装置一般配备了相应的滤油装置，对用过的油进行过滤。

传统油炸技术易于加工、加工后的产品酥脆、口感良好。但在油炸过程中，食品的营养价值和天然色泽大量流失。另外，油炸过程中会产生大量食品残渣并沉在油锅底部。残渣经反复油炸，可使炸油变污浊，从而缩短炸油使用寿命，甚至产生一些致癌物质，严重影响消费者的健康。

刘彪（2015）研究了油炸鸡腿中反式脂肪酸和杂环胺形成规律及棕榈油品质变化，发现油炸温度较高时，易生成反式脂肪酸，杂环胺等有害物质，棕榈油变质速度加快。姜化彬等（2017）研究了鸡腿在不同油炸温度和油炸时间下的品质变化规律，发现油炸温度越高、油炸时间越长，炸鸡腿的硫代巴比妥酸（TBA）值越大。因此，油炸加工食品中有害物质形成及其含量的影响的研究以及对油炸油在连续使用中品质变化规律的分析有重要意义。

（2）高压油炸技术。高压油炸技术是通过增加容器内的压力，使其内部压力高于常压，从而提高油的沸点温度，缩短油炸时间。高压油炸技术对油炸设备有着很严格的耐高压性能要求，使用前应仔细查看国家相关检测部门出具的压力检测合格报告，并在操作时将容器的压力控制在安全压力范围之内，以免发生安全事故。目前高压油炸锅已经实现国产化，而且性能优良。

高压油炸技术油温高，水分和油挥发损失小，并能有效解决常压油炸时间过长的问题，减小对食品品质的影响。使产品外酥内软，色泽鲜艳。此外，高压油炸技术还有能源消耗低、无污染、效率高等优点。

（3）水油混合式深层油炸技术。水油混合式深层油炸技术，是指在同一个开口锅中加入油和水，较小密度的油位于容器的上半部分，水的密度较大则占据容器的下半部分，在油层中部水平设置加热器进行加热。

马瑞雪等（2016）研究了水油混合油炸工艺对调理鸡肉制品和油炸用油品质的影响，结果表明，水油混合油炸可降低炸用油的氧化和聚合劣变程度，但不能缓解炸用油的水解劣变，同时可提高油炸调理鸡肉制品的品质，并保障油炸调理鸡肉制品的安全性。

（4）真空低温油炸技术。真空低温油炸的实质是利用水的沸点随着气压降低而降低的特点，在负于大气压的真空环境中，以食用油作为传热媒介，在较低的温度下达到水的沸点并将肉中的水分蒸发出去，进行油炸、脱水、干燥的过程。在低温油炸中，肉内部的水分（自由水和部分结合水）会急剧蒸发而喷出，形成疏松多孔的组织结构，形成酥脆可口的口感。

真空低温油炸锅的绝对压力低于大气压，是在相对缺氧的情况下进行油炸加工的，因此油脂的氧化、聚合、分解等劣化反应速度减慢，并且油可以反复使用，从而有效降低耗油量。采用该技术可以最大限度地保留原料色泽、风味和营养成分，避免食品焦化，提高产品品质。真空油炸可以形成缺氧的环境，减缓氧化速度，有利于消灭细菌和某些有害的微生物，延长产品贮存期。然而，真空低温油炸技术在加工过程中也存在物料黏结成块、受热不均、含油量高等问题。

（四）熏制

烟熏是可以改变产品口味、提高品质和延长保质期的一种肉品加工方式，通过用燃料没有完全燃烧的烟气对食物进行烟熏而制成。生产中一般采用烟熏炉对肉类进行熏制。

1. 烟熏目的

（1）呈味作用。

①赋予食品特殊的烟熏风味，增进香味。

②有机酸（蚁酸、醋酸）、酚类等，特别是酚类中的愈创木酚和4-甲基愈创木酚是最重要的风味物质。

③烟熏过程中，加热能促进微生物、脂蛋白及脂肪的分解，生成氨基酸、低分子肽、脂肪酸等，给肉制品带来独特风味。

（2）发色作用。

①熏烟中一些物质可以发生美拉德反应发色。

②熏烟加热促进硝酸盐还原菌增殖及蛋白质的热变性，使半胱氨酸游离，促进一氧化氮血色原形成稳定的颜色。

③熏烟受热导致脂肪外渗，从而起到润色作用。

（3）杀菌作用。

①有机酸、醛类、酚类等具有抑菌防腐作用。

②烟熏使肉制品表面干燥，水分减少，能抑制细菌的生长，但霉菌和细菌芽孢对烟熏抵抗力强。

（4）抗氧化作用。熏烟中一些物质有抗氧化作用，如酚类中的邻苯二酚、邻苯三酚及其衍生物，其抗氧化作用显著。

2. 熏烟成分

熏烟主要是由硬木的不完全燃烧和木炭的红火烤制而得到，是由蒸汽、气体、液体（树脂）和微粒固体组合而成的混合物，熏制的实质就是制品吸收木材分解产物的过程。熏烟中常见化合物有酚类、醇类、有机酸类、羰基化合物、烃类及一些气体物质。

①酚类。熏烟中分离并鉴定的酚类愈创木酚、4-甲基愈创木酚等。在烟熏产品中酚类物有良好的抗氧化、抑菌和呈色的作用并且能形成特有烟熏味。

②醇类。熏烟中最常见和最简单的醇是甲醇或木醇，仅作为挥发性物质的载体或被氧化成相应的酸类而提高其作用价值。

③有机酸类。熏烟组分中存在含1～10个碳原子的简单有机酸，其对烟熏制品风味影响甚微，但仍然具有微弱的防腐作用。

④羰基化合物。熏烟中含有大量羰基化合物，如2-戊酮、戊醛等。与有机酸相同，它们在蒸汽蒸馏组分和熏烟内的颗粒上均有分布。烟熏制品经羰基化合物作用形成了特有风味和良好色泽。

⑤烃类。从烟熏制品中能分离出许多多环芳烃，如二苯并[a]蒽、苯并[a]芘等。多环烃附着于烟粒上，过滤即可除去。

⑥气体物质。熏烟中的气体物质包括CO_2、CO、O_2等。CO_2、CO可被鲜肉表面吸收，形成一氧化碳肌红蛋白，呈亮红色；O_2可与肌红蛋白形成氧合肌红蛋白或高铁肌红蛋白。

3. 熏制方法

按熏制过程中的温度范围有如下分类。

（1）冷熏法。冷熏法的温度一般为低温（15～30 ℃），且需要较长时间（4～7 d），因此宜在冬季进行。冷熏法生产得到的食品含水量在40%左右，有较长的贮藏期，但风味不及温熏法。

（2）温熏法。烟熏温度为30～50 ℃，熏制时间为1～2 d，熏制时应控制温度缓慢上升。在该温度范围下得到的产品重量损失较少，产品风味好，但不耐贮藏。

（3）热熏法。热熏法是应用比较广泛的一种方法，温度一般在60 ℃左右、时间4～6 h，因为温度较高，制品在短时间内就可以形成较好色泽。注意该方法中熏制温度必须缓慢上升，若过急则导致发色不均。陈金彦（2012）研究发现，烟熏25 min，中心温度达到75 ℃并保持50 min，该工艺条件下（料液注射率15% ± 2%、滚揉4 h、蒸煮温度80 ℃）生产出来的烟熏鸡腿品质均一，产品的各项指标均有较高接受程度。

（4）焙熏法。该法是一种特殊的熏烤方法，温度一般为90～120 ℃，所需时间较短。由于熏制的温度较高，熏制过程中肉品就已经成熟，不需要重新加工就可以食用，但贮藏性较差。

4. 烟熏制品质量安全控制

熏制具有其他工艺无法替代的优势，在肉制品加工中广泛应用，但传统熏制工艺制作的产品通常含有3,4-苯并芘及二苯并蒽等致癌物质，还可以通过直接或间接作用促进亚硝胺形成。长期过量食用不利于人体健康。因此，肉制品安全加工的研究热点需要关注控制烟熏和烧烤肉制品中有害物质的产生。目前控制有害成分产生的方法如下。

（1）控制发烟温度。发烟温度低于400 ℃时有极微量的3,4-苯并芘产生，当发烟温度处于400～1 000 ℃时便形成大量的3,4-苯并芘，因此控制发烟温度可以有效降低致癌物的产生。一般控制发烟温度在340～350 ℃为宜。

（2）熏烤燃材的优选。烟熏木材选择水分含量低，未发霉变质，无异味的材料，条件许可下可选用树脂含量少的硬质料和商品化标、准化的复合熏料。

（3）湿烟法。用高热的水蒸气和混合物通过木屑，使木屑产生烟雾，并引进烟熏室进行熏制，即能达到烟熏的目的，而又不会产生苯并芘。

（4）室外发烟。采用室外发烟，烟气经过滤、冷水淋洗及静电沉淀等处理后，再通入烟熏室熏制肉制品，可以大大降低3,4-苯并芘的含量。

（5）液熏法。采用不含多环芳烃等致癌物的烟熏液熏制，可以获得安全可靠的产品，生产工艺简单，操作方便，所需时间短，有助于实现机械化、自动化。烟熏液还对食品中几种常见的食源性病原菌有抑制作用。

（6）隔离保护。采用肠衣等阻隔物质，防止有害物质进入肉品内部。如纤维肠衣，对有害物质有良好的阻隔作用。

（五）冷却

熟肉制品的冷却是指经高温加工（如酱卤、熏制、蒸煮、烧烤等）后的肉制品使其本身温度降至0～10 ℃的操作。冷却是介于肉品加工与后续包装的一道过渡工艺。

1. 冷却目的

（1）肉品在高温加工过程中，发生剧烈的美拉德反应，在形成各种风味滋味物质的同时，也会产生苯并芘、杂环胺、丙烯酰胺等有毒有害物质；适度的冷却可以降低美拉德反应程度，从而减少毒害物质的积累量，同时保持肉制品各自特殊的风味。

（2）细菌的快速繁殖温度带为30～60 ℃。熟肉制品必须冷却快速通过温度带，避免微生物的腐败作用，保证肉品品质。

（3）熟肉制品经过冷却可方便后期包装。

2. 冷却方法

（1）自然冷却。将高温加工过后的熟食产品搬移至空场地进行摊晾式或叠放式放置，室温条件下缓慢冷却。自然冷却的方法占地面积大，冷却时间过长，存在各种卫生问题，不适用于现代熟肉制品工业化生产。

（2）空气冷却。空气冷却法是目前工业生产中最主要的冷却方法。可分为强制通风冷却、冷却室冷却、冷库冷却等。影响肉制品冷却效果的主要因素如下。

①冷却室温度。熟肉制品冷却终温应控制在0～4 ℃。冷却终温过低会引起肉品冷收缩。冷却肉品在冷却起始阶段导热量最大，故冷却室在进肉前的温度可降至-4～-2 ℃，这样进肉结束后，冷却室的温度不会骤然升高，维持在0～4 ℃。

②冷却相对湿度。相对湿度对肉品冷却过程中细菌生长繁殖以及肉品自身的干耗损失都有显著影响。在熟肉制品冷却过程中，初期阶段（整个冷却时间的前1/4时间段）的相对湿度可保持在95%左右，而之后的冷却时间内，相对湿度维持在90%～95%为宜。

③空气流速。空气流速同样是影响肉品干耗损失的重要因素。空气的导热系数只有0.02 W/（m·K），导热性能较差，故为使肉品快速冷却需加大流速；但过高的空气流速会时肉制品产生严重的干耗损失。因此，熟肉冷却建议控制空气流速在0.5～1 m/s，最快不能超过2 m/s。

（3）冷水冷却。与空气冷却法相比，冷水冷却速度很快，可大大缩短冷却时间，而且不易产生干耗损失。但采用冷水冷却时，为防止肉制品中可溶性营养物质流失，必须采用密封包装袋将待冷却产品进行包装后冷却。

（4）真空冷却。近年来真空冷却在食品工业中广泛应用，是一种快速蒸发冷却技术。具有以下4个优点。

①冷却速度快。冷却效率高，从100 ℃冷却到常温仅需10～15 min，冷却到10 ℃以下只需约25 min。

②冷却温度分布均匀。待冷却产品在真空装置中，内外部所受压力相等，故产品冷却过程中各处温度可以保持相对一致，不会产生较大温差。

③货架期更长。真空冷却不需要传热介质，产品自身水分蒸发带走热量，故冷却过程更加清洁卫生，不会沾染杂菌与尘埃，保鲜贮藏性能提高，货架期延长。

④能耗少。真空冷却不需要冷却介质，是一种“自身冷却”，不需要系统与环境之间的热交换，其能量利用系数COE（显热/电能）为2.65，而水冷为1.20，风冷为0.52。

目前真空冷却还存在许多问题，比如肉制品质量的损失、成本高等缺点，因而关于真空冷却技术有待进行进一步的深入研究。

二、包装与保鲜

（一）包装技术

鸡肉中蛋白质和不饱和脂肪酸含量较高，脂肪和胆固醇含量低，水分活度高，极易腐败变质，导致其产品的货架期短。所以，延长鸡肉制品的货架期，同时保证其良好品质是目前加工企业所面临的难题。鸡肉产品目前的保鲜方式主要是根据不同的市场需求采用不同的保鲜方式，降低产品中微生物的数量，同时减缓脂肪的氧化速率，从而延长产品的货架期。目前我国普遍使用托盘包装、气调包装和真空包装这三种包装方法。

1. 托盘包装

托盘包装是指将加工好的鸡肉产品放置在泡沫聚苯乙烯托盘上，然后使用聚乙烯（PE）薄膜拉伸覆盖将其裹包的一种包装方式。这种包装方式，由于其简单易行、成本低廉的特点，可满足较短时期内包装食品的需求，是目前超市冷柜中鸡肉以及精加工鸡肉产品最常用的销售形式。同时，由于托盘包装所采用的包装薄膜透氧率比较高，产品处于有氧环境中，所以产品的货架期较短，产品在冷柜中的货架期通常为1～3 d。

2. 气调包装

气调包装（MAP）作为一种食品工业的新型包装技术，是指依据不同肉类产品的特性和贮藏要求，通过在高阻隔性包装袋内充入预配的混合气体（通常为O_2、CO_2和N_2），改变产品所处的气体环境，抑制微生物生长，达到产品腐败变质减缓，货架期延长的目的。气调包装食品的货架期和安全性受多种因素的影响，包括食物的性质、内部气体的成分包装、包装材料的透气性和贮存温度等。

（1）气调包装所使用的气体。鸡肉类产品中气调包装通常使用CO_2、N_2和O_2等气体。

①CO_2。CO_2在气调包装中主要抑制肉类产品中好氧细菌、真菌、某些厌氧或兼性厌氧菌的生长。当CO_2含量在20%及以上时，细菌的生长速度明显降低，随着CO_2含量的增加，其对微生物生长的抑制会越强。然而，当CO_2含量大于50%时，由于CO_2会溶解于水和脂肪的性质，包装盒会有一定程度的塌陷，这不利于产品的销售，所以20%～40%的CO_2含量是适合于禽肉精加工产品贮藏的气体比例。当气调包装产品贮藏在较低的温度时，CO_2在水中的溶解度会升高，其抑制微生物生长的能力也会得到增强，但也会使包装盒塌陷程度增大，影响产品美观，所以要筛选适合比例的CO_2浓度和高阻隔性的包装材料运用于气调包装。

②N_2。N_2价格便宜，在塑料包装材料中透气率低，因此作为一种填充气体在气调包装中使用，有防止包装塌陷的优点。100%N_2气调包装也可以在一定程度上延长禽肉产品的货架期，因为其可以抑制好氧菌的生长和产品的氧化变质，但是其抑制效果要显著低于CO_2/N_2以一定比例混合气调包装。

③O_2。O_2在肉类产品的腐败变质过程中起到一个主要的作用，并不利于肉类产品的贮藏保鲜，但是在气调包装体系中，O_2可以生成与保持肉中氧合肌红蛋白，很好地保持鲜肉的红色，这也是人们使用O_2进行气调包装的主要原因。O_2对微生物的生长也有控制作用，一般情况下，在促进需氧细菌和霉菌生长的同时能抑制厌氧菌的生长。低浓度的O_2（<5%）会使鲜肉形成棕灰色的高铁肌红蛋白（氧化形式的肌红蛋白）而导致肉变色。因此，目前主要使用高氧（70%～80%）气调包装来对新鲜肉类进行包装。禽肉产品尤其是精加工产品，由于其没有对产品表面鲜红色的需求，所以一般不使用O_2进行气调包装。

此外，人们还研究了一些其他气体如一氧化碳（CO）、氩（Ar）在气调包装产品中的应用，但都因为一些性质的限制，目前并未在食品贮藏中得到应用。

（2）气调包装中合适的气体比例。在气调包装中，合适的气体比例可以降低成本并且高效地延长产品的货架期，达到我们想要的效果。新鲜肉类中相比于猪肉、牛肉等红肉，鸡肉并没有对于产品鲜红色泽的要求，并且O_2的存在会加速鸡肉的脂肪氧化，影响风味。因此，无论是新鲜鸡肉类产品还是精加工的熟鸡肉制品，其气调包装均主要使用CO_2和N_2。鸡肉产品目前主要采用30%CO_2/70%N_2或40%CO_2/60%N_2的气体比例进行气调包装。低温贮藏条件下，气调包装新鲜鸡肉货架期一般为5～7 d，气调包装精加工（熟）鸡肉产品由于加工工艺的不同，一般可以达到15～28 d。

（3）气调包装材料的选择。气调包装由于其特殊的包装方式，对于包装材料也有特定的需求，主要包括以下3点。

①包装材料要有良好的阻隔性。所选用的材料首先要对于氧气、二氧化碳和氮气具有良好的阻隔性，可以既防止外界氧气的渗入，又能防止包装内气体逸出，从而保持包装系统内气体的组分。

②包装材料要有一定的机械强度和耐温性，使其能满足气调包装过程中抽真空、热封等工序对于材料的要求。

③包装材料要有足够的耐化学性。在整个贮藏过程中不会因为气调包装技术而产生任何有害的物质，影响产品质量。

在满足上述要求的基础上，还可以根据经济实用性、营销要求（印刷、标记性能）等进行不同包装材料的选择。

3. 真空包装

真空包装又称减压包装，是将产品装入有气体阻隔性的包装袋中，将包装内的空气完全分离后密封，延缓了好氧微生物的生长，降低了食品氧化、酸败速率，延长了货架期。

（1）真空包装的优点。在精加工食品尤其是酱卤类肉制品中，真空包装广泛应用，真空包装优点有以下4点。

①真空包装成本相对较低，可以满足工业化生产的需求。

②真空包装在货架期延长方面效果十分显著。真空包装内氧气含量极低，可以减缓肉制品中的脂肪氧化速率，抑制好氧微生物生长繁殖，减少肉类产品的贮藏损失和防止香味的逸出。

③真空包装运用了阻隔性优良的包装材料和严格的密封技术，可有效防止包装内物质交换，既可避免肉制品失重失味，还可防止二次污染。

④真空包装容器内的气体被去除，加速了热量传导，提高热杀菌效率，还可以避免肉制品加热杀菌时因气体的膨胀而使包装容器破损。

（2）真空包装存在的问题。真空包装虽然在精加工肉制品的包装中应用十分广泛，但是其很少应用到鲜肉制品的包装中。这主要是由于真空包装存在以下4个问题。

①颜色。肉类产品的颜色是影响消费者购买欲望的首要因素。真空包装的鲜肉产品由于氧分压低，肌红蛋白生成高铁肌红蛋白，使鲜肉呈红褐色，严重影响消费者的购买欲望。

②形状。精加工熟肉制品一般都有着特定的形状，真空包装由于工序要求会对产品产生一定的外部压力，会导致产品产生形变，从而影响精加工肉制品给消费者的观感。

③抑菌作用。真空包装可以有效抑制绝大部分需氧菌的生长，但是对于少部分微需氧菌如假单胞菌的生长并没有良好的抑制作用。同时，真空包装也为厌氧菌的生长提供了一定的生长环境。

④肉汁渗出及失重。真空包装容易引起肉制品肉汁渗出，产品失重明显，感官质量下降。

（3）真空包装对材料的要求。

①阻隔性。真空包装的材料首先要能对大气中的氧气、产品本身香味、水蒸气等物质有良好的阻隔性。

②耐温性。根据不同肉类制品的杀菌需求，真空包装材料一般要能经受不高于106 ℃的杀菌处理。

③机械强度优良。真空包装材料要求热封强度高，耐穿刺性能好，耐冲击强

度高。

④遮光性。光线会加速肉品氧化，影响肉制品色泽。在产品不直接暴露于阳光中的条件下，一般采用无遮光性的透明膜。

目前，真空包装在国内熟肉制品中的应用十分普遍，主要原因是真空包装相对其他包装而言成本较低，包装方法简单易行，并且不仅能够延长食品的货架期，还能够减少肉类食品的干耗，有益于产品香味的保持。

不同的包装方式，优缺点不同，在工业生产中要结合实际，根据产品的品质要求、贮藏要求、销售要求来选取合适的包装方式。

（二）保鲜技术

肉中营养成分丰富，在日常贮藏、运输、销售等环节中肉易腐败变质，这不仅给相关企业造成经济损失，而且不利于消费者健康。所以为了保证肉制品的质量和提高其安全性，就需要采用有效的保鲜方法，防止或者减缓肉类及其制品在日常的贮藏、运输和销售过程中发生腐败变质现象。目前食品的保鲜方法可分为物理保鲜法、化学保鲜法和生物保鲜法三大类。

1. 物理保鲜法

（1）加热保鲜法。加热处理是一种食品保鲜技术，用于杀死肉制品中的腐败菌及致病菌，同时可以抑制引起腐败的酶的活性。

肉制品加热杀菌主要分为低温杀菌和高温杀菌两大类。低温杀菌利用100 ℃以下的温度杀死肉制品中所存在的部分微生物（而不是全部）；高温杀菌则是将肉制品加热到100 ℃以上杀菌，从而使保质期更长。

（2）辐射保鲜技术。肉类辐射保鲜技术已研究多年，辐射保鲜通过放射物发出的电磁波辐射物体，损伤微生物细胞中的遗传物质，改变微生物的正常生长代谢，进而杀死或抑制肉制品微生物。辐射后不会留下任何残留物，但辐照处理引起脂肪氧化加快，脂肪氧化速率与辐照剂量正相关，不过添加一定的抗氧化剂便可减缓肉的脂肪氧化。

目前，已有学者对辐射保鲜技术在酱卤鸡肉产品中的保鲜作用进行研究。赖宏刚（2017）通过对酱卤鸡肉进行辐照处理后发现（图7-2），从对照组（0 kGy）可以看出，鸡肉的肌原纤维结构清晰，排列整齐，紧密。绝大多数的肌内膜仍包裹在肌原纤维周围。肌原纤维基本上比较均匀，无明显的大小变化；而处理组（4 kGy、6 kGy、8 kGy）中鸡肉的纤维结构变化还是十分明显的。肌纤维、肌束膜及肌内膜发生了明显的剥离，结构变得疏松，间隙增大，肌原纤维束之间出现了比较明显的空隙，说明肌纤维收缩，肌原纤维空间增大。此外，对添加复合生物保鲜剂和天然抗氧化剂的酱卤制品经6 kGy辐照处理后，货架期延长至90 d。

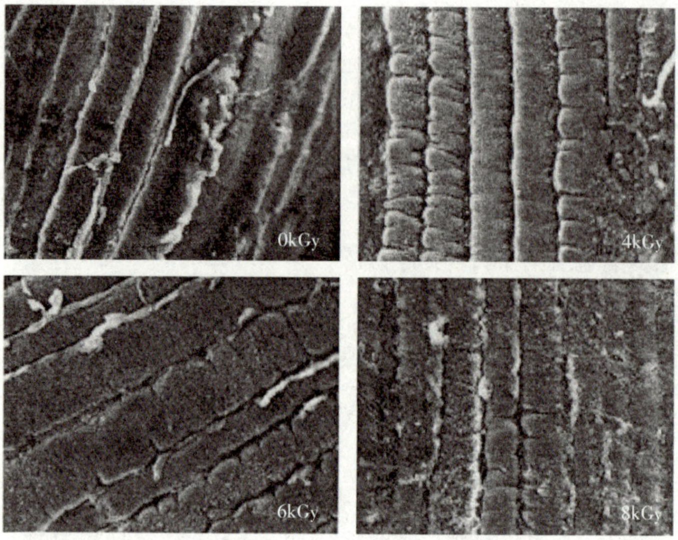

图7-2　酱卤鸡肉不同辐照处理组扫描电镜图（250倍）

虽然辐射技术在肉品贮藏保鲜的应用有了很大发展，但由于肉制品经过辐照后会产生称为辐射味的异味，并且辐射对于消费者而言还存在一定的可能未发现的安全隐患，消费者对此也还不够了解和信任，因此限制了辐照保鲜在肉制品中的应用和发展。

（3）超高压杀菌保鲜。高压技术是指将食品放入液体介质中，施以100～1 000 MPa的压力处理的过程。该技术可以抑制或杀死微生物、改变酶活性、改善食品功能特性、控制相变等。高压处理能够改变微生物的结构形态，从而有效抑制或减缓其对肉品的腐败变质作用，甚至由于其形态结构的改变而导致微生物的死亡以达到延长肉类贮藏期的目的。

在对食品进行高压处理的过程中，除压力强度外，还有如处理时间、温度、环境条件、细菌种类以及细菌的生长阶段等都与微生物的作用效果有密切关系。一般而言，革兰氏阳性菌比革兰氏阴性菌对压力的抵抗力更强，球菌比杆菌的抵抗力更强。此外，细菌对压力的抵抗力在很大程度上也依赖于培养介质。研究表明，超高压杀菌最佳的条件为400～600 MPa，0～70 ℃，1～10 min。

2. 化学保鲜法

化学保鲜是指用化学制品防止肉品的腐败变质以提高其贮藏性，并尽可能保持它原有品质的一种方法，具有简便而经济的特点。化学保鲜所用的化学制剂，必须符合食品添加剂的一般要求，对人体无毒害作用。化学保鲜有人工合成和天然两种保鲜剂。植物精油是一种理想的天然保鲜剂，具有较好的抑菌效果，安全无毒性，符合消费者的需求。目前在鸡肉保鲜应用研究的植物精油主要是大蒜精油、八角精油等。

3. 生物保鲜法

作为新兴的食品保藏方法，生化贮藏是利用酶制剂、特选菌种和抗生素来达到无毒高效的保藏效果。作用机理有以下5点：一是产生乳酸、有机酸、醋酸；二是产生二氧化碳，影响pH值和新陈代谢；三是营养竞争，抑制其他菌生长；四是氧化-还原电位被降低，抑制了细菌的生长和新陈代谢，也对危害性细菌生长有抑制作用；五是用抗生素，抗生素是一种热稳定性蛋白，能抑制细菌生长。

目前关于烧鸡的保鲜研究较多，其中复配保鲜液具有较好的保鲜效果，是一个主要的研究方向。李娜（2017）研究发现，最佳杀菌复配保鲜液为0.05% Nisin（乳酸链球菌素）、0.5% ε-聚赖氨酸、0.05%溶菌酶、2%乳酸钠，使烧鸡保质期可达25 d左右。

三、辅料与添加剂

肉制品加工生产过程中，为了改善和提高肉制品的感官特性和品质，延长肉制品的保质期和便于加工生产，常需添加一些其他可食性物料，这些物料称为辅料或食品添加剂。辅料和食品添加剂的正确使用有重要意义，能够提高肉制品品质，提高营养价值和商品价值，延长货架期，有利于消费者身体健康。

（一）辅料

1. 调味料

调味料是肉制品加工中最基本的辅助材料，是为了改善肉制品的风味，赋予肉制品特殊的味感，使其鲜美可口，增进食欲而添加到肉制品中的天然或人工合成的物质。包括咸味料、鲜味料、酸味料、甜味料等。

（1）咸味料。咸味料是以氯化钠为主要呈味物质的一类调味料的统称。在肉制品加工中咸味调味料以食盐、低钠盐和酱油为主。

①食盐。氯化钠食是盐的主要成分，食盐味咸、为中性的白色细晶体。食盐是肉制品加工中必不可少的调味料，不仅具有去腥、提鲜、解腻、平衡风味等作用，还可增加肉制品的嫩度、凝固性等，提高产品品质。我国肉制品的食盐添加量一般规定是：酱卤制品3%～5%，灌制品2.5%～3.5%，腌腊制品6%～10%，油炸及干制品2%～3.5%。

②低钠盐。低钠盐是由钠、钾、氯、镁等主要元素组成，其中钾元素和镁元素的比例增大、钠元素的比例减少，钠和钾的物质的量比为1∶1，镁和钾的物质的量比为1∶4，这是人体营养学上较合理的比例，与普通食盐口味相似，不会影响产品风味。

③酱油。作为我国传统调味料，具有提供咸味和鲜味、增加色泽和香气、除腥解腻的作用。

（2）鲜味料。鲜味料是指能提高肉制品鲜美味感的各种食品添加剂，需要在咸味的基础上发挥作用。呈味物质以核苷酸、氨基酸、酰胺、肽、有机酸等为主。

（3）酸味料。酸味调味料是食品中主要的调味料之一，不仅能够调味，还可以刺激鼻腔、舌尖的感觉器官，口感爽快，食欲大增，有助于溶解纤维素和钙磷等物质，从而利于消化，有一定的防腐作用。

（4）甜味料。甜味调味料是除了咸味调味料外，用途最广泛的调味料，在肉制品加工中具有重要的作用。甜味调味料不仅起到甜的作用，还能起到增加鲜味，抑制苦味、涩味、酸味的作用，可提高肉制品的感官特性，还具有着色和增加光泽的作用。

2. 香辛料

香辛料是一类改善和增强食品香味和滋味的食品添加剂，包括某些植物的根、茎、叶、蕾、花、皮、果实等，具有辛辣和芳香风味成分。香辛料可以抑制或矫正不良气味，增进食欲，促进消化。许多香辛料还有抗菌防腐作用、抗氧化作用，有些还具有特殊生理药理作用。使用时要注意相乘作用和相抵作用，科学配比各种香辛料的用量。常用的香辛料如下。

（1）葱。葱是百合科多年生草本植物，具有强烈的葱辣味和刺激性。

（2）姜。姜属姜科多年生草本植物，姜性辛温，味辣香，具有去腥调味、促进食欲、开胃驱寒和减腻解毒的功效。常用于酱卤、炒制、红烧罐头等的调香料。

（3）蒜。蒜为百合科多年生宿根草本植物大蒜的鳞茎，大蒜性温、味辛，具有强烈的蒜辣味及杀菌能力，可压腥去膻、增进食欲，并刺激神经系统，使血液循环旺盛，在饮食烹调中占有相当重要的地位。

（4）辣椒。辣椒为茄科辣椒属一年生草本植物。辣椒种类繁多，大都含有辣椒素，有些还含有丁香油酚等芳香成分，具有辛辣、香辣等味道。辣椒不仅具有调味功能，还有杀菌、开胃、着色、抗氧化等作用。并能刺激唾液分泌及淀粉酶活性增强，从而帮助消化，增进食欲。

（5）花椒。花椒为芸香科植物花椒的果实，其果皮含辛辣挥发油及花椒油香烃等，辣味主要是山椒素。花椒不仅能赋予制品适宜的辛辣味，还有杀菌、抑菌等作用，可应用在肉制品、焙烤食品、腌渍食品中。

（6）大茴香。大茴香是木兰科乔木植物的果实，其味温辛微甜，有独特浓烈的香气。大茴香含精油2.5%～5%，其中含有80%～90%的反式茴香脑。具有去腥和防腐的作用，是肉制品加工中的主要调味料。

（7）小茴香。小茴香是伞形科多年生草本植物小茴香的干燥成熟果实，其气味香辛、温和，带有樟脑般气味，微甜，又略有苦味和炙舌之感。小茴香含精油3%～4%，风味物质的挥发性油的主要成分是茴香脑，占50%～60%，茴香酮占10%～20%。小茴香能增香调味、防腐除膻，因此是肉制品加工中的主要调味料。

（8）肉桂。肉桂是樟科植物肉桂的树皮及茎部表皮经干燥而成，具有强烈的肉桂醛香气和微甜辛辣味，性温热，略苦。常用作肉类烹饪用调味料，也是卤汁、五香粉的主要原料之一。

（二）添加剂

食品添加剂在改善食品色、香、味，保质保鲜，优化食品加工工艺以及新食品的开发等方面发挥着重要作用，食品添加剂在食品中的使用量很少，一般不能单独使用，而且在使用范围和使用量方面有严格的要求。按照《食品安全国家标准　食品添加剂使用标准》（GB 2760—2014），食品添加剂的定义为“为改善食品品质和色、香、味，以及为防腐和加工工艺的需要而加入食品中的化学合成或者天然物质”。

1. 常用食品添加剂

（1）发色剂。

①硝酸盐。硝酸盐通常是无色结晶或白色结晶粉末，于水中易溶。硝酸盐在肉制品中微生物的作用下，最终可以生成NO，使肉制品保持鲜红色。

②亚硝酸盐。亚硝酸盐是白色或淡黄色结晶粉末，亚硝酸盐除了能够防止肉品腐败，提高保存性之外，还具有改善风味、稳定肉色的特殊功效，此功效比硝酸盐还要强，所以腌制时与硝酸盐混合使用，能缩短腌制时间。孙京新（2014）通过研究不同加工和贮藏条件对鸡肉制品颜色的影响发现，亚硝酸盐、维生素和茶多酚配合使用既能促进鸡肉制品发色，又能有效保护鸡肉制品的颜色。但是，亚硝酸盐用量应严格按照GB 2760—2014执行。

（2）发色助剂。肉发色过程中亚硝酸被还原生成NO，但是NO的生成量与肉的还原性有很大的关系。为了使之达到理想的还原状态，常使用还原性的发色助剂。

①抗坏血酸及抗坏血酸钠。还原性强，但对热和重金属十分不稳定，因此一般使用其稳定性较高的钠盐，肉制品中的使用量为0.02%～0.05%，最大使用量为0.1%。

②异抗坏血酸及异抗坏血酸钠。异抗坏血酸性质与抗坏血酸相似，是抗坏血酸的异构体，其不仅具有很强的还原作用，还可以作为发色剂、防止褪色及防止亚硝胺形成。麦润萍（2018）研究发现，随着D-异抗坏血酸钠添加量的增加，盐焗鸡的硫代巴比妥酸（TBA）值呈现先减小后增大的趋势，当添加量为200 mg/kg时，TBA值最低。

（3）着色剂。着色剂又名色素，是以食品着色为目的的一类食品添加剂，使食品具有悦目的色泽，增加食品嗜好性及刺激食欲具有重要意义。依据着色剂来源和性质可以将其分为天然和人工着色剂。

①天然着色剂。天然着色剂是利用物理方法提取精制从动植物可食部分及微生物中物质而成。天然着色剂价格较高，稳定性较差，但比人工着色剂安全性高，因此天然着色剂的开发和应用是食品工业的发展趋势。在肉制品中应用较多的有高粱红、红曲红、焦糖色素、姜黄色素、栀子黄等。

②人工着色剂。人工着色剂即化学合成着色剂，通过人工合成得到的有机着色剂。人工着色剂色泽鲜艳、稳定性好，适于调色和复配，且价格低廉，但过量使用会带来安全性问题，在限量范围内使用是安全的。常用的人工着色剂有胭脂红、苋菜红、日落黄、柠檬黄、亮蓝等。

（4）防腐剂。防腐剂是对微生物活动有抑制作用，可以防止食品腐败变质的一类食品添加剂，一般分为天然和化学防腐剂。

①化学防腐剂。化学防腐剂主要是各种有机酸及其盐类。肉类保鲜中使用的化学防腐剂有甲酸、乙酸、柠檬酸、乳酸及其钠盐、抗坏血酸、山梨酸及其钠盐、磷酸盐等。许多试验表明这些酸单一或组合使用均有利于延长肉类货架期。其中乙酸、山梨酸及其钠盐、乳酸钠和磷酸盐使用最多。

②天然防腐剂。天然防腐剂一方面安全性较好，另一方面更能满足消费者的需要，因此，未来防腐剂发展的必然趋势是天然防腐剂。常用的天然防腐剂主要有茶多酚、香辛料提取物、细菌素等。徐梅等（2016）研究发现，单独添加4 g/kg的乳酸链球菌素（Nisin）或2 g/kg的ε-聚赖氨酸时，盐焗鸡制品的感官品质和pH值达到最优，抑菌效果也较为显著；将5 g/kg的Nisin和2.5 g/kg的ε-聚赖氨酸复配使用时效果最佳，明显强于单独使用Nisin的保鲜效果。

（5）抗氧化剂。抗氧化剂可以起到减缓或防止氧化的作用，可以分为水溶性和脂溶性两类。脂溶性抗氧化剂在油脂中均匀分布，对油脂或含脂肪的食品有很好的抗氧化功能。肉制品在贮藏期间因氧化变色、变味而导致其货架寿命缩短是肉类工业一个突出的问题，因此高效、廉价、方便、安全的抗氧化剂亟待开发。

①脂溶性抗氧化剂。人工合成的脂溶性抗氧化剂有丁基羟基茴香醚、没食子酸丙酯等；天然脂溶性抗氧化剂有生育酚混合浓缩物等。

②水溶性抗氧化剂。人工合成的水溶性抗氧化剂包括L-抗坏血酸及其钠盐、异抗坏血酸及其钠盐等，可以作为食品的护色剂（助色剂），防止氧化变色，防止食品的风味和质量降低等；天然的水溶性抗氧化剂的有植物提取物（香辛料提取物），如茶多酚、异黄酮类、迷迭香抽提物等。

2. 食品添加剂使用原则

（1）食品添加剂使用时应符合以下基本要求。

①不应对人体产生任何健康危害。

②不应掩盖食品的腐败变质。

③不应掩盖食品本身或加工过程中的质量缺陷或以掺杂、掺假、伪造为目的而使用食品添加剂。

④不应降低食品本身的营养价值。

⑤以达到预期目的为前提，尽可能降低在食品中的使用量。

（2）在下列情况下可使用食品添加剂。

①保持或提高食品本身的营养价值。

②作为某些特殊膳食用食品的必要配料或成分。

③提高食品的质量和稳定性，改进其感官特性。

④便于食品的生产、加工、包装、运输或者贮藏。

⑤食品添加剂质量标准。按照《食品安全国家标准　食品添加剂使用标准》（GB 2760—2014）使用的食品添加剂，应当符合相应的质量规格要求。

（3）带入原则。食品添加剂可以通过食品配料（含食品添加剂）带入食品，主要是以下4种情况。

①根据《食品安全国家标准　食品添加剂使用标准》（GB 2760—2014），配料中允许使用该食品添加剂。

②食品配料中该添加剂的用量不应超过允许的最大使用量。

③应在正常生产工艺条件下使用这些配料，并且食品中该添加剂的含量不应超过由配料带入的水平。

④由配料带入食品中的该添加剂的含量应明显低于直接添加到该食品中通常所需要的水平。

四、典型产品加工

依据国标《肉制品分类》（GB/T 26604—2011）中各种肉制品的加工方式和产品特性，黄羽肉鸡的精深加工的传统鸡肉制品主要是：酱卤肉制品、腌腊肉制品、熏烧焙烤肉制品、调制肉制品以及其他类肉制品。随着时代发展与技术进步，在保持传统鸡肉制品风味和特色的同时，许多传统鸡肉制品的加工方式已由原先的手工操作、作坊式生产，逐步实现了生产工艺的机械化、自动化以及产品质量品质的标准化与感知化。本节将以几个典型的黄羽肉鸡制品加工工艺及加工技术进展为例进行介绍。

（一）酱卤肉制品

酱卤肉制品是以鲜（冻）畜禽肉和可食副产品放在加有食盐、酱油（或不加）、香辛料的水中，经预煮、浸泡、烧煮、酱制（卤制）等工艺加工而成的酱卤系列肉制品。

烧鸡是极具中国北方特色的传统酱卤鸡肉制品，也是深入百姓日常佐餐的风味菜肴，具有肉鲜味美、肥而不腻、烂而不散、色泽鲜艳、食有余香等特点。在中国各地均有烧鸡加工，但较为出名的是河南滑县的道口烧鸡、安徽宿州的符离集烧鸡、山东德州的德州扒鸡以及辽宁北镇的沟帮子熏鸡，并称为“四大名鸡”。

中国南方特色的酱卤鸡肉制品代表是白切鸡，又称白斩鸡，在我国长江流域及以南地区消费量较大，加工烹饪重在“卤”，不用酱色和少用调味料，具有色浅、味淡、清香、鲜嫩等特点。

1. 道口烧鸡的加工

道口烧鸡是河南省的特产肉制品，历史悠久。烧鸡造型美观，色泽鲜艳，黄里带红，而且味香独特，肉嫩易嚼，食有余香。

（1）配方（以100只鸡计）。砂仁15 g、肉桂90 g、丁香3 g、豆蔻15 g、陈皮30 g、草果30 g、良姜90 g、白芷90 g、食盐2 ~ 3 kg。

（2）加工工艺。

①造型。造型是道口烧鸡的一大特点，用一节竹竿撑开鸡腹，将两侧大腿（爪已切去）插入腹下三角处，两翅交叉插入鸡口腔内，使鸡体成为两头尖的半圆形。把造型完毕的鸡肉胴体，浸泡在清水中1 ~ 2 h，待鸡体发白后取出沥干。

②上色和油炸。沥干的鸡体，用饴糖水或蜂蜜水均匀涂抹于鸡体全身，饴糖和水的比例通常为1∶2，稍加沥干。然后将鸡放入150 ~ 180 ℃的植物油中，翻炸约1 min，待鸡体呈金黄色后取出。油炸时间和温度极其重要，控制不当时鸡体上色不好。油炸时必须严禁弄破鸡皮，否则皮肤会有较大裂口而造成次品。

③煮制。将各种辅料，用纱布包好平铺于锅底，然后将鸡放入，倒入老汤并加适量清水，使水面高于鸡体，上面用竹篦压住，以防加热时鸡体浮出水面。先用旺火将汤烧开，然后用文火徐徐焖煮至熟。老鸡2 ~ 3 h，幼鸡约1 h，煮制火候是关键，跟烧鸡的香味、鲜味和外形有很大关系。出锅捞鸡时要小心，确保鸡形不散不破。

2. 符离集烧鸡加工

符离集烧鸡是安徽特产，已有上百年历史。在原料鸡的处理上同道口烧鸡相似，但在开膛、造型和配料上有所不同，因此形成独特的外形和特有的风味。

（1）配方（以50 kg鸡计）。食盐2 ~ 2.5 kg、白糖0.5 kg、茴香150 g、山柰35 g、小茴香25 g、良姜35 g、砂仁10 g、肉蔻25 g、白芷40 g、花椒5 g、桂皮10 g、陈皮10 g、丁香10 g、辛夷10 g、草果25 g、硝酸钠10 g。

（2）加工工艺。使鸡体倒置，鸡腹肚皮紧绷，用刀贴着龙骨向下切开小口，能插进两指为宜。用手指将全部内脏拔出，清水洗净内膛。用刀背将大腿骨打断（不能破皮），然后把两腿交叉插入腹内。把右翅从颈部刀口穿入，从嘴里拔出向右扭，鸡头压在右翅内侧，右小翅压在大翅上。左翅也向里扭，同右翅一样并呈一直线，使鸡体呈现“十”字形。造型后用清水反复清洗。鸡体上色油炸成金黄色后进行煮制，方法同道口烧鸡。

3. 德州扒鸡加工

德州扒鸡又称德州五香脱骨扒鸡，是著名的山东特产。因操作时小火慢焖至烂熟，故名“扒鸡”。德州扒鸡至今已有400余年历史，特点是色泽金黄，肉质粉白，皮透微红，油而不腻，热时一抖即可脱骨。

（1）配料（以200只，150 kg计）。大料100 g、桂枝125 g、肉蔻50 g、花椒100 g、砂仁10 g、小茴香100 g、盐3.5 kg、酱油4 kg、生姜250 g。

（2）加工工艺。

①宰杀和整形。在颈部宰杀、放血，经过浸烫脱毛，腹下开膛，除净内脏并用清水清洗净后，将两腿交叉盘在肛门内，将双翅向前由颈部刀口处伸进，在口中交叉盘出，形成卧体含双翅状态，造型优美。

②上色和油炸。把造型好的鸡，用毛刷涂抹以糖色，再放到油温为180 ℃炸1～2 min，以鸡全身为金黄透红为宜，防止油炸时间过长，会变成黄黑色，影响产品质量。

③煮制。配料装袋，放入锅中，锅内按顺序排放炸好的鸡，然后放汤（新、老汤各半），汤的用量以高出上层鸡身为标准，上面压铁篦子和石块，防止汤沸腾时鸡身翻滚，先用旺火煮沸后，改用微火焖煮。

④质量要求。扒鸡的翅、腿齐全，鸡皮完整，外形美观，色泽金黄透微红，亮出闪光，热时一抖即可脱骨，凉后轻轻一提骨肉即可分离。

⑤保藏。卤制好的鸡可鲜销，也可以真空包装后巴氏杀菌，于2～4 ℃销售，或高压杀菌后常温销售。

4. 沟帮子熏鸡加工

沟帮子是辽宁北镇的一座集镇，以盛产熏鸡而闻名的北方地区。沟帮子熏鸡具有外观油黄、暗红，口感香滑，肉质娇嫩，香味浓郁，清爽紧韧，不腻口，回味无穷的特点。

（1）配料（以100只鸡计）。砂仁15 g、肉蔻15 g、丁香30 g、肉桂40 g、山柰35 g、白芷30 g、陈皮50 g、桂皮45 g、鲜姜250 g、花椒30 g、八角40 g、辣椒粉10 g，胡椒粉10 g、食盐3 kg、味精0.13 kg、磷酸盐0.12 kg。

（2）加工工艺。

①选料。选取非疫区的一年生健康公鸡，体重0.73～0.77 kg，该种肉鸡肉嫩味鲜。

②宰杀、清洗。刺杀放血，热烫去毛后的鸡体用酒精灯燎去小毛，腹部开膛，取出内脏，拉出气管及食管，用清水漂洗去尽血水后，送预冷间排酸。

③排酸。温度一般为2～4 ℃，排酸时间6～12 h，经排酸后白条鸡的肉质柔软，有弹性，多汁，制成的成品口味鲜美。

④腌制。采用干湿相结合的方法，在鸡体的表面及内部均匀地擦上一层盐和磷酸盐的混合物，干腌0.5 h后，放入饱和的盐溶液继续腌制0.5 h，捞出沥干备用。

⑤整形。用木棍折断鸡腿骨，鸡腿盘进鸡的腹腔，头部拉到左翅下，排放在蒸煮

笼内。

⑥卤制。配汤：将水和除腌制料以外的其他香辅料一起入蒸煮槽，煮至沸腾后，停止加热，盖上盖，闷30 min备用。卤制：将蒸煮笼吊入蒸煮槽内，升温至85 ℃，保持45 min，检验大腿中心，以断生为度，即可吊出蒸煮槽。

⑦干燥。采用烟熏炉干燥，干燥时间为5～10 min，温度55 ℃，以产品表面干爽、不粘手为度。

⑧熏烤。采用烟熏炉熏制，木屑采用当年产、无霉变的果木屑，适量添加白糖，熏制温度55 ℃，时间10～18 min，熏至皮色油黄、暗红色即可。而后在鸡体表面抹上一层芝麻油，使产品表面油亮。

⑨微波杀菌。采用隧道式连续微波杀菌，杀菌时间1～2 min，中心温度控制在75～85 ℃，杀菌后冷却至常温，即为成品。

鉴于传统烧鸡加工技术存在生产不连续、质量不稳定、安全性较差等诸多不足，目前已有多种新技术应用于烧鸡加工中，如连续式油水分离式（又称水油混合式）油炸技术（图7-3）、基于物联网和追溯系统的安全控制技术等。

图7-3　烧鸡生产中连续式油水分离式油炸

在烧鸡加工过程中，油炸对烧鸡产品表皮金黄的色泽及部分香气的形成起重要作用。但传统油炸不仅存在生产效率低下的弊端，也会在炸油的反复使用过程中累积大量的有害物质与残渣，进而影响烧鸡的产品品质。因此部分加工企业通过技术改进与升级，开发出了连续式油水分离式油炸技术，解决了目前烧鸡加工过程中的诸多问题。连续式油水分离式油炸，上层为加热的炸油，通过连续式传送带将原料送入，并完成油炸。该设备中层为缓冲油层，下层为水层，通过将油炸过程中由脂质自由基形成的各类有害物通过不同的液液分配系数萃取至这两层液体中，从而降低上层炸油中有害物的富集量，并分离油炸中形成的残渣，提高烧鸡产品的安全性。

5. 白切鸡加工

白切鸡，又名白斩鸡，是我国华东、华南地区流行的传统特色鸡肉制品。白切鸡的鸡皮光亮爽口、油而不腻、爽弹细嫩，鸡肉柔滑细嫩、熟而不烂、鲜香肥美，最大限度地保留了黄羽肉鸡的鲜美风味，这与其独特的加工工艺密不可分。

（1）配方（以50 kg鸡计）。自来水50 kg、细盐2 kg、味精1 kg、姜葱各0.5 kg、白酒0.5 kg，配制卤水。

（2）加工工艺。

①选料。白切鸡对原料要求十分苛刻，一般要求采用养殖日龄达120 d以上，质量0.8～1.2 kg的母鸡。

②宰杀、清洗。宰杀脱毛时要求点杀、净血、死彻底、不挣扎，伤口齐整、小，沥干血。宰杀完成后在65～75 ℃热水中均匀烫毛1～2 min进行脱毛，用冷水洗净，在腹部到泄殖腔部位开约5 cm长小孔，去除内脏，保证鸡身完整，去多余油脂，去泄殖口，冷水洗净。

③浸煮。将配制的卤水加热至95～100 ℃，将预处理的鸡放入汤料中2～3 s立即吊起（焯水），重复5～6次，浸泡于卤水中，保证鸡受热均匀，避免鸡皮急剧升温而失水，然后保温10～13 min，每隔5 min搅拌1次。

④冷却。经过浸煮熟化后的鸡要尽快用0～5 ℃冰水浸泡15 min冷却，之后可适当刷或喷一点花生油与鸡油的混合油。

浸煮与冷却是白切鸡加工最为关键的环节，可以使鸡皮紧致美观、鸡肉鲜香细嫩。白切鸡的传统加工工艺主要凭厨师的经验，随着食品工业的产业提升，标准化的工业生产也给传统的白切鸡生产注入了新的活力。此外，针对传统白切鸡冰水冷却后直接鲜售中存在的保藏问题，也有相应的微波杀菌、气调保藏等保鲜技术，各种保鲜方法也存在各自的优缺点及相应的问题，需要进一步研究解决。

近年来随着物联网技术的发展，部分加工企业也将其与产品追溯体系进行结合，形成了基于物联网和追溯系统的安全控制技术。通过对整个加工链中各环节进行实时监控与追踪，提高产品的品质及安全性。

（二）腌腊肉制品

腌腊肉制品是指以鲜（冻）畜禽肉或其可食副产品为原料，选择性添加辅料，通过腌制、烘干（或晒干、风干）等工艺加工制成的非即食肉制品。中国传统腌腊肉制品讲究色、香、味、形。在加工过程中，由于将腌制和干制两个不同工艺有机结合，并在物理作用、微生物以及添加剂的共同作用下，改善了肉的色泽和风味，提高了肉制品的贮藏性。由于各地消费习惯不同，产品的品种和风味也各具特色。

1. 传统风鸡生产工艺

作为风干禽肉制品的代表之一，风鸡形状美观、膘肥肉满、肉质鲜嫩、香味十足。在我国，风鸡的种类很多，传统工艺完全是手工操作生产，其主要的生产要点如下。

（1）选鸡。公鸡和母鸡均可，宰杀前禁食、禁水12～24 h，以方便改善肉质，放血充分。

（2）宰杀处理。宰杀后不煺毛，在嗉囊处开一个小口割断食管等，同时在泄殖腔下割一个5 cm左右的刀口，剜去肛门，把手伸进体腔，轻轻拉出所有内脏、嗉囊。

（3）腌制与风干。去除内脏以后，按每千克鸡肉用食盐60～70 g、花椒6 g混合均匀，涂抹在腹腔、喉部以及口腔，擦后把鸡背向下、腹向上放在案板上，把两腿按自然姿势向腹部压紧，鸡头别在翅下，尾羽向上压到腹部，随后用两翅包住，用细绳纵横扎起，再用较粗的绳把鸡捆起来，背向下挂在阴凉处风干（图7-4），该过程需要保持通风、干燥、凉爽，经过半个月后可以腌透，一个月后可以食用，产品别有风味。

图7-4　鸡肉风干加工

2. 工业化的风鸡生产工艺

传统工艺条件下生产的产品，品质不均匀，产品的品质受自然条件影响很大。很多企业在保持产品特色的前提下，对传统工艺进行了改造，使之形成工业化生产规模，提高产品品质，并保证了品质的均一性。简要的工业化生产过程如下。

（1）原料选择。选用1.5～2 kg的黄羽肉鸡，鸡龄最好为1年左右。

（2）宰杀整理。通过宰杀、放血、脱毛、剖膛去除内脏、清洗、沥水后得到光鸡。在此过程中应注意鸡体的完整性和鸡皮的完整性，使皮不破不裂。

（3）肉质嫩化。在鸡的大腿及胸脯处均匀注射腌制嫩化液10～20 mL/kg，然后进行按摩，使腌制嫩化液分布均匀。腌制嫩化液配方为：以嫩化液为母液，每升腌制嫩化液含木瓜蛋白酶0.03～0.07 g，氯化钙1～5 g，六偏磷酸盐0.5～1.5 g。

（4）腌制。使用腌制液对光鸡进行腌制，腌制液用量为800～1 200 mL/kg肉，腌制温度设置在8～15 ℃，腌制时间18～24 h，腌制后鸡肉中的食盐含量在3.5%～4%。腌制液配方为：每升腌制液含食盐12～15 g、白糖8～15 g、味精3～6 g、白酒2～4 mL、大茴香6～12 g、小茴香5～8 g、花椒3～5 g、砂仁3～5 g、豆蔻4～6 g、白芷3～6 g、肉桂2～5 g、生姜0.6～1.0 g、山柰2～5 g。

（5）风干。腌制后的鸡肉，经沥干后放入控温控湿控风速的风干室内，风干时间为3 d，第一天温度为11～15 ℃，湿度为55%～65%，风速为5～6 m/s；第二天温度为14～16 ℃，湿度为65%～70%，风速为5～6 m/s；第三天温度为16～18 ℃，湿度为65%～70%，风速为5～6 m/s。风干过程中，风干室内的温度湿度应控制均匀，不能存在鸡胴体挤压现象，以免风循环不充分，风干程度不够。

（6）后期处理。风干后鸡肉经清水漂洗，进入煮制锅，煮制液用量控制在1 200～2 000 mL/kg光鸡，煮制温度控制在90～100 ℃，煮制时间为40～60 min。煮制液配方中大茴香、小茴香、花椒、砂仁、豆蔻、白芷、肉桂、生姜、山柰的含量为腌制液中浓度的1/5，白糖、味精、白酒含量与腌制液相同，食盐占煮制液质量的2.5%～3%。

（7）包装杀菌。煮制后产品按规格要求尽快真空包装，可采用微波杀菌，然后快速冷却。产品宜在低温条件下保存。

（三）熏烧焙烤肉制品

熏烧焙烤肉制品系指畜、禽胴体等肉类经过以烤制为主要加工工艺生产的一类肉制品，通过配料腌制、烤制（电热、明火、气热、微波等）处理，或以盐、泥等固体为加热介质煨烤而成的熟肉类制品直接在高温条件下干烤，烤制温度一般控制在180～250 ℃，其特点为表面酥脆，外表色泽红润美观，富有诱人香气。关于烤鸡的加工工艺如下。

1. 配方

（1）腌制料。按每50 kg腌制液计，生姜10 g、葱150 g、八角150 g、花椒100 g、香菇50 g、食盐8.5 kg。配制：在水中放入香菇、葱、姜煮制，同时加入包有八角、花椒的纱布包，煮沸后将料液倒入腌制缸中，加盐溶解，冷却备用。

（2）腹腔填涂料。腹腔涂料配方为香油100 g、鲜辣粉50 g、味精15 g，拌匀后待用。上述涂料可涂25～30只鸡。每只鸡腹腔内放入生姜2～3片，葱2～3根，香菇2块，姜切成片状，葱打成结，香菇预先用温水泡软。

（3）表皮涂料。配方为水2.5 L、饴糖500 g、溶解加热至100 ℃待浸烫用，此为100～150只鸡用量。刚出炉后的成品烤鸡表皮涂上香油。

2. 加工工艺

（1）原料选择。选用体重1.5～2 kg的肉用仔鸡。这样的鸡肉肉质香嫩，净肉率高，制成烤鸡出品率高、风味佳。

（2）整形。先净膛，后去腿爪，再从放血处的颈部横切断，向下推脱颈皮、切断颈骨，去掉头颈，再将两翅反转成“8”字形。

（3）腌制。在腌制缸中逐只放入整形好的光鸡，用压盖将鸡压入液面以下，根据气温高低、鸡的大小等调整腌制时间，一般在40～60 min。腌制好后捞出晾干。另外，腌制液的盐浓度为12%时较为理想，且咸度适中，色、香、味俱全。

（4）涂放腔内涂料。把腌好的光鸡放在台上，在其腹腔四壁均匀涂抹5 g左右的涂料。

（5）填放腹内填料。每只鸡腹腔内需要填入生姜2～3片，葱2～3根，香菇2块，然后缝合腹下开口，不让腹内汁液外流。

（6）浸烫涂皮料。皮料液加热到100 ℃，逐只放入完成上述操作的光鸡，浸烫0.5 min左右，取出晾干等待烤制。

（7）烤制。一般使用电烤炉，炉温调整为100 ℃后将鸡放入，当炉温上升为180 ℃时，恒温烤15～20 min，然后再将炉温升高至240 ℃烤5～10 min，当鸡体全身上色均匀达到成品红色时立即出炉。

烧烤类产品虽然具有美好的外观和独特的风味，但是其中杂环胺和多环芳烃等致癌物质含量较高，会对人们的健康造成一定的危害。据报道，在多种肉制品加工方式中，烧烤会产生更多的有害物质。

王冲等（2019）研究发现，使用不同的茶叶水腌制后对鸡翅进行炭烤后发现（图7-5），茶叶腌制后会有效地抑制炭烤鸡翅中多环芳烃的生成，其中绿茶、白茶、黄茶和乌龙茶腌制可分别降低多环芳烃含量57.00%、30.74%、23.26%、2.33%。此外，使用电烤、气烤等加工形式也能显著降低产品中有害物含量。因此，对于如何降低烧烤肉制品中有害物含量的研究是十分必要的。

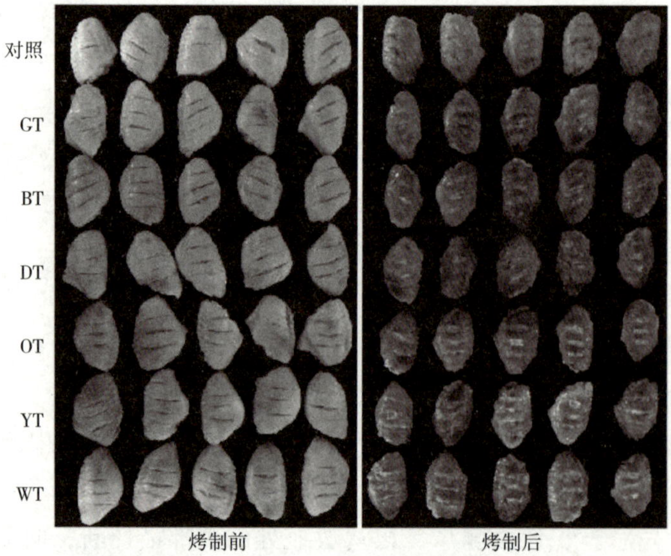

图7-5　不同茶叶腌制后的鸡翅烤制前后对比图

注：对照为未腌制；GT为绿茶腌制；BT为红茶腌制；DT为黑茶腌制；OT为乌龙茶腌制；YT为黄茶腌制；WT为白茶腌制。

（四）调制肉制品

当今社会生活节奏越来越快，人们的消费观念和生活习惯从原来的讲究温饱逐步转变为重视食品营养健康、质量安全以及方便快捷等。调制肉制品可以很好地满足消费者的饮食需求，缩短消费者的备餐时间，因此市场广阔。该类产品是在现代工艺技术和西式肉制品加工理论的基础上发展起来的一类新型食品，具有营养、方便、快捷的特点。此外，与牛肉和猪肉等相比，鸡肉具有低脂肪含量、高蛋白、低胆固醇和低热量等优势。目前，市场上的调制鸡肉制品种类繁多，根据不同的加工方式可大致分为如下（表7-6）。

表7-6　调制鸡肉制品的分类

分类依据	种类	代表产品
加工、贮存温度	冰鲜类产品	烤串、里脊肉串
	冷冻类产品	冷冻鸡肉丸、骨肉相连、川香鸡柳等
加工过程中的热处理方式	油炸类产品	油炸琵琶腿、油炸鸡肉饼、鸡米花
	蒸煮类调产品	鸡肉丸
	生鲜类产品	冷冻鸡肉丸、骨肉相连等
加工部位和加工形状	腿类、翅类、串类和饼类等	油炸琵琶腿、烤翅类、骨肉相连鸡肉串等
上糠上粉过程	上糠上粉类产品	油炸琵琶腿、鸡米花
	非上糠上粉类产品	骨肉相连鸡肉串、鸡柳

作为一类营养、方便、快捷的新型食品，调制鸡肉肉制品是一种未来鸡肉制品的发展方向，十分适合中央厨房式的集中加工，充分满足人们的消费需求。随着生活节奏的加快以及生活水平的提高，越来越多的年轻消费群体开始选择线上订购或外卖方式购买调制鸡肉制品，调制鸡肉制品的需求量、产量和消费量均快速增长，这也是未来黄羽肉鸡消费的主要形式。调制鸡肉肉制品的种类在快速发展中不断丰富。调制鸡排是目前最受消费者喜爱的调制鸡肉制品之一，其具体加工工艺如下。

（1）解冻。于4 ℃冷库中对冷冻鸡胸肉解冻24 h。

（2）整型。将鸡胸肉的表面脂肪和结缔组织剔除干净后，切成每块65～70 g的肉块。

（3）滚揉腌制。在滚揉机中装入配制好的腌制液与鸡肉块进行连续式真空滚揉。滚揉参数设定为：温度20 ℃；真空度0.08 MPa，转速30 r/min，转筒倾角45°，时长30 min。腌制液配方（以鸡胸肉为1 kg计）：水250 g；食盐14 g；白砂糖35 g；复合磷酸盐3 g；大豆分离蛋白10 g；玉米淀粉30 g。

（4）静腌。在4 ℃冷库中，静置滚揉后的鸡肉块1 h。

（5）迅速置于-20 ℃冻库冷冻24 h后包装。

鲁青等（2019）研究发现，添加一定浓度的辣椒红色素和抗坏血酸钠能够有效延缓调制鸡排贮藏期间的褪色和脂质氧化，通过采用响应面法设定红度值最高、脂肪氧化值最低时，获得最佳复配参数为：迷迭香添加量为0.198 g/kg；抗坏血酸添加量为0.255 g/kg。

（五）其他类肉制品

盐焗鸡是传统黄羽肉鸡的另一种加工形式，较为出名的是东江盐焗鸡（图7-6）。东江盐焗鸡是广东惠州市的传统风味名肴，至今已有300多年历史，特点是色泽微黄，滋味清香，很有风味。其加工工艺如下。

图7-6　盐焗鸡加工

1. 原料辅料

母鸡1只（1.3 kg左右）、生盐（粗盐）2 kg、味精3 g、八角粉2 g、沙姜粉2 g、生姜5 g、葱段10 g、麻油与花生油适量。

2. 操作要点

（1）原料选择。选用即将开产经育肥后的三黄鸡，体重1.25 ~ 1.5 kg。

（2）宰杀、整理。将活鸡宰杀放血，烫毛并除净，在腹部开一个小口取出所有内脏，去脚爪，用清水洗净体腔及全身，挂起沥干水分。

（3）腌制。将粗盐放在铁锅内，加火炒热至盐粒暴跳，取出1/4热盐放在有盖的砂锅底部，然后把包好的鸡放在盐上，再将其余3/4的盐均匀盖满鸡身，不能露出。

（4）盐焗。将用盐包好的整鸡放在炉上用微火加热10 ~ 15 min，使盐味渗入鸡肉内，并焗熟。取出冷却，剥去包纸即可食用。产品特点：皮为黄色，有光泽，皮爽肉滑，肉质细嫩，骨头酥脆，滋味清香，咸淡适宜。

第三节 黄羽肉鸡质量安全控制

一、良好操作规范（GMP）

GMP（Good manufacturing practice），即良好操作规范。GMP是一套适用于制药、食品等行业的强制性标准，要求企业从原料、人员、设施设备、生产过程、包装运输、质量控制等方面按国家有关法规达到卫生质量要求，形成一套可操作的作业规范，帮助企业改善卫生环境，及时发现生产过程中存在的问题并加以改善。GMP认证的主要内容如下。

1. 人员

黄羽肉鸡生产企业的专职技术人员比例应不低于职工总数的5%，各部门负责人须有相关学历和管理经验。从业人员必须接受教育培训、健康检查等。

2. 设计与设施

包括工厂选址、厂房设计、周围环境、生产区与生活区布局等；采光、照明设施，通风设施，供水设施，污水排放设施，废弃物处理设施等。

3. 加工、贮藏、分配操作

包括原料采购和贮藏，机器及其配件、配料、包装材料、添加剂、加工辅助品的使用与合理性，成品及其包装外观、标签的保存，成品仓库、运输和分配，成品的再加工，成品申请、抽检和试验，良好的实验室操作等。

4. 卫生和安全监测

包括厂房、环境、设备设施和人员卫生以及卫生制度等。

5. 品质管理

包括品质管理机构和专业检验、化验室的设置，制度的制定与执行，仪器设备的管理，从原料到成品再到贮存、运输等整个过程的品质管理，处理并记录用户意见，定期检查生产和质量等。

二、卫生标准操作程序（SSOP）

SSOP——卫生标准操作程序（Sanitation standard operation procedure），是食品加工企业为达到GMP所规定的要求，确保消除加工过程中不良的人为因素，使其所加工的食品符合卫生要求，而制定的关于食品生产加工过程中如何实施清洗、消毒和卫生保持的作业指导文件。SSOP制定得当并有效实施对于控制危害具有重要价值，企业可依据法规及自身需求构建文件化SSOP程序。SSOP的主要内容如下。

1. 水的安全性

全面的SSOP计划须考虑与黄羽肉鸡胴体接触面相关水源的处理，饮用水与非饮用水的供水系统和污水排放系统有无交叉相连关系，旨在确保加工用水不受有害微生物及化学物质危害。贮水设备应定期清洗、消毒，并定期分析大肠菌群等影响水质的成分。

2. 黄羽肉鸡胴体接触面的结构状况和清洁

黄羽肉鸡胴体接触面定义：指接触黄羽肉鸡胴体的表面以及在正常加工过程中会将水滴溅在黄羽肉鸡胴体上或与其接触的表面。根据黄羽肉鸡胴体潜在的来源途径，通常将黄羽肉鸡胴体接触面，分为直接（加工设备、操作台案、内包装材料、加工人员的手或手套、工作服等）与间接（未经清洗消毒的冷库、操作设备的按钮、车间内电灯开关等）接触两种。因此所有进入车间的工人、参观者都必须严格遵守更衣、洗手消毒等程序。

3. 防止交叉污染

交叉污染是指生物或化学污染物经由加工人员和加工环境转移到黄羽肉鸡胴体上的过程。当致病性微生物被转移到黄羽肉鸡胴体上时，通常会导致食源性疾病的交叉污染。预防交叉污染可从以下方面入手：一是防止工厂选址、设计、布置不合理而产生污染，二是屠宰车间清洁区与非清洁区隔离，三是内外包装材料贮存隔离以及内外包装操作间的隔离，四是防止工人作业对产品产生污染。为有效控制交叉污染，须评估和检测各加工环节及环境，加强员工培训使其养成良好卫生习惯，从而避免黄羽肉鸡加工过程中产生交叉污染。

4. 手的清洗、消毒和卫生间设施的维护

在黄羽肉鸡加工过程中通常需要大量的手工操作，员工在操作处理黄羽肉鸡肉时须进行手部清洗消毒。并且在生产加工过程中，所有员工的手要通过循环流动车，每隔30 min进行消毒一次，要进入方便、卫生，具有自动关闭、不能开向加工区的门，以防止空中或漂浮的病原体和寄生虫进入。工厂必须制定有效的清洗消毒程序，保证消毒设施充足，使用状况良好。

5. 防止外来污染物污染

在黄羽肉鸡加工过程中须对有可能造污染的成外来污染物进行分析和预防。外来污染物通常包括微生物性和物理性污染物。因此加工企业要保持库房的干燥、清洁，且要具备防蝇虫、防鼠设施。在生产中要加以控制车间的下脚料，防止食品和包装被污染。防止人员进入时带进病菌，员工进入鸡肉加工车间前要进行水靴消毒，还要经过风淋室去除杂物。在每个车间入口，都会有专门人员检查个人卫生，例如指甲是否过长，是否有污垢；头发是否外露；工作服是否穿戴整齐；身上是否有头发、毛线绒等；是否携带与生产加工无关的产品。总之，杜绝一切可能污染黄羽肉鸡、包装材料和接触面的污染物，并且建议在开始生产时及工作时间每4 h检查1次，并记录每日卫生控制情况。

6. 有毒化合物的正确标记贮存和使用

大多数黄羽肉鸡加工企业使用的有毒有害化合物主要包括：洗涤剂、消毒剂（如次氯酸钠）、杀虫剂（如灭害灵、灭鼠药）、机械润滑剂、试验室用药品（如氰化钾）、食品添加剂（如亚硝酸钠）等。若有毒有害化合物使用不当，则会造成产品外部污染。因此，必须对有毒有害化合物进行正确标记、正确贮存和正确使用。

7. 员工健康状况的控制

员工的健康和卫生状况，在企业卫生控制系统中占重要地位。那些生病、有外伤或其他身体不适的员工可能会成为黄羽肉鸡的微生物污染源。因此对员工的健康状况进行监督控制是有必要的。

（1）员工不得患有碍食品卫生的疾病（如肝炎、结核、痢疾、黄疸、感冒、发烧、呕吐、上呼吸道感染等），且手部不能有外伤。

（2）对有患病的员工，立即调离岗位。员工自身也要注意自己的健康状况，以便及时采取适当措施。

8. 害虫、鼠害等的灭除

主要是啮齿类、鸟类、昆虫以及其他带有某种人类疾病病原菌的动物。食源性疾病经害虫传播数量巨大，所以虫害防治对于食品加工厂来说非常重要。通常控制害虫的操作分为3个阶段：清除害虫的藏身地及食物；驱逐工厂内的害虫；消灭进入厂区的害虫。为有效控制有害动物，工厂须制订出一套预防和灭除有害动物计划以及相应的、切合实际的有害动物控制审核/检查表。

三、危害分析与关键控制点

危害分析与关键控制点（Hazard analysis and critical control point，HACCP）是控制食品安全生产以确保其产品质量的预防性体系，主要包括食品各生产环节的危害分析及关键控制点两个方面。HACCP先进的管理方法被广泛地应用于肉类食品的生产与经营，同时被WTO/FAO大力推崇为市场肉类经营中确保肉品安全最主要的手段。

（一）HACCP的主要内容

HACCP对食品生产中存在的显著性危害进行鉴别分析，制定出一套系统的控制措施，HACCP主要包括以下7个方面。

1. 进行危害分析

危害分析是HACCP体系的基础，其对原料、配料、生产、运输、销售及最终产品的整个过程中各个阶段存在的危害进行评价、分析，用以确定对消费者造成健康损害的潜在危害。与食品安全卫生相关的危害有以下三大类：生物危害（如病毒、致病菌、寄生虫等）；化学危害（如农药、兽药残留、违规使用的添加剂等）；物理危害（如碎玻璃、金属碎屑等）。要建立有效的预防危害的计划，关键是找出原料及加工过程中存在的显著危害，并采取相应的控制措施。

2. 确定关键控制点（CCP）

危害分析中确定的每一个显著危害，都必须有一个或多个关键控制点对其进行控制。关键控制点应根据不同产品的设备、特点、配方、加工工艺、SSOP和GMP等具体条件确定，CCP的数量或位置会随HACCP计划的发展而改变。一个HACCP体系的CCP数量（CCPs）一般应少于6个。关键控制点有两种类型：一种是能保证完全控制某一危害，另一种是能减小但不能保证完全控制某一危害。

3. 建立关键限值

某一关键控制点相对应的预防性措施须满足标准的最小值或最大值，从而保证食品安全危害可控。各关键控制点都应建立一个至多个关键限值，要充分搜集法规和技术标准等资料中黄羽肉鸡性状及安全有关的限量以及黄羽肉鸡加工的工艺技术、操作规范等，从而确定操作过程中需控制的因素临界限制指标。

4. 关键控制点的监控

确立关键控制点及其临界限制指标后，实施有效的监测措施。对确定的关键控制点是否处于控制状态进行有目的和有计划地监控，应做好精准记录，保证关键限值建立的准确性。

5. 纠正措施

当监测结果指出某一关键限值发生偏离时，HACCP体系必须立即采取纠偏措施，以保证重新恢复对生产加工的控制状态，不能让存有安全问题的食品进入市场。纠正措施包括纠正和消除偏离的起因，以及确认偏离期间加工的黄羽肉鸡鸡肉并确定对这些鸡肉的处理办法。

6. 建立纪录保持程序

制定一个行之有效的纪录保持程序至关重要。记录可提供书面证据证明关键限值得到满足或在关键限值出现偏差时已采取相应纠正措施。

7. 建立验证程序

建立能够保证HACCP体系有效运行的验证程序，验证内容包括对显著性危害的控制是否及时有效，各关键控制点是否按照HACCP计划严格实施。

（二）黄羽肉鸡加工过程HACCP体系的建立

目前，鸡肉制品的种类繁多。不同的产品，由于原材料不同，加工工艺以及加工所用的设备都不相同，生产流程也有所差异，所以其危害分析及相应的关键控制点也是不一样的。在生产实践中，应掌握HACCP的原理和运行过程，根据所生产的产品特性结合企业的生产实际情况加以应用。下面以黄羽肉鸡制品的生产为例说明HACCP在肉鸡加工过程中的应用。

1. 黄羽肉鸡鸡肉加工危害分析工作单（表7-7）

表7-7　黄羽肉鸡鸡肉加工危害分析工作单

（1）加工工序	（2）确定此步中存在或引入的潜在危害	（3）该潜在危害是显著的吗？（是/否）	（4）对第（3）的判断提出依据	（5）预防措施防止显著的危害	（6）这步是关键控制点吗？（是/否）
原料的验收（黄羽肉鸡、非肉材料、包装材料）	生物性：疫病病菌	是	食用带疫病的鸡会对人体健康产生危害	1.活鸡来自出口注册养殖场 2.查看该批鸡只检验检疫报告	是
	化学性：药物残留	是	药物残留会对人类身体健康产生危害	3.定期到养殖场抽检用药记录 4.驻厂兽医对每批鸡进行疫病症状抽检	是
宰杀放血、浸烫、脱毛、去头爪	物理性：金属	是	养殖过程中注射可能有断针存在	后面的金属探测可检测去除	否
	生物性：无	—	—	—	
	化学性：无	—	—	—	
	物理性：无	—	—	—	
开膛、去内脏	生物性：细菌、致病菌	否	严格执行GMP和SSOP，控制不划破内脏，致病菌污染可能性小	—	否
	化学性：无	—	—	—	
	物理性：无	—	—	—	

（续表）

（1）加工工序	（2）确定此步中存在或引入的潜在危害	（3）该潜在危害是显著的吗？（是/否）	（4）对第（3）的判断提出依据	（5）预防措施防止显著的危害	（6）这步是关键控制点吗？（是/否）
宰后检疫	生物性：疫病微生物	是	该工序检查不仔细，带有疫病的鸡会流出工厂；食用带有疫病的鸡对人体健康产生危害	1.由操作工对每只鸡内脏进行检验 2.驻厂兽医每小时检验不少于一次	是
	化学性：无	—	—	—	
	物理性：无	—	—	—	
消毒	生物性：细菌、致病菌	否	通过GMP、SSOP标准，可以控制细菌、致病菌的繁殖	—	否
	化学性：无	—	—	—	
	物理性：无	—	—	—	
分级、分割	生物性：细菌、致病菌	否	通过SSOP可以控制	—	否
	化学性：无	—	—	—	
	物理性：无	—	—	—	
包装	生物性：细菌、致病菌	否	通过SSOP可以控制	—	否
	化学性：无	—	—	—	
	物理性：无	—	—	—	
金属探测	生物性：无	—	—	—	是
	化学性：无	—	—	—	
	物理性：无	是	养殖过程中注射可能有断针存在	用金属探测器检测	

（续表）

（1）加工工序	（2）确定此步中存在或引入的潜在危害	（3）该潜在危害是显著的吗？（是/否）	（4）对第（3）的判断提出依据	（5）预防措施防止显著的危害	（6）这步是关键控制点吗？（是/否）
运输	生物性：细菌、致病菌	否	1.对运输车清洗消毒，减少二次污染；2.确保冷藏车温度符合要求；细菌、致病菌污染、繁殖的可能性小	—	否
	化学性：无	—	—	—	
	物理性：无	—	—	—	

2. 黄羽肉鸡鸡肉生产的HACCP计划表（表7-8）

表7-8　黄羽肉鸡鸡肉加工HACCP计划表

关键控制点（CCP）		原料的接收（原料肉、非肉食品配料、包装材料）（CCP1）
显著危害		疫病微生物、寄生虫、病毒及其他有害物质
关键限值		不得检出疫病；符合相关标准及兽药最高残留量
监控	内容	检疫检验报告；供应商供货证明
	方法	审查；抽样检测；活鸡来自注册鸡场，并提供检验检疫报告
	频率	每批；定期
	监控人	驻场兽医
纠偏措施		非来自注册养殖场的活鸡拒收；未能提供官方检验检疫报告、检验检疫不合格的鸡只拒收
验证		由兽医对每批来鸡进行疫病检测；每半年抽检一批样品送检化验；每半年到养殖场抽检用药记录
记录		注册场证明检验检疫报告记录；活鸡验收检验检疫纪律表
关键控制点（CCP）		宰后检疫（CCP2）
显著危害		疫病微生物，杂质残留
关键限值		不得检出疫病症状

（续表）

关键控制点（CCP）		宰后检疫（CCP2）
监控	内容	鸡胴体及内脏异物残留
	方法	检查鸡胴体及内脏是否有病变；目测
	频率	每只鸡，每小时
	监控人	现场操作员；驻场兽医
纠偏措施		发现有病变的鸡只，通知驻厂兽医、复查、确认，是病变，做不合格处理
验证		注册兽医每半小时抽检一次，开工前或更换批次时必须抽检一次；每日审核监控记录
记录		生产过程，质量控制记录表、宰后检疫记录表
关键控制点（CCP）		成品检验（CCP3）
显著危害		微生物存活数、化学污染残留、金属杂质等不达标
关键限值		产品色泽明亮，入口有弹性，无异味；微生物数量符合国标规定；不得有金属异物残留
监控	内容	产品的各项指标
	方法	感官评定、微生物检测、金属探测仪检测
	频率	每批次的鸡
	监控人	操作员，质检员
纠偏措施		挑出金属探测仪探测出有金属的产品；查证金属来源并采取措施预防再次发生
验证		定期查看微生物、理化检测记录、金属探测记录，定期抽检
记录		金属探测仪校准记录、纠偏行动记录

（三）申请HACCP认证的程序

第三方HACCP认证能为企业食品安全控制提供支持，推动企业HACCP体系不断完善，增强客户对企业食品安全控制工作的信任度。随着国际食品贸易的发展，越来越多进口国官方或顾客要求供方企业制定HACCP体系并提供有关认证证书，否则将不接受该产品。HACCP体系认证分为企业申请、认证审核、证书保持和复审换证4个阶段。

1. 企业申请阶段

首先，企业在申请HACCP认证时，须注意选择中国合格评定国家认可委员会（CNAS）认可的认证机构进行认证工作。其次，认证机构对申请方所提供的认证申请书、文件资料和双方商定的审核依据等进行评估。当认证机构受理企业申请后，申请企业应提交有关HACCP体系的程序文件及资料。申请企业还应声明HACCP体系已充分运行，同时认证机构应对企业提供和传授的所有资料和信息承担保密责任。

2. 认证审核阶段

认证机构受理申请后会确定审核小组，根据所制订的审核计划，初访并审核申请方的HACCP体系。HACCP体系的审核流程一般分为两个阶段，第一阶段是进行文件审核。这一阶段的评审通常需要在申请方所在地进行，以便审核组能收集更多的必要信息。审核组依据收集的信息资料进行独立的危害分析，以此与申请方达成关键控制点（CCP）判定的共识。第二阶段审核必须在审核方所在地进行，审核组主要对HACCP体系、GMP或SSOP的适宜性、有效性、符合性进行评估。且对CCP的监控、纠正措施、验证、监控人员的培训教育，以及在产生新的危害时体系是否能自觉进行危害分析并有效控制等方面给予特别的注意。现场审核结束后，审核小组会视审核情况对申请方提交不符合项报告，申请方应在规定时间内采取有效纠正措施，审核小组对不符合项进行验证后关闭，并向认证机构提交最终审核结果，认证机构做出认证决定后向申请人颁发认证证书。

3. 证书保持阶段

由于HACCP是一个安全控制体系，所以其认证证书有效期通常最多为一年，获证企业应确保在证书有效期内HACCP体系能持续运行，而且须接受认证机构至少每6个月1次的监督审核。若获证方对其基于HACCP的食品安全体系在该证有效期内有重大变更，应告知认证机构，认证机构视情况安排复审或增加监督认证频次。

4. 复审换证阶段

认证机构会在证书有效期结束前安排体系复审，通过后则为获证企业更换新证。

另外，按照法规及顾客的要求，获证方在证书有效期内还可能接受官方及顾客对HACCP体系的验证。

（四）GMP、SSOP和HACCP之间的关系

一个完整的黄羽肉鸡屠宰生产链安全预防控制体系包括HACCP计划和GMP及SSOP 3个方面。HACCP体系建立在基于GMP的SSOP上，SSOP能够减少HACCP计划中的关键控制点（CCP）数量，实际上危害由SSOP与HACCP联合控制。若企业不符合GMP法规要求或者未制定有效且可操作的SSOP，那么实施HACCP计划则会沦为空谈。只有将这三方面有机结合起来，才能构建完善的黄羽肉鸡屠宰安全预防控制体系。三者之间的关系见图7-7。

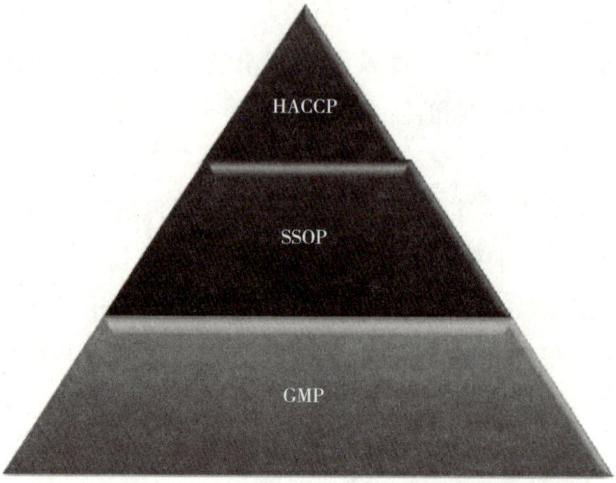

图7-7 GMP、SSOP、HACCP三者关系图

四、生产许可证（SC）

国家食品药品监督管理总局于2015年10月1日起正式启用新版“食品生产许可证”。新获证食品生产者应当在食品包装或标签上标注新的食品生产许可证编号，不再标注“QS”标志。部分地区监管部门应督促辖区内还未换取新版食品生产许可证（SC证）的食品生产企业必须在2018年10月1日前取得新版SC生产许可证，并更换新标签。

（一）SC编码

“SC”编码代表企业唯一的许可编码，有识别、查询等功能，可对食品进行溯源，提高食品生产企业安全责任意识，并且还可通过SC标志了解到食品中有哪些添加剂。“SC”是“生产”的拼音字母缩写，后14个阿拉伯数字编号的含义如图7-8所示。其中，最前面3位的第1位，代表食品、食品添加剂生产许可识别码，数字“1”代表食品，数字“2”代表食品添加剂，第2、第3位数字代表具体类别。需注意，食品生产许可证编号一经确定便不再改变，以后申请许可延续及变更时，许可证书编号也不再改变。

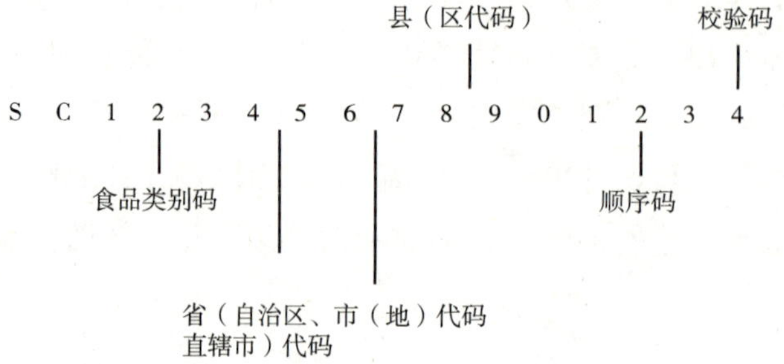

图7-8 食品生产许可证编号含义

（二）SC申请所需材料

黄羽肉鸡生产加工企业要想获得SC认证，应向申请人所在地县级以上地方食品药品监督管理部门提交以下材料。

（1）黄羽肉鸡相关食品生产许可申请书。

（2）加工企业营业执照复印件。

（3）黄羽肉鸡生产加工场所及其周边环境平面图、工艺设备布局图、各功能区布局平面图和生产工艺流程图。

（4）黄羽肉鸡生产主要设备、设施清单。

（5）有能确保黄羽肉鸡相关食品安全的规章制度，包括黄羽肉鸡的进货查验记录、生产过程监控、肉鸡安全自查、出厂检查记录、不安全食品召回、从业人员卫生管理、食品安全事故处理等。

申请人将食品生产许可申请委托给他人的，代理人应提交授权委托书和代理人身份证明文件。

五、追溯与召回

食品可追溯系统向消费者提供了所消费食品的详细资料信息，特别是在与动物源产品相关的产业链中，强制实行“可追溯系统”管理成为促进农业贸易发展的巨大动力。

召回是指食品生产经营企业按照相关要求、通过一定的程序，对不安全食品进行回收的过程。不安全食品是指受到污染、过期、变质、含有有害物质或标签等不符合规定的食品，不安全食品回收后大多采取直接销毁的方式防止其再次流入市场。目前，一些发达国家的食品召回制度已较为成熟，能够快速、准确地启动食品召回，而我国食品召回制度刚刚开始实施，实施过程中并不顺利。

（一）全程可追溯系统的几个阶段

黄羽肉鸡生产全程可追溯系统是将原料鸡用动物标识和制品标识所承载的信息通过数据库网络使整个生产链中各环节信息有机地联系起来。可追溯性是用已记录的标记对产品进行溯源。建立黄羽肉鸡可追溯系统，数据收集要包含从原料鸡产地信息到黄羽肉鸡加工工艺，直至终端用户等生产供应链全过程。各环节因产品特性、各自经营特点及风险发生概率等的不同而承担不同的追溯义务和责任。

（二）全程可追溯系统的构成

1. 信息采集

根据黄羽肉鸡生产的特点，其生产全程可追溯系统包括：饲养追溯管理、屠宰过程和产品加工追溯管理、产品分销追溯管理3个子系统。各部分均包括溯源的基本信息筛选和关键安全信息筛选。

2. 信息系统建立

黄羽肉鸡生产全程可追溯系统的3个子系统有各自独立的数据库，3个数据库可以分别实现本子系统信息统计和追溯信息查询，同时各个数据库的信息与中央数据库进行交互。中央数据库能对各子系统的数据进行录入和维护，通过数据处理模块和信息查询模块对生产各环节的信息进行汇总处理，将数据分发至各查询终端，为生产过程各部门、管理部门及消费者提供信息查询平台。

（三）可追溯系统标识概述

1. 条形码技术

条形码是由反射率差别较大的黑条（简称条）与白条（简称空）按一定编码规则排列组合而成，用来表示信息集合的图形标识符。这些条与空按照预定的模式进行排列并表达相应记号系统的数据项。宽窄不一的条与空的排列次序可理解为数字或字母，可通过光学扫描对一维条码进行阅读，即依据条和空对激光的不同反射来识别。条形码能标注出商品名称、生产日期、生产国、制造厂家等许多信息，因而被广泛应用于黄羽肉鸡溯源过程中。目前，有一维条形码和二维条形码（图7-9和图7-10），二维码生成后不可更改，安全性高、支持多种文字，可将照片、声音等内容进行数字化编码。

静区 静区

起始符 数据符 终止符

图7-9　一维条形码

图7-10　二维条形码

2. 卡识别技术

卡识别技术有磁卡识别技术和IC卡识别技术两种类型。磁卡作为一种磁记录介质卡片，是用耐高温、高强度的塑料或纸质涂覆塑料制成，可防潮、耐磨且柔韧性良好，便于携带、使用较为稳定可靠。IC卡（集成电路卡）是继磁卡之后兴起的另一信息载体。IC卡通过卡中的集成电路存储信息，利用射频技术和支持IC卡的读卡器进行通信。

3. 射频识别技术

RFID技术（Radio Frequency Identification），即无线射频识别。射频识别技术（RFID）利用无线电波传输数据，属于非接触式自动识别。RFID的基本工作示意图见图7-11。它利用射频信号对目标对象进行自动识别并获取相关数据，其识别工作不需要人为的干预，可以在多种恶劣的环境下进行。RFID技术具有的无接触、抗干扰能力强以及能同时对多种物品进行识别等优势。

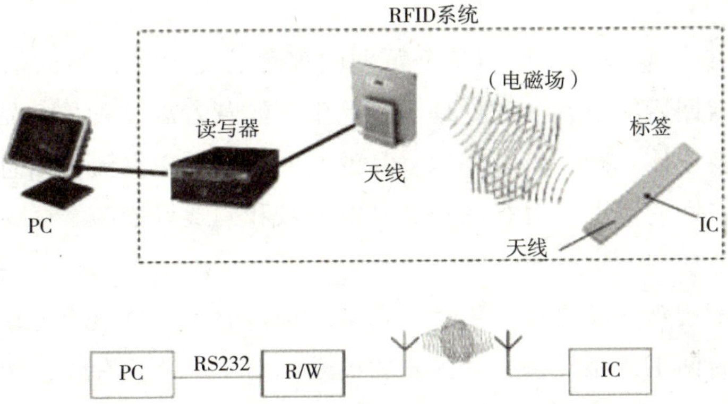

图7-11　RFID的基本工作示意图

4. 生物识别技术

生物识别技术（Biometric Identification Technology）指通过计算机紧密结合声学、光学、生物统计学原理和生物传感器等高科技手段，利用人体固有的生理特性（如手腕、掌形、指纹、脸型、视网膜和DNA等）和行为特征（如笔迹、语音、步态等）来识别个人身份。生物识别技术与传统的身份鉴定方法相比更方便、安全、保密。生物特征识别技术不易遗忘、不易伪造或被盗、防伪性能好、可随身“携带”且随时随地可用。

（四）召回运行过程

依据国内现行的《食品召回管理办法》以及发达国家的食品召回工作流程，黄羽肉鸡制品召回运行过程可以归纳为5个步骤：发起、确认、准备、实施、评价。

1. 发起

召回的发生是从发现不安全黄羽肉鸡食品开始的。不安全食品的发现主要有3个途径，食品生产者的自查、消费者的举报以及食品监管部门在抽查过程中发现。我国多数食品生产加工企业规模较小，不具备自检自查能力，对于消费者而言，虽然非常关心食品安全问题，但还没有形成积极主动举报不安全食品的自觉意识，这就给消费者主动举报不安全食品带来了阻碍，因此，我国不安全食品的发现主要通过监管部门的检查发现。

2. 确认

当发现不安全的黄羽肉鸡食品后，对其进行评估，是否需要召回，如果确实有必要，根据危害程度和紧急程度，确定食品召回等级。

3. 准备

黄羽肉鸡食品召回的准备包括召回计划的制订、评估以及修改。生产者制订召回计划，并交给当地食品药品监督管理部门，必要时组织专家对召回计划进行评估。召回计划需要包含黄羽肉鸡生产者的相关信息、问题食品的相关信息以及召回范围、召回原因和危害等。

4. 实施

具体的实施步骤包括：停止不安全黄羽肉鸡食品的生产，召回信息的发布、问题食品的回收以及召回后问题食品的处理。食品生产经营者以及食品药品监督管理局是召回信息发布的主要主体。问题黄羽肉鸡食品的召回主要是根据流通信息明确知道问题食品的流向，锁定召回的范围，对召回食品采取补救和销毁等措施。

5. 评价

召回问题黄羽肉鸡食品之后，生产经营者应该对召回工作进行总结，为下次能够更有效地进行食品召回工作做准备，尤为重要的是，对于本次存在安全风险的环节，在后续的食品生产、加工、销售过程中要进行更严格的检查和控制，避免同类事故再次发生。

第四节　黄羽肉鸡副产物综合利用

一、血液

（一）血液的组成与性质

血液是由血浆、红细胞、白细胞、血小板等组成，营养非常丰富，富含蛋白质、矿物质、微量元素等，被称为“液体肉”。新鲜鸡血中大约含有80%的水分，蛋白质含量大于17%，并且富含各种氨基酸，矿物质多以无机盐形式存在，铁的含量也相当丰富（25 mg/100 g），具体见表7-9。

表7-9 鸡血的营养元素表（每100 g）

项目	含量	项目	含量
能量（kJ）	205	烟酸（烟酰胺）（mg）	0.1
蛋白质（g）	7.8	钾（mg）	136
饱和脂肪酸（g）	0.1	钙（mg）	10
单不饱和脂肪酸（g）	0	锌（mg）	0.45
碳水化合物（g）	4.1	硒（mg）	12.1
不溶性膳食纤维（g）	0	磷（mg）	68
钠（mg）	208	镁（mg）	4
维生素B_2（mg）	0.04	铁（mg）	25
维生素A（μg，视黄醇当量）	56	铜（mg）	0.03
维生素E（mg，α-生育酚当量）	0.21	锰（mg）	0.03
维生素B_1（硫胺素）（mg）	0.05		

数据来源：食品安全查询系统——食安通官网。

鸡血浆中干物质以蛋白质及盐类为主，血浆蛋白包括球蛋白、清蛋白和纤维蛋白三种，占血浆总量的6%～8%。鸡血浆含有的凝血酶能使血溶胶状态纤维蛋白迅速生成不溶性纤维蛋白，促使血液凝固，因此有止血作用。

（二）血液的采集和保藏

1. 血液的采集

常见的采血方法有心脏采血法和翅静脉采血法。

（1）心脏采血法。右胸侧固定，在左侧胸部触摸心搏动最明显的地方进行穿刺，连接注射器采取血液。在成年鸡心脏穿刺部位从胸骨峭前端至背部下凹处连接线的1/2处，用细针头在穿刺部位与皮肤垂直刺入2～3 cm即可。肉鸡品种和个体大小不同，则进针位置和深度也不同，要作适当调整。

（2）翅静脉采血法。翅静脉位于鸡翅膀下，此静脉明显易找，可采血10～20 mL，操作方便，单人即可完成，采血量极易控制，止血彻底，对鸡影响小。

血液采集时应当场检查，避免污染。在卫生条件较好的屠宰场，所采集的血液适宜食用或制造血粉。采集血液的容器因加工目的的不同而不同，如加工血粉可以用塑料容器；如使血液凝固，贮藏容器可以是圆筒形或箱形；脱纤维蛋白血或加抗凝剂的血，应该存放在奶罐型的容器中，用不锈钢容器最为理想。为了防止腐败，采集的血液要尽快运往加工厂，为避免血液在途中温度升高，运输最好安排在夜间或者早晨，或用隔热材料遮盖容器。

2. 防凝

新鲜血液为红色的不透明液体，若不采取措施，很快会变暗并形成凝块。常用的抗凝剂有草酸盐、柠檬酸钠、乙二胺四乙酸、肝素。抗凝剂最好是以固态盐的形式贮存，使用前配制成溶液。

3. 保藏

血液营养丰富，会引起细菌快速增殖。当血液腐败后，就会产生恶臭味，这是由于血蛋白被细菌分解的缘故。为防止细菌增殖和血蛋白本身的降解，一般可以采用化学法、冷藏法或干燥法等保藏血浆。采用化学药剂保藏血液，可抑制细菌的增殖，但可能对人体有害，所以受到了很大的限制。

（三）血粉的加工工艺

血粉是用凝固血经干燥、粉碎而制成的产品，是血液最简单利用的产品，也可视为血液的一种贮藏方法。血粉含粗蛋白质80%以上，含干物质82%～85%，含水分5%～8%，并含有多种维生素和微量元素，是配合饲料中良好的动物性蛋白质和必需氨基酸的来源。

1. 工艺流程

血液采集与处理→蒸煮→干燥→粉碎→贮藏。

2. 操作要点

（1）血液采集与处理。在采集过程中须保证血液不被污染。最好当天加工，以防止腐败。如不能，可添加0.5%～1.5%的生石灰，保存较长时间，但要防止苍蝇污染。

（2）蒸煮。将凝血划成10 cm大小的立方块，在未沸的水中约煮20 min，待内部颜色变深，内部和外部均凝结后，取出沥干。也可放在压榨机上压出水分。

（3）干燥。将蒸煮过的凝血块弄碎，均匀撒在苇席、竹编或暗色塑料膜上，晒至暗褐色充分干燥为止。在高于28 ℃的温度下，经2～3 d可完成干燥过程。如果条件允许，可在高压热气循环炉中干燥（60 ℃即可）。

（4）粉碎。干燥后的凝血呈易碎的小块，可用石磨磨碎，或用粉碎机粉碎成细粒，即成饲用血粉。

（5）贮藏。血粉可用塑料袋、厚纸袋、麻袋或其他适合的容器包装。未添加石灰的血粉仅能保存4周，而添加石灰后的血粉保存期可延长到一年以上。此外，还有发酵法制备血粉。发酵血粉的优点：血液经微生物发酵，适口性强，氨基酸更平衡，消化率提高。发酵过程用的菌种多为霉菌。

（四）血红素的制备

提取血红素的方法很多。采用醋酸钠法、鞣酸提取法、羧甲基纤维素提取法、蒸馏提取法，每提取1 L血液就可得10 g左右的血红素，同时可产生400 g左右的蛋白，而且丙酮容易回收，成本低，收率高。

1. 工艺流程

分离血细胞、溶血→抽提→沉淀→干燥→精制。

2. 操作要点

（1）分离血细胞、溶血。将新鲜血移入搪瓷桶中，加入0.8%柠檬酸三钠（按100 kg血添加）。搅拌均匀，以3 000 r/min的速度离心15 min，弃去清液（可提取凝血酶用），收集血细胞，加入等量的蒸馏水，搅拌30 min，使血细胞溶血。然后加5倍量的氯仿，滤出纤维。

（2）抽提。向滤液中加4～5倍体积的丙酮溶液（含3%丙酮体积的盐酸），校正pH值为2～3，搅拌抽提10 min后过滤，收集滤液备用，滤渣干燥后用于制备蛋白粉。

（3）沉淀。将滤液移入另一搪瓷桶内，调节pH值至4～6，再加滤液量为1%的醋酸钠，搅匀，静置一段时间，血红素即以无定型黑绿色沉淀析出，抽滤（或过滤）得血红素沉淀物。若采用鞣酸提取法，则在提取液中加5%鞣酸，搅匀静置过夜，血红素呈针状结晶析出，离心分离出血红素沉淀物，用蒸馏水冲洗3～4次，至洗出液变清，然后用布袋吊干。

（4）干燥。用布袋将血红素沉淀吊干后放于石灰缸内干燥1～2 d，即得产品。

（5）精制。先将血红素7倍量的吡啶、7倍量的氯仿加入瓶中，然后加入粗品血红素，振荡30 min，过滤后收集滤液。滤渣用氯仿洗涤，合并2次滤液。把适量冰醋酸加热至沸腾后，将各占1/7体积（相对于冰醋酸而言）的饱和氯化钠溶液和盐酸搅拌均匀后过滤，滤渣用氯仿洗涤，将两次滤液合并，静置过夜，过滤收集滤饼，用冰醋酸洗涤后，干燥即得产品。

（五）鸡血副产物研究进展

鸡血在食品、医疗等方面的开发与利用具有广阔的前景，研究开发鸡血副产物，对提高血液资源的利用率，减少浪费，保护环境，具有十分重要的意义。赵亮等（2018）研究了中性蛋白酶、木瓜蛋白酶和胰蛋白酶对鸡血的酶解工艺，结果表明，抗凝剂（75%乙醇）的添加量为4∶1，酶制剂以中性蛋白酶为宜。酶解的最佳工艺条件为：加酶量8 000 U/g、底物浓度为6 g/100 mL、酶解时间8 h、酶解温度50 ℃，其水解度高达68.7%。

李凤迪等（2018）采用硫酸铵盐析分级沉淀法从鸡血中提取鸡血清免疫球蛋白。首先通过利用20%饱和度的硫酸铵结合血纤维蛋白原内杂质并去除，然后用50%饱和度的硫酸铵提取血清球蛋白，再用33%饱和度的硫酸铵提取、纯化血清γ球蛋白，并将提取出的免疫球蛋白装入透析袋内，加入大量生理盐水进行透析脱盐，最后用双缩脲法检测鸡血清免疫球蛋白的浓度。

二、脏器

在鸡养殖业的迅猛发展中，脏器等副产物也大量增加。鸡内脏既可以直接烹调食用，也可以加工成多种富有营养的特色食品。

（一）鸡肝

鸡肝富含多种营养，目前我国鸡肝以鲜销为主，人们购买后制成鸡肝汤或炒鸡肝等熟食产品。但市售产品多为由酱卤工艺制成的鸡肝类（图7-12），也有一些学者开发出多种风味的鸡肝酱及鸡肝肠等产品。刘长姣等（2016）以木耳、鸡肝为原材料制得具有独特风味和营养特点的鸡肝酱，促进鸡肝的开发利用。

图7-12　酱卤鸡肝

除去脂肪和结缔组织的新鲜鸡肝可以用来制作肝浸膏。肝浸膏呈棕色或者深棕红色，有特殊香味，不得有焦味；含有丰富的铁及抗贫血因子等，是治疗缺铁性贫血的营养药。肝浸膏的制备工艺如下。

1. 工艺流程

原料选择→绞碎、浸渍→过滤、浓缩→配料、成品。

2. 操作要点

（1）原料选择。新鲜或者冷冻的健康鸡肝，清除粘连的肌肉、脂肪及结缔组织等。

（2）绞碎、浸渍。肝置于绞肉机中绞碎形成肝浆，在蒸煮锅内进行浸渍，即对半加水混匀，然后加入稀释过的硫酸调pH值至5～6，60～70 ℃下加热30 min，再迅速升温至95 ℃，加热15 min。

（3）过滤、浓缩。将加热的肝浆过滤后取滤液，滤渣中加水再过滤，再加入水并离心分离，合并滤液。将滤液在60～70 ℃条件下浓缩成膏状，按膏重加入0.5%的苯甲酸作防腐剂，得肝浸膏成品。

（4）配料、成品。3 kg肝浸膏加适量淀粉搅拌后80 ℃干燥，粉碎，过100目筛，加适量75%的乙醇为湿润剂，过18目筛，加入27 g硬脂酸镁，搅匀压片后包糖衣即成肝膏片。每片含肝浸膏0.3 g，硬脂酸镁2.7 mg。

（二）鸡胗

鸡胗肉质紧密，营养丰富，易于消化，具有低脂肪、高蛋白的特性，非常适合老年人及青少年食用。酱卤鸡胗（图7-13）因具有突出的香、脆、醇、浓的口感而适合于大部分消费群体。其加工工艺如下。

图7-13　酱卤鸡胗

1. 工艺流程

原料→汆制→卤制→包装、成品。

2. 操作要点

（1）原料。品质较好的鸡胗，肉质紧密，呈紫红色。

（2）汆制。清除鸡胗表面杂物放入80～90 ℃热水中，汆制5 min左右，用自来水漂洗干净。一方面可以逼出内部血水，去除腥味，避免卤肉时产生浮沫；另一方面，汆烫后肉的表面蛋白质会急速收紧，将肉汁封锁在内部，冷水降温后卤肉口感不仅会更有弹性，也会更鲜嫩多汁。

（3）卤制。将鸡胗放入沸水中，添加酱油、食盐等调料入味，再持续加热一段时间或者放入微波炉中进行卤制。

（4）包装、成品。根据需求选择相应的包装材料，灭菌后即得成品。

（三）鸡肠

鸡肠是养鸡产业及其屠宰加工后的废弃物，数量多、成本低、营养物质丰富。鸡肠的加工利用既能减少资源浪费，也能提高鸡产业的利润。最传统的可以将鸡肠蒸煮后作为饲料喂猪，结合现代酶解工艺制得的鸡肠肽可用于配制宠物食品，作宠物的诱食剂、营养剂和调味剂。

三、羽毛

（一）羽毛的组成与性质

羽毛耐酸性较强，但在高温时会被酸分解；耐碱性较弱，常温下甚至弱碱就能将其中胱氨酸二硫键断裂；常温下可耐弱氧化剂，强氧化剂会破坏肽键且使羽毛色泽发黄。

羽毛的常规成分含量见表7-10。在羽毛含有的多种化学成分中，含量最高的是氮，约15%，其他的如硫2.57%、氯0.53%、磷0.34%、硅酸0.22%和钙0.1%。

表7-10　羽毛的常规成分含量

成分	水分	粗蛋白质	粗纤维	粗脂肪	粗灰分	无氮浸出物
含量（%）	7.0～9.1	81.0～81.3	1.0～1.3	1.3～7.0	3.4～6.1	0.6～0.9

羽毛的种类、鸡的年龄以及不同生长部位都会影响羽毛的化学成分。在羽毛蛋白质的氨基酸组成中，天冬氨酸、谷氨酸和碱性氨基酸含量较高，赋予其较强的吸湿性；其次胱氨酸含量也很高。鸡羽毛中具体氨基酸的平均含量见表7-11。

表7-11　鸡羽毛中17种氨基酸的平均含量

氨基酸种类	平均含量（%）	氨基酸种类	平均含量（%）
天冬氨酸	6.2	甲硫氨酸	0.4
苏氨酸	4.6	异亮氨酸	4
丝氨酸	11.5	亮氨酸	6.4
谷氨酸	9.1	酪氨酸	1.8
脯氨酸	4.6	苯丙氨酸	3.8
甘氨酸	6.4	组氨酸	0.9
丙氨酸	3.5	赖氨酸	1.7
胱氨酸	2.9	精氨酸	6
缬氨酸	6.1	—	—

（二）羽毛的利用

目前，国内养鸡规模不断扩大，鸡毛产量相当可观，羽毛特别是羽绒，在服装、家纺等领域早已广泛应用。

羽毛也可以用于制造高级空气过滤纸。目前，我国利用羽毛纤维来取代纸制品中的部分木浆成分，羽毛纤维能起到支撑作用，已经得到商业性应用。含羽毛纤维的纸中，木浆占49%，羽毛纤维含量占51%，环保优势良好。以羽毛纤维和木浆混合原料生产的空气滤纸较薄，可以挡住空气中的粉尘，减轻空气污染。

我国的羽毛资源相当丰富，研究如何充分利用羽毛资源，具有非常重要的现实意义。为顺应国际低碳环保潮流，加快开发纺织新纤维，羽毛蛋白纤维也成为我国研究者关注的重点。

（三）羽毛的加工工艺

羽毛加工中常用的方法有酶解法、高温高压水解法、微生物发酵法，其中，酶解法和微生物发酵法通常与水解法相结合。

1. 高温高压水解法

高温高压水解法多采用锅炉产生热蒸汽来加热水解罐内物料以提高蛋白酶消化率。目前也有利用热导热油对水解罐中的物料进行加热。下面主要介绍一下蒸汽高温高压水解法的工艺。

（1）将羽毛清洗除杂、脱水，控制羽毛含水量为25%～35%。

（2）将羽毛投入水解罐中，密闭通蒸汽，蒸汽压力0.45 MPa、持续时间60 min。

（3）放料进入，烘干，出成品，颜色呈浅褐色，胃蛋白酶消化率可达到65%以上。

2. 酶解法

酶解羽毛粉是将酶解法和水解法相结合而形成的。酶解过程所用的酶制剂为角质蛋白酶，部分企业利用自己培养的高产角质蛋白酶菌种来生产粗酶液，大部分企业直接购买商品角质蛋白酶。

（1）装料。向羽毛加工罐中添加50%的待加工羽毛原料，控制羽毛含水量达到40%，温度控制在50 ℃。

（2）加酶。选用角质蛋白酶，添加量为干羽毛原料量的3%。用50 ℃温水将酶粉溶解后加入罐中。

（3）加焦亚硫酸钠。添加量为干羽毛原料的8%。用塑料桶装30 L水，把焦亚硫酸钠加入水中，边加边搅拌，当焦亚硫酸钠溶解后，立即倒入水解罐中。

（4）第1阶段酶解。酶解温度45 ℃，酶解时间2 h。

（5）第2阶段酶解。在第1阶段酶解结束后，将混合料拌匀，加入剩余的另一半原料，不断搅拌。当继续酶解2 h后，羽毛的大部分羽枝断裂，羽梗被软化。

（6）高温水解。将水解罐扣盖密闭，加温加压；当压力达到0.25～0.3 MPa（温度120～125 ℃）时，开始计时水解45 min。

（7）烘干、粉碎。放料进入烘干罐，冷却，粉碎，检测消化率、粗蛋白质含量、水分、灰分，包装成品。

3. 微生物发酵法

该法可提高羽毛粉的消化率、氨基酸平衡率及改善适口性，逐渐成为羽毛粉加工的首选方法。分解羽毛粉角质蛋白的微生物在自然界普遍存在，科研人员从长期堆积的羽毛堆中选育出一种以羽毛为碳源和氮源大量生长的地衣芽孢杆菌，对水解羽毛粉发酵3 d，可使胃蛋白酶消化率提高到90%。

（1）菌种活化培养基。玉米粉10 g/L，羽毛粉20 g/L，氯化钠0.4 g/L，磷酸氢钾1 g/L，磷酸二氢钾0.4 g/L，pH值为7.2。

（2）菌种扩培。麸皮40 kg，水解羽毛粉60 kg，水80 L，搅拌均匀，按2%接入地衣芽孢杆菌的液体菌种，于30 ℃温度下培养2 d。

（3）一次发酵。用培养好的各种子液一次性接入混合原料（羽毛粉1.4 t，棉粕0.5 t，麸皮0.1 t），水分控制在30%～35%，常温发酵2 d，每隔6 h翻料1次。

（4）二次发酵。将经一次发酵的混合原料按0.2%比例接入EM菌种，进行堆积厌氧发酵3～4 d。发酵出来的羽毛粉，有淡淡的酒香味，适口性好，并且使棉粕中棉酚含量降低80%以上。

羽毛粉加工产品的营养价值取决于加工工艺，因此，选用合理的加工工艺，减少加工损失，提高产品的胃蛋白酶消化率，充分释放出羽毛粉的营养成分，具有巨大的经济效益和社会效益。

参考文献

卜鸿静，2018. 畜禽肉品中微生物的影响及其保鲜措施分析[J]. 农产品加工（13）：49-51.

陈金彦，2012. 一种烟熏低温鸡腿制品的研发[D]. 南京：南京农业大学.

陈康，王国泽，2017. 食品安全控制体系HACCP在肉制品加工中的应用探讨[J]. 现代食品（20）：47-51.

程榆茗，符绍辉，于福满，等，2014. 不同腌制工艺对鸡胸肉品质的影响[J]. 食品安全质量检测学报（7）：2241-2247.

吉莉莉，王卫，贺婷，等，2017. 鸡肉产品生物保鲜技术研究及其应用进展[J]. 食品工业（8）：192-195.

姜化彬，李文钊，王绍顺，等，2017. 鸡腿在油炸过程中的品质变化规律研究[J]. 食品研究与开发，38（11）：17-20.

赖宏刚，2017. 冷鲜鸡与酱卤制品辐照综合保鲜技术研究[D]. 扬州：扬州大学.
李凤迪，高丹丹，李明生，等，2018. 鸡血清开发与利用研究进展[J]. 农产品加工（7）：71-74.
李江华，孙晓宇，张鹏，等，2017. 我国肉类食品追溯标准现状分析[J]. 肉类研究，31（10）：58-62.
李鸣，邢通，王虎虎，等，2018. 加工工艺对白切鸡品质及微生物状况的影响[J]. 食品科学，39（11）：39-45.
李娜，2017. 烧鸡挥发性风味物质分析及货架期延长技术研究[D]. 天津：天津科技大学.
刘彪，2015. 油炸鸡腿中反式脂肪酸和杂环胺形成规律及棕榈油品质变化研究[D]. 南京：南京农业大学.
刘长姣，陈宇飞，于徊萍，等，2016. 木耳鸡肝调味酱的研制[J]. 中国调味品，41（7）：111-112.
鲁青，黄继超，朱宗帅，等，2019. 响应面法优化天然抗氧化剂抑制调理鸡排褪色和脂质氧化工艺[J]. 食品科学，40（6）：286-303.
马瑞雪，2016. 水油混合油炸工艺对调理鸡肉制品和油炸用油品质的影响[D]. 南京：南京农业大学.
麦润萍，2018. 盐焗鸡卤制过程中卤汤成分的变化与控制研究[D]. 广州：华南理工大学.
戚军，2018. 基于结构蛋白与风味物质结合的黄羽鸡汤风味形成研究[D]. 南京：南京农业大学.
施海东，2018. 论我国肉鸡行业发展[J]. 家禽科学（3）：6-12.
史镜琪，2018. 辐照保鲜技术在冷鲜肉中的应用[J]. 食品安全导刊（21）：150.
孙京新，2014. 调理肉制品加工技术[M]. 北京：中国农业出版社.
孙京新，范文哲，周幸芝，等，2009. 鸡宰杀工艺对鸡肉质量控制的研究[J]. 肉类工业（4）：26-30.
孙京新，李汉昌，2000. 21世纪我国肉品贮藏保鲜技术展望[J]. 肉类工业（1）：31-35.
孙京新，罗欣，周光宏，等，2009. 不同加工和贮藏条件对鸡肉制品颜色的影响[J]. 食品工业科技（6）：69-71.
孙京新，周光宏，徐幸莲，等，2003. 冷却猪肉加工过程卫生标准操作程序[J]. 肉类工业（3）：34-41.
王艳芳，林捷，郑华，等，2014. 腌制条件对三黄鸡品质的影响[C]//“食品工业新技术与新进展”学术研讨会暨2014年广东省食品学会年会论文集. [出版者不详]：130-135.
王冲，2019. 酚类化合物对烤鸡中多环芳烃形成的影响及缓解细胞损伤机制研究[D]. 南京：南京农业大学.
魏媚媛，2017. 我国食品召回制度的完善的思考[J]. 法制博览（25）：229.
徐梅，秦丽娟，宋贤良，等，2016. 不同防腐剂对盐焗鸡制品的抑菌性能及品质的影响[J]. 食品工业科技，37（24）：333-335.
姚尧，毕晓彤，熊凤娇，等，2018. 不同气体组分气调包装对冷鲜鸡肉贮藏品质的影响[J]. 肉类研究，32（8）：51-56.
张立彦，吴兵，包丽坤，2012. 加热对三黄鸡胸肉嫩度、质构及微观结构的影响[J]. 华南理工大学学报（自然科学版），40（8）：116-121.
张希斌，2010. 可食性明胶抑菌保鲜涂层的研究[D]. 泰安：山东农业大学.
赵亮，马凌云，冯翠萍，2018. 信阳固始鸡鸡血的综合利用关键技术研究[J]. 食品工业科技，39（11）：53-55.
赵婷，都启，李凤梅，等，2016. 乳酸菌发酵液对冷却鸡肉保鲜作用的研究[J]. 食品工业（1）：6-10.
郑铮铮，李学工，2017. 生鲜农产品的分类标准及其冷链物流品控管理[J]. 标准科学（1）：31-36.
中国商业联合会，2011. 肉制品分类：GB/T 26604—2011[S]. 北京：中国标准出版社.
中华人民共和国国家卫生和计划生育委员会，2014. 食品安全国家标准 食品添加剂使用标准：GB 2760—2014[S]. 北京：中国标准出版社.
中华人民共和国国家卫生和计划生育委员会，2015. 食品安全国家标准 腌腊肉制品：GB 2730—2015[S]. 北京：中国标准出版社.
中华人民共和国农业部，2001. 家禽屠宰卫生检疫规范：NY 467—2001[S]. 北京：中国标准出版社.
周兴虎，黄明，孙京新，2015. 冷鲜禽加工技术与发展方向[J]. 中国家禽，37（3）：1-4.
ALADEDUNYE F，PRZYBYLSKI R，2014. Performance of palm olein and modified rapeseed，sunflower，and soybean oils in intermittent deep-frying [J]. European Journal of Lipid Science & Technology，116（2）：144-152.
KHANJARI A，KARABAGIAS I K，KONTOMINAS M G，2013. Combined effect of N，O-carboxymethyl chitosan and oregano essential oil to extend shelf life and control *Listeria monocytogenes* in raw chicken meat fillets [J]. LWT Food Science and Technology，53（1）：94-99.
NELSON L V，KEENER K M，KACZAY K R，et al.，2013. Comparison of the FryLess 100 K Radiant Fryer to oil immersion frying [J]. LWT - Food Science and Technology，

53（2）：473-479.

RODRÍGUEZ-CALLEJA J M，CRUZ-ROMERO M C，O’SULLIVAN M G，et al.，2012. High-pressure-based hurdle strategy to extend the shelf-life of fresh chicken breast fillets [J]. Food Control，25（2）：516-524.

WANG C，XIE Y，QI J，et al.，2017. Effect of tea marinades on the formation of polycyclic aromatic hydrocarbons in charcoal-grilled chicken wings [J]. Food Control，93：325-333.

ZHANG X，WANG H，LI N，et al.，2015. High CO_2-modified atmosphere packaging for extension of shelf-life of chilled yellow-feather broiler meat：A special breed in Asia [J]. LWT - Food Science and Technology，64（2）：1123-1129.

第八章

黄羽肉鸡产业经济

改革开放以来，经过40多年的持续发展，我国已经成为全球第二大肉鸡生产国和消费国，肉鸡也已经成为我国第二大肉类生产和消费品。肉鸡产业已经从改革开放之初的家庭副业发展壮大成为我国畜牧业的重要组成部分。一方面，肉鸡产业是我国农业部门实现产业化经营最早、产业化发展程度最高的产业，凭借着肉鸡产业化经营的带动，肉鸡产业已成为农业和农村经济中的支柱产业。根据中国畜牧业协会统计数据，“十三五”期间我国肉鸡养殖农户和企业涉及就业人员年均接近3 000万人，肉鸡全产业链涉及就业人员年均接近7 000万人，肉鸡产业在解决我国农村劳动力就业、带动农民增收，以及大力推动我国农业产业化发展进程等方面发挥着不可替代的重要作用。另一方面，在当前我国粮食安全保障和“双碳”目标实现重要战略背景下，肉鸡产业的发展，凭借肉鸡生产饲料报酬率高、碳排放低以及生产周期短、生产成本和销售价格相对较低的显著优势，在城乡居民膳食结构改善、动物蛋白供给保障等方面作出巨大贡献。可以说，我国的肉鸡产业发展到今天，已经不再是40年前畜牧业发展中一项不起眼的可有可无的辅助产业，而是与国计民生高度相关、不可或缺的产业。在未来，随着国民经济的持续发展，受到人民收入水平持续增长，以及城镇化水平继续提高等多因素拉动，我国对肉类产品的需求数量仍将进一步增长。与此同时，面对饲料资源短缺日趋明显的状况，我国肉类产品的供给将面临巨大压力。在畜禽产品供求关系日益紧张的大背景下，肉鸡产品将因其相对于其他肉类产品而言所具有的较高的饲料报酬率、较快的生长速度，以及较低的销售价格，在缓解我国肉类产品供需压力方面发挥越来越重要的作用。

黄羽肉鸡产业是我国肉鸡产业的重要组成部分，是我国传统特色产业，也是关系民生的重要产业。经过改革开放40年的持续发展，黄羽肉鸡产业取得了历史性成就，成为区域优势明显、产业特点突出、市场竞争力日益增强的产业，在促进农业农村经济发展和农民增收，以及推动畜牧业供给侧结构性调整、产业精准扶贫方面发挥了重要作用。

第一节　黄羽肉鸡产业发展状况

肉鸡养殖在我国具有悠久漫长的历史。改革开放以前，我国肉鸡养殖仅是作为家庭副业，尚未成为一项独立的产业；改革开放后，在没有国家经济补贴的情况下，我国肉鸡产业依靠自身具有的高生产效率、低生产成本的显著优势稳定立足。尤其自1984年以来，大量肉鸡产业化经营企业逐步改制，这使得肉鸡产业持续高速增长，成为我国畜牧业中市场化、产业化程度最高的行业。目前，我国已经成为世界四大肉鸡主要生产国之一。

我国肉鸡品种主要可以划分为三大类别，包括黄羽肉鸡、白羽肉鸡和小型白羽肉鸡（又称为肉杂鸡、小白鸡等，是白羽肉鸡和褐壳蛋鸡杂交配套模式生产的小型肉鸡）。黄羽肉鸡和白羽肉鸡产业是我国肉鸡产业的两大主要组成部分，白羽肉鸡是20世纪80年代从国外引进的快大型肉鸡品种，黄羽肉鸡是我国传统的地方特色肉鸡品种，从出栏量上来看二者各占半壁江山。

和最初的黄羽肉鸡广东石岐杂等相比，目前的黄羽肉鸡已经成为一个宽泛的概念，包括大部分的有色羽肉鸡，当然不包括国外早期进口的快大型有色羽肉鸡和蛋鸡。黄羽肉鸡广泛分布在我国大部分地区，品种繁多，种质资源极其丰富，具有肉质鲜美、风味独特的显著优势。不同地区黄羽肉鸡特征不同，从外观上有黄、黑、麻、白（主要为丝羽乌骨鸡），出栏时间为50～160 d不等，出栏体重为1.3～3 kg。随着黄鸡消费市场的不断扩大，育种公司和科研机构根据市场需要，结合当地品种资源特点，成功培育一些配套品系，并先后通过了省级或国家级品种审定委员会的审定。到2020年，通过国家审定的黄羽肉鸡品种已有59个，全国有国家肉鸡核心育种场17个、良种扩繁推广基地16个（文杰，2021）。这种多样化发展既是良好的市场体验，也成为行业良性发展面临挑战的根源。

一、我国黄羽肉鸡产业发展阶段

我国肉鸡产业大致经历了四个较为明显的发展阶段。其一，1978年以前，我国的黄羽肉鸡养殖主要定位于自给自足的家庭副业。其二，1978—1996年，是全面快速发展时期，实现了供求基本平衡的历史性跨越。其三，20世纪90年代中期以来，肉鸡生产进入了以规模化、产业化为主要特征的现代化发展阶段。其四，随着产业的发展以及国家层面对畜牧业高质量、绿色发展的总体要求，我国肉鸡产业自2013年以来进入提质增效发展阶段。

1. 作为家庭副业发展阶段（1978年以前）

改革开放前，肉鸡产业在我国农业中处于补充地位。白羽肉鸡尚未被引进，国内肉鸡饲养品种均为黄羽肉鸡。这一阶段，国内社会整体劳动生产率不高，解决温饱问题是这一阶段的主要任务，肉鸡饲养分散，技术落后，生产发展缓慢，其作为家庭副业，更多的是为了满足家庭内部的消费需求，商品率很低。国营鸡场肉鸡养殖数量也不多，出栏千只以上规模的养殖场极少，产业发展没有形成规模。

2. 快速发展阶段（1978—1996年）

改革开放后，随着家庭联产承包责任制的确立和独立自主市场主体的开始形成，我国所有制经济和生产体制呈现出新格局，我国黄羽肉鸡产业在改革发展中脱离家庭副业定位，作为一专项产业发展起来。为满足日渐增长的肉类需求，以广东为代表的南方地区涌现出专门致力于品种改良和育种研究的机构和企业，改良和培育出多种黄羽肉鸡新品种，饲养技术逐步提升。20世纪80年代，广东温氏集团在养殖黄羽肉鸡过程中发展形成了“公司+农户”经营模式，开启并带动了黄羽肉鸡产业化发展之路。这一阶段，虽然小规模养殖场（户）为产业经营主体，但品种、类型多样化特征显著，产业总量规模不断扩大，成为我国农村经济的新增长点。

3. 转型发展阶段（1997—2012年）

随着改革开放以来整个畜牧业的快速增长，到20世纪90年代后期畜产品供给出现了阶段性、结构性过剩；同时，随着国际市场的逐步开放，畜产品国际市场竞争的压力越来越大。我国肉鸡产业也在经历了前面1986—1996年十年的超高速增长期后，呈现出肉鸡生产相对过剩、市场供给相对饱和的局面。在此背景下，肉鸡生产减速，提升产业化、规模化发展水平成为本阶段肉鸡的主要发展方向。在此阶段中，“公司+农户”等产业化经营模式不断完善，并带动了规模化养殖水平不断提升，肉鸡产业也经历了从高速发展到回落趋稳的阶段特征变化。

4. 提质增效阶段（2013年以来）

2013年以来，在我国宏观经济进入GDP增速减挡的大背景下，我国肉鸡产业遭遇产能过剩、消费低迷的困境。同时，随着畜禽养殖总量规模的进一步扩大，养殖粪污造成的环境污染问题日益凸显，国家出台了一系列政策规范、引导和支持畜牧业向绿色高质量发展方向转变。此外，叠加此阶段的疫病疫情、养殖成本增加等多重因素影响，国内肉鸡发展由过去单一的资源制约逐步转变为市场、资源、生态和疫病四重制约。在此局势下，以质量兴农、品牌强农、绿色发展为导向，大力推进肉鸡产业发展供给侧结构性改革的任务必要且紧迫，肉鸡产业进入提质增效发展阶段。

二、黄羽肉鸡生产变动态势

1. 产量增长迅速

改革开放以来，随着泰国正大集团等进入我国并推动了一批中外合资企业的成立，通过直接引进国外先进的管理技术和管理制度进行“高位嫁接”，国外白羽肉鸡产业化经营的“公司+农户”模式也在国内迅速推广传播。同时，白羽肉鸡的发展也带动了国内黄羽肉鸡的发展，广东温氏集团将“公司+农户”模式应用到黄羽肉鸡产业经营中，开启了黄羽肉鸡产业化发展之路。随着白羽和黄羽肉鸡产业化的不断推进，我国肉鸡产业基本上结束了以农户散养为主的生产方式，转向集约化、规模化饲养，进入专业化的快速增长阶段。1978年我国肉鸡存栏量、出栏量和鸡肉产量分别是7.8亿只、8.8亿只和87.5万t。2012年之前，我国肉鸡生产一直呈现较为稳定的持续上升趋势，但2013年以来肉鸡生产多次受挫、波动明显。2013年和2014年人感染H7N9流感疫情给肉鸡产业发展带来了巨大冲击，产业损失程度可谓前所未有；2015年和2016年H7N9流感疫情逐渐消退，肉鸡产业发展逐步回归正轨；但在产业恢复没有完全到位之时，2017年初H7N9流感疫情再次出现，又一次复制了2013—2014年家禽产业的损失和萧条。此外，2014年《畜禽规模养殖污染防治条例》实施以来环保力度不断增强，2017年又是《水污染防治行动计划》实施后各地禁养区划定及禁养区内养殖场拆迁的最后期限，也是禁养区内养殖场关闭拆迁较为集中的一年，多因素叠加，养殖户持续大量退出（辛翔飞，2018）。在上述因素的综合作用下，2013—2017年肉鸡产量和出栏量反复波动，总体呈下降趋势，2017年较2013年下降5.48%。2018年我国肉鸡产业基本摆脱H7N9流感疫情的影响，生产开始扭转下降颓势，产量较上年增长3.5%。2020年我国肉鸡存栏量、出栏量和鸡肉产量分别达到52.9亿只、110.2亿只和1 865.6万t（图8-1）。

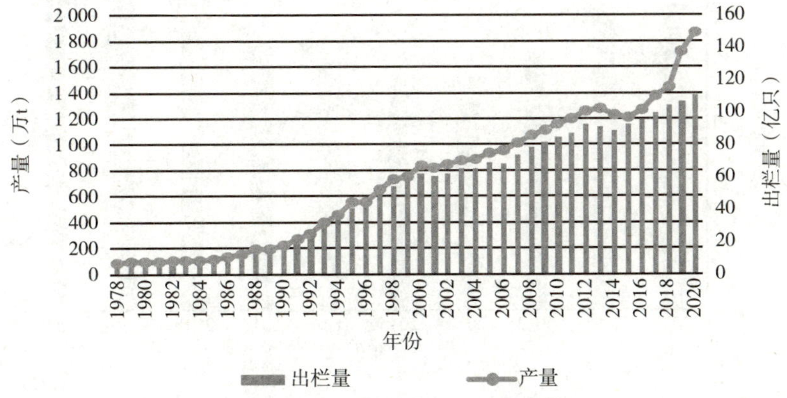

图8-1 1978—2020年我国肉鸡产量及出栏量

注：数据来源于联合国粮食及农业组织数据库（FAOSTAT）。2019年和2020年数据根据农业农村部和中国畜牧业协会监测数据调整。

就出栏数量上，20世纪90年代中期以前，我国黄羽肉鸡一直高于白羽肉鸡；20世纪90年代中期之后，白羽肉鸡略高于黄羽肉鸡；但2013年H7N9流感疫情暴发以来，黄羽肉鸡与白羽肉鸡结构又有调整。2013年白羽肉鸡出栏数量45.1亿只，占黄羽肉鸡和白羽肉鸡总出栏数量的53.9%，2020年下降到44.2亿只，占黄羽肉鸡和白羽肉鸡总出栏数量的47.3%；2013年黄羽肉鸡出栏数量38.6亿只，占黄羽肉鸡和白羽肉鸡总出栏数量的46.1%，2020年增长到49.2亿只，占黄羽肉鸡和白羽肉鸡总出栏数量的52.7%。就肉类产量上，由于黄羽肉鸡单体重要低于白羽肉鸡，因此，黄羽肉鸡肉产量要低于白羽肉鸡。根据国家肉鸡产业技术体系监测数据，2013年白羽肉鸡肉产量784万t，占比64.1%，2020年增长到977.2万t，占比60%；2013年黄羽肉鸡肉产量440万t，占比36%，2020年增长到538.5万t，占比35.5%。

2. 种鸡产能供给有保障

长期以来我国黄羽肉种鸡存栏充足。2013—2017年，黄羽肉鸡产业受H7N9流感疫情影响，面对活鸡销售转冰鲜鸡上市等产业转型挑战，黄羽肉鸡行业发展经历“跌宕起伏”，黄羽肉鸡消费受到一定影响，下游市场行情起伏较大，种鸡生产规模也受到一定遏制。2018年以来，行业生产稳定，形势向好，消费端的提升及非洲猪瘟对鸡肉消费的拉动作用，使得黄羽肉种鸡存栏稳步增加，并逐渐恢复至历史高点。中国黄羽肉鸡行业制种成本相对较低，父母代雏鸡当作商品代销售的情形较为普遍，2013年之后多次受突发事件影响，产能压缩明显（图8-2），但近年来随着事态稳定，黄羽肉鸡生产形势有所好转，行业总体生产潜能也在不断复苏，迎来新一轮发展期。另外，当前行业发展受到环保、活禽管制、生物安全等因素制约，生产潜力受到限制。

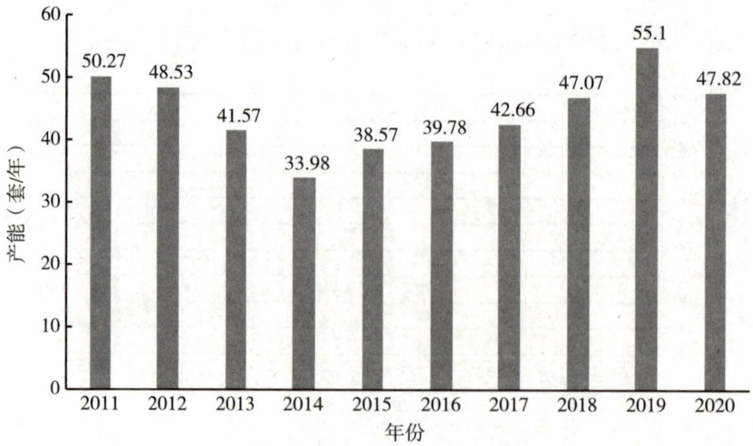

图8-2　2011—2020年祖代黄羽肉种鸡产能

数据来源：中国畜牧业协会《中国禽业发展报告》（历年）。

相关数据为中国畜牧业协会信息监测企业数据。

从祖代黄羽肉种鸡来看，我国祖代黄羽肉种鸡存栏充足，存栏数量总体相对稳定。根据中国畜牧业协会监测和调研数据（中国畜牧协会，2021），2013—2017年我国黄羽肉鸡在产祖代种鸡存栏量逐年递减，2018—2020年上半年出现较大增幅，接近甚至超过2013—2014年水平，仍居历史相对高位；2018年，全国在产祖代黄羽肉种鸡年平均存栏量约为137.83万套，比2017年增加了16.85万套，增幅13.9%，增幅较大；随后，2019年和2020年全国在产祖代黄羽肉种鸡年平均存栏量分别约为146.6万套和153.5万套，增幅逐年降低，分别为6.4%和4.7%（图8-3）。以2020年末中国在产祖代存栏量水平测算，产业在未来一年有能力向社会提供商品代肉鸡60亿只以上，而当前中国商品代黄羽肉鸡的市场需求量在40亿只/年左右。祖代黄羽肉种鸡存栏充足，保证了当市场有需求的时候，行业能够及时、充分满足黄羽肉鸡供给。2020年，中国畜牧业协会信息监测企业数据，2018—2020年平均一套祖代提供的父母代雏鸡数量明显增加，由2017年的42.66套/年分别提高到2018年的47.07套/年、2019年的55.10套/年和2020年的47.82套/年。其中2019年平均一套祖代提供的父母代雏鸡数量达到2013年以来的最高水平，且超过2011—2012年的历年最高水平，2011年和2012年分别为49.99套/年和48.55套/年。

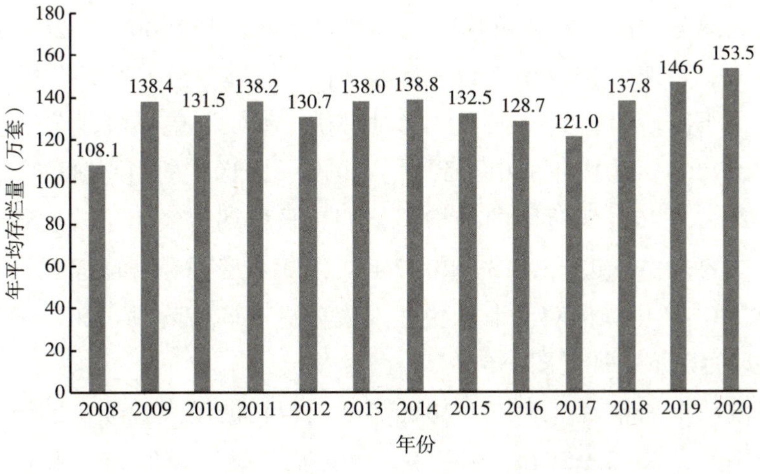

图8-3 2008—2020年全国在产祖代黄羽肉种鸡年平均存栏量

数据来源：中国畜牧业协会《中国禽业发展报告》（历年）。

从父母代黄羽肉种鸡来看（图8-4），存栏水平相对于祖代黄羽肉种鸡波动明显。中国黄羽肉鸡行业制种成本相对较低，在2013年以来行业屡受突发事件影响，行业产能压缩的情况下，父母代雏鸡当作商品代销售的情形较为普遍。中国畜牧业协会结合协会监测和调研数据进行推算，近10年，我国黄羽肉鸡父母代种鸡存栏数量最低点在2014年，为3 490.16万套，最高点在2011年的4 481.64万套。2020年，全国父母代黄羽肉种鸡年平均存栏量约为4 300.83万套。

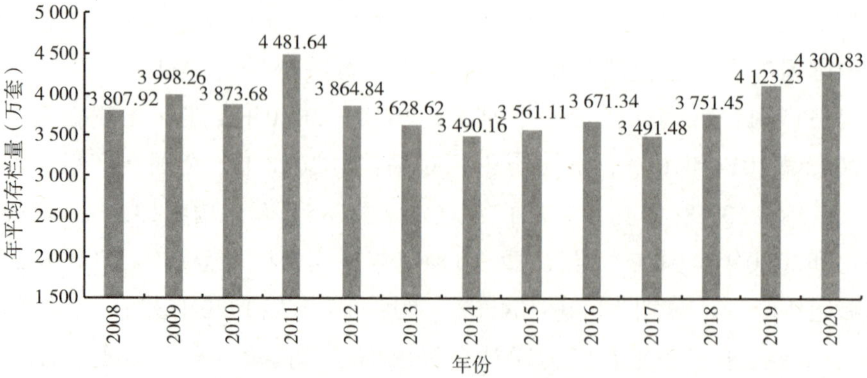

图8-4　2008—2020年全国在产父母代黄羽肉种鸡年平均存栏量

数据来源：中国畜牧业协会《中国禽业发展报告》（历年）。

三、黄羽肉鸡价格波动特征

1. 价格波动总体特征——波动频繁且波幅加大

价格是反映行业市场状况的晴雨表。农业农村部对全国500个县集贸市场定点监测，并发布了2000年以来月度白条鸡和活鸡价格数据。白羽肉鸡在流通渠道主要是屠宰加工后的整鸡或分割品形式，黄羽肉鸡主要是活鸡。从2000—2020年肉鸡价格波动趋势图可以看到，活鸡价格变动大致经历了3个“相对平稳—增长”以及2019年末至2020年上半年的下降阶段，其中三个“相对平稳—增长”趋势阶段分别是2000—2007年的由平到增、2008—2012年的由平到增、2013—2019年的由平到增。但与前两个阶段不同的是，2013—2018年阶段的价格调整期（平稳期）经历了几次较为明显的价格下跌的波动，主要是由于进入2013—2017年，伴随着宏观经济增速减挡以及多次受到H7N9流感疫情冲击，中国肉鸡产业从快速发展期进入调整阶段。2013—2020年肉鸡价格波动主要表现为以下特征（图8-5）。

一是价格波动更加频繁。2013—2020年活鸡价格波动大致经历的波动周期可以做如下划分，分别是：2013—2014年的“V”字形周期波动、2015—2016年的相对平稳运行、2017年度内的“V”字形周期波动、2018年度内的“V”字形周期波动，以及2019—2020年倒“V”字形周期波动，8年共经历5个阶段的波动。而在2000—2012年的时间里，2000—2002年活鸡价格相对平稳，2003—2012年经历了3个左低右高近似“V”字形周期的波动。可以看到，2013—2020年活鸡价格波动较之前更加频繁。

二是价格波动幅度加大。较2013年之前价格变动相比，2013—2020年阶段活鸡价格波动更加频繁的同时，波动幅度也明显变大。在2013年之前的价格变化中，本周期的价格最低点与上一周期的价格最高点最大差距5.85元/kg，而2013—2020年这一差距扩大到近10.01元/kg，且差距仍旧呈现出持续扩大趋势。

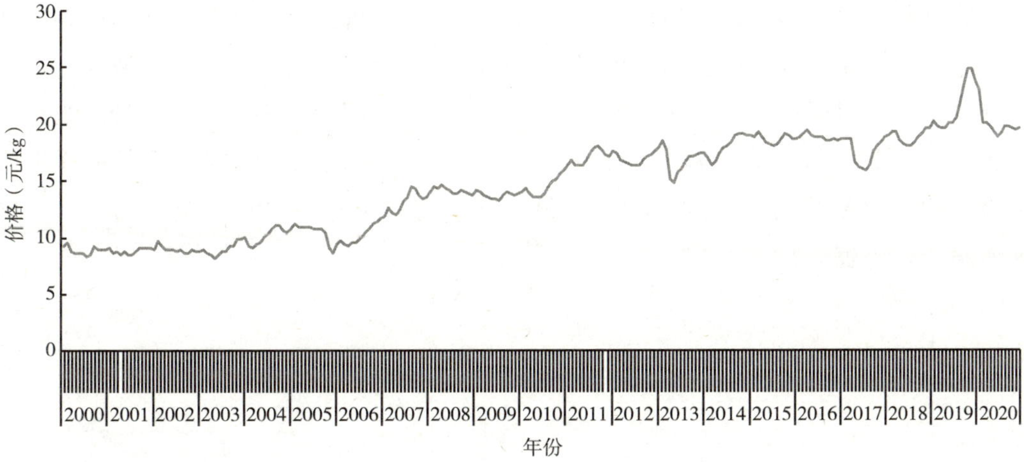

图8-5　2000—2020年活鸡价格变化趋势

2. 价格波动长期与短期波动趋势特征——稳定的长期增长伴随显著的周期性波动

通过X12季节调整法剔除季节性因素和不规则因素，利用HP滤波法对农业农村部的全国500个县集贸市场定点监测的2000—2020年月度活鸡价格的长期趋势和周期波动两个方面进行分解分析可以看到。

（1）价格长期呈现较为稳定的增长趋势。利用HP滤波分析法将活鸡价格的长期趋势成分从活鸡价格时间序列中剥离出来，得出长期趋势线，从活鸡价格的长期趋势可以看出，活鸡价格总体呈上升的趋势（图8-6）。2020年12月活鸡价格较2000年1月增长10.27元/kg，增长率达110.85%。其中，2000年1月—2020年12月，2003年5月活鸡价格最低为8.19元/kg，2019年11月价格达到最高值24.84元/kg，为2003年5月活鸡价格的3倍。

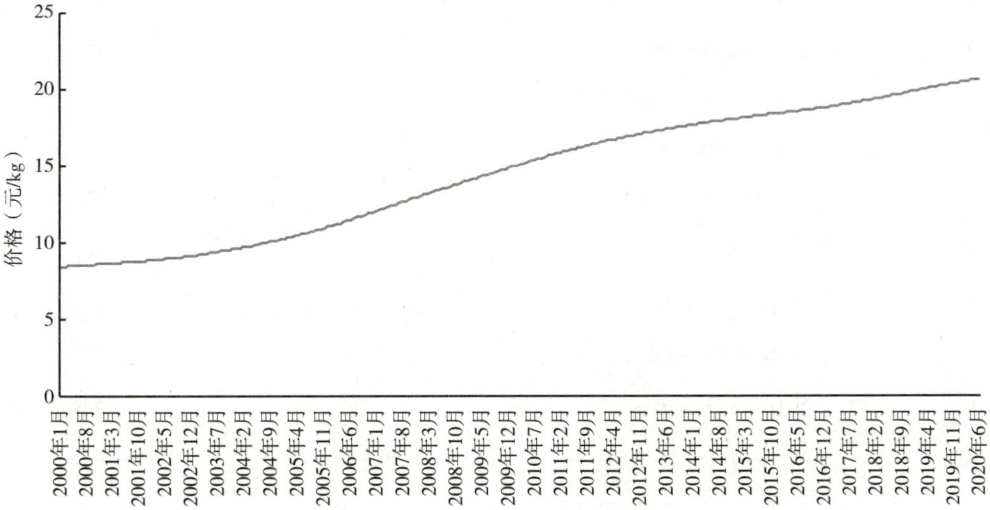

图8-6　活鸡价格长期趋势

（2）活鸡价格周期波动特征显著。通过HP滤波分析法得到活鸡价格的周期波动趋势图。确定一次完整的周期波动，可以从“波峰—波峰”的划分方式、“波谷—波谷”的划分方式，按照周期中同样状态的波峰、波谷或整个周期的平均值来衡量的划分方式（图8-7）。采用“波峰—波峰”的划分方式，在2000—2020年共252个月的样本区间内，将活鸡价格划分为11个周期，其中最长周期为59个月，最短周期为10个月，平均周期为23个月（表8-1）。

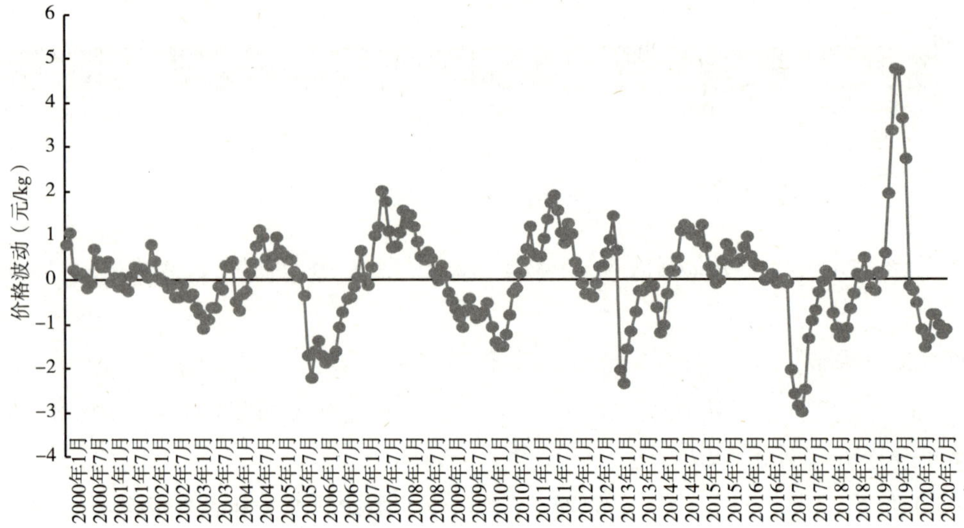

图8-7　活鸡价格周期波动图

表8-1　周期波动划分

周期	时间区间	周期时长（月）	“谷—峰”差
1	2000年1月—2002年1月	24	1.0
2	2002年2月—2004年1月	23	1.3
3	2004年2月—2005年4月	14	1.6
4	2005年5月—2007年8月	27	3.6
5	2007年9月—2011年8月	59	2.8
6	2011年9月—2013年2月	17	1.8
7	2013年3月—2014年6月	15	2.6
8	2014年7月—2016年4月	21	1.5
9	2016年5月—2018年12月	30	2.9
10	2019年1月—2019年10月	9	4.2
11	2019年11月—2020年12月	13	5.9

其中有6轮周期“谷—峰”落差大于2，说明在其周期内的波动幅度大。

①2005年5月—2007年8月。由于2004—2005年的H7N9流感疫情，肉鸡产业受到沉重打击，活鸡价格呈现大幅下降趋势。而在2006年下半年至2007年活鸡价格又呈现大幅上涨趋势，主要原因有3个方面。一是生猪受蓝耳病疫情影响，猪肉产量下跌价格上涨，鸡肉是作为猪肉的主要替代品，价格上涨；二是肉鸡产业摆脱禽流感影响，鸡肉消费增加，活鸡价格上升。三是肉种鸡产能下降，活鸡价格上涨。

②2007年9月—2011年8月。该周期内主要由于受世界金融危机影响，经济增速乏力，消费需求下降，活鸡价格有所下降。2010—2011年，得益于经济复苏和对禽流感的有效防控，肉鸡消费增加带动价格的上升。

③2013年3月—2014年6月。活鸡价格波动幅度较大的主要原因是在2013年发生人感染H7N9流感疫情，给肉鸡产业造成前所未有的巨大打击，直至2014年末肉鸡产业摆脱疫情影响，价格回升至2012年水平。

④2016年5月—2018年12月。价格下降的主要原因有H7N9流感疫情和环保压力增强两方面。2017年发生的H7N9流感疫情造成肉鸡消费需求减少、价格下降。同时，2017年是应环保要求划定禁养区和禁养区内养殖场搬离的最后期限，环保政策对肉鸡产业带来一定影响。2017年末—2018年末活鸡价格在摆脱疫情后回升。综上，活鸡价格周期波动幅度大的共同原因是由外部因素引起的活鸡价格大起大落。

⑤2019年1月—2019年10月。该周期内主要由于2019年非洲猪瘟疫情影响，猪肉产量下跌价格上涨，使得鸡肉需求量大幅提升，活鸡价格大幅上涨，创历史新高。

⑥2019年11月—2020年12月。受市场供给大于需求影响，自2019年末—2020年上半年活鸡价格呈下降趋势，2020年下半年，活鸡价格有微幅增长后又震荡回落，总体呈现出波动中微幅上升趋势。

活鸡价格周期波动幅度相对较小的有5轮，分别是2000年1月—2002年1月、2002年2月—2004年1月、2004年2月—2005年4月、2011年9月—2013年2月、2014年7月—2016年4月。上述5轮活鸡价格周期波动幅度较小的主要原因是：在这几段时期内，肉鸡产业没有遭受到外部事件的冲击，且周边环境变化较小，活鸡价格主要受市场供需情况影响，没有大起大落的情况，价格周期波动幅度小。

由2010—2020年活鸡价格周期波动可以看出，影响活鸡价格周期波动的原因可以归纳为两点：一是肉鸡供需情况，二是疫病疫情及政策因素等外部影响。

四、黄羽肉鸡区域布局演变趋势

1. 养殖区域集中度进一步提高

我国肉鸡饲养区域布局广泛，各省（区、市）都有规模不等的肉鸡饲养。其中，主要集中在华东、华中、华北和东北等地区。1985—1995年是我国肉鸡产量增长速度最为迅猛的10年，同时也是各主产区增长速度最快的10年，在这10年中我国肉鸡主产区的区域格局也发生了一些较为明显的变动（表8-2）。进入20世纪90年代中后期，我国肉鸡产量增速明显放缓，主产区的区域格局也基本稳定下来。

表8-2　1985—2020年我国各地区鸡肉产量增长率

地区	产量（万t）		年均增长速度（%）					
	1985年	2020年	1985—1990年	1990—1995年	1995—2000年	2000—2005年	2005—2010年	2010—2020年
北京	1.33	0.98	27.49	10.40	15.42	4.43	−6.97	−27.63
天津	0.56	7.42	14.87	22.89	7.37	14.33	−5.14	1.25
河北	2.17	71.40	13.35	50.21	10.75	6.26	−6.93	4.84
山西	0.63	16.03	10.76	18.09	5.02	−0.46	10.55	15.76
内蒙古	0.49	14.07	14.87	29.44	8.07	32.39	−8.37	0.25
辽宁	3.01	108.22	21.32	32.60	10.53	5.97	3.61	3.02
吉林	1.47	60.97	30.67	35.18	17.68	2.56	−6.56	3.55
黑龙江	2.38	32.48	23.07	23.70	3.11	−2.33	0.89	5.56
上海	1.68	0.84	42.09	19.22	−3.24	−15.14	−11.21	−19.64
江苏	14.28	81.06	11.34	19.30	2.73	1.63	4.87	−1.69
浙江	4.69	22.26	9.19	11.82	5.63	6.86	3.32	−2.58
安徽	10.57	126.77	6.82	7.82	17.73	1.13	7.30	7.17
福建	3.64	102.62	13.28	15.19	5.90	−0.62	0.70	23.96
江西	2.80	59.15	18.13	22.93	6.02	6.94	2.63	5.49
山东	5.88	249.97	28.99	45.51	−3.05	9.06	−1.57	5.15
河南	2.87	103.67	18.05	26.96	12.14	9.73	3.87	4.29
湖北	2.66	55.30	19.86	24.86	6.12	4.61	6.47	2.31
湖南	6.51	54.74	8.52	14.90	9.03	4.64	−0.33	4.91
广东	21.63	136.71	11.81	15.28	−0.13	0.81	6.12	3.10
广西	7.14	125.93	5.92	27.08	4.40	−9.73	30.11	4.67
海南	—	23.17	0.00	30.59	1.39	5.47	7.10	5.42
重庆	—	24.57	0.00	0.00	0.00	9.35	6.91	1.56

（续表）

地区	产量（万t）		年均增长速度（%）					
	1985年	2020年	1985—1990年	1990—1995年	1995—2000年	2000—2005年	2005—2010年	2010—2020年
四川	11.20	81.06	15.72	15.39	5.30	−4.37	3.77	4.00
贵州	1.33	21.56	8.83	9.68	9.67	10.45	3.28	10.26
云南	1.82	43.96	7.31	14.60	11.50	10.33	10.02	8.29
西藏	—	0.14	0.00	0.00	0.00	0.00	0.00	9.05
陕西	0.56	7.21	20.11	27.13	4.05	4.72	−5.71	3.87
甘肃	0.28	5.04	26.58	20.74	−3.44	8.96	−0.47	6.97
青海	0.14	0.28	−12.94	17.36	6.15	5.92	4.56	−2.75
宁夏	0.07	2.03	37.97	26.16	11.87	2.71	−8.97	4.75
新疆	0.35	13.44	19.14	24.26	16.42	14.57	−11.16	11.05

数据来源：《中国农村统计年鉴》（历年），鸡肉产量=禽肉产量×70%。

我国黄羽肉鸡主要集中在南方地区，其中以广东和广西最为典型。2000年以前，我国肉鸡生产省前10强中以南方省份居多，肉鸡生产以黄羽肉鸡为主，主要集中在南方地区。2000年之后，从肉鸡生产省前10强的排序变动来看，北方白羽肉鸡主产省排名上升迅速；部分南方省份虽有较好的生产基础，但由于产量增长缓慢，被挤出了十强之外，且南方省份在前10强中的排序整体后移。

2. 区域市场分布明显

黄羽肉鸡作为我国的本土肉鸡，种质资源非常丰富，由于各地品种资源不同，再加上饮食习惯和消费方式的差别，黄羽肉鸡区域市场差别较大，目前两广地区是全国乃至全球最大的黄羽肉鸡产区及消费区，其中，广东一直是中国黄羽肉鸡第一大主产省份；广西因其山区丘陵广袤、四季气候温和，以及劳动力成本优势等逐步发展壮大，成为黄羽肉鸡第二大主产地区；两广周边省份如云南、贵州、四川、福建等除了满足本地区黄羽肉鸡消费外，也是外销型黄羽肉鸡主产省份。黄羽肉鸡按照生长速度分为快速、中速、慢速三大类型，其中以慢速型黄羽肉鸡最具特色。目前快大型、中速型和优质型这几种类型的黄羽肉鸡占生产和市场份额和比例在发生着变化。受817肉杂鸡等小型白羽肉鸡冲击等因素影响，快大型黄羽肉鸡由主导地位逐渐退居次要地位，中速型和慢速型黄鸡市场占有率逐渐上升为主导地位。

五、黄羽肉鸡产业化体系发展状况

1. 产业化经营模式日渐完善

我国肉鸡产业从起步发展到现在，实现了养殖模式以及加工方式的巨大变迁，从简单的养殖场（户）发展到现在集种鸡繁育、饲料生产、肉鸡饲养、屠宰加工为一体的一条龙生产经营，我国肉鸡产业在产业化发展的推进中不断成长壮大。可以说，在我国农业部门中最早开始产业化经营的是畜牧业，而在畜牧业中产业化水平发展最快的是肉鸡产业，我国的肉鸡产业从改革开放后得到快速发展，很大程度上得益于产业化的经营。经过40多年的持续发展，目前已经逐步形成了“公司+农户”“公司+合作社+农户”、龙头企业垂直一体化等多种形式的产业化经营模式，且产业化经营模式日趋完善。

传统模式。在合同订单养殖兴起之前，我国肉鸡养殖基本是定位于自给自足的家庭副业。部分肉鸡散养户在养殖肉鸡出栏时，会在就近的生产地市场自行销售产品，如城郊的农民到就近的城市去卖自家养殖的肉鸡。随着养殖户养殖规模的扩大，小规模散养已经不是之前散养户的特征了。目前，这部分不以契约（合同）关系开展肉鸡养殖的养殖户被称为“市场户”，即肉鸡养殖户与上下游企业（包括这种性质的产前、产后实体）之间主要通过市场买卖进行联系，养殖场（户）生产的商品由企业按照市场价格进行随行就市进行收购，然后进入流通环节。以销售活鸡为主的部分黄羽肉鸡养殖户至今仍有相当一部分沿上述传统模式（但白羽肉鸡和快速型黄羽肉鸡市场户的交易对象则为屠宰加工企业，屠宰加工企业按照市场行情收购肉鸡，进行屠宰加工处理，并送到批发市场进行销售）。该模式按照随行就市的原则形成了以市场户为主体的“种鸡场+市场户+屠宰加工企业+批发市场”流通方式。传统模式下优点是流通过程中的中间环节少，市场户可直接面对消费者，销售收益能够及时兑现，在肉鸡行情较好时，市场户的收益比签订契约（合同）的农户收益要多，这也是此种流通模式一直存在的主要原因。

“公司+农户”模式。泰国正大集团在20世纪80年代初率先进入中国，在深圳建立了第一家合资饲料厂及配套种鸡场等，与养殖户签订合同，向养殖户提供相应的鸡苗、饲料、防疫药品等，并给予必要的生产技术指导，采用按照合同价格收购出栏毛鸡等，有力地推动了肉鸡产业发展。随着这种经营方式的扩散推广，初步形成了“公司+农户”等产业化经营模式。这种模式中，养殖场（户）与肉鸡加工、销售企业的利益较为紧密地连接在一起，在激烈的市场竞争中容易做到同舟共济，形成“利益共享、风险共担”的利益共同体。在一定时期内，龙头企业带动型组织模式“公司+农户”仍将是中国肉鸡产业化经营的主要模式。“风险共担、利益共享”被认为是“公司+农户”模式的最大优势。受市场价格不稳定以及突发疫病等因素的影响，肉鸡养殖存在较高风险，

"公司+农户"模式在分担农户养殖风险方面发挥出了显著优势，并在推动农户肉鸡养殖方面起到了重要作用。但从这一模式的具体运行情况来看，目前的"公司+农户"模式的优势主要还是体现在养殖风险分担方面。利益分配机制上的短板在很大程度上影响这一模式发展的稳定性。例如一些公司在肉鸡价格低谷期时尽管可以按照之前签订的合同价格回收养殖户的出栏毛鸡，但是由于鸡苗、饲料、药品等定价掌握在公司手中，公司会按照自我盈利情况制定相应的价格，养殖户并未真正获取相应较高的利润。一方面养殖场（户）抱怨利益分配不合理，另一方面公司抱怨养殖场（户）违约的问题一直存在，这成为制约"公司+农户"模式良性发展的主要问题。

一体化企业模式。改革开放以来，我国肉鸡产业已从简单的养殖户发展到集雏鸡繁育、肉鸡饲养、饲料研发生产、屠宰加工、冷藏配送和零售批发等一体的一条龙生产经营，并涌现出一批经营规模较大的肉鸡加工企业。公司纵向一体化生产模式即公司拥有自属养殖基地、加工工厂和销售网络，肉鸡饲养、加工、销售都由公司自己统一经营。一体化企业模式可以有效降低肉鸡产业链各环节之间的相互交易费用，全面降低肉鸡整个产业链的生产成本，并能够更好地控制鸡肉产品质量水平。由于需要大量的固定资产投资和周转资金，这在很大程度上提高了此种公司经营形式的进入门槛，因而，肉鸡产业发展中采用这种经营模式的公司数量明显偏少。但随着中国肉鸡产业的快速发展，以及居民对食品安全关注程度的不断提升，越来越多的龙头企业认识到"自属基地"的重要性。目前企业自属基地的经营模式主要有两种：一是企业雇佣工人进行肉鸡养殖，二是企业将养殖基地承包给企业经理人或当地养殖场（户）。无论通过哪种模式，自属基地都可以为企业屠宰场有效地稳定出栏肉鸡，即货源的供给。尤其在屠宰企业相对较多、屠宰能力相对过剩的时期或地区，稳定货源供给的作用更显得尤为重要。此外，在控制出栏肉鸡的药残水平，提高产品质量方面，自属基地也具有明显的优势和突出的贡献。虽然，企业自属基地的建设需要大量的资金，同时也越来越受土地资源的制约，但对于有实力的龙头企业而言，公司垂直一体化模式将是其未来发展的重要形式。

2. 产业化体系初步形成

随着我国肉鸡产业整体素质的提升，黄羽肉鸡产业发展也实现了从单一养殖户个体经营发展的传统农业产业向现代农业产业体系的转型。特别是随着市场对黄羽肉鸡的产量和品质要求不断提高，一些企业改变了原有的发展思路，开始进行规模化生产、产业化经营、现代化管理。广东温氏食品集团等引领的"公司+基地+农户""产、供、销"一条龙和"科、工、贸"一体化的产业化经营模式，以星火燎原之势迅速覆盖到广东全省甚至全国范围，并成就了大批集的大型龙头企业，取得显著的经济效益和社会效益。如今，以企业为龙头的产加销一体化经营迅速发展，涵盖良种培育、饲料配制、疾病防治、产品销售和加工等环节的黄羽肉鸡产业化体系已初步形成。

第二节　黄羽肉鸡产业发展存在的主要问题及面临的主要挑战

一、我国黄羽肉鸡产业发展存在的主要问题

1. 良种体系建设滞后

良种繁育体系建设明显滞后，育种技术落后和育种人员不足，黄鸡优良品种缺乏，部分地区尚没有国家级种禽场和国家级品种配套系认定，使黄羽肉鸡品种选育工作不能适应产业快速发展需要。目前黄羽肉鸡品种众多，分类标准杂乱，由于各地区对保种的重视程度和开发力度不同，导致地区发展不均衡，有些优良的地方鸡种没有被重视，部分优良品种资源已经濒临灭绝，地方品种资源保存利用工作缺位；育种上亟待建立代次（“曾祖代—祖代—父母代—商品代”）分明的良种繁育体系；在种源配套上缺乏统一协调，明显表现出小区域、小规模，鸡种代次明显偏低甚至混杂，乱交乱配，缺乏节粮、优质、高效配套的新品系；为促销占市场，各类黄羽肉鸡名目繁多，由于苗鸡价格便宜，生产成本相对较低，速生型肉鸡与蛋鸡杂交而成的杂鸡充斥市场，出现以黄羽快大型肉鸡或以黄羽快大型肉鸡与褐壳蛋鸡杂交鸡（肉杂鸡）冒充黄羽优质肉鸡的现象，使良种繁育体系建设明显滞后于商品鸡生产的发展。

2. 产品加工程度较低

产品加工是黄羽肉鸡产业链中，增值潜力更大、带动能力更强的环节。虽然我国黄羽肉鸡产品数量大幅增加，但受消费习惯、资金短缺等问题影响，黄羽肉鸡加工业发展却较为落后。活鸡产品始终占主导地位，占比达85%左右，产品加工比例较低，冰鲜鸡产品只占5%左右，其余10%为冻鸡、礼盒及深加工类产品。按照产业化水平较高地区的经验，加工业产值要占初级产品产值的50%以上，才能促使产业持续良性发展。对于黄羽肉鸡而言，以活鸡交易为主的单一销售方式，一方面不能满足目前产品多元化的市场需求；另一方面易受市场行情的影响，作为劳动密集型的肉鸡深加工生产顺应市场需求，加之国内市场的环保需求，鲜活畜禽进入大市场将逐步受到限制或禁止，因此肉鸡深加工产品市场需求日益增大。通过精深加工，生产黄鸡系列产品，是增加附加值，提高市场竞争力的必然选择。

3. 规范化养殖需进一步提升

品种多样化是黄羽肉鸡市场多样化的基础，也为社会提供了适合的、丰富的产品。但多品种也意味着很难形成统一的品种标准，生产性能指标、营养标准、疾病防控、市场销售等都面临巨大的挑战，也使黄羽肉鸡规范化发展困难重重。虽然随着我国肉鸡产业的持续发展，肉鸡标准化规模养殖已经有了很大程度上的提高，但是小规模养殖由于受饲养管理技术、财力条件的限制，普遍存在着因陋就简的生产经营现象，鸡舍条件差，养殖水平低，效益差。还有相当一部分标准化规模养殖企业设施和技术落后，设施不配套；各生产经营厂家组织化程度低，各自为政，自产自销，区域性联合不紧密。而且黄羽肉鸡作为我国传统的肉鸡养殖品种，其在规模化、标准化养殖的发展上，相对于白羽肉鸡起步较低，无论从品种，还是种鸡、肉鸡的生产，养殖场的规划、生产管理等都相对比较落后，一些相关的基础研究比较薄弱。尤其是部分开放式饲养的黄羽，受天气等自然条件变化影响大，鸡舍环境可控性差，生产成绩波动大。我国优质肉种鸡由于普遍采用人工喂料、人工清粪和人工授精等生产方式，劳动力需求大、工作条件艰苦，与我国目前人口红利优势逐渐变小的社会发展趋势相冲突，因此劳动力短缺、工人低学历化、老龄化、人力成本不断攀升成为目前困扰各养殖企业发展的重要瓶颈。此外，由于养殖进入门槛较低，基础投入相对较少，造成大多数养殖企业基础差，受市场的影响大，也因不规范和分散的养殖方式，加大了整个黄羽肉鸡行业疾病的传播风险，也成为行业健康发展的主要隐患。

4. 疫病综合防控形势依然严峻

动物疫病风险具有不确定性，是造成养殖业高风险的重要因素。一方面，禽流感等动物疫病对畜牧业生产的危害性已不仅限于畜禽的死亡或个体生产性能下降，更加突出表现为养殖场（户）、消费者对疫病产生恐慌而弃养、弃购，心理恐慌导致的损失远远超过疫病死亡损失。另一方面，由于养殖密度的提高加大了疫病防控难度，部分养殖场（户）在饲养过程中滥用抗生素，使得药物残留问题成为影响目前中国肉鸡产品质量和国际竞争力最为重要的因素，也造成消费者将肉鸡生产周期短、长得快归结为抗生素和激素喂养，不利于产业的健康发展。

5. 产业化发展模式有待完善

目前的肉鸡养殖模式，公司和农户没有形成完全的命运共同体，很多养殖户养鸡仍然作为一种副业，养殖场投入较少，养殖条件较差，生产风险大。要加大力度发展专业的养殖户，提高单个养殖户的饲养数量和养殖水平，并通过优化利益联结机制，实现养殖户和龙头企业紧密联结。

6. 育种技术力量薄弱

1989—2011年，国外家禽育种公司不断兼并整合，主要肉鸡育种公司从11家兼并整合到了3家，遗传资源和技术资源高度集中。包括Wesjohann集团旗下的肉鸡育种公司Aviagen公司；肉品加工企业Tyson公司拥有的Cobb-Vantress肉鸡育种公司；法国克里莫集团拥有的Hubbard肉鸡育种公司。同国外相比，仅参加首届中国黄羽肉鸡行业发展大会、开展优质肉鸡育种工作的企业就达45家，企业小而分散。大部分企业缺少长期规划，技术力量薄弱。优质肉鸡种业的长足发展更多的是依靠品种资源的合理选用和杂交利用，与国外依靠先进的育种技术不断提高育种效率和生产效率、有效降低有害基因频率相比，我国优质肉鸡育种目标不明确、变化快，更多关注外貌特征，生产和经济性状的遗传进展无法保障，性状度量手段和育种技术落后，育种效率低。

7. 产品质量参差不齐

肉鸡生产源头不规范是影响肉鸡产品质量的重要原因之一。部分小养殖户用药不规范，出栏毛鸡收购企业由于受到检测方法、标准、时间等条件的限制，检测过程往往流于形式，致使养殖环节药物残留超标成为影响我国鸡肉产品质量的重要原因。此外，虽然大型龙头企业进入肉鸡行业，很大程度上带动了肉鸡加工企业的产品质量的提高，并呈现出良好的发展势头，但仍有部分小加工企业条件差、加工过程不规范，产品质量难以控制，甚至以次充好、以假乱真，以牟取利润，极大地损害了消费者的利益，造成了人们对肉鸡产品质量安全的担忧，破坏了整个肉鸡产业的形象。

二、我国黄羽肉鸡产业发展面临的主要挑战

近年来，黄羽肉鸡产业接连遭受H7N9流感疫情、新冠肺炎疫情等冲击，产业发展在艰难曲折中前行。目前黄羽肉鸡产业面临着禁活政策、最严环保法、产业装备水平落后、生物安全标准提高、食品安全监管日益收紧、土地红线等多重挑战。

1. 资源资金制约的挑战

黄羽肉鸡以开放式养殖（散养）为主，相对密度较低，养殖周期也较长，因此单位产品需要更多的土地资源。从目前的土地政策来看，可供养殖的土地会越来越少，除非改变养殖方式，进行高密度养殖，否则土地将成为今后黄羽肉鸡发展的最大制约因素。

养殖黄羽肉鸡，除了少数的大公司外，很多规模较小，养殖场土地以租赁为主，经营也不规范，很难在银行或资本市场融资。特别是近年来资本市场对养殖业提出越来越苛求的条件，即使很优秀的黄羽肉鸡企业，也很难进入二级市场融资。大多数企业只能靠自身的资金或社会高息资金发展，既限制了企业发展的速度和升级，也相对使企业面临更大的市场风险。在产业扶持上，政府对企业的支持力度有限，远远少于白羽肉鸡企业。没了“菜篮子工程”压力，也只有“扶贫”还存在某种优势，但也可能成为企业新的负担。

2. 现有发展方式升级的挑战

受全行业产能过剩、农业供给侧结构性改革等政策的影响，黄羽肉鸡分散饲养、活禽上市、低水平重复的发展方式将受到严峻挑战。在生产方式上，目前黄羽肉鸡种鸡繁育实现了笼养，而商品鸡生产大多数仍采用放养和平养方式，主要还是来自小规模饲养户散养，这种方式不仅饲养效益低，集约化、规模化、标准化水平不高，而且抗病能力差，生产成本高，造成饲料资源的较大浪费，而且不合理的饲养方式加大了疫病风险。

传统的消费方式导致市场产品单一，产品大部分以活鸡销售，冰鲜和深加工产品市场占有率低，这对行业长远发展十分不利，不仅带来疫病传播风险，而且不利于商品流通和确保食品安全。特别是人感染H7N9流感事件的发生，暴露了传统活禽交易模式的弊端，使依赖活禽交易的黄羽肉鸡行业损失惨重，随着全国范围内家禽“集中屠宰、冷链配送、生鲜上市”工作的推进，冰鲜鸡将成为黄羽肉鸡产品上市的重要形式，加速产业转型，市场格局也将发生显著的变化。

3. 销售模式改变的挑战

黄羽肉鸡“集中屠宰，冰鲜上市”，给行业的发展带来了新的挑战。这一政策，从各方面看，都是符合肉鸡产业发展潮流的，但政策制定者可能忽略了传统肉鸡消费市场的消费特点。以最典型也是最大的黄鸡消费市场“两广”为例，年消费在15亿～20亿只黄羽肉鸡，占黄羽肉鸡总量的40%以上。食用方式讲究“鲜、嫩、滑、香”，以白斩鸡为主，讲究鸡的养殖日龄、育肥程度、品种等，这恰恰是冰鲜鸡不能直观提供的。香港也是传统的黄羽肉鸡消费市场，从20世纪90年代年消费在5 000万只左右。H7N9流感后改成冰鲜上市，其最典型的就是这么多年，黄羽肉鸡消费始终停留在5 000万只左右，并且为了满足市场需求，通过严格的限定条件，每年仍有1 000万只左右活鸡上市，尽管价格是冰鲜鸡的2～3倍。因此，如果全面推行冰鲜鸡，必将对传统消费市场造成较大的影响，总消费量产生一定程度的下滑。目前在两广特别是在率先推广的广东，黄羽肉鸡消费量已经呈下降的趋势。黄羽肉鸡最大的特点就是活鸡上市，让消费者吃得放心和值得，一旦失去这种体验，势必影响终端消费。

一些推广冰鲜鸡城市的消费市场，由于优质的黄羽肉鸡成本较高，屠体不具优势，很难像活鸡一样有大的作为，反而成了低成本、低质鸡的市场。消费者从外观上很难判断，烹饪体验不佳，干脆不消费。这种情况已经成为一种趋势，值得警惕。

非传统的黄羽肉鸡消费市场有逐渐增加的趋势，但由于烹饪方式的不同，很难体验优质黄羽肉鸡的不凡。由于黄羽肉鸡养殖区域主要在传统消费区，企业推广动力不足，在市场上，也很难买到货真价实的商品。受817肉杂鸡等小型白羽肉鸡低成本、低价的冲击，某种意义的“劣币驱逐良币”或“鱼龙混杂”，影响产业的健康发展。

4. 资源环境日益趋紧的挑战

环境压力在未来相当长一段时间内将继续增大，一方面，肉鸡养殖带来的污染问题将影响自身可持续发展。由于某些养殖场（户），特别是部分小规模养殖场和养殖户，对污废处理环节不重视，致使农村环境污染严重，同时养殖场与场之间存在的交互污染的问题也较为突出。随着肉鸡产业的发展，养殖规模不断增加和扩大，生产过程中所造成的环境污染日益加重，相应的生态环境恶化问题也逐渐凸显。另一方面，粪污无害化成本高对肉鸡产业发展产生阻碍。近年来，环保部门逐步加强了对养殖污染的治理和管控，2014年1月1日《畜禽规模养殖污染防治条例》是在生态文明建设框架下中央再次对养殖业污染问题的重视和加大力度的管制，但同时也不可避免地加大了企业和养殖户至少5%的经营成本，面对废污处理成本高、有机肥与无机肥相比并不具备价格优势的现实状况，在当前行业不景气的情况下，企业再拿出资金和精力增加环保治理方面的投入，无疑将带来巨大的生存压力。

黄羽肉鸡的很多肉鸡养殖场，都在居民区附近，黄羽肉鸡的一种主要养殖方式“脱温鸡”，在一些地区占养殖总量的20%～50%；也就是由一些养殖大户，将肉鸡小鸡养到25～45 d，再由一些农户十几只到几十只不等拿回家里养殖，供自己食用或出售，这些养殖场基本都在居民区，有的就在自家的楼上楼下，严格的环保政策将扼杀这一部分的养殖需求。发达省份的禁养、限养政策，也向全国各地传导，养殖将面临一地难求。土地使用成本增加，特别是林地补助，每亩地达到1万多元，是养殖难以承受之重。由于环保造成的养殖退出补贴不足或根本没有，使养殖在承受了禽流感打击后，又面临“血本无归”之痛。目前在广东尤其明显，约一半的种鸡生产企业面临搬迁问题，肉鸡养殖户也有30%以上面临关停。

5. 生物安全标准提高的挑战

随着居民健康饮食理念的深化，在满足基本能量摄取的同时，美味、健康成为居民对食物的更高需求，尤其是健康因素，日益成为居民在选择食物时考虑的重点。目前高致病性禽流感和新城疫等烈性疾病偶有发生，免疫抑制病危害增多，细菌耐药问题越来越严重。食品安全日益收紧和国家最严环保法的实施，迫使企业围绕食品安全从长计议，实现“优供给、强安全、保生态、增实效”。

6. 肉鸡内部品种竞争的挑战

黄羽肉鸡和白羽肉鸡的口感风味、成本价格等方面各有特点，主要消费区域和消费群体存在很大的差异，但相对稳定。但随着冰鲜鸡上市进程的推进，黄羽肉鸡今后面对的主要竞争对手可能是小型白羽肉鸡。虽然在口感上黄羽肉鸡较小型白羽肉鸡具有明显的优势，但小型白羽肉鸡也具有制种简单、肉蛋兼用、生产成本低，以及具有屠宰优势等明显特征。小型白羽肉鸡对黄羽肉鸡的冲击，虽然造成了一定程度上的“劣币驱逐良币”或“鱼龙混杂”，不利于黄羽肉鸡产业健康发展的影响，但黄羽肉鸡产业发展不得不面对，也必须正视这样的竞争。黄羽肉鸡面对这样的对手，首先要发挥自己的优势，抗病力强，肉质好，也要不断通过育种技术和生产管理水平的提高，或完善品种配套模式，提高生产性能，正确面对市场改变和竞争，才能在今后的竞争中发挥自己的优势。

第三节　黄羽肉鸡产业发展思路

一、指导思想与发展目标

以习近平新时代中国特色社会主义思想为指导，按照“高产、优质、高效、生态、安全”的要求，以推进肉鸡产业发展方式（养殖方式、经营方式、组织方式、服务方式和调控方式）转变为核心，以科技创新、制度创新、体制和机制创新为动力，稳步增加数量，调整优化结构，加速提高质量，加快建立健全现代肉鸡产业体系（良种繁育体系、优质饲料兽药生产体系、健康高效养殖体系、安全防疫体系、现代物流加工体系），提高肉鸡产业综合生产能力，推动肉鸡产业可持续发展。

二、基本原则

转变方式，科学发展。转变养殖观念，调整养殖模式，在坚持适度规模的基础上，大幅度提高标准化养殖水平，努力实现管理模式统一、饲料喂养统一、环境控制统一、疫病防控统一的四统一标准，积极推行健康养殖方式，全面推进肉鸡产业的健康持续发展。

优化布局，稳定发展。大力调整、优化产业结构和布局，突出支持主产区和优势区发展，稳定非主产区生产能力，加强良种培育、饲料生产和疫病防治体系建设，立足当前、着眼长远、突出区域、科学规划、统筹安排、分步实施，保障肉鸡产业持续稳定发展。

强化质量，安全发展。加强肉鸡产业综合生产能力建设和各养殖环节质量控制，强化质量意识，转变发展方式，坚持数量质量并重发展，实现肉鸡生产发展与资源环境、社会需求以及农民增收之间的动态平衡，促进肉鸡养殖向健康养殖的方向发展。

创新科技，持续发展。依靠科技创新和技术进步，缓解肉鸡产业发展的资源约束，不断提高良种化水平、饲料资源利用水平、养殖管理技术水平和疫病防控水平，通过科技创新，推进养殖业增长方式转变，提升养殖业竞争能力，建立现代肉鸡产品产业供应链，实现肉鸡产业又好又快、可持续发展。

三、战略重点

1. 加强和完善肉鸡良种繁育体系建设

种业是现代畜牧业发展的根本，良种是肉鸡产业化发展的基础。按照“保种打基础、育种上水平、供种提质量、引种强监管”的要求，进一步加强对肉鸡遗传资源的保护力度，以龙头企业为实施主体，建立省级地方品种资源库，进一步加强地方品种保护和选育开发利用力度；完善肉鸡育种机制，增强自主育种和良种供给能力，逐步改变畜禽良种长期依赖进口的局面。组织实施肉鸡品种的遗传改良计划，加大肉鸡良种等工程建设力度，加快健全完善肉鸡良种繁育体系，积极培育具有国际竞争力的核心种业企业，建设现代肉鸡种业。加强基层肉鸡良种推广体系建设，稳定肉鸡品种改良技术推广队伍，建设新品种推广发布制度，加大新品种推广力度，加快品种结构调整，大力发展特色优新良种。

2. 加快推进肉鸡标准化生产体系建设

标准化规模养殖是现代畜牧业的发展方向。黄羽肉鸡企业面临的最大问题是过度的粗放管理，尽管黄羽肉鸡有其独特的抗逆性强的特点，但不应成为粗放管理的理由。尽管粗放管理不会造成重大的损失，但对生产的潜在影响不容忽视。疾病的传播，生产性能下降，新的疾病流行，都和粗放管理有很大的关系。管理上，必须向国际先进的肉鸡生产看齐，保证安全、健康生产。只有这样，才能适应今后集约化、大规模、标准化的肉鸡饲养模式，使黄羽肉鸡的发展具有竞争优势。在这方面，我们看到一些白羽肉鸡企业逐渐涉入黄羽肉鸡的生产，一些规模化企业在产能翻新和扩张时也逐渐在硬件的建设上也向国际标准化肉鸡生产看齐，必将为行业发展带来新的契机。对于黄羽肉鸡产业的发展，应按照“畜禽良种化、养殖设施化、生产规范化、防疫制度化、粪污处理无害化”的要求，加大政策支持引导力度，加强关键技术培训与指导，深入开展畜禽养殖标准化示范创建工作。进一步完善标准化规模养殖相关标准和规范，建立龙头企业和标准化肉鸡养殖示范基地生产有记录、信息可查询、流向可跟踪、责任可追究、质量有保障的产品可追溯体系。要特别重视肉鸡养殖污染的无害化处理，因地制宜推广生态种养结合模式，实现粪污资源化利用，建立健全肉鸡标准化生产体系，大力推进肉鸡标准化规范化规模化养殖。国内肉鸡业的发展应该借鉴世界先进经验，依靠设备自动化养鸡，以标准化鸡舍为核心，在整个肉鸡产业中，实现“人管理设备，设备养鸡，鸡养人”的理念。因地制宜发展开发适销对路的优质肉鸡产品，同时提高标准化水平，规范养殖、生产和加工，开拓市场，在饲料生产、雏鸡孵化、种鸡饲养、肉鸡饲养、屠宰、价格、冷储、运输和销售等各个环节实现标准化、规范化，加强对鸡肉产品的安全监控，形成从田间到餐桌的链式质量跟踪管理模式，提高鸡肉产品的整体水平。

3. 高度重视疫情和疫病防控体系建设

增强动物防疫意识，强化包括禽流感在内的动物防疫措施，消除禽流感等动物疫病发生与传播隐患。要强化疫情监测，打通疫情监测和检疫信息共享通道。加强各类措施对病毒作用的机理和效果研究，优化消杀隔离防控措施。强化生物安全理念，建立肉鸡场生物安全体系基础，引导养殖防疫由只靠疫苗向疫苗与生物安全措施并重转变。建立肉鸡场生物安全管理体系，提高生物安全关键技术水平。针对重大疫病入侵事件的应急处置，建立应急处置技术方案与规范。倡导适度规模化、标准化饲养；实施区域化管理，建设无疫区和生物安全隔离区；强化宣传培训，提高防治技术水平。

4. 强化肉鸡产业科技支撑体系建设

科技是产业发展的重要支撑。要把科技推广应用放在重要位置，积极推动管理创新、品牌创新、技术创新以及机制创新，促进和推动肉鸡产业可持续发展。全面推进现代肉鸡产业技术体系建设，引导各省（区、市）因地制宜建立健全地方现代肉鸡产业技术体系，加快形成农科教、产学研紧密结合的科技创新体系。健全技术推广服务机构，加快肉鸡产业先进适用技术的推广应用。围绕养殖过程的关键环节，实施选育和推广优质、高效品种、饲料资源产业化开发与安全高效利用、健康养殖过程控制、养殖废弃物减排与资源化利用、质量安全控制、疫病防控、养殖设施设备开发推广和应用以及产品精深加工技术等重大科技项目的研发和推广，力争突破一系列重大技术瓶颈，为现代肉鸡产业发展提供强有力的科技支撑。

5. 坚持走精深加工和品牌化之路

除传统的肉禽加工产品需进一步提高质量和扩大市场份额外，还要加大科技投入和肉鸡加工产品研发力度，在有地方特色的鸡肉加工制品、冷藏鸡肉制品、高附加值鸡肉制品等方面加大开发力度，加强鸡肉产品的精深加工步伐，改进加工工艺，改善生产设施和质量检测条件，提高加工产品的卫生质量，进一步延伸产业链条，充分发挥产后加工增值效应，增强产品市场竞争力。在抓好肉鸡生产的基础上，依托龙头企业和养殖大户，积极发展肉鸡产品加工业，能降低产业发展风险，促进肉鸡产业做大做强，为农民持续增收提供有力保障。同时，要树立品牌意识，实施品牌带动战略。发展品牌农业是建设现代农业的重要内容之一，是提升农产品市场竞争力、保障农民收入的必由之路。要在抓好标准化生产，建立和完善肉鸡技术标准、认证和检验检测体系、保障农产品质量的同时，更加注重品牌的打造，积极引导肉鸡生产和加工企业不断创新，扶持鼓励开发优质特色肉鸡产品品牌，开辟绿色通道，提高其市场知名度，增强市场竞争力，促进流通，提高效益，带动和促进龙头企业的发展，带动科技示范农户和肉鸡生产基地建设，带动肉鸡产品加工业，带动千家万户走上致富路，为做强、做大肉鸡产业奠定基础。

第四节　黄羽肉鸡产业可持续发展对策建议

一、加强良种繁育体系建设

以国家推进畜禽种业振兴和实施肉鸡遗传改良计划为契机，以企业为主体，产学研相结合，继续做大做强黄羽肉鸡种业。加强种质资源保护，尽快建立地方良种鸡自然纯繁保护区，加快闭锁核心群建立和地方鸡原种调查，以保种为目的，科学开发利用地方鸡品种资源，强化提纯复壮。加快建立健全包括曾祖代—祖代—父母代—商品代在内的良种繁育体系，加快培育适合南方亚热带气候的“节粮、优质、高效”配套黄羽肉鸡新品系，加强对优势品种的推广。对于国家级审（鉴）定品种、省级审（鉴）定品种，以及未审（鉴）定品种，在实际生产和发展中应有所侧重，以凸显优势品种价值。此外，针对冰鲜鸡屠宰上市的趋势，充分利用现有的育种成果，加快新的配套品种的研究，提高生产性能，降低生产成本，提高竞争优势。

二、建立黄羽肉鸡产品标准

制定黄羽肉鸡的相应标准，并按标准生产，让消费者消费得明白，消费得放心。由于黄羽肉鸡品种多样化，出栏时间50～160 d不等，有散养、圈养和笼养，肉鸡品质相差较大，如果统称为优质肉鸡，往往鱼龙混杂，使消费者产生混淆。特别是冰鲜鸡上市，817肉杂鸡等其他一些小型白羽肉鸡也叫黄羽肉鸡，一般消费者很难区分。因此制定相应的标准是目前迫切需要解决的行业问题。可以借鉴法国的“红标鸡”制度作为一个好的参考标准，加强标准的制定，维护市场秩序。

三、加快产业发展方式转变

以“优供给、强安全、保生态、增实效”为目标，以供给侧结构性改革为着力点加快转变生产方式，以市场为导向，突出黄羽肉鸡高品质优势，加快产业结构调整，控产能，提品质，分类发展，适应民众对消费改变、升级的需求。鼓励和支持企业加大养殖设施设备投入和新产品研发，以标准化鸡舍为核心，实现“人管理设备，设备养鸡，鸡养人”的理念，提高标准化水平和鸡肉产品的整体水平。强化技术培训，加快新品种、新技术、新成果推广应用，推进清洁养殖，生态养殖，畜禽粪便资源化利用，促进产业绿色可持续发展。同时，鉴于黄羽肉鸡“集中屠宰，冰鲜上市”必将成为今后一种主要的生产模式，活鸡销售尽管在一定程度上仍然存在（例如中国香港模式），但比例将逐渐下降，需要针对不同的市场需求，采用多种养殖模式。冰鲜鸡可以采用高密度笼养或地面高密度平养的模式，节约土地资源。供港黄羽肉鸡多年来一直采用笼养的模式，也是一种借鉴。对于活鸡市场，仍可采用平养、有运动场的模式，坚持福利养殖，提供高端消费。

四、坚定不移地走产业化发展道路

大力推进企业一体化全产业链发展模式，加快建设以企业为龙头涵盖良种培育、饲料配制、疾病防治、产品销售和加工等环节的肉鸡产加销一体化经营体系，以龙头企业为引领，坚持为农民服务的方向，走企业和农民合作的道路，积极支持和鼓励企业产业化发展，实行饲料、生产标准化规模养殖、智能化管理、工厂化屠宰加工、废弃物综合利用的一条龙模式。完善“公司+农户”的产业化发展模式，并逐步实现向“公司+专业户或农场方式”转变。进一步优化产业链利益联结机制，实现养殖户和龙头企业紧密联结。同时，塑造产业新业态，运用物联网、大数据、云计算等现代信息技术，改造、提升产业，构建产品电商交易平台，实现一二三产业融合发展，推动产业转型升级，加速实现肉鸡产业标准化、信息化、机械化、智能化。

五、加大对黄羽肉鸡加工产品和加工工艺的研发

适应国家对活禽交易、加工、存储的新要求，拉长产业链条，加大对黄羽肉鸡加工产品和加工工艺的研发，积极探索黄羽肉鸡屠宰加工新模式，尝试让黄羽肉鸡养殖环节与食品加工环节更紧密融合，从而有效提高黄羽肉鸡屠宰上市的比率和产品附加值，最大限度地规避市场风险。大力推进冰鲜鸡取代活鸡，使冰鲜鸡逐渐成为农贸市场、生鲜超市的日常食品，构建黄羽肉鸡的市场新格局。要把品牌建设作为供给侧结构性改革的重要着力点，鼓励企业加大具有地方特色的鸡肉加工制品、冷藏鸡肉制品、高附加值鸡肉制品的开发力度，做大做强优质肉鸡产品品牌和企业品牌，从而打破黄羽肉鸡产品生产及消费的区域化格局，促进消费。同时，发挥政府和协会的宣传作用，加强对消费者进行黄羽肉鸡相关专业知识的普及和宣传，引导消费。

六、加强畜产品质量和动物疫情信息监管

一是加强畜牧兽医法律法规建设。修改完善疫病和畜产品质量安全法规，进一步明确各级政府、各部门和各主体在信息监测、传送和发布方面的责任，形成政府、企业、

养殖户和社会等各方面力量上下协同、相互监督的机制。二是建立疫情和畜产品质量全程信息监管体系。切实转变信息报告和监管方式，尽快由自我报告、随意报告、被动监管、环节监管，向可核查报告、制度化报告、主动监管和全程监管转变。三是实施疫情和畜产品质量监管网络信息化工程。在逐级上报的基础上，运用现代信息技术，建立健全畜禽户口档案、生产日志、用药记录、防疫记录、检疫档案。在基层乡镇动物防控所建立畜禽信息管理网络，并且直接连接至国家数据库，建立远程动态监测系统，最终实现动物疫情和畜禽产品质量安全信息的远程监管。此外，肉鸡生产、加工企业应尽快建立完善肉鸡产品可追溯体系，实现肉鸡产品从养殖到餐桌全程的链式质量跟踪管理。

七、建立健全肉鸡产业监测预警系统

一是建议管理部门和行业协会逐步建立准确高效的生产和市场信息监测调度系统，健全监测工作各项管理制度，强化形势分析研判，完善信息发布服务，引导养殖户合理安排生产，防范市场风险。同时，建议行业经营主体吸取肉鸡发展历程中由于盲目无序发展导致产能过剩的教训，借鉴产能调控对策方案，控制好发展规模扩张的节奏和边界，防止因产能过剩导致的市场供需失衡的状况再现。二是要建立国际国内肉鸡产品供求预警系统，密切跟踪国内外肉鸡产业市场信息及产业发展动态变化，全面分析产业现状和存在问题，在综合分析影响肉鸡产业市场供需和价格变动基本规律的基础上，及时对肉鸡生产、消费、加工、贸易和产品价格做出合理预测和预警。

八、形成重大流行病联合应急机制

一是尽快完善我国重大流行病应急管理机制。在国务院成立国家重大流行病应急管理领导小组，成员由国家卫生健康委员会、农业农村部、科学技术部、国家市场监督管理总局、国家林业和草原局等相关部门组成，统一领导全国重大流行病应急处置工作。完善重大流行病预防和控制法律法规，进一步明确各部门职责，做好各种重大流行病应急预案。二是加强禽流感预防与防控。强化人医、兽医、野生动物疫病监测和海关之间的沟通、交流与合作，共同参与禽流感的预防和控制工作。完善禽流感应急方案，尽快建立各部门和各主体广泛参与的禽流感信息通报、监测预警体系，依法、科学、协同、有序应对禽流感。三是加强应急管理部门与产业部门的协同合作。应急管理部门在制定和实施禽流感防控措施时（隔离、宰杀、掩埋），一定要有产业部门参与，要积极听取产业部门和产业各主体的意见，要严格按照科学适度的原则，尽可能减少对畜禽产业及社会的影响。

参考文献

宫桂芬，2016-11-17. 宫桂芬：黄羽肉鸡行业发展趋势及建议[EB/OL]. https://news.cnhnb. com/rdzx/detail/324196/. htm.

何新天，2018-9-6. 促进黄羽肉鸡产业实现长远发展[EB/OL]. http://www. meat360. cn. htm.

李志强，王济民，2000. 我国畜产品消费及消费市场前景分析[J]. 中国农村经济（7）：46-51.

王济民，2012. 我国肉鸡业发展现状与转型建议[J]. 中国禽业导刊（17）：6-7.

王晓峰，2017-06-27. “冰鲜上市”将引发黄羽肉鸡市场格局新变化[EB/OL]. https://zixun. 16988. com/news/getDetail?bigclass=0&smallclass=22&id=409858. htm.

王燕明，辛翔飞，王济民，2016. 2015年全球肉鸡生产、贸易及产业经济政策研究[J]. 中国家禽，38（6）：1-5.

王祖力，辛翔飞，王济民，2011. 广西黄羽肉鸡产业发展情况调研报告[J]. 中国家禽，33（12）：63-65.

韦平，2019. 当前优质鸡产业面临的挑战与发展机遇——论优质鸡产业发展九大议题[J]. 中国家禽（11）：1-6.

辛翔飞，刘春芳，王济民，2011. 我国肉鸡产业发展现状、问题与对策[J]. 中国家禽，33（4）：6-9.

辛翔飞，王济民，2013. 产业化对肉鸡养殖户收入影响的实证分析[J]. 农业技术经济（2）：4-10.

辛翔飞，王济民，2014. 我国肉鸡产业发展现状、影响因素及对策建议[J]. 中国家禽，36（15）：2-5.

中国畜牧业协会，2021. 中国禽业发展报告[M]. 北京：中国农业出版社.

文杰，2021. 肉鸡种业的昨天、今天和明天[J]. 中国畜牧业（17）：27-30.